Kompendium der Kristallkunde

Von

Dr. W. F. de Jong

Lektor an der Technischen Hochschule Delft

Unter Mitwirkung von
Dr. J. Bouman

Delft

Deutsche, nach der ersten holländischen Auflage
neu bearbeitete und erweiterte Ausgabe

Mit 227 Textabbildungen

Wien
Springer-Verlag
1959

Die erste Auflage der holländischen Ausgabe erschien 1951
unter dem Titel „Compendium der Kristalkunde"
im Verlag N.V. A. Oosthoek's Uitgevers-Maatschappij, Utrecht

ISBN-13: 978-3-7091-5466-3   e-ISBN-13: 978-3-7091-5465-6
DOI: 10.1007/978-3-7091-5465-6

Vorwort

Bis vor wenigen Jahrzehnten wurde die Kristallographie fast ausschließlich als ein bloßes Teilgebiet der Mineralogie betrachtet; sie beschränkte sich in der Hauptsache auf die Beschreibung der äußeren Form der Kristalle und die Kristalloptik. Nur sehr wenige Theoretiker stellten Überlegungen über den inneren Aufbau der Kristalle an oder untersuchten andere physikalische Eigenschaften, wie Leitfähigkeit, Elastizität und dergleichen.

Erst seit der LAUEschen Entdeckung der Interferenzerscheinungen beim Durchgang von Röntgenstrahlen durch Kristalle nahm die Kristallkunde so sehr an Bedeutung zu, daß sie heute als ein ebenso wichtiger Teil der Physik wie etwa die Thermodynamik angesehen werden kann. Überdies steigerte sich das Interesse an der Kristallkunde während und nach dem zweiten Weltkrieg noch dadurch, daß monokristallinisches Material viele praktische Anwendungen in Elektrotechnik und Infrarotoptik fand.

Das vorliegende Kompendium, das der Verfasser auf Anregung des Verlages Oosthoek (Utrecht) ausarbeitete und das erstmalig 1951 in holländischer Sprache erschien, ist in erster Linie als Repetitorium für Studenten gedacht; es erhebt keinen Anspruch darauf, als Lehrbuch zu gelten, jedoch wurde die zitierte Literatur so ausgewählt, daß das Buch auch als Leitfaden für eine eingehendere Beschäftigung mit der Kristallkunde dienen kann.

Gründliche Kenntnis der Rolle, die die Symmetrie in der Kristallkunde spielt, ist für das weitere Studium unerläßlich; auch aus diesem Grund ist der geometrische Teil des Kompendiums der umfangreichste.

An dem Zustandekommen des Buches hat Herr Dr. J. BOUMAN, der den Text immer wieder kritisch durchsah und viele Verbesserungen vorschlug, wesentlichen Anteil; besonders die Kristallstrukturkunde und die Kristallphysik wären ohne seine Hilfe gewiß weniger zutreffend dargestellt worden.

Die deutsche Ausgabe ist keine wörtliche Übersetzung der holländischen; einige Abschnitte sind ausgebaut und erweitert worden, die zweite Hälfte des kristallphysikalischen Teiles wurde fast völlig neu geschrieben.

Die Übersetzung ins Deutsche besorgte Frau Dr. ERIKA STRADNER vom Mineralogischen Institut der Universität Wien mit Unterstützung des Institutsvorstandes, Herrn Professor Dr. F. MACHATSCHKI. Das Zeichnen der Abbildungen war hauptsächlich Herrn C. VAN WERKHOVEN anvertraut. Der Springer-Verlag in Wien stand von Anfang an mit guten Ratschlägen zur Seite und stattete das Buch in einer Weise aus, die größte Anerkennung verdient. Ihnen allen ist der Verfasser zu aufrichtigem Dank verpflichtet!

Delft, im September 1958

W. F. de Jong

Inhaltsverzeichnis

Inhaltsverzeichnis V

Einleitung

Der Name Kristallkunde leitet sich von dem griechischen Wort krystallos ab, womit im Altertum Bergkristall gemeint war. Dieser Bergkristall wird in den hohen Regionen der Alpen in prächtigen Exemplaren gefunden und man glaubte, daß es so stark abgekühltes Eis wäre, daß es nicht mehr schmelzen könne [1].

Meistens wird ein Kristall definiert als fester, von natürlichen ebenen Flächen begrenzter, homogener und anisotroper Körper (S. 173). Nach der Entdeckung der Beugung von Röntgenstrahlen durch Kristalle 1912 kann aber besser gesagt werden: ein Kristall ist ein Körper, in dem die Schwerpunkte der Atome (Ionen) ein Gitter bilden (S. 90). Diese Definition hat die Vorteile: 1. daß auch im Wachstum gehinderte, also nicht von ebenen Flächen begrenzte Kristalle erfaßt werden, und 2., daß man eine sehr gute Erkennungsmethode für Gitter, selbst für submikroskopische, in der Beugungsfigur der Röntgenstrahlen hat (S. 96). Einige Bedenken gegen diese Definition treten dadurch auf, daß der mathematische Begriff Gitter in physikalischem Sinne aufgefaßt werden muß (S. 91 und 208).

Die Kristallkunde kann in vier Abschnitte eingeteilt werden:
1. *Geometrische*: Behandlung der äußeren Form der Kristalle.
2. *Strukturelle*: Geometrische Beschreibung und Bestimmung des inneren Aufbaues, des Gitters.
3. *Chemische*: Beschreibung und Studium des aus Atomen (Ionen) gebildeten Gitters und der Bindungen dieser Teilchen.
4. *Physikalische*: Beschreibung und Erklärung der physikalischen Eigenschaften.

---

[1] Geschichtliche Werke: C. M. MARX, Geschichte der Krystallkunde, 1825; F. VON KOBELL, Geschichte der Mineralogie und Krystallographie, 1866; P. GROTH, Entwicklungsgeschichte der mineralogischen Wissenschaften. Berlin, 1926; W. F. DE JONG und E. STRADNER, Zeittafel. Tschermaks min. u. petr. Mitt. *5* (1956) 362—379.

I. Geometrische Kristallkunde [1]

Die geometrische Kristallkunde oder Kristallographie beschäftigt sich mit der Beschreibung, Berechnung, Projektion und dem Zeichnen der äußeren Formen von frei entwickelten Kristallen, die erfahrungsgemäß konvexe Polyeder (mit ebenen Flächen und geraden Kanten) sind. In einem Anhang werden Kristallaggregate, Zwillings- und Viellingskristalle behandelt.

A. Kristallbeschreibung

Drei Gesetze beherrschen dieses Teilgebiet:

1. Gesetz von STENSEN,
2. Gesetz von HAÜY (Hauptgesetz der geometrischen Kristallkunde),
3. Gesetz der Symmetrie.

Gesetz von Stensen

Dieses Gesetz, auch *Gesetz der Winkelkonstanz* genannt, wurde 1669 von STENSEN (lateinisch STENO) entdeckt, aber erst viel später, 1772, durch viele Messungen von ROMÉ DE l'ISLE endgültig bestätigt. Das Gesetz besagt: 1. daß der Winkel zwischen zwei Flächen beim selben Individuum konstant ist und sich auch nicht verändert, wenn sich die Flächen beim Wachsen des Kristalles vorschieben; 2. daß der entsprechende Winkel bei einem anderen Individuum derselben Kristallart der gleiche ist. Daraus folgt, daß auch die Winkel zwischen den *Kanten* konstant sind und daß meistens für die Betrachtung nur die Richtungen der Flächen und Kanten von Bedeutung sind und nicht deren Lage.

Prinzip von Bernhardi (1809)

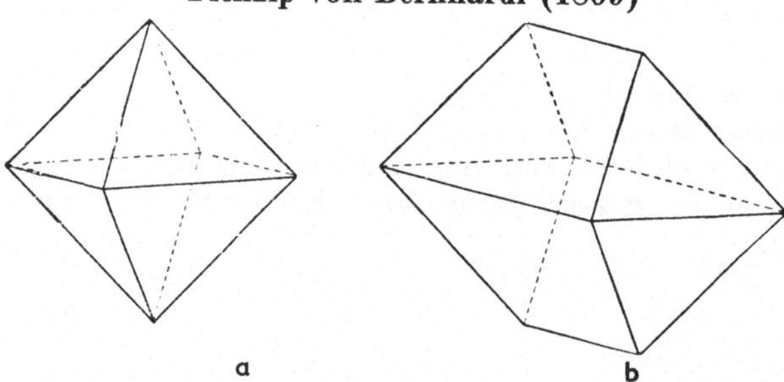

Abb. 1. Zwei oktaedrische Kristalle: *a*) frei gewachsen; *b*) nach einer der Kantenrichtungen gestreckt

Charakteristisch sind also die Richtungen der Flächen und Kanten oder auch ihre Senkrechten; geometrisch-kristallographisch benennt man Abb. 1 a und b gleich (Oktaeder).

---

[1] Literaturübersichten: Encyklopädie der mathematischen Wissenschaften, Bd. V, Teil 1, S. 391. Leipzig; P. NIGGLI, Krystallographische und struktur-theoretische Grundbegriffe, in: Handbuch der Experimentalphysik, Bd. VII, Teil 1. Leipzig, 1928.

Im folgenden werden die Kristalle gedacht entweder 1. normiert, durch gleichwertige (S. 20) Flächen gleich weit entfernt von einem Punkt, dem Mittelpunkt O, zu legen, oder 2. reduziert zu einer *Garbe*, indem man alle Flächen (und Kanten) nach dem Mittelpunkt verlegt (BERNHARDI). Diesen letzteren Komplex wollen wir *direkte Garbe* nennen. Der Komplex im Mittelpunkt, der von allen Senkrechten auf die Flächen und von allen senkrechten Flächen auf die Kanten gebildet wird, soll *indirekte Garbe* heißen.

Winkelmessung [1]

In der Regel werden die Winkel zwischen den Flächen gemessen, da das Messen der Kantenrichtungen, unter dem Mikroskop mit drehbarem und unterteiltem Tisch, ungenauer ist.

Die Winkel zwischen den Flächen können mit dem *Anlegegoniometer* (CARANGEOT, 1770) mit einer Genauigkeit von etwa 1° gemessen werden. Die Schenkel der Schere (Abb. 2) werden an zwei Flächen angelegt, die Fläche der Schenkel steht auf die Kante senkrecht.

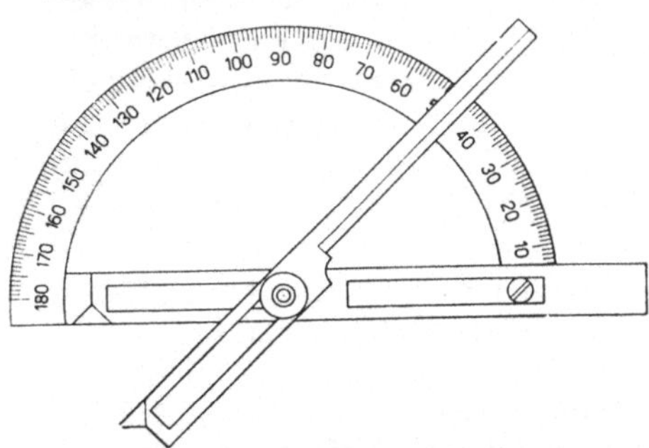

Abb. 2. Anlegegoniometer; der Winkel zwischen den Schenkeln der losen Schere wird am Winkelmesser abgelesen

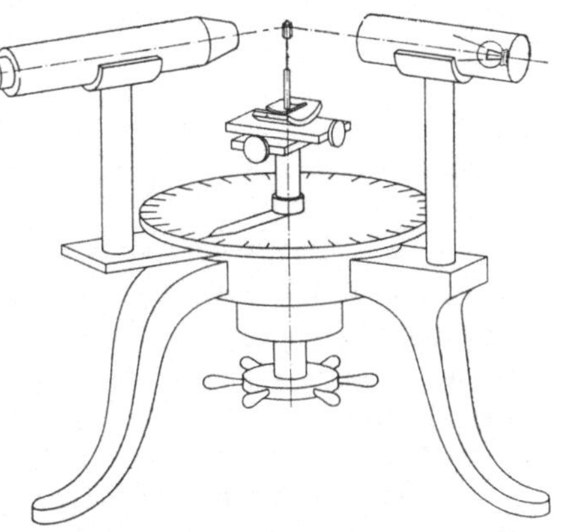

Abb. 3. Reflexgoniometer mit einem unterteilten Kreis

Genauere Messungen, bis etwa 1′, werden mit dem *Reflexgoniometer* (WOLLASTON, 1809) erzielt. Von diesen ist ein sehr gebräuchliches das mit einem unterteilten Kreis (Abb. 3). Da das auffallende Licht parallel ist, können in *einer* Aufstellung alle Winkel zwischen Flächen, die zu einer Kante parallel sind, d. h. Flächen, die in einer *Zone* (= *Bündel*) mit der Kante als *Zonenachse* liegen, gemessen werden.

Mit dem *Theodolitgoniometer*, das zwei gegenseitig senkrechte unterteilte Kreise hat, erhält man die Lage einer jeden Fläche, ohne daß eine neue Aufstellung nötig ist (Abb. 4).

Mit einem Goniometer mit drei unterteilten Kreisen [2] können auch

<hr>

[1] P. TERPSTRA. Kristallometrie, S. 287. Groningen, 1946; V. GOLDSCHMIDT, Kursus der Kristallometrie. Berlin, 1933.

[2] Min. Mag. *12* (1899) 175; *14* (1904) 1; A. E. H. TUTTON, Crystallography and Practical Crystal Measurement, S. 466. London, 1911.

Winkel zwischen Kanten gemessen werden, aber diese sehr teuren Apparate werden wenig gebraucht.

Die Genauigkeit von Messungen und die Konstanz von Winkeln ist selten größer als 1', oft sogar ziemlich kleiner [1].

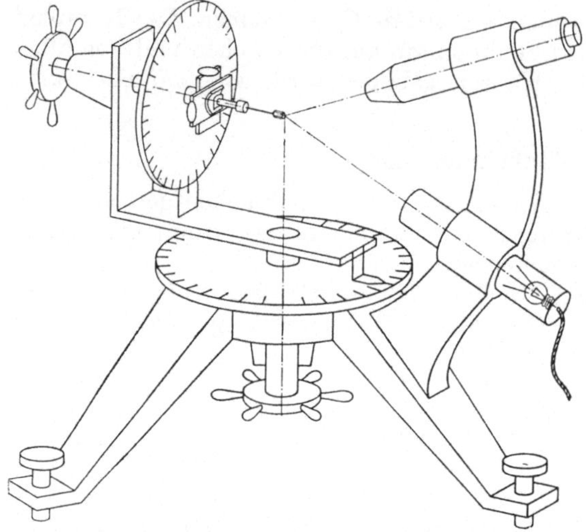

Abb. 4. Theodolitgoniometer mit zwei senkrechten unterteilten Kreisen

Kristallographische Achsen; Parameter, Indices, Symbole

Um von einem Kristall, oder besser gesagt von einer direkten Garbe, die Richtungen der Flächen und Kanten anzugeben, nimmt man ein Kreuz aus drei Koordinatenachsen (= kristallographische Achsen) an. Für die einfachste Berechnung wäre wohl ein Cartesisches Kreuz geeignet; dies wird zuweilen genommen (S. 173), aber gewöhnlich wählt man ein an den Kristall angepaßtes Kreuz.

Man wählt alsdann drei Kristallflächen als Koordinatenebenen [2], also drei Kanten als Achsen, legt eine vierte Fläche (*Einheitsfläche*) außer den Mittelpunkt und nimmt die von dieser Fläche auf den Achsen abgeschnittenen Stücke als Einheiten a, b und c (*Achsenmaße* oder *Achsenlängen* genannt); genauer gesagt, man nimmt die Verhältnisse dieser Stücke, aber es ist oft einfacher, absolute Werte zu nehmen, z. B. $b = 1$ cm. Über die wahren absoluten Achsenlängen vgl. S. 92.

Die vier genannten Flächen heißen die *Grundflächen*. Die positiven Achsenrichtungen bilden ein rechtshändiges Kreuz, die Achsenwinkel werden α, β, γ bezeichnet (WEISS, 1815); a, b, c, α, β, γ werden die (direkten) *Kristallelemente* genannt. Die C-Achse wird senkrecht gestellt, die A-Achse in der sagittalen Ebene nach dem Beschauer zu und die B-Achse nach rechts geneigt; ausgenommen das vierachsige Kreuz (S. 6).

Durch die Achsen in der direkten Garbe werden jene in der indirekten ebenfalls bestimmt. Die *indirekten Achsen* sind die Senkrechten auf die erstgewählten drei Grundflächen und die Senkrechte auf die Einheitsfläche ist die Einheitslinie (J. G. GRASSMANN, 1829). Wir bezeichnen die

---

[1] P. NIGGLI, Lehrbuch der Mineralogie und Kristallchemie, S. 581. Berlin, 1941; M. H. HEY, On the Accuracy of Mineralogical Measurements. Min. Mag. *23* (1933) 495.
[2] Nähere Beschreibung auf S. 11.

indirekten Achsen und Kristallelemente $A*, B*, C*, a*, b*, c*, \alpha*, \beta*, \gamma*$; für die positiven Achsenrichtungen gilt $A* \wedge A < 90°$; $B* \wedge B < 90°$; $C* \wedge C < 90°$ (S. 46f.).

Die Richtung einer beliebigen Kristallfläche kann nun in dem direkten Kreuz durch ihre Gleichung oder durch drei Parameter angegeben werden. Diese können die Verhältnisse der von den Achsen abgeschnittenen Stücke sein, jedes Stück in dem für die Achse geltenden Achsenmaß ausgedrückt (WEISS, 1817). So sind in Abb. 5 diese Parameter

$$p = \frac{OD}{a}; \quad q = \frac{OE}{b}; \quad r = \frac{OF}{c}$$

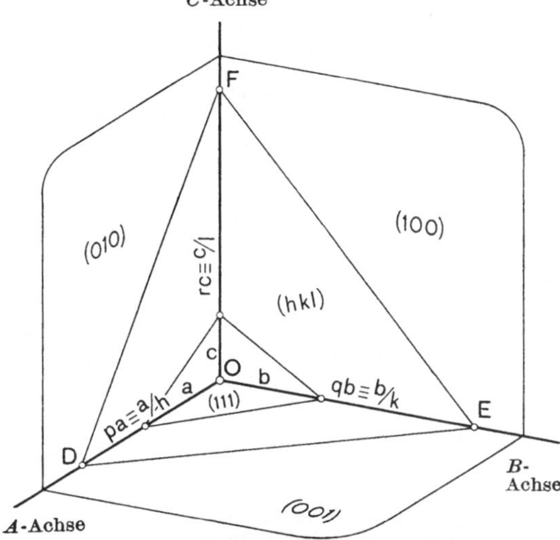

Abb. 5. Die vier Grundflächen und eine beliebige Fläche mit Symbolen

In der Regel verwendet man die reziproken [1] Werte dieser Parameter und nennt diese *Indices* (MILLER, 1839):

$$h = \frac{1}{p} = \frac{a}{OD}; \quad k = \frac{1}{q} = \frac{b}{OE}; \quad l = \frac{1}{r} = \frac{c}{OF}$$

Die Richtung der Fläche wird durch das Symbol (*hkl*) angedeutet; darin sind also *h*, *k* und *l* Verhältniszahlen und Multiplikation oder Division ändern die Bedeutung dieses Symbols nicht.

Liegt eine Fläche zu einer Achse parallel, dann ist der betreffende Index Null; die Koordinatenflächen haben somit die Symbole (100), (010) und (001), die Einheitsfläche (111).

Bei einem negativen Index wird das Minuszeichen über den Index gesetzt.

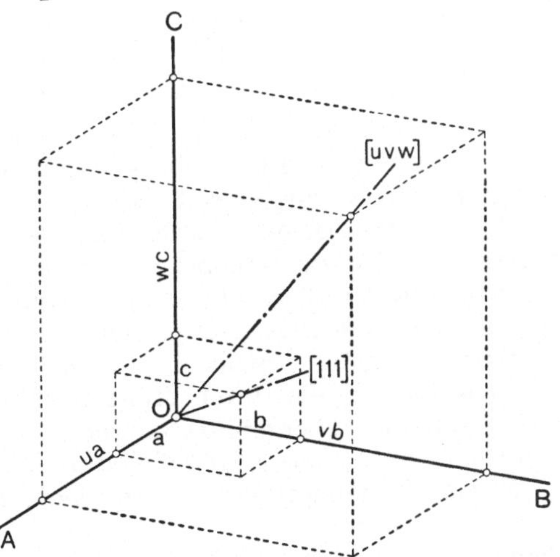

Abb. 6a. Die Richtungen [111] und [*uvw*] in einem dreiachsigen Kreuz

---

[1] J. J. BERNHARDI (1808); W. WHEWELL (1825); J. G. GRASSMANN (1829); M. L. FRANKENHEIM (1829).

Die Richtung einer Linie (Kante, Zonenachse) wird in dem direkten Kreuz mittels eines Symboles bezeichnet, in dem die Koordinaten eines beliebigen Punktes auf der Kante, ausgedrückt in Achsenlängen, vorkommen; diese Koordinaten werden ebenfalls Indices genannt. In Abb. 6a sind die Symbole der Einheitskante und einer beliebigen Kante angegeben; die Achsensymbole sind [100], [010] und [001].

Im hexagonalen System (S. 14) wird oft ein vierachsiges Kreuz gebraucht ($AB\Omega C$, Abb. 10), die Symbole sind dann viergliedrig. Wir können zu einem dreigliedrigen übergehen, das dann auf die A-, B- und C-Achse Bezug hat, indem man in dem Symbol einer Fläche ($hk\varkappa l$) den dritten Index

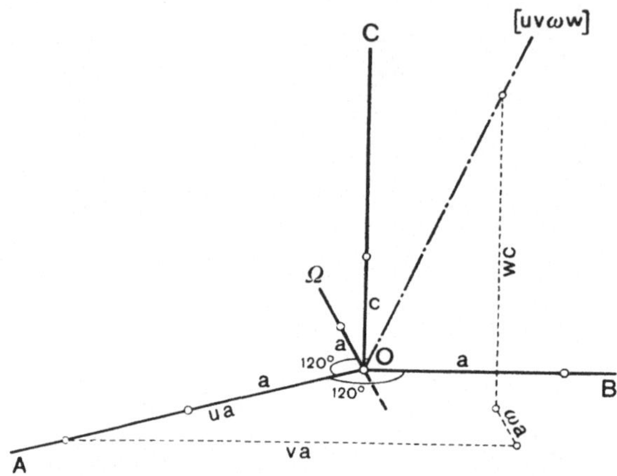

Abb. 6b. Die Richtung [$uv\omega w$] in einem vierachsigen Kreuz nach BRAVAIS. Analog mit $h+k+\varkappa = 0$ (S. 21) kann auch $u+v+\omega = 0$ angenommen werden; in der Zeichnung wurde diese Bedingung noch nicht berücksichtigt

wegläßt und für das einer Kante [$uv\omega w$] dann [$u-\omega$ $v-\omega$ w] liest (Abb. 6b). Um von dreigliedrigen Symbolen (hkl) und [uvw] auf viergliedrige zu kommen, liest man für eine Fläche (h k $-h-k$ l) und für eine Kante [$2u-v$ $2v-u$ $-u-v$ $3w$] [1].

Gesetz von Haüy (Hauptgesetz der geometrischen Kristallkunde)

Es existieren zwei Formulierungen, die erste von HAÜY (1783) und die zweite von WEISS (1804); die Gleichwertigkeit der beiden wurde durch NEUMANN (1823) dargelegt (S. 43).

Erste Formulierung: wählt man drei an dem Kristall vorkommende Flächen als Koordinatenebenen und eine vierte als Einheitsfläche, dann sind die Indices aller Flächen und Kanten ganze Zahlen, in der Regel ziemlich kleine (*arithmetische* Ableitung der Flächen).

Sind die Indices nicht als ganze Zahlen gegeben, so sind sie doch *rationale* Zahlen, die durch Multiplikation mit einem passenden Faktor in ganze Zahlen übergeführt werden können. Enthalten die Indices einen *g. g. T.*, so werden sie gewöhnlich durch diesen geteilt.

Zweite Formulierung: alle an einem Kristall möglichen (Richtungen von) Flächen und Kanten kann man wie folgt erhalten (*geometrische* Ableitung). Man nehme vier Flächen, die einen Vierflächner bilden. Dieser hat sechs Kanten, die ihrerseits zwei und zwei genommen sieben

---

[1] L. WEBER, Z. f. Krist. *57* (1922) 200; J. D. H. DONNAY, Am. Min. *32* (1947) 52, 477.

Flächen bestimmen [1], wovon vier bereits vorhanden und drei neu sind. Diese sieben Flächen, zwei und zwei genommen, bestimmen wieder eine Anzahl von Kanten, wovon einige neu sind, usw.

In dieser Form heißt das Gesetz das der *Bündelkombination* oder *Zonengesetz*.

Das Hauptgesetz gibt der Garbe eine bestimmte Struktur, denn nur Flächen mit ganzen Indices sind möglich, sind *kristallonomisch*, alle anderen fallen weg. Dadurch, daß die Indices selten größer als 6 sind, ist die Garbe in der Regel sehr dünn.

Über die Achsenlängen a, b, c wird nichts ausgesagt, diese können irrational sein (NEUMANN, 1823), vgl. S. 180.

Das Hauptgesetz wird durch die Hypothese von BRAVAIS auf einfache Art erklärt (S. 95).

Die Bedeutung des Gesetzes liegt in der Beschränkung der Anzahl möglicher Flächen und besonders der möglichen Symmetrien (S. 8).

Der Beweis kann experimentell nicht erbracht werden, es hat sogar den Anschein, daß bei genauen Messungen, auch an bestentwickelten Kristallen, die Indices unmeßbare oder zumindest sehr große Zahlen sind. Aber die Folgerung des Gesetzes, daß z. B. fünfzählige Symmetrieachsen nicht auftreten, wird streng beobachtet, so daß dieses als richtig anerkannt werden muß und das Auftreten von sehr großen Indices als eine Sache zweiter Ordnung erklärt werden muß (Vizinalflächen, S. 239).

Symmetrie

Symmetrieelemente

Es ist plausibel, daß sich bei ruhiger Kristallisation alle gleichen Atome eine gleiche Umgebung schaffen; die Röntgenuntersuchung beweist, daß diese Vorstellung richtig ist. Unter Umgebung kann man dann das Ganze minus dem betrachteten Atom verstehen; genau genommen, kann diese Vorstellung nur für einen unendlich ausgedehnten Kristall gelten, vgl. aber S. 91.

Es tritt also in dem Kristall Wiederholung (= Symmetrie) auf; innerlich zeigt sich das in einer Wiederholung von Eigenschaften in verschiedenen Richtungen, äußerlich als eine Wiederholung von Begrenzungsflächen und ihrer Winkel, also von dem ganzen Körper.

Um diese Wiederholung zu konstatieren, geht man von einer beliebigen Stellung aus und legt von jedem Punkt das Koordinatentripel x, y, z, bezogen auf ein festes Cartesisches Achsenkreuz, fest. Ist nach einer Stellungsänderung (= Symmetrieoperation) Wiederholung erreicht, dann befindet sich auf allen festgelegten Stellen x, y, z wieder ein Punkt und es werden keine neuen Tripel aufgezeichnet; man sagt, daß *Deckung* erreicht ist.

---

[1] Man sagt, daß eine Fläche durch zwei Kanten bestimmt wird, wenn sie parallel zu diesen Kanten ist.

Stellungsänderungen können in erster Linie Verschiebung und Drehung sein, bei einem *endlichen* Körper kann aber durch erstere keine Deckung erzielt werden (vgl. S. 88). Bei der Suche nach weiteren Möglichkeiten, einen Körper in gleiche Stellungen zu bringen, bemerkt man, daß nicht nur die Koordinatentripel in beiden Stellungen die gleichen sind, sondern auch alle Abstände zwischen allen Punkten. Diese Abstände sind von der Gestalt $\sqrt{(x_1-x_2)^2+(y_1-y_2)^2+(z_1-z_2)^2}$. Gleiche Abstände erhält man u. a. auch bei entgegengesetzten Vorzeichen

a) aller x (oder y oder z),

b) aller x und y (oder anderer Zweizahlen),

c) aller x, y und z.

Operation a) heißt *Spiegelung* bezüglich einer Ebene; b) ist eine Spiegelung bezüglich einer Linie und entspricht einer *Drehung* um 180°; c) heißt Spiegelung bezüglich eines Punktes ($=$ *Inversion*).

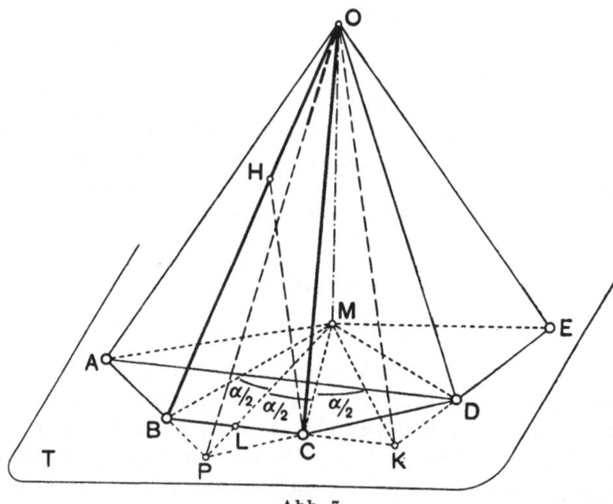

Abb. 7

Die möglichen Symmetrieoperationen für einen endlichen Körper sind demnach Drehung, Spiegelung, Inversion und ihre Kombinationen, Drehung + Spiegelung, Drehung + Inversion (ergibt dasselbe Resultat wie Drehung + Spiegelung), Spiegelung + Inversion (führt zum selben Resultat wie Drehung) und Drehung + Spiegelung + Inversion (gleiches Resultat wie Drehung).

Diese Operationen können an Hand von *Symmetrieelementen* beschrieben werden: Symmetrieachse ($=$ Drehachse), Symmetrieebene ($=$ Spiegelebene), Inversionspunkt (oft auch Mittelpunkt genannt) und Spiegelachse ($=$ Achse der zusammengesetzten Symmetrie).

Wenn man nach einer Drehung um $\dfrac{360°}{n}$ zum ersten Mal die gleiche Stellung erreicht, gibt n die *Zähligkeit* der Achse an. Eine Achse ist einseitig oder *polar*, wenn durch keine der anderen Operationen die zwei Richtungen der Achse zur Deckung gebracht werden können; dies bedingt im allgemeinen, daß die Flächenentwicklung an dem Kristall so ist, daß man zwischen den beiden Richtungen der Achse unterscheiden kann. Beim Vorhandensein einer n-zähligen Spiegelachse erhält man Gleichheit nach

$$2 \cdot \frac{360°}{n}; \; 4 \cdot \frac{360°}{n} \ldots, \text{ während man nach } 1 \cdot \frac{360°}{n}; \; 3 \cdot \frac{360°}{n} \ldots \text{ eine ge-}$$

spiegelte Stellung erreicht, gespiegelt um eine Ebene senkrecht auf die Achse.

Man unterscheidet oft zwei Arten von Symmetrieoperationen, 1. eigentliche und 2. uneigentliche; zur ersten Art gehören die Drehungen, zur zweiten die übrigen.

Kristallonomische Symmetrieachsen können nur 2-, 3-, 4- oder 6-zählig sein. Das geht aus dem Gitterbau eines Kristalles hervor[1], aber auch mittels des Hauptgesetzes kann bewiesen werden, daß Achsen anderer Zähligkeit ausgeschlossen sind[2]. In Abb. 7 sei OM eine n-zählige Achse senkrecht auf eine Zeichenebene T; $\frac{360°}{n} = \alpha°$. Eine beliebige Kante (=Richtung) wird dann zu n Kanten vervielfältigt; die Schnittpunkte mit T bilden die Eckpunkte eines regelmäßigen n-Ecks. Je zwei und zwei Kanten bestimmen Flächen; wir wählen OAB, OBC und OCD als Koordinatenebenen, also OB, OC und OP als kristallographische Achsen, und OAD als Einheitsfläche. Wird diese Fläche durch BC gelegt, dann zeigt sich, daß die Achsenlängen auf den Achsen OB und OC gleich sind, die

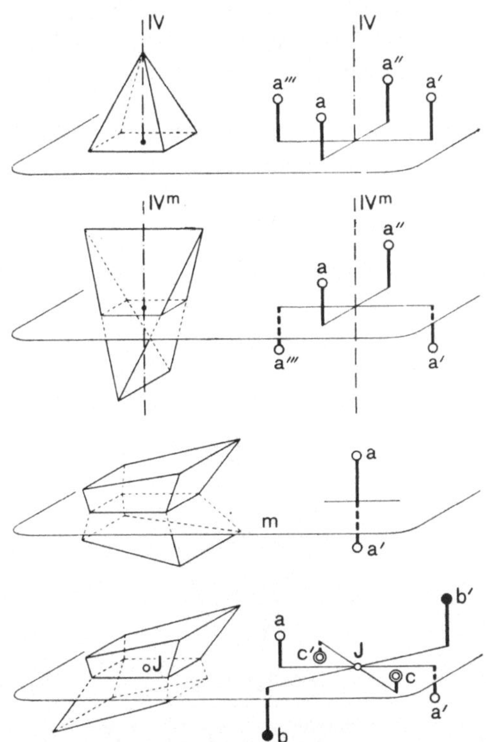

Abb. 8. Körper und Punktgruppierungen nach der Symmetrie IV bzw. IV^m bzw. m bzw. J

<hr>

[1] P. Niggli, Geometrische Kristallographie des Diskontinuums, S. 33. Leipzig, 1919.

[2] A. Gadolin (1867) in: Ostwalds Klassiker der exakten Wissenschaften, Nr. 75, S. 7 und 78. Leipzig, 1896; H. Hilton, Mathematical Crystallography, S. 43. Oxford, 1903.

Achsenlänge auf OP ist verschieden, aber das ist hier belanglos. Legt man auch die Fläche ODE durch C, dann schneidet diese die ersten beiden Achsen in H und C, wobei $CH \parallel OK$, der Schnittpunkt mit der dritten Achse ist wieder ohne Belang. Entsprechend dem Hauptgesetz muß also

$$\frac{OB}{OH} : \frac{OC}{OC}$$

ein meßbares Verhältnis sein. Nun ist

$$\frac{OB}{OH} = \frac{BK}{CK} = 1 + 2\cos\alpha$$

Die Untersuchung zeigt, daß meßbare Werte von $2\cos\alpha$ hier nur 0, ± 1 und ± 2 sein können, also $\alpha = 0°$, $60°$, $90°$, $120°$, $180°$, $240°$, $270°$ oder $300°$; $n = 1, 2, 3, 4$ oder 6. Die Achsen können also 1-, 2-, 3-, 4- oder 6-zählig sein; die letzten vier geben wir mit II, III, IV und VI an.

Auf analoge Weise kann bewiesen werden, daß Spiegelachsen I^m, II^m, III^m, IV^m und VI^m sein können; die Wirkung von I^m ist jedoch gleich der einer Spiegelebene m, von II^m der eines Inversionspunktes J und von III^m der einer Kombination von III und einer darauf senkrechten Spiegelebene m[1].

In Abb. 8 werden einige Symmetrieoperationen gezeigt.

Stereographische Projektionsmethode

Man bringt um den Kristall (um die direkte Garbe) eine Konstruktionskugel mit dem Mittelpunkt in O und dem Radius R an. Dann wird auf jede Kristallfläche durch O eine Senkrechte und auf jede Kante eine senkrechte Ebene gelegt und jeder Durchstichspunkt bzw. jeder Punkt des Schnittkreises mit der Kugel mit dem Nadirpunkt (=Augenpunkt) verbunden. Die Durchschnitte dieser Verbindungslinien mit der horizontalen Ebene T (=Zeichenebene) bilden die stereographische Projektion der Kristallfläche, bzw. der Kante

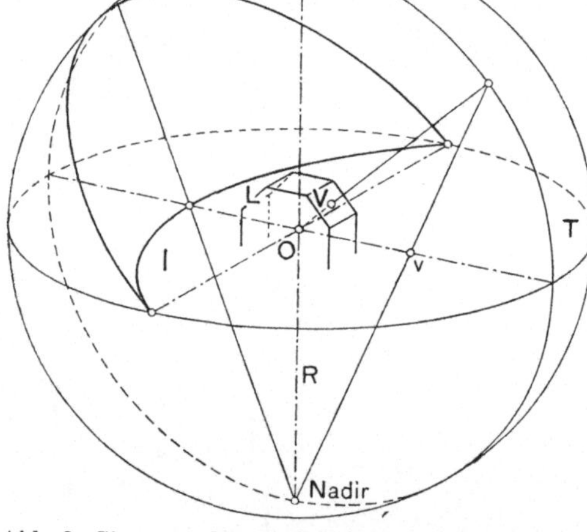

Abb. 9. Stereographische Projektion v der Fläche V und l der Kantenrichtung L auf der horizontalen Zeichenebene T

---

[1] In den International Tables for X-ray Crystallography I (1952) wird an Stelle von Drehung + Spiegelung die Kombination Drehung + Inversion gebraucht und die Achsen werden $\bar{1}$, $\bar{2}$, $\bar{3}$, $\bar{4}$ und $\bar{6}$ bezeichnet. Man überzeuge sich, daß $\bar{1} = II^m = J$; $\bar{2} = I^m = m$; $\bar{3} = VI^m$; $\bar{4} = IV^m$; $\bar{6} = III^m$.

(Abb. 9). Eine Kristallfläche wird also als Punkt, eine Kante als Kreis oder Kreisbogen projiziert (S. 63).

Die bedeutendsten Eigenschaften der stereographischen Projektion sind: Figuren auf der Kugel werden winkeltreu und Kreise auf der Kugel werden als Kreise projiziert [1].

Der Schnitt der Zeichenfläche mit der Kugel ist der *Grundkreis*. In einer Übersichtsfigur macht man selten Angaben außerhalb des Grundkreises, dagegen nimmt man für die Projektion der unteren Kugelhälfte als zweiten Augenpunkt den Zenitpunkt; die zwei aufeinander fallenden Projektionen werden dann durch verschiedene Zeichen unterschieden, z. B. für obere Flächen Kreuzchen und für untere Nüllchen (GADOLIN, 1867).

Von den Koordinaten- und Symmetrieebenen werden die Schnittkreise, von den kristallographischen und Symmetrieachsen die Durchstichspunkte projiziert. Pfeile außerhalb des Grundkreises bezeichnen die positiven kristallographischen Achsen, ein Inversionspunkt wird oft mit einem dicken Punkt gekennzeichnet. Die Drehachsen sind ◑ . ▽ . ◇ . ⬡ , die polaren Achsen ◖ , ▽ , ⬠ , ⬡ und die Spiegelachsen ◈ , ⬗ .

Symmetrieklassen

Ein Kristall kann mehr als ein Symmetrieelement besitzen, aber es ist nur eine bestimmte Anzahl von Kombinationen möglich und jede Kombination hat ihre bestimmte Konfiguration. Insgesamt sind 32 *Klassen* möglich (HESSEL, 1830).

Die Symmetrie einer Kristallfläche wird durch die darauf senkrecht stehenden Elemente bestimmt; bei einer Ebene (=zweidimensional) sind im ganzen zehn Klassen möglich.

Klassen mit nur einer Drehachse heißen *zyklische*, Bezeichnung: C_1, C_2, C_3, C_4, C_6 oder 1, 2, 3, 4, 6; C_1 kann auch symmetrielose Klasse genannt werden.

Klassen mit nur einer Drehachse und einigen II senkrecht darauf heißen *diedrische*, Bezeichnung: D_2, D_3, D_4, D_6 oder 222, 32, 422, 622. Die erstgenannte Achse heißt in den letzten drei Klassen *Hauptachse*.

Die anderen Klassen mit nur Drehachsen heißen *endosphärische*, Bezeichnung: T und O oder 23 und 432.

Die genannten elf Klassen werden die *holoaxialen* genannt.

In Tab. 1 und 2 wird eine Übersicht der Klassen gegeben.

Achsenkreuze (kristallographischer Achsen)

In der Regel nimmt man Achsenkreuze, die folgende Bedingungen erfüllen:

1. Es werden vorhandene oder mögliche Kanten als Achsen gewählt, besser gesagt: man nimmt vier Kristallflächen als Grundflächen (Hauptgesetz, S. 6);

---

[1] Zum Beweis s. J. D. H. DONNAY, Spherical Trigonometry after the Cesàro Method, S. 7. New York, 1945.

Tabelle 1. *Systeme und Klassen*

GROTH (1895, FEDOROW 1893)	Int. Tab.	SCHOENFLIES	Symmetrie							SCHOENFLIES (1891)
Kubisches (reguläres) System										
1. hexakisoktaedrisch	m 3 m	O_h	J	3IV	4VI*m*	6II	3m		6m	Holoedrie
2. disdodekaedrisch	m 3	T_h	J	3II	4VI*m*		3m			paramorphe Hemiedrie
3. pentagonikositetraedrisch	4 3 2	O		3IV	4III	6II				enantiomorphe „
4. hexakistetraedrisch	$\bar{4}$ 3 m	T_d		3IV*m*	4III*p*				6m	tetraedrische „
5. tetraedr. pentagondodekaedr.	2 3	T		3II	4III*p*					Tetartoedrie
Tetragonales System										
6. ditetragonal bipyramidal	4/mmm	D_{4h}	J	IV	2II	2II	m	2m	2m	Holoedrie
7. „ pyramidal	4 m m	C_{4v}		IV*p*				2m	2m	hemimorphe Hemiedrie
8. tetragonal bipyramidal	4/m	C_{4h}	J	IV			m			paramorphe „
9. „ pyramidal	4	C_4		IV*p*						hemimorphe Tetartoedrie
10. „ trapezoedrisch	4 2 2	D_4		IV	2II	2II				enantiomorphe Hemiedrie
11. „ skalenoedrisch	$\bar{4}$ 2 m	D_{2d}		IV*m*	2II				2m	sphenoidische „
12. „ bisphenoidisch	$\bar{4}$	S_4		IV*m*						sphenoidische Tetartoedrie
Hexagonales System A										
13. dihexagonal bipyramidal	6/mmm	D_{6h}	J	VI	3II	3II	m	3m	3m	Holoedrie
14. „ pyramidal	6 m m	C_{6v}		VI*p*				3m	3m	hemimorphe Hemiedrie
15. hexagonal bipyramidal	6/m	C_{6h}	J	VI			m			paramorphe „
16. „ pyramidal	6	C_6		VI*p*						hemimorphe Tetartoedrie
17. „ trapezoedrisch	6 2 2	D_6		VI	3II	3II				enantiomorphe Hemiedrie
18. ditrigonal skalenoedrisch	$\bar{3}$ m	D_{3d}	J	VI*m*	3II				3m	rhomboedrische „
19. trigonal rhomboedrisch	$\bar{3}$	S_6	J	VI*m*						rhomboedrische Tetartoedrie

			J							
B										
20. ditrigonal bipyramidal ……	$\bar{6}\,m\,2$	D_{3h}		III			3IIp	m		3m	Holoedrie
21. „ pyramidal ……	$3\,m$	C_{3v}		IIIp						3m	hemimorphe Hemiedrie
22. trigonal bipyramidal ……	$\bar{6}$	C_{3h}		III				m			paramorphe „
23. „ pyramidal ……	3	C_3		IIIp							hemimorphe Tetartoedrie
24. „ trapezoedrisch …	$3\,2$	D_3		III			3IIp				enantiomorphe Hemiedrie
Rhombisches System										
25. rhombisch bipyramidal ……	$m\,m\,m$	D_{2h}	J	II	II	II	m	m	m	Holoedrie
26. „ pyramidal ……	$m\,m\,2$	C_{2v}		IIp				m	m	hemimorphe Hemiedrie
27. „ bisphenoidisch …	$2\,2\,2$	D_2		II	II	II				enantiomorphe „
Monoklines System										
28. monoklin prismatisch ……	$2/m$	C_{2h}	J		II			m		Holoedrie
29. „ sphenoidisch ……	2	C_2			IIp					hemimorphe Hemiedrie
30. „ domatisch ……	m	C_{1v}						m		domatische „
Triklines System										
31. triklin pinakoidal……	$\bar{1}$	S_2	J							Holoedrie
32. „ asymmetrisch ……	1	C_1								Hemiedrie

Manchmal werden andere Bezeichnungen verwendet: 1.K_h; 3.K; 11.V_d, S_{4u}; 12.$\bar{C}_4$; 18.S_{6u}; 19.C_{3i}; 25.V_h; 27.V; 30.C_s, C_1, C_{1h}; 31. C_i, $\bar{C}_2$.

2. Das Kreuz, also die Achsenrichtungen und -maße, entspricht der Symmetrie der Klasse, aber so, daß dann kein Unterschied zwischen positiver und negativer Achsenrichtung gemacht wird.

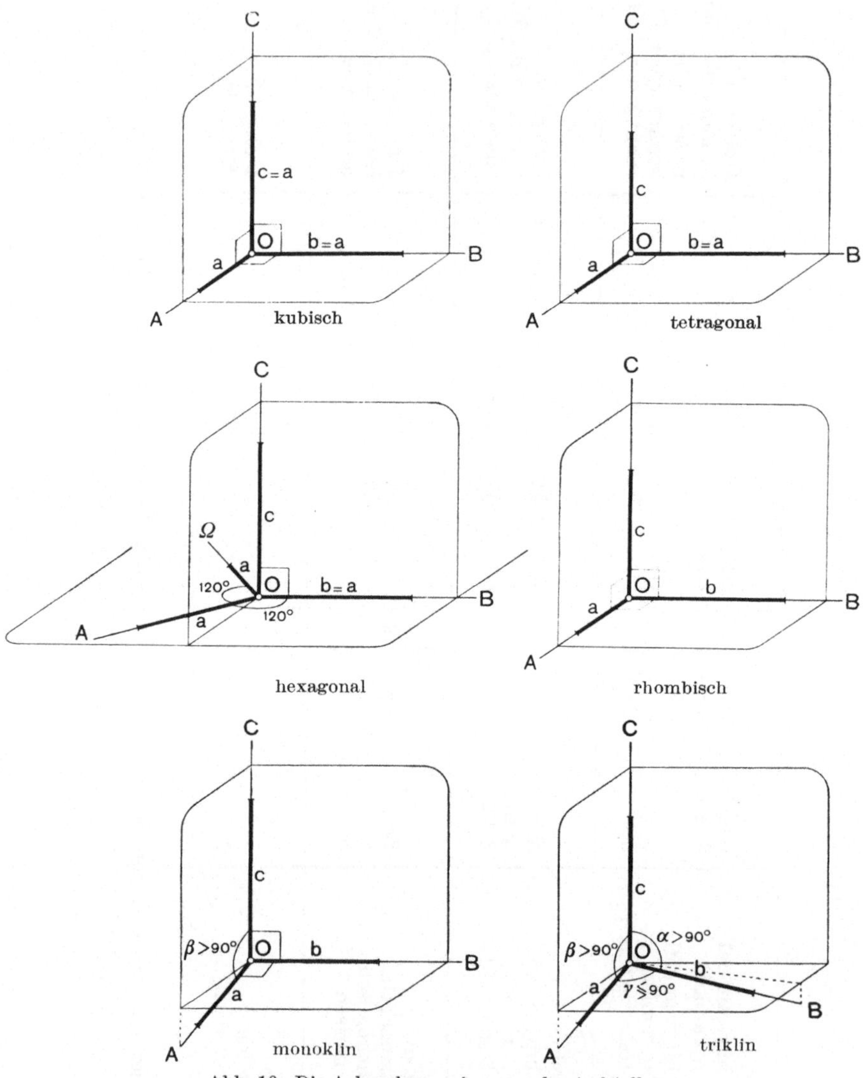

Abb. 10. Die Achsenkreuze in normaler Aufstellung

In einer großen Anzahl von Klassen kann ohne Beachtung des Kristalles und seiner Flächen das Achsenkreuz a priori gewählt werden; in den Klassen C_{1v}, C_2, C_{2h}, ist dies teilweise, in S_2 und C_1 nicht möglich. Um das zu zeigen, machen wir Gebrauch von folgenden Eigenschaften:

1. a) Symmetrieebenen und b) senkrechte Ebenen auf Symmetrie-achsen sind mögliche Kristallflächen;

2. a) Symmetrieachsen und b) Senkrechte auf Symmetrieebenen sind mögliche Kristallkanten.

ad 1.a) Ist m eine Symmetrieebene und sind v_1 und v_2 Kristallflächen, dann sind es auch die ge-spiegelten Flächen v_1' und v_2'. Die Kanten v_1v_1' und v_2v_2' bestimmen eine Fläche, die mit m zusammenfällt.

ad 1.b) Ist n eine gerad-zählige Achse und sind v_1 und v_2 Kristallflächen, dann sind es auch v_1' und v_2', die um 180° gedrehten v_1 und v_2. Die Kanten $v_1 v_1'$ und $v_2 v_2'$ be-stimmen eine Fläche senk-recht auf die Achse. Ist n eine dreizählige Achse, dann kann die Eigenschaft nicht aus dem Hauptgesetz abgeleitet werden, aber sie geht aus der Struktur eines Kristalles hervor [1].

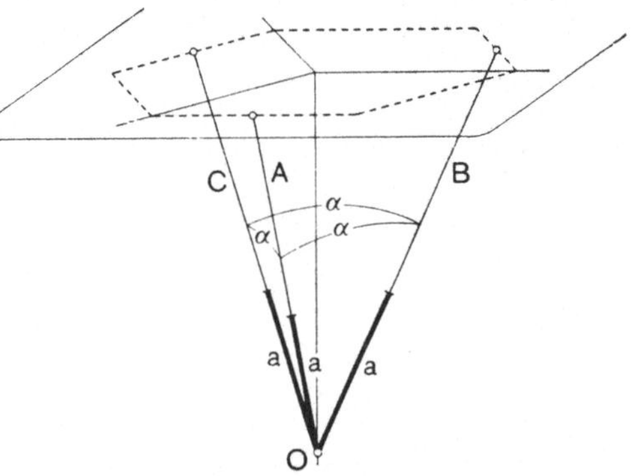

Abb. 11a. Hexagonales Achsenkreuz nach MILLER

ad 2. a) Ist n eine geradzählige Achse und sind r_1 und r_2 Kanten, dann sind es auch r_1' und r_2', die um 180° gedrehten r_1 und r_2. Die Flächen

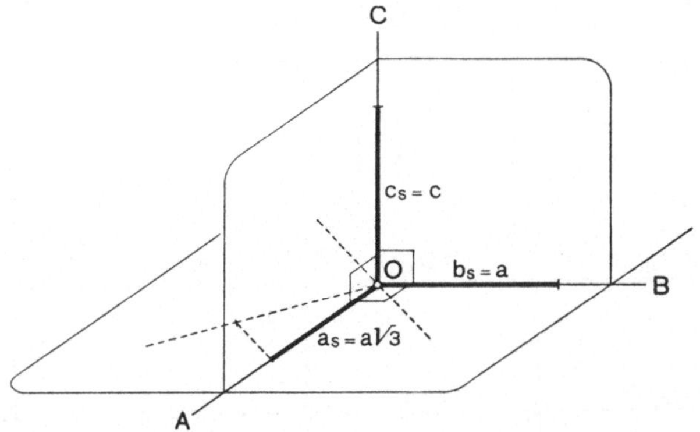

Abb. 11b. Hexagonales Achsenkreuz nach SCHRAUF

r_1r_1' und r_2r_2' bestimmen eine Kante, die mit der Achse zusammenfällt. Ist n eine dreizählige Achse, dann gilt dasselbe wie bei 1. b).

ad 2. b) Ist m eine Symmetrieebene und sind r_1 und r_2 Kanten, dann sind es auch die gespiegelten Kanten r_1' und r_2'. Die Flächen r_1r_1' und

---

[1] Siehe Hypothese von BRAVAIS (S. 92) und A. BRAVAIS (1848) in; Ostwalds Klassiker der exakten Wissenschaften, Nr. 90, S. 65. Leipzig, 1897; vgl. auch P. TERPSTRA, Leerboek der geometrische kristallografie, S. 76. Groningen, 1927.

Tabelle 2. *Stereographische*

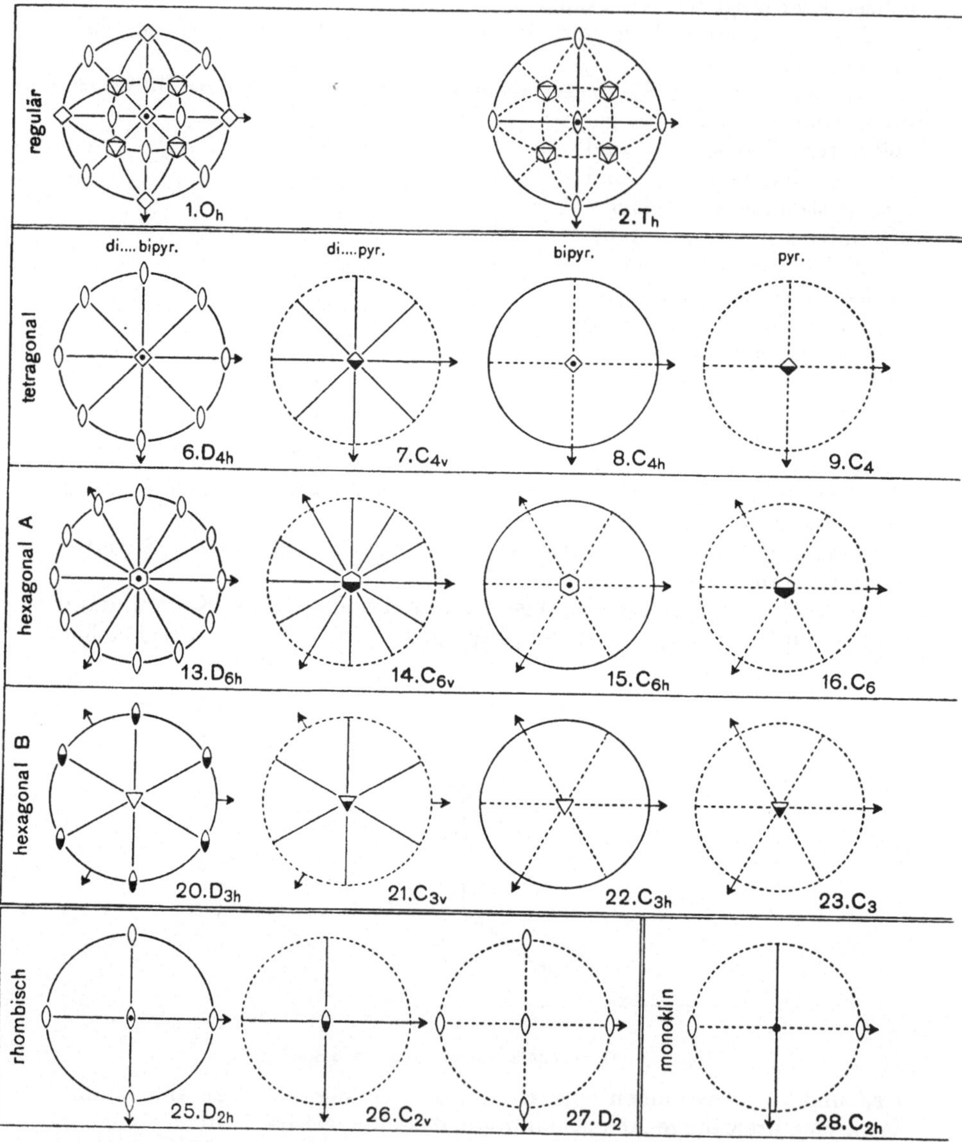

$r_2 r_2'$ bestimmen eine Kante, die mit der Senkrechten auf m zusammenfällt.

Man kann so zu sechs oder sieben prinzipiell verschiedenen Kreuzen kommen (Abb. 10).

Neben oder an Stelle des vierachsigen Kreuzes nach BRAVAIS (1851)

Projektionen der Symmetrieklassen

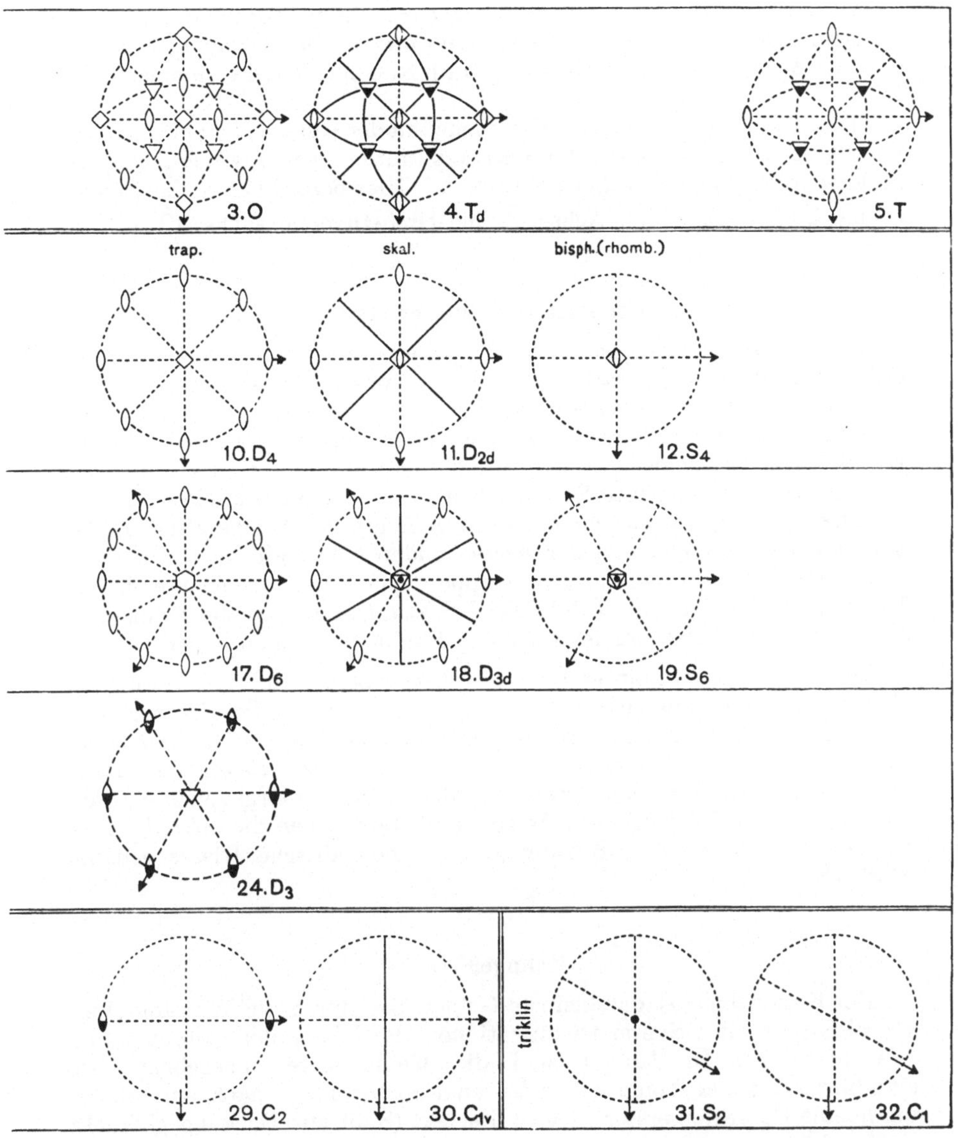

gebraucht man auch das dreiachsige nach MILLER (1839) oder manchmal das dreiachsige nach SCHRAUF (1861); letzteres entspricht aber nicht der Bedingung 2 (Abb. 11).

In Tab. 2 sind die nicht-senkrechten positiven Achsen mit Pfeilen angegeben.

Systeme

Die Klassen, bei denen prinzipiell gleiche Achsenkreuze gewählt werden können, faßt man zu einem *System* zusammen. Das hexagonale System wird in A und B oder zuweilen auch in hexagonales und trigonales unterteilt.

Tab. 1 gibt eine Übersicht. Die Namen in der ersten Kolonne sind nach GROTH, in der letzten nach SCHOENFLIES (mit einigen Abweichungen) und in der zweiten nach HERMANN-MAUGUIN [1]. Hier bezeichnet m eine Spiegelebene, 3 eine dreizählige Achse, $\overline{3}$ eine Dreh-Inversionsachse (S. 10).

Gruppen und Untergruppen

In der Mathematik ist eine Gruppe eine Sammlung von Gruppenelementen (Mengen, Operationen), mit dem vornehmlichsten Kennzeichen, daß das Produkt von zweien einem der Elemente gleich ist, mit anderen Worten, daß zwei Elemente, nacheinander angewendet, den gleichen Effekt ergeben wie eines der Elemente der Gruppe. In der Kristallographie sind die Gruppenelemente Symmetrieoperationen. So bezeichnen m und J jedes eine Operation, eine n-zählige Achse $n-1$ Operationen. Die Symmetrieoperationen in jeder Klasse bilden eine endliche Gruppe und zwar eine *Punktgruppe*, da jede Gruppe einen Punkt zu einer endlichen Menge vervielfältigt (vgl. S. 89). Dies bringt mit sich, daß alle Symmetrieelemente einer Klasse mindestens einen Punkt gemeinsam haben.

In einer Gruppe kann es Untergruppen geben, d. h. eine Anzahl von Elementen bildet aus sich selbst eine Gruppe; z. B. die Untergruppen von C_{2h} sind C_2, C_{1v}, S_2, C_1. Es stellt sich heraus, daß jede der 32 Klassen eine Untergruppe von O_h oder D_{6h} oder von beiden ist [2]. Es zeigt sich auch, daß in jedem System eine Klasse die übrigen als Untergruppen enthält; diese Klasse wird die *holoedrische* genannt, die übrigen die *meroedrischen*. Im hexagonalen System B kann D_{3h} die holoedrische Klasse genannt werden.

Kenngebiete

Ein Kenngebiet ist das kleinste Gebiet, das durch die Wirkung (Vervielfältigung) aller Symmetrieoperationen der Klasse den ganzen Raum einfach ergibt. In Tab. 4 sind die Kenngebiete angegeben[3]; sie sind untereinander kongruent oder enantiomorph, je nachdem, ob sie durch eine Operation erster oder zweiter Art (S. 9) zur Deckung gebracht werden können.

---

[1] International Tables for X-ray Crystallography I (1952).
[2] A. SCHLEEDE und E. SCHNEIDER, Röntgenspektroskopie und Kristallstrukturanalyse II, S. 29. Berlin, 1929; International Tables for X-ray Crystallography I, S. 36 (1952).
[3] Die monoklinen und triklinen Zeichnungen sind auf S. 67 näher erklärt.

In jeder Klasse hat das Kenngebiet eine bestimmte Größe, in einigen Klassen können die Grenzen ganz oder teilweise willkürlich gewählt werden (z. B. S_2 und C_4); Symmetrieelemente können allein an den Grenzen vorkommen.

Es stellt sich heraus, daß in jedem System die Kenngebiete der meroedrischen Klassen zweimal oder viermal so groß sind als in der holoedri-

Tabelle 3

	Holoedrie		Meroedrien							
			Hemiedrien					Tetartoedrien		
	max. Anzahl Fl.		max. Anzahl Fl.	Hemimorphie	Paramorphie	Enantiomorphie		max. Anzahl Fl.	Hemimorphie	
		Di... bipyramiden		Di... pyramiden	Bipyramiden	Trapezoeder	Skalenoeder		Pyramiden	
kub.	48	O_h	24		T_h	O	T_d	12		T
hex. A	24	D_{6h}	12	C_{6v}	C_{6h}	D_6	D_{3d}	6	C_6	S_6
tetr.	16	D_{4h}	8	C_{4v}	C_{4h}	D_4	D_{2d}	4	C_4	S_4
hex. B	12	D_{3h}	6	C_{3v}	C_{3h}	D_3		3	C_3	
rhomb.	8	D_{2h}	4	C_{2v}		D_2				
monok.	4	C_2	2	C_2			C_{1v}			
trikl.	2	S_2	1				C_1			

Die Anzahl der Flächen der allgemeinen Form in jeder Klasse

schen. Erstere nennt man *hemiedrische*, letztere *tetartoedrische*. Betrachtet man die Klassen des hexagonalen Systems B als Meroedrien von D_{6h}, dann kann das Kenngebiet achtmal so groß sein (*Ogdoedrie*).

Bei den Hemiedrien unterscheidet man (Tab. 3):

1. Hemimorphe Hemiedrie. Die Hauptachse ist polar.

2. Enantiomorphe Hemiedrie. Es kommen nur die Drehachsen der holoedrischen Klasse vor; kein Inversionspunkt.

3. Paramorphe Hemiedrie. Nur die Hauptachse und die darauf senkrecht stehende Symmetrieebene kommen vor (beim kubischen System
werden hier drei Achsen als Hauptachsen betrachtet).

Formen

Alle Größen, die durch Vervielfältigung durch die Symmetrieoperationen
miteinander zur Deckung kommen, nennt man *gleichwertig* (=äquivalent).

Liegt die Projektion einer Kristallfläche (Ausgangsfläche) in der
Projektion eines Kenngebietes, dann wird diese Fläche gleichsam ka-

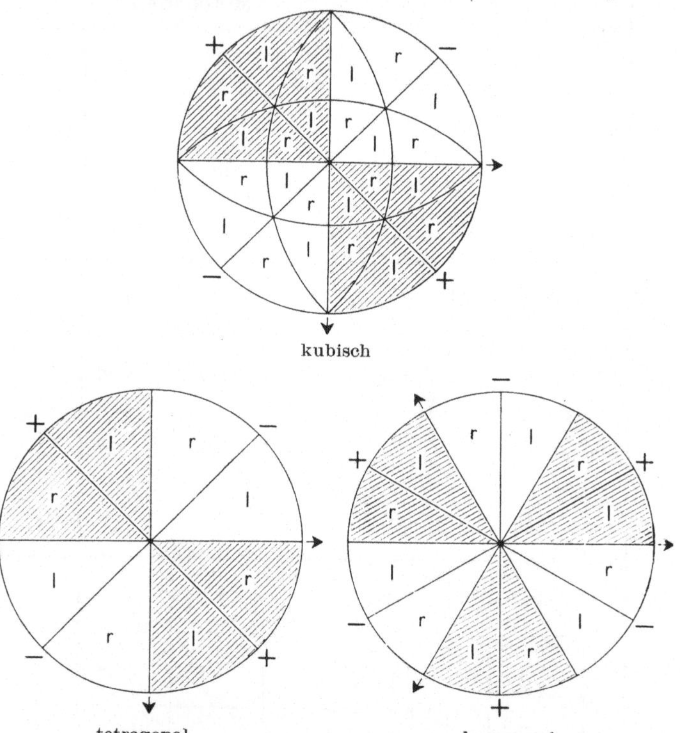

Abb. 12. Einteilung der Projektionskugel zur Bestimmung der Lagenamen; *r* = rechtes,
l = linkes

leidoskopisch vervielfältigt zu einer *allgemeinen Form*. Fällt die Projektion
auf eine Grenze, die durch ein Symmetrieelement gebildet wird, dann
entsteht eine *spezielle Form* mit weniger Flächen, von denen aber jede
Fläche eine *Eigensymmetrie* aufweist. In einer hemiedrischen Klasse besitzt die allgemeine Form halb so viele Flächen wie die holoedrische
desselben Systems, in einer tetartoedrischen ein Viertel, in einer ogdoedri-
schen ein Achtel, daher die Namen dieser Klassen. Man sagt auch anders:
in einer hemiedrischen Klasse ist die allgemeine holoedrische Form in
zwei, vier oder acht *korrelate* Formen auseinandergefallen. Auch für

spezielle Formen kann dasselbe gelten. Korrelate Formen sind wieder untereinander kongruent oder enantiomorph.

Die Kenngebiete der holoedrischen Klassen sind Dreiflächenwinkel, die stereographische Projektion die Projektion von Kugeldreiecken, wobei die monoklinen und triklinen Klassen nach WEISS (1815) als Meroedrien der rhombischen holoedrischen betrachtet werden. Es gibt dann in jeder dieser Klassen sieben prinzipiell verschiedene Lagen der Projektion der Ausgangsfläche einer Form, nämlich im sphärischen Dreieck oder auf einer der Seiten oder auf einem der Eckpunkte; jede der sieben Formen erhält einen *Eigennamen* [1]. Diese gehen in der Regel in die meroedrischen Klassen über, aber zur gegenseitigen Unterscheidung werden *Lagenamen* hinzugefügt.

Dazu teilt man im kubischen und in den hauptachsigen Systemen die Kugel wie in Abb. 12 ein und fügt, wenn möglich und nötig, drei Lagenamen hinzu; diese werden bestimmt durch die Lage der oberen Flächen, es sei denn, daß nur untere vorhanden sind:

1. Proto: die stereographische Projektion fällt mitten zwischen kristallographische Achsen;

Deutero: die stereographische Projektion fällt auf kristallographische Achsen;

Trito: die stereographische Projektion fällt willkürlich.

2. Positive oder negative.

3. Rechte oder linke.

Im rhombischen, monoklinen und triklinen System werden die Lagenamen auch für die holoedrischen Formen nach der Lage einer der Flächen gegeben. Die Lage einer solchen Fläche wird durch die Schnittpunkte mit den kristallographischen Achsen bestimmt (auf der A-Achse vorne oder hinten, auf der B-Achse rechts oder links, auf der C-Achse oben oder unten). Von den Lagenamen können die in Tab. 4 zwischen Klammern gesetzten weggelassen werden, ohne daß Doppelsinnigkeit auftritt.

Eine Form entspricht der Symmetrie der Klasse, das Achsenkreuz ebenso. Daraus geht hervor, daß in den Symbolen aller Flächen einer Form dieselben Zahlen vorkommen, nur die Reihenfolge und das Zeichen

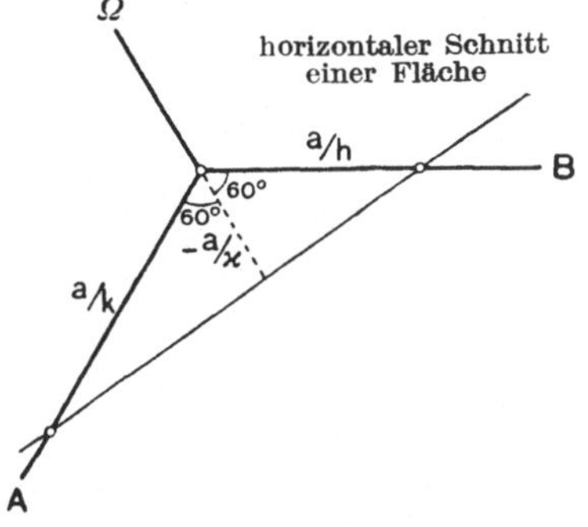

Abb. 13. In den Dreiecken gilt

$$\tfrac{1}{2}\,\frac{a}{k}\cdot\frac{\bar a}{\varkappa}\sin 60^\circ + \tfrac{1}{2}\,\frac{\bar a}{\varkappa}\cdot\frac{a}{h}\sin 60^\circ =$$
$$= \tfrac{1}{2}\,\frac{a}{k}\cdot\frac{a}{h}\sin 120^\circ.$$

Also $-h-k=\varkappa$ oder $h+k+\varkappa=0$

---

[1] In den hauptachsigen Systemen fallen in einer stereographischen Projektion nach GADOLIN bei einer Bipyramide die Kreuzchen und Nüllchen aufeinander, bei einem Skalenoeder, Rhomboeder und Bisphenoid in die Mitte zwischen einander und bei einem Trapezoeder willkürlich. In den letzten drei Systemen sind Pinakoidflächen parallel zu zwei kristallographischen Achsen, Doma- und Prismenflächen zu einer, und Pyramidenflächen zu keiner.

können verschieden sein. Das Symbol einer Form ist gleich dem einer seiner Flächen, nur werden die runden durch geschlungene Klammern ersetzt; in der Regel wählt man die Fläche, die die meisten positiven Indices besitzt.

Verwendet man in einem Flächen- oder Formsymbol statt Zahlen die Buchstaben h, k und l, dann gilt im kubischen System $h>k>l>0$; im

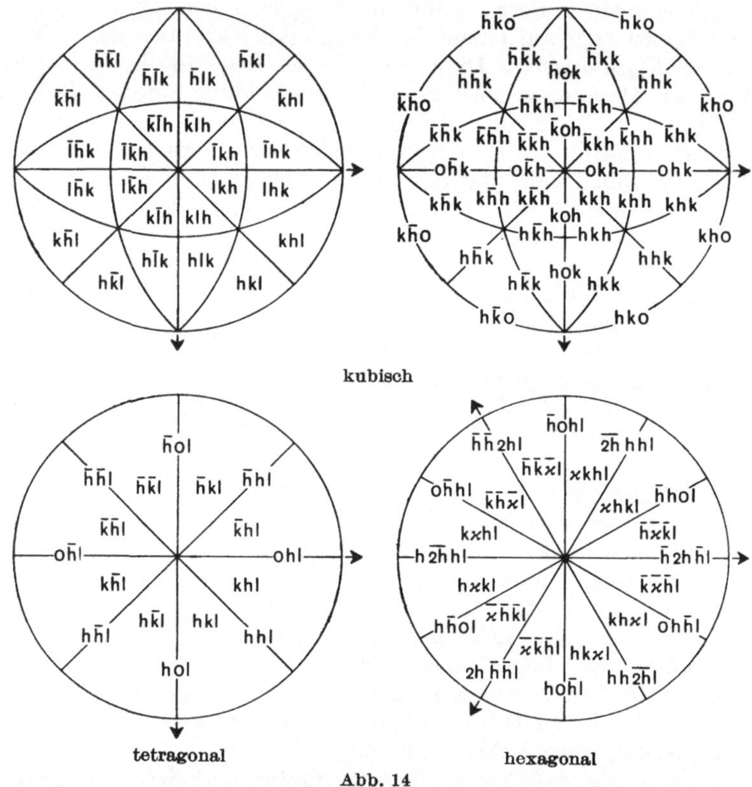

Abb. 14

tetragonalen $h>k>0$ und für das stets als dritter Index auftretende l (die dritte Achsenlänge ist unabhängig von den beiden anderen) gilt $l>0$; im rhombischen, monoklinen und triklinen System ist $h>0$; $k>0$; $l>0$. Für das vierachsige hexagonale Kreuz werden h, k, x und l gebraucht, wobei $h+k+x=0$ (Abb. 13)

$$h>k>0; x<0$$
$$\text{also } \overline{x}>h>k>0$$

und für das stets als vierter Index auftretende l gilt $l>0$. Die Symbole der Flächen einer Anzahl Formen sind in Abb. 14 angegeben.

In den *Projektionen* in Tab. 4 (S. 26 ff.) sind alle in jeder Klasse möglichen Formen angegeben.

Kombinationen von Formen

Viele Kristalle werden durch mehr als eine, oft durch ziemlich viele [1] Formen begrenzt, aber bemerkenswert ist, daß die Zahl der Zonen meist gering ist.

Kristallaggregate, Zwillinge, Viellinge

Aggregate können als aus zwei oder mehreren Einkristallen (=Individuen) bestehend beschrieben werden, die alle gleiche Zusammensetzung und gleiche Modifikation haben.

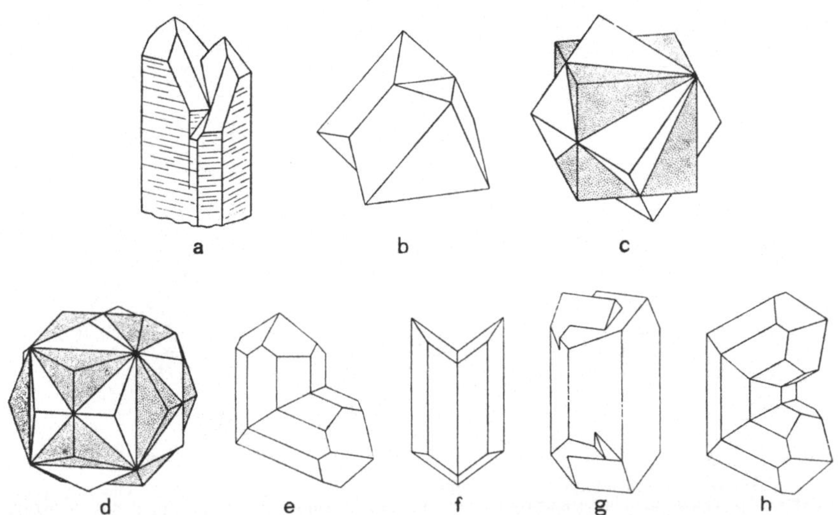

a b c

d e f g h

Abb. 15. *a*) Parallelverwachsung von Quarz; *b*) kubisch, Kontaktzwilling nach dem Spinellgesetz: zwei Oktaeder, Zwillingsebene (111), Verwachsungsebene (111); *c*) kubisch, Durchwachsungszwilling nach dem Fluoritgesetz: zwei Würfel, Zwillingsachse [111]; *d*) kubisch, Durchwachsungszwilling nach dem Pyritgesetz (Eisernes Kreuz): zwei Pentagondodekaeder, Zwillingsebene (110); *e*) tetragonal, Kontaktzwilling von Rutil (Ellbogenzwilling): Zwillings- und Verwachsungsebene (101); *f*) monoklin, Kontaktzwilling von Gips (Schwalbenschwanzzwilling): Zwillings- und Verwachsungsebene (100); *g*) monoklin, Durchwachsungszwilling von Orthoklas (Karlsbaderzwilling): Zwillingsachse *C*-Achse; *h*) tetragonal, Vielling von Rutil (cf. *e*)

Die gegenseitige Lage zweier angrenzender Individuen kann willkürlich oder einem Gesetz folgend sein, d. h. diese Lage tritt öfter als der Wahrscheinlichkeit entsprechend auf.

Die Gesetze sind fast immer solcher Art, daß beide Individuen eine Anzahl von Flächen und Kanten parallel haben.

---

[1] V. GOLDSCHMIDT, Atlas der Krystallformen. Heidelberg, 1913 (darin sind von allen Mineralien alle beobachteten Formen und Zwillinge beschrieben und abgebildet); P. GROTH, Chemische Krystallographie. Leipzig, 1906 (Beschreibung natürlicher und künstlicher Kristalle mit vielen Abbildungen)

Genetisch kann man sagen, daß im ersten Fall das Aggregat aus getrennten Keimen entstanden ist, während im anderen Fall die Entwicklung von einem Keim aus stattfand (vgl. auch S. 235 und 239).

Die Lage einem Gesetz entsprechend kann sein:

1. Jede Fläche und jede Kante des ersten Individuums ist parallel der entsprechenden Fläche bzw. Kante des zweiten. Hier spricht man von *parallelem Wachstum*, aber dieses Aggregat kann auch als ein Kristall betrachtet werden, denn die Struktur setzt sich homogen durch die beiden Individuen fort.

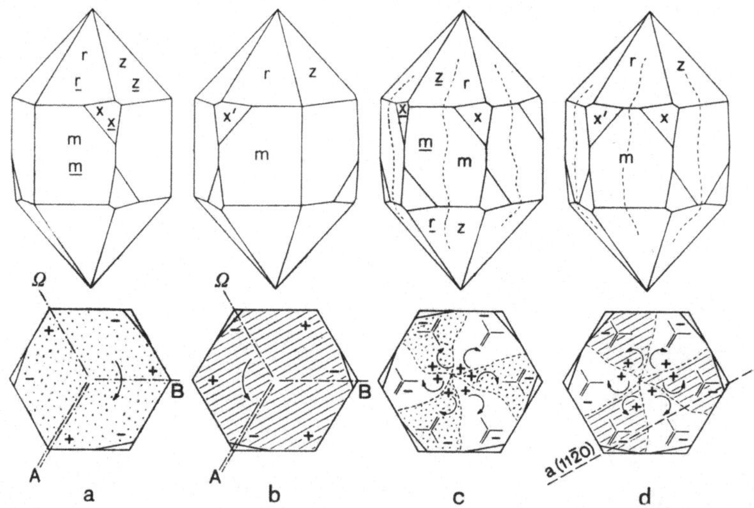

Abb. 16. Die beiden vornehmlichsten Zwillinge von Quarz: *a*) Rechtskristall. Die Enden der positiven horizontalen kristallographischen Achsen werden bei Abkühlung des Kristalls positiv geladen. *b*) Linkskristall. Die Ladungen sind entgegengesetzt zu *a*). Aber die Physiker nehmen für diesen Kristall das reflektierte Achsenkreuz von *a*), so daß die Regel von *a*) Gültigkeit behält. *c*) Durchdringungszwilling (Dauphineer-Gesetz): entweder zwei rechte oder zwei linke Individuen, Zwillingsachse *C*-Achse. Die Verzwilligung kann pyroelektrisch, aber nicht optisch wahrgenommen werden. *d*) Durchdringungszwilling (Brasilianergesetz): ein rechtes und ein linkes Individuum, Zwillingsebene *a* (11$\bar{2}$0). Verzwilligung kann entweder optisch, z. B. mit 1 mm dicken, senkrecht auf die *C*-Achse geschnittenen Plättchen (Drehung der Schwingungsebene in die entgegengesetzte Richtung), oder pyroelektrisch wahrgenommen werden

2. Eine Kante des ersten Individuums ist parallel der entsprechenden Kante des zweiten, die restliche gegenseitige Lage ist willkürlich (=Definition der kristallographischen *Faser*). Beispiele: Serpentinasbeste und besonders Nemalit, eine Abart von Brucit.

3. Nach einem Zwillingsgesetz, d. i. die Gesamtheit der den *Zwilling* charakterisierenden Eigenschaften.

In fast allen Fällen kann das eine Individuum in die Lage des anderen gebracht werden, entweder durch Drehung um 180° um eine Achse (*Hemitropie*) — die *Zwillingsachse* — oder durch Reflexion an einer Ebene — der *Zwillingsebene* —. Besitzt der Kristall einen Inversionspunkt, dann sind sowohl Zwillingsachse als auch Zwillingsebene vorhanden.

Beide Elemente sind fast immer kristallonomisch. Bemerkt wird, daß
eine geradzählige Symmetrieachse oder eine Symmetrieebene des Kristalls nicht als Zwillingsachse
bzw. -ebene auftreten kann, da
dann die Individuen eine parallele Lage einnehmen würden.

Die beiden Individuen können
entweder nach einer Ebene —
der *Verwachsungsebene* — zusam-
mengewachsen sein oder einander
in irregulärer Weise durchwach-
sen. Im ersten Fall spricht
man von *Kontakt-* im zweiten
von *Durchdringungs*zwillingen. Es
kommt oft vor, daß Zwillings-
und Verwachsungsebene zusammenfallen.

Zwillinge zeigen oft einsprin-
gende Winkel und Flächen, die
an verschiedenen Stellen in verschiedenen Richtungen gestreift
sind. Unter dem Polarisationsmikroskop sind die Auslöschungsstellungen der Individuen im
allgemeinen verschieden (S. 192).

Wiederholung von Verzwilligung nach dem gleichen Gesetz
ergibt *Viellinge* (Abb. 15 *h*),
wenn mehr als zwei Orientierungen auftreten.

Wenn die Individuen also wie
Lamellen nebeneinander ange-

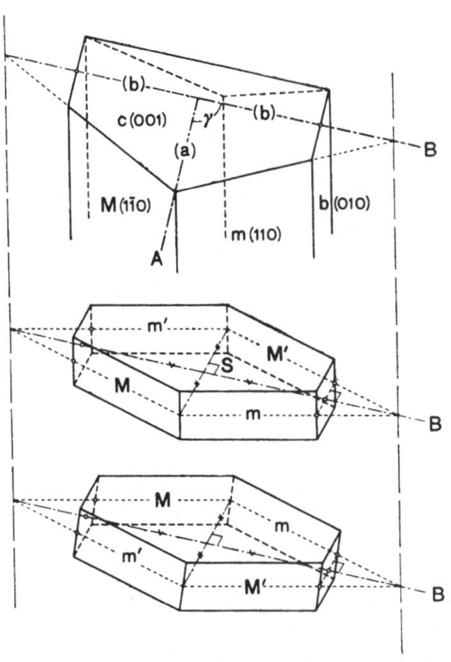

Abb. 17. Trikliner Kontaktzwilling von Plagioklas (Periklingesetz): Zwillingsachse *B*-Ach-
se, Verwachsungsebene *S* mit „rhombischem
Schnitt", d. i. eine nichtkristallonomische Ebene,
deren Schnittlinie mit der Fläche *b* (010) auf
die *B*-Achse senkrecht ist [s. DANA-FORD, A
Textbook of Mineralogy (1932), 543]. Konstruktion von *S* s. S. 66

ordnet sind, und wenn die Orientierung der Lamellen 1, 3, usw. die
gleiche ist, ebenso wie die von 2, 4, usw., dann spricht man von einem
polysynthetischen Zwilling und nicht von einem Vielling.

Viellinge, homogen genommen, zeigen oft scheinbar eine höhere Symmetrie als die Einzelindividuen (*mimetische* Viellinge).

Die Abb. 15, 16 und 17 zeigen einige oft auftretende Aggregate [1].

---

[1] Siehe Fußnote S. 23.

Tabelle 4. *Reguläres (kubisches) System*

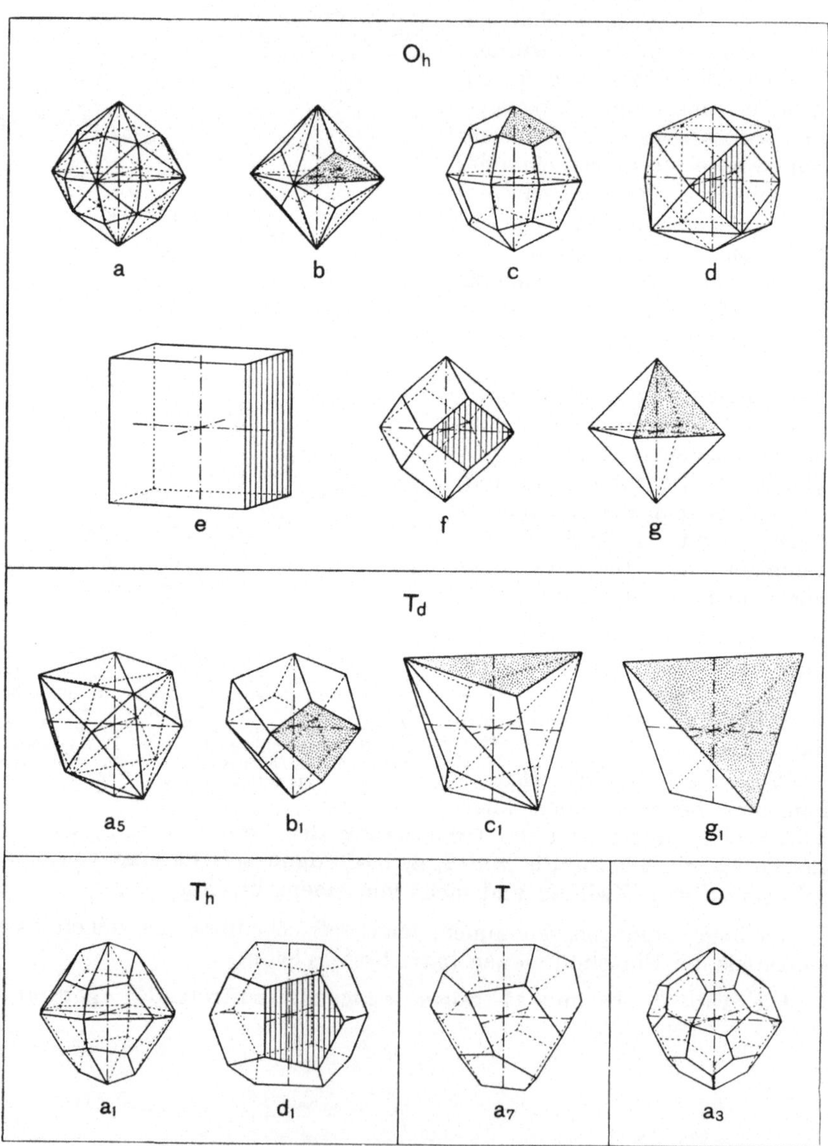

Tabelle 4 (Fortsetzung). *Reguläres (kubisches) System*

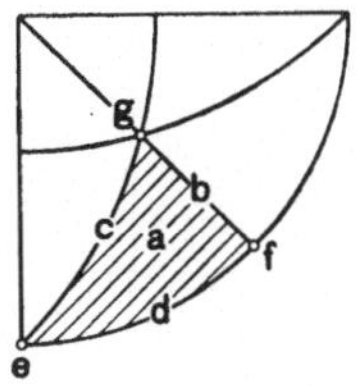

Hexakisoktaedrische Klasse $O_h - m\,3\,m$

a	Hexakisoktaeder	$\{h\ k\ l\}$
b	Triakisoktaeder	$\{h\ h\ k\}$
c	Ikositetraeder	$\{h\ k\ k\}$
d	Tetrakishexaeder	$\{h\ k\ 0\}$
e	Hexaeder	$\{100\}$
f	Rhombendodekaeder	$\{110\}$
g	Oktaeder	$\{111\}$

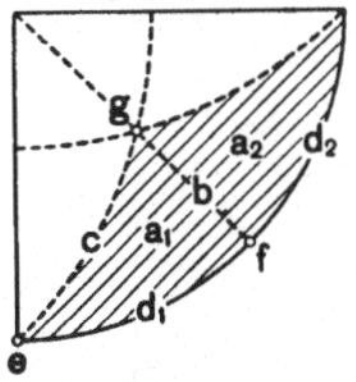

Disdodekaedrische Klasse $T_h - m\,3$

a_1	Disdodekaeder	frontal	$\{h\ k\ l\}$
a_2	„	sagittal	$\{k\ h\ l\}$
d_1	Pentagondodekaeder	frontal	$\{h\ k\ 0\}$
d_2	„	sagittal	$\{k\ h\ 0\}$

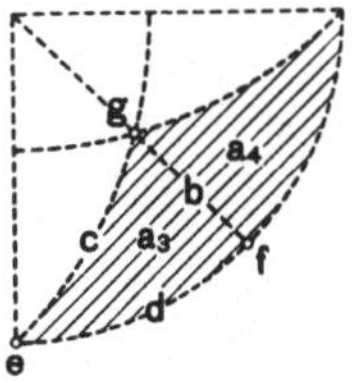

Pentagonikositetraedrische Klasse $O - 432$

a_3	Pentagonikositetraeder	l.	$\{h\ k\ l\}$
a_4	„	r.	$\{k\ h\ l\}$

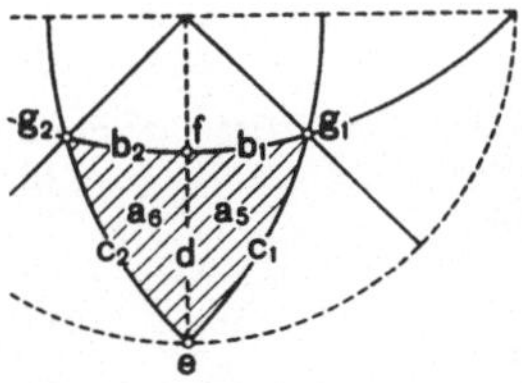

Hexakistetraedrische Klasse $T_d - \bar{4}\,3\,m$

a_5	Hexakistetraeder	pos.	$\{h\ l\ k\}$
a_6	„	neg.	$\{h\ \bar{l}\ k\}$
b_1	Deltoiddodekaeder	pos.	$\{h\ k\ h\}$
b_2	„	neg.	$\{h\ \bar{k}\ h\}$
c_1	Triakistetraeder	pos.	$\{h\ k\ k\}$
c_2	„	neg.	$\{h\ \bar{k}\ k\}$
g_1	Tetraeder	pos.	$\{111\}$
g_2	„	neg.	$\{\bar{1}\bar{1}\bar{1}\}$

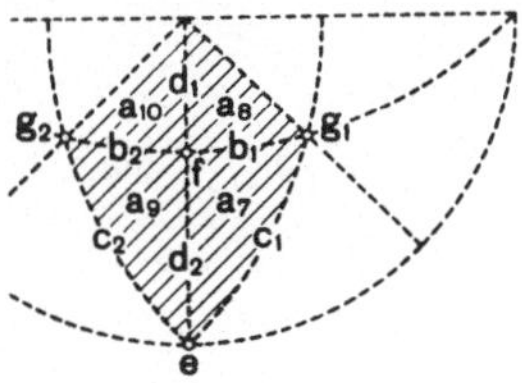

Tetraedrisch pentagondodekaedrische Klasse $T - 23$

a_7 tetraedrisches Pentagondodekaeder

			pos. r.	$\{h\ l\ k\}$
a_8	„	„	pos. l.	$\{k\ l\ h\}$
a_9	„	„	neg. l.	$\{h\ \bar{l}\ k\}$
a_{10}	„	„	neg. r.	$\{k\ \bar{l}\ h\}$

Tabelle 4 (Fortsetzung). *Tetragonales System*

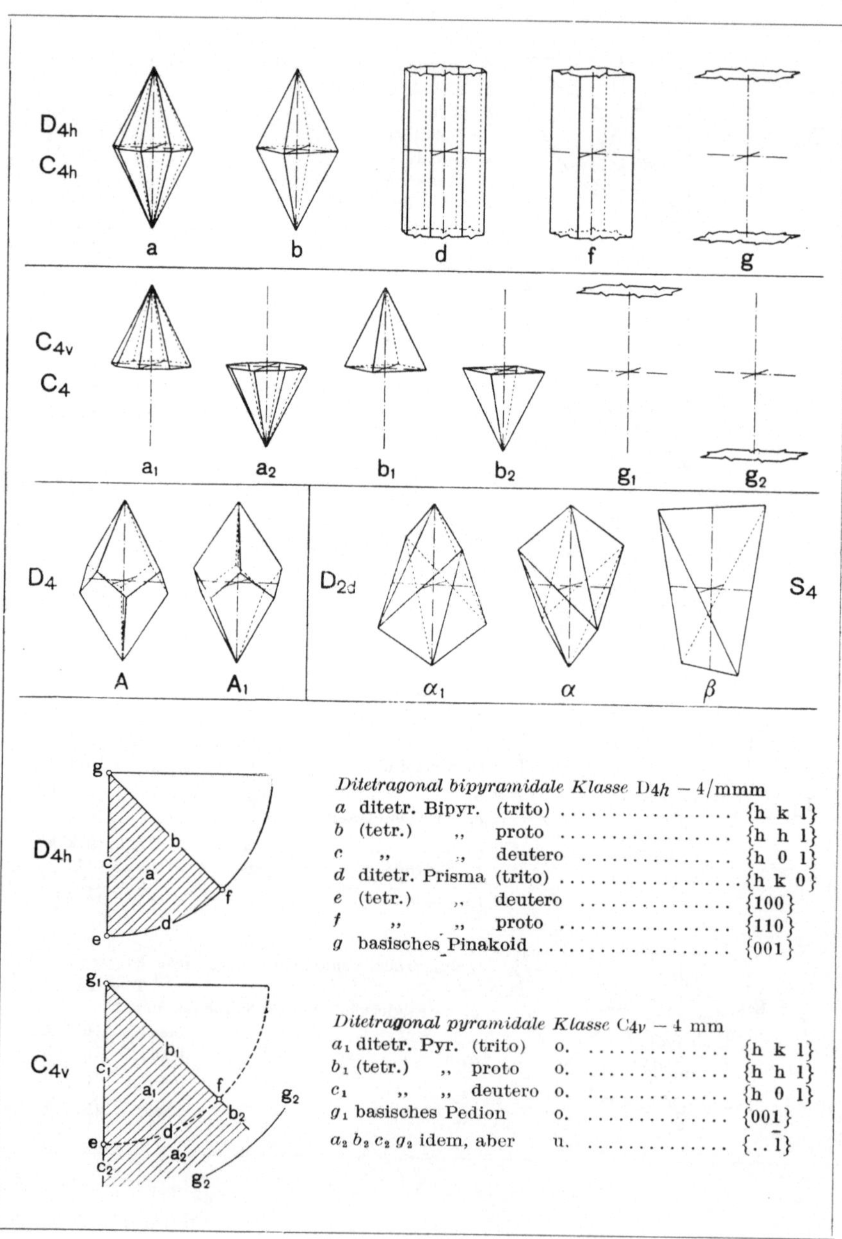

Ditetragonal bipyramidale Klasse D4h — 4/mmm
a ditetr. Bipyr. (trito) .... {h k l}
b (tetr.)   ,,   proto .... {h h l}
c   ,,   ,,   deutero .... {h 0 l}
d ditetr. Prisma (trito) .... {h k 0}
e (tetr.)   ,.   deutero .... {100}
f   ,,   ,,   proto .... {110}
g basisches Pinakoid .... {001}

Ditetragonal pyramidale Klasse C4v — 4 mm
a₁ ditetr. Pyr. (trito)   o. .... {h k l}
b₁ (tetr.)   ,, proto o. .... {h h l}
c₁   ,,   ,, deutero o. .... {h 0 l}
g₁ basisches Pedion   o. .... {001}
a₂ b₂ c₂ g₂ idem, aber   u. .... {..$\bar{1}$}

Tabelle 4 (Fortsetzung). *Tetragonales System*

C$_{4h}$

Tetragonal bipyramidale Klasse C$_{4h}$ — 4/m

a_3 Bipyramide trito   l. . . . .   {h k l}
a_4 ,,   ,,   r. . . . .   {k h l}
d_1 Prisma   ,,   l. . . . .   {h k 0}
d_2 ,,   ,,   r. . . . .   {k h 0}

C$_4$

Tetragonal pyramidale Klasse C$_4$ — 4

a_5 Pyramide trito o.l. . . . .   {h k l}
a_6 ,,   ,,   u.l. . . . .   {h k $\bar{l}$}
a_7 ,,   ,,   o.r. . . . .   {k h l}
a_8 ,,   ,,   u.r. . . . .   {k h $\bar{l}$}

D$_4$

Tetragonal trapezoedrische Klasse D$_4$ — 422

A Trapezoeder (trito) l. . . . .   {h k l}
A_1 ,,   ,,   r. . . . .   {k h l}

D$_{2d}$

Tetragonal skalenoedrische Klasse D$_{2d}$ — $\bar{4}$2m

α Skalenoeder (trito) pos. . . . .   {h $\bar{k}$ l}
α_1 ,,   ,,   neg. . . . .   {h $\bar{k}$ l}
β Bisphenoide proto pos. . . . .   {h h l}
β_1 ,,   ,,   neg. . . . .   {h $\bar{h}$ l}

S$_4$

Tetragonal bisphenoidische Klasse S$_4$ — $\bar{4}$

α_2 Bisphenoide trito pos.   l. . . . . . .   {h k l}
α_3 ,,   ,,   ,,   r. . . . . . .   {k h l}
α_4 ,,   ,,   neg. r. . . . . . .   {h $\bar{k}$ l}
α_5 ,,   ,,   ,,   l. . . . . . .   {k $\bar{h}$ l}
γ ,.   deutero frontal }. . . . .   {h 0 l}
γ_1 ,,   ,,   sagittal . . . .   {0 h l}

Tabelle 4 (Fortsetzung). *Hexagonales System A*

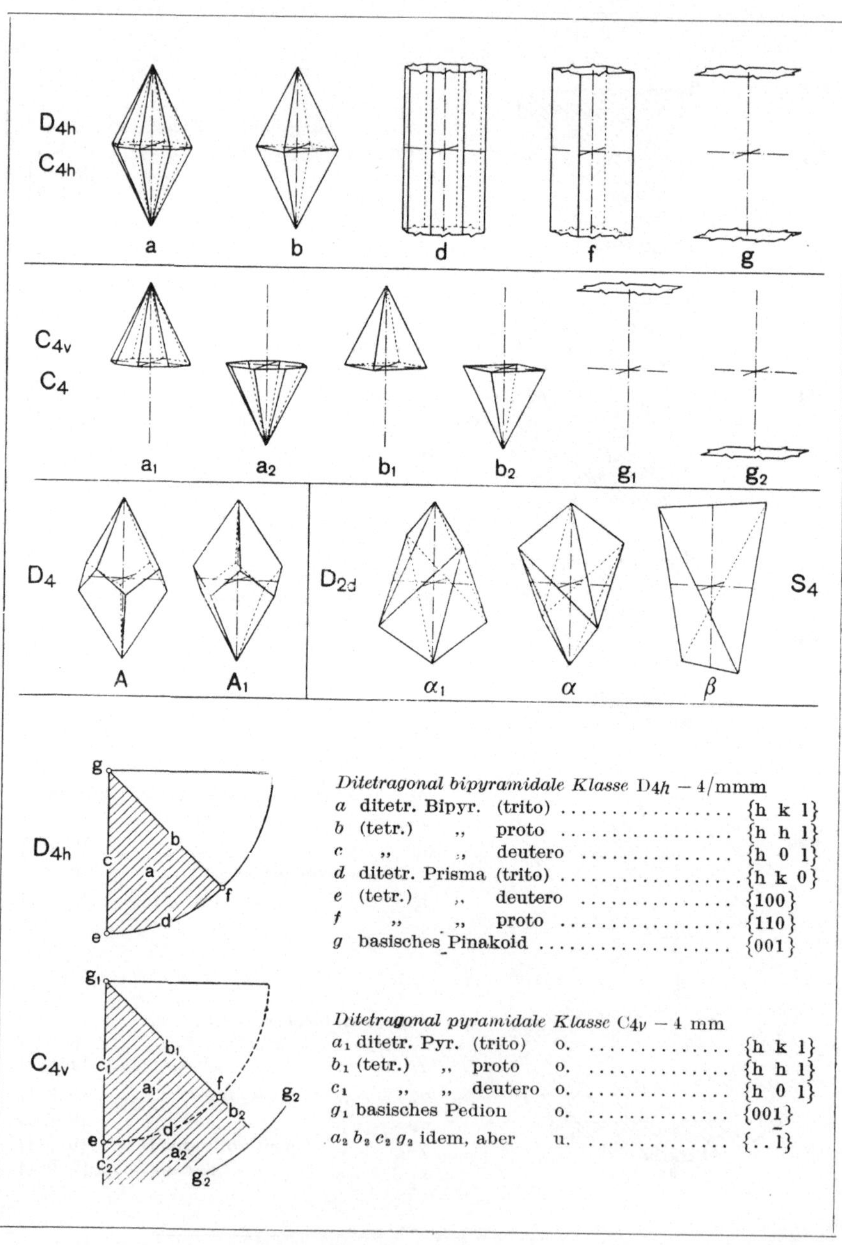

Ditetragonal bipyramidale Klasse D4h − 4/mmm
a ditetr. Bipyr. (trito) .... {h k l}
b (tetr.) ,,   proto .... {h h l}
c ,,   ,,   deutero .... {h 0 l}
d ditetr. Prisma (trito) .... {h k 0}
e (tetr.) ,.   deutero .... {100}
f ,,   ,,   proto .... {110}
g basisches Pinakoid .... {001}

Ditetragonal pyramidale Klasse C4v − 4 mm
a_1 ditetr. Pyr. (trito)   o. .... {h k l}
b_1 (tetr.) ,,   proto   o. .... {h h l}
c_1 ,,   ,,   deutero   o. .... {h 0 l}
g_1 basisches Pedion   o. .... {001}
$a_2\, b_2\, c_2\, g_2$ idem, aber   u. .... {..$\overline{1}$}

Tabelle 4 (Fortsetzung). *Hexagonales System A*

C_{6h}

Hexagonal bipyramidale Klasse C_{6h} – 6/m

- a_3 Bipyramide trito r. .... $\{h\ k\ \varkappa\ l\}$
- a_4 „   „ l. .... $\{\overline{\varkappa}\ \overline{k}\ \overline{h}\ l\}$
- d_1 Prisma   „ r. .... $\{h\ k\ \varkappa\ 0\}$
- d_2 „   „ l. .... $\{\overline{\varkappa}\ \overline{k}\ \overline{h}\ 0\}$

C_6

Hexagonal pyramidale Klasse C_6 – 6

- a_5 Pyramide trito o.r. .... $\{h\ k\ \varkappa\ l\}$
- a_6 „   „ u.r. .... $\{h\ k\ \varkappa\ \overline{l}\}$
- a_7 „   „ o.l. .... $\{\overline{\varkappa}\ \overline{k}\ \overline{h}\ l\}$
- a_8 „   „ u.l. .... $\{\overline{\varkappa}\ \overline{k}\ \overline{h}\ \overline{l}\}$

D_6

Hexagonal trapezoedrische Klasse D_6 – 622

- A Trapezoeder (trito) r. .... $\{h\ k\ \varkappa\ l\}$
- A_1 „   „ l. .... $\{\overline{\varkappa}\ \overline{k}\ \overline{h}\ l\}$

D_{3d}

Ditrigonal skalenoedrische Klasse D_{3d} – $\overline{3}$ m

- α Skalenoeder (trito) pos. .... $\{h\ k\ \varkappa\ l\}$
- α_1 „   „ neg. .... $\{k\ h\ \varkappa\ l\}$
- γ Rhomboeder proto pos. .... $\{h\ 0\ \overline{h}\ l\}$
- γ_1 „   „ neg. .... $\{0\ h\ \overline{h}\ l\}$

S_6

Rhomboedrische Klasse S_6 – $\overline{3}$

- α_2 Rhomboeder trito pos. r. .... $\{h\ k\ \varkappa\ l\}$
- α_3 „   „   „ l. .... $\{\overline{\varkappa}\ \overline{k}\ \overline{h}\ l\}$
- α_4 „   „ neg. l. .... $\{k\ h\ \varkappa\ l\}$
- α_5 „   „   „ r. .... $\{k\ \overline{\varkappa}\ \overline{h}\ l\}$
- β „ deutero gegenachsig ..... $\{h\ h\ \overline{2h}\ l\}$
- β_1 „   „ achsig .... $\{2h\ \overline{h}\ \overline{h}\ l\}$

Tabelle 4 (Fortsetzung). *Hexagonales System B*

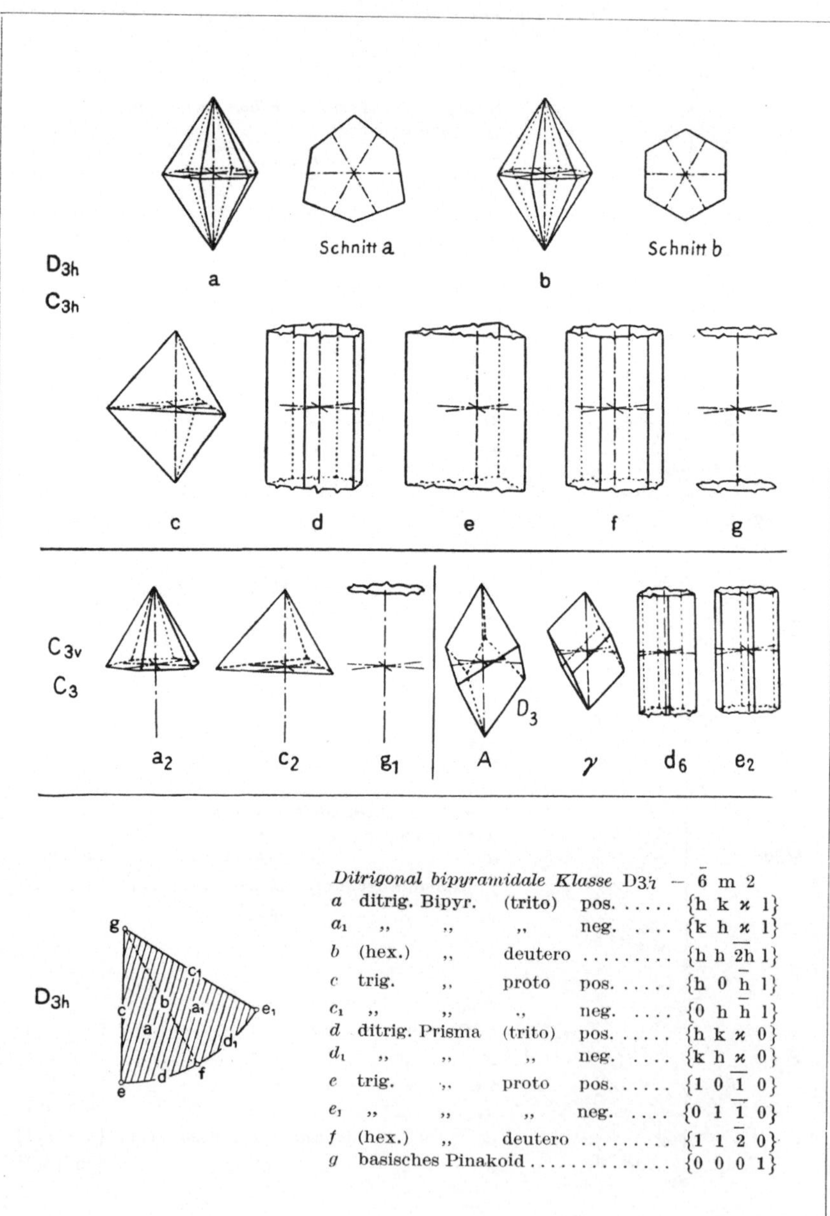

Ditrigonal bipyramidale Klasse D_{3h} — $\bar{6}$ m 2

a	ditrig. Bipyr.	(trito)	pos.	$\{h\ k\ \varkappa\ 1\}$
a_1	,,	,,	neg.	$\{k\ h\ \varkappa\ 1\}$
b	(hex.)	,,	deutero	$\{h\ h\ \overline{2h}\ 1\}$
c	trig.	,,	proto pos.	$\{h\ 0\ \overline{h}\ 1\}$
c_1	,,	,,	., neg.	$\{0\ h\ \overline{h}\ 1\}$
d	ditrig. Prisma	(trito)	pos.	$\{h\ k\ \varkappa\ 0\}$
d_1	,,	,,	,, neg.	$\{k\ h\ \varkappa\ 0\}$
e	trig.	,.	proto pos.	$\{1\ 0\ \overline{1}\ 0\}$
e_1	,,	,,	,, neg.	$\{0\ 1\ \overline{1}\ 0\}$
f	(hex.)	,,	deutero	$\{1\ 1\ \overline{2}\ 0\}$
g	basisches Pinakoid			$\{0\ 0\ 0\ 1\}$

Tabelle 4 (Fortsetzung). *Hexagonales System B*

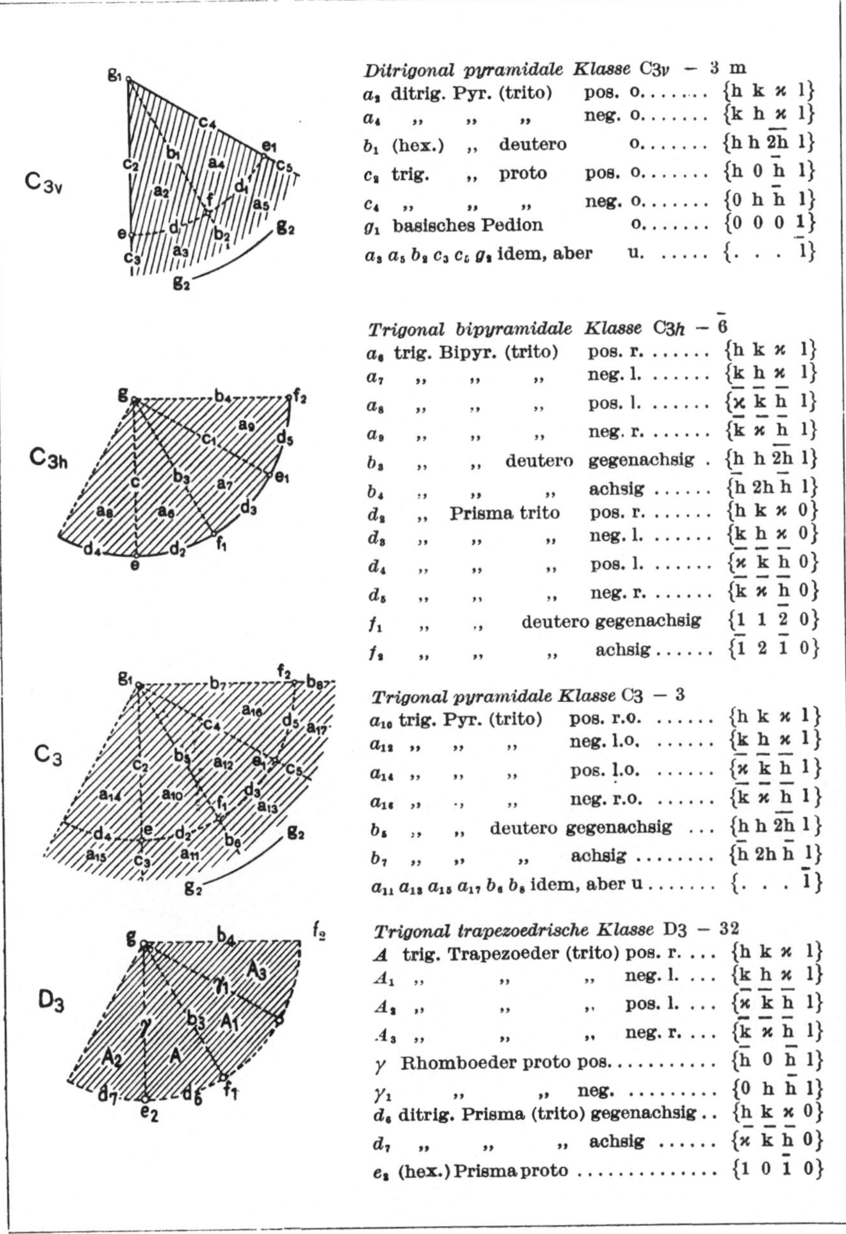

Ditrigonal pyramidale Klasse C3v — 3 m

a_2 ditrig. Pyr. (trito)	pos. o.......	$\{h\ k\ \varkappa\ 1\}$
a_4 „ „ „	neg. o.......	$\{k\ h\ \bar{\varkappa}\ 1\}$
b_1 (hex.) „ deutero	o......	$\{h\ h\ \overline{2h}\ 1\}$
c_2 trig. „ proto	pos. o......	$\{h\ 0\ \bar{h}\ 1\}$
c_4 „ „ „	neg. o......	$\{0\ h\ \bar{h}\ 1\}$
g_1 basisches Pedion	o......	$\{0\ 0\ 0\ 1\}$
$a_3\ a_5\ b_2\ c_3\ c_5\ g_2$ idem, aber	u......	$\{.\ \ .\ \ .\ \ \bar{1}\}$

Trigonal bipyramidale Klasse C3h — $\bar{6}$

a_6 trig. Bipyr. (trito)	pos. r.......	$\{h\ k\ \varkappa\ 1\}$
a_7 „ „ „	neg. l.......	$\{\bar{k}\ \bar{h}\ \bar{\varkappa}\ 1\}$
a_8 „ „ „	pos. l.......	$\{\bar{\varkappa}\ \bar{k}\ \bar{h}\ 1\}$
a_9 „ „ „	neg. r.......	$\{\bar{k}\ \varkappa\ \bar{h}\ 1\}$
b_3 „ „ deutero gegenachsig .	$\{\bar{h}\ h\ \overline{2h}\ 1\}$
b_4 „ „ „ achsig	$\{h\ 2h\ \bar{h}\ 1\}$
d_2 „ Prisma trito pos. r.......	$\{h\ k\ \varkappa\ 0\}$
d_3 „ „ „ neg. l.......	$\{\bar{k}\ \bar{h}\ \bar{\varkappa}\ 0\}$
d_4 „ „ „ pos. l.......	$\{\bar{\varkappa}\ \bar{k}\ \bar{h}\ 0\}$
d_5 „ „ „ neg. r.......	$\{\bar{k}\ \varkappa\ \bar{h}\ 0\}$
f_1 „ „ deutero gegenachsig	$\{\bar{1}\ 1\ \bar{2}\ 0\}$
f_2 „ „ „ achsig......	$\{\bar{1}\ 2\ \bar{1}\ 0\}$

Trigonal pyramidale Klasse C3 — 3

a_{10} trig. Pyr. (trito)	pos. r.o.	$\{h\ k\ \varkappa\ 1\}$
a_{12} „ „ „	neg. l.o.	$\{\bar{k}\ \bar{h}\ \bar{\varkappa}\ 1\}$
a_{14} „ „ „	pos. l.o.	$\{\bar{\varkappa}\ \bar{k}\ \bar{h}\ 1\}$
a_{16} „ „ „	neg. r.o.	$\{\bar{k}\ \varkappa\ \bar{h}\ 1\}$
b_5 „ „ deutero gegenachsig ...	$\{h\ h\ \overline{2h}\ 1\}$
b_7 „ „ „ achsig	$\{\bar{h}\ 2h\ \bar{h}\ 1\}$
$a_{11}\ a_{13}\ a_{15}\ a_{17}\ b_6\ b_8$ idem, aber u	$\{.\ \ .\ \ .\ \ \bar{1}\}$

Trigonal trapezoedrische Klasse D3 — 32

A trig. Trapezoeder (trito) pos. r. ...	$\{h\ k\ \varkappa\ 1\}$
A_1 „ „ „ neg. l. ...	$\{\bar{k}\ \bar{h}\ \bar{\varkappa}\ 1\}$
A_2 „ „ „ pos. l. ...	$\{\bar{\varkappa}\ \bar{k}\ \bar{h}\ 1\}$
A_3 „ „ „ neg. r. ...	$\{\bar{k}\ \varkappa\ \bar{h}\ 1\}$
γ Rhomboeder proto pos...........	$\{h\ 0\ \bar{h}\ 1\}$
γ_1 „ „ neg.	$\{0\ h\ \bar{h}\ 1\}$
d_6 ditrig. Prisma (trito) gegenachsig ..	$\{\bar{h}\ \bar{k}\ \bar{\varkappa}\ 0\}$
d_7 „ „ „ achsig	$\{\bar{\varkappa}\ \bar{k}\ \bar{h}\ 0\}$
e_2 (hex.) Prisma proto	$\{1\ 0\ \bar{1}\ 0\}$

Tabelle 4 (Fortsetzung). *Rhombisches System*

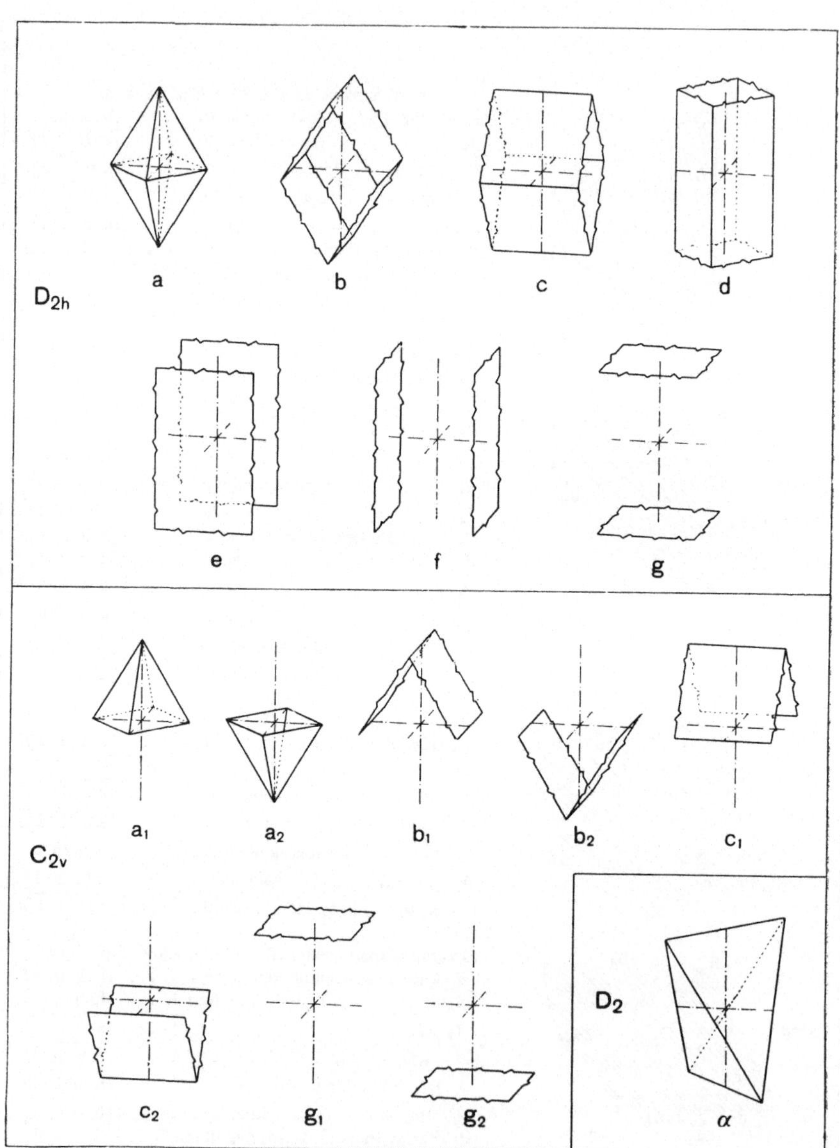

Tabelle 4 (Fortsetzung). *Rhombisches System*

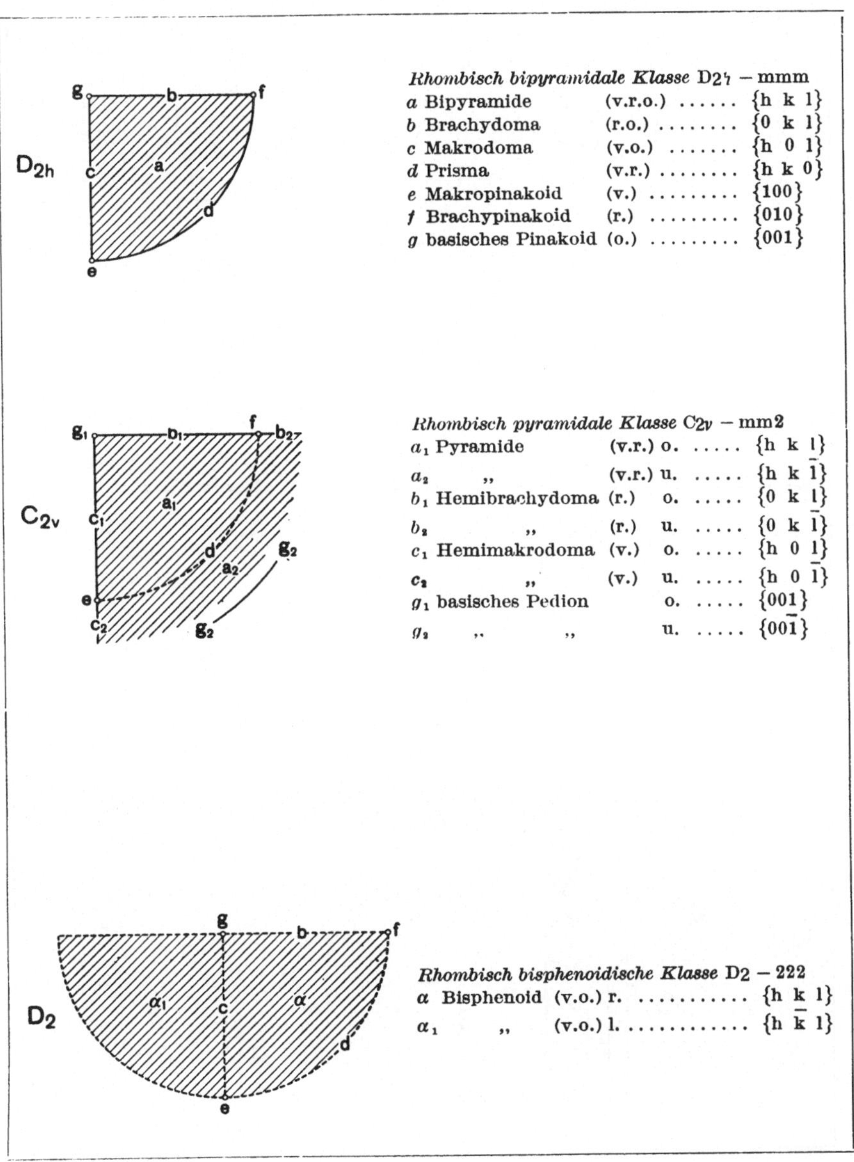

Rhombisch bipyramidale Klasse D_{2h} — mmm

a Bipyramide	(v.r.o.)	......	{h k l}
b Brachydoma	(r.o.)	....	{0 k l}
c Makrodoma	(v.o.)	....	{h 0 l}
d Prisma	(v.r.)	....	{h k 0}
e Makropinakoid	(v.)	....	{100}
f Brachypinakoid	(r.)	....	{010}
g basisches Pinakoid	(o.)	....	{001}

Rhombisch pyramidale Klasse C_{2v} — mm2

a_1 Pyramide	(v.r.) o.	.....	{h k l}
a_2 ,,	(v.r.) u.	.....	{h k $\bar{1}$}
b_1 Hemibrachydoma	(r.) o.	.....	{0 k l}
b_2 ,,	(r.) u.	.....	{0 k $\bar{1}$}
c_1 Hemimakrodoma	(v.) o.	.....	{h 0 l}
c_2 ,,	(v.) u.	.....	{h 0 $\bar{1}$}
g_1 basisches Pedion	o.	.....	{001}
g_2 ,, ,,	u.	.....	{00$\bar{1}$}

Rhombisch bisphenoidische Klasse D_2 — 222

a Bisphenoid	(v.o.) r.	....	{h k l}
a_1 ,,	(v.o.) l.	....	{h $\bar{k}$ l}

Tabelle 4 (Fortsetzung). *Monoklines System*

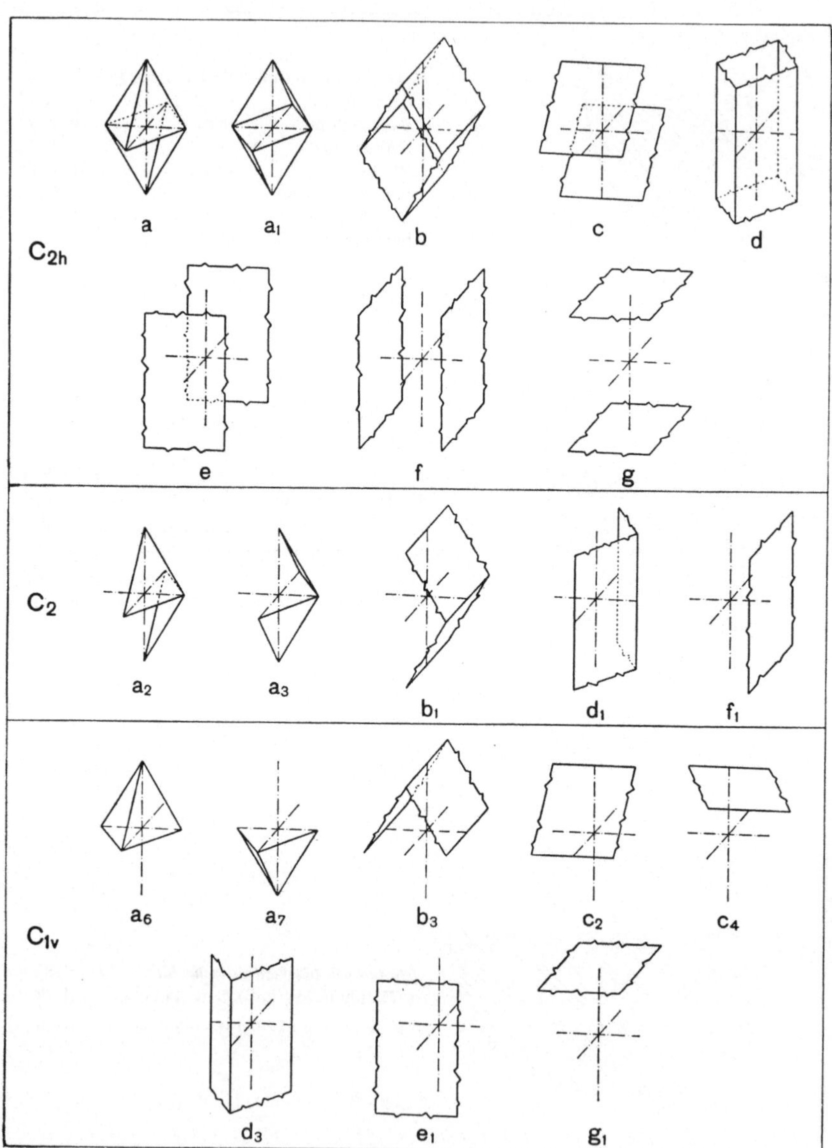

Tabelle 4 (Fortsetzung). *Monoklines System*

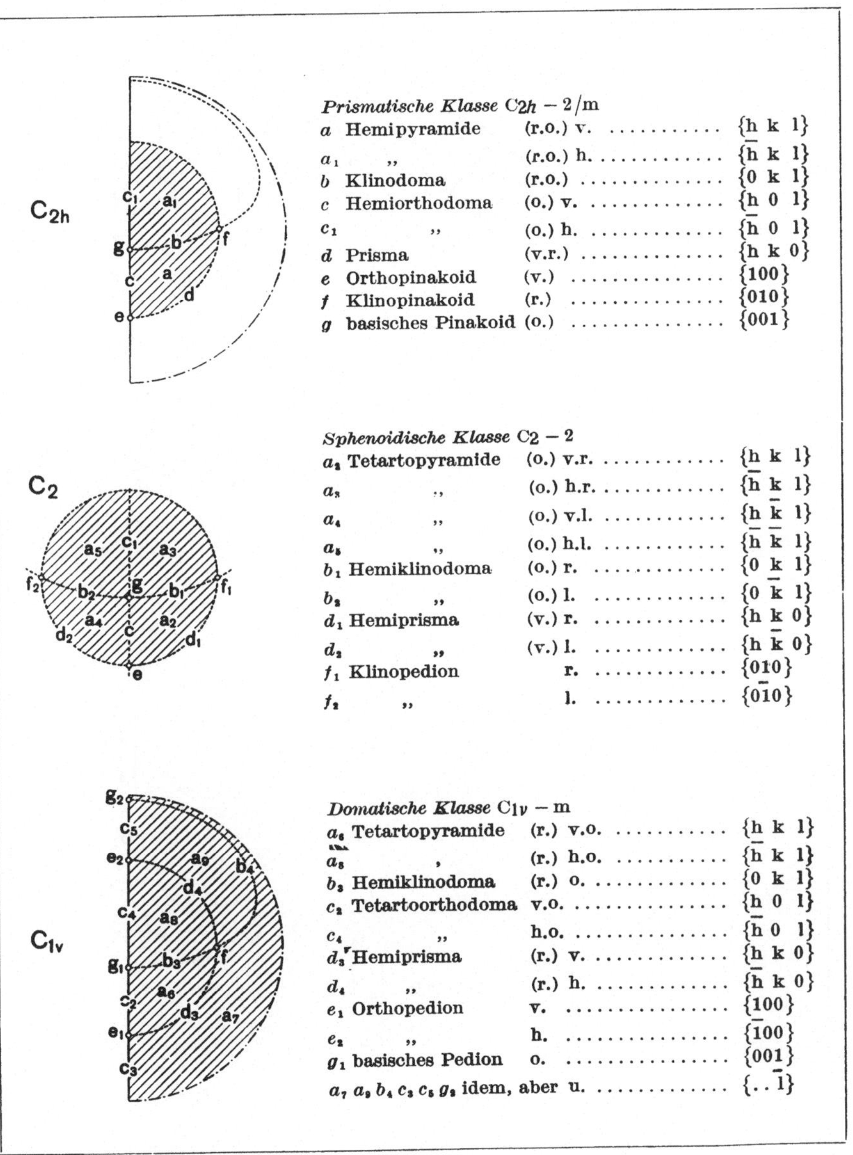

Prismatische Klasse C2h − 2/m

a	Hemipyramide	(r.o.) v.	$\{h\ k\ l\}$
a_1	,,	(r.o.) h.	$\{\bar{h}\ k\ l\}$
b	Klinodoma	(r.o.)	$\{0\ k\ l\}$
c	Hemiorthodoma	(o.) v.	$\{h\ 0\ l\}$
c_1	,,	(o.) h.	$\{\bar{h}\ 0\ l\}$
d	Prisma	(v.r.)	$\{h\ k\ 0\}$
e	Orthopinakoid	(v.)	$\{100\}$
f	Klinopinakoid	(r.)	$\{010\}$
g	basisches Pinakoid	(o.)	$\{001\}$

Sphenoidische Klasse C2 − 2

a_2	Tetartopyramide	(o.) v.r.	$\{\bar{h}\ k\ l\}$
a_3	,,	(o.) h.r.	$\{h\ k\ l\}$
a_4	,,	(o.) v.l.	$\{h\ \bar{k}\ l\}$
a_5	,,	(o.) h.l.	$\{\bar{h}\ \bar{k}\ l\}$
b_1	Hemiklinodoma	(o.) r.	$\{0\ k\ l\}$
b_2	,,	(o.) l.	$\{0\ \bar{k}\ l\}$
d_1	Hemiprisma	(v.) r.	$\{h\ \bar{k}\ 0\}$
d_2	,,	(v.) l.	$\{h\ \bar{k}\ 0\}$
f_1	Klinopedion	r.	$\{010\}$
f_2	,,	l.	$\{0\bar{1}0\}$

Domatische Klasse C1v − m

a_6	Tetartopyramide	(r.) v.o.	$\{\bar{h}\ k\ l\}$
a_8	,,	(r.) h.o.	$\{h\ k\ l\}$
b_3	Hemiklinodoma	(r.) o.	$\{0\ k\ l\}$
c_2	Tetartoorthodoma	v.o.	$\{\bar{h}\ 0\ l\}$
c_4	,,	h.o.	$\{h\ 0\ l\}$
d_3	Hemiprisma	(r.) v.	$\{\bar{h}\ k\ 0\}$
d_4	,,	(r.) h.	$\{h\ k\ 0\}$
e_1	Orthopedion	v.	$\{100\}$
e_2	,,	h.	$\{\overline{100}\}$
g_1	basisches Pedion	o.	$\{001\}$
$a_7\ a_9\ b_4\ c_3\ c_5\ g_2$	idem, aber	u.	$\{.\,.\,\bar{1}\}$

Tabelle 4 (Fortsetzung). *Triklines System*

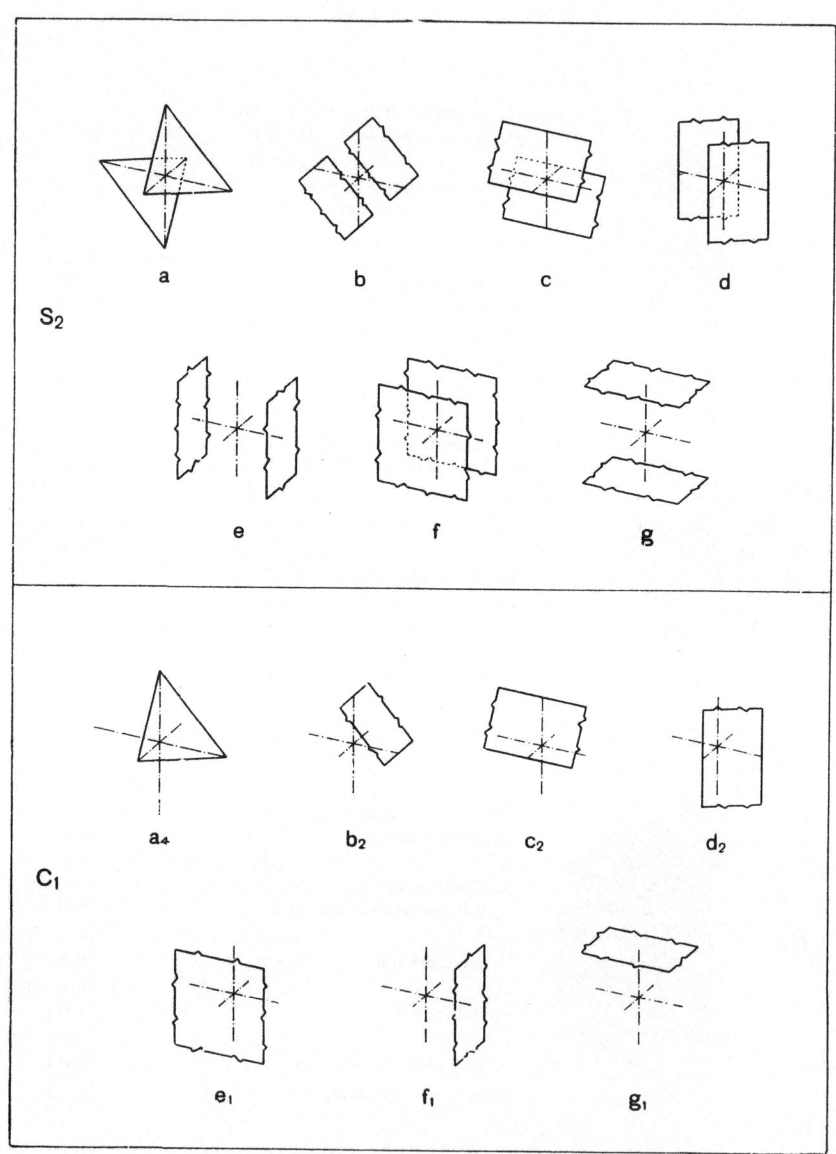

Tabelle 4 (Fortsetzung). *Triklines System*

S2

Pinakoidale Klasse S2 − $\bar{1}$

a	Tetartopyramide	(o.) v.r.	$\{h\,k\,l\}$
a_1	,,	(o.) v.l.	$\{h\,\bar{k}\,l\}$
a_2	,,	(o.) h.r.	$\{\bar{h}\,k\,l\}$
a_3	,,	(o.) h.l.	$\{\bar{h}\,\bar{k}\,l\}$
b	Hemibrachydoma	(o.) r.	$\{0\,k\,l\}$
b_1	,,	(o.) l.	$\{0\,\bar{k}\,l\}$
c	Hemimakrodoma	(o.) v.	$\{h\,0\,l\}$
c_1	,,	(o.) h.	$\{\bar{h}\,0\,l\}$
d	Hemiprisma	(v.) r.	$\{h\,k\,0\}$
d_1	,,	(v.) l.	$\{h\,\bar{k}\,0\}$
e	Brachypinakoid	(r.)	$\{010\}$
f	Makropinakoid	(v.)	$\{100\}$
g	basisches Pinakoid	(o.)	$\{001\}$

C1

Asymmetrische Klasse C1 − 1

a_4	Ogdopyramide	v.r.o.	$\{h\,k\,l\}$
a_5	,,	h.r.o.	$\{\bar{h}\,k\,l\}$
a_6	,,	v.l.o.	$\{h\,\bar{k}\,l\}$
a_7	,,	h.l.o.	$\{\bar{h}\,\bar{k}\,l\}$
b_2	Tetartobrachydoma	r.o.	$\{0\,k\,l\}$
b_3	,,	l.o.	$\{0\,\bar{k}\,l\}$
c_2	Tetartomakrodoma	v.o.	$\{h\,0\,l\}$
c_3	,,	h.o.	$\{\bar{h}\,0\,l\}$
d_2	Tetartoprisma	v.r.	$\{h\,k\,0\}$
d_3	,,	h.r.	$\{\bar{h}\,k\,0\}$
d_4	,,	v.l.	$\{h\,\bar{k}\,0\}$
d_5	,,	h.l.	$\{\bar{h}\,\bar{k}\,0\}$
e_1	Makropedion	v.	$\{100\}$
e_2	,,	h.	$\{\bar{1}00\}$
f_1	Brachypedion	r.	$\{010\}$
f_2	,,	l.	$\{0\bar{1}0\}$
g_1	basisches Pedion	o.	$\{001\}$

$a_8\ a_9\ a_{10}\ a_{11}\ b_4\ b_5\ c_4\ c_5\ g_2$ idem, aber u... $\{..\,\bar{l}\}$

B. Kristallberechnung [1]

Analytische Beziehungen

Flächen und Zonen

Die Fläche (hkl) schneidet von den Achsen Stücke ab, die sich wie $pa : qb : rc$ verhalten (S. 5)

$$h : k : l = \frac{1}{p} : \frac{1}{q} : \frac{1}{r}$$

Die Gleichung dieser Fläche ist (A-Achse $= X$-Achse; usw.):

$$\frac{h}{a} x + \frac{k}{b} y + \frac{l}{c} z = \text{konst.}$$

und der parallelen Fläche durch O:

$$\frac{h}{a} x + \frac{k}{b} y + \frac{l}{c} z = 0$$

Zwei Flächen $h_1(h_1 k_1 l_1)$ und $h_2(h_2 k_2 l_2)$ schneiden einander entlang einer Kante, deren Gleichung man wie folgt findet:

$$\frac{h_1}{a} x + \frac{k_1}{b} y + \frac{l_1}{c} z = 0 \quad \text{und} \quad \frac{h_2}{a} x + \frac{k_2}{b} y + \frac{l_2}{c} z = 0$$

$$\frac{x}{z} = \frac{a}{c} \frac{\begin{vmatrix} k_1 & l_1 \\ k_2 & l_2 \end{vmatrix}}{\begin{vmatrix} h_1 & k_1 \\ h_2 & k_2 \end{vmatrix}} \quad \text{und} \quad \frac{y}{z} = \frac{b}{c} \frac{\begin{vmatrix} l_1 & h_1 \\ l_2 & h_2 \end{vmatrix}}{\begin{vmatrix} h_1 & k_1 \\ h_2 & k_2 \end{vmatrix}}$$

Wir nennen $\quad \begin{vmatrix} k_1 & l_1 \\ k_2 & l_2 \end{vmatrix} = u; \quad \begin{vmatrix} l_1 & h_1 \\ l_2 & h_2 \end{vmatrix} = v; \quad \begin{vmatrix} h_1 & k_1 \\ h_2 & k_2 \end{vmatrix} = w$

Dann ist $\qquad u : v : w = \frac{x}{a} : \frac{y}{b} : \frac{z}{c}$

$\frac{x}{a}, \frac{y}{b}$ und $\frac{z}{c}$ sind die Koordinaten eines willkürlichen Punktes der Schnittlinie, ausgedrückt in Achsenmaßen; u, v und w sind also die Indices der Schnittlinie (S. 6). Die Gleichungen der Schnittlinie sind:

$$\frac{x}{ua} = \frac{y}{vb} = \frac{z}{wc}$$

u, v und w erhält man einfach durch kreuzweise Multiplikation (VON LANG, 1866): man schreibt jedes Flächensymbol zweimal auf und streicht die äußersten Spalten

---

[1] TH. LIEBISCH, Geometrische Krystallographie. Leipzig, 1881; B. HECHT, Anleitung zur Krystallberechnung. Leipzig, 1893 (merkwürdigste und gedrungenste Zusammenfassung); B. GOSSNER, Kristallberechnung und Kristallzeichnung. Leipzig, 1914.

$$\begin{array}{c|cc} h_1 \\ h_2 \end{array}\!\begin{vmatrix} k_1 \\ k_2 \end{vmatrix}\!\times\!\begin{vmatrix} l_1 \\ l_2 \end{vmatrix}\!\times\!\begin{vmatrix} h_1 \\ h_2 \end{vmatrix}\!\times\!\begin{vmatrix} k_1 \\ k_2 \end{vmatrix}\!\begin{array}{c} l_1 \\ l_2 \end{array}$$

$$\underbrace{\qquad}_{u}\ \underbrace{\qquad}_{v}\ \underbrace{\qquad}_{w}$$

Drei Flächen in einer Zone (= drei tautozonale Flächen)

Aus den drei Gleichungen der Flächen resultiert die Bedingung für Schnitt entlang einer Linie

$$\begin{vmatrix} h_1 & k_1 & l_1 \\ h_2 & k_2 & l_2 \\ h_3 & k_3 & l_3 \end{vmatrix} = 0$$

ausgeschrieben: $h_3\,u + k_3\,v + l_3\,w = 0$

oder $hu + kv + lw = 0$ *(Zonengleichung)*

Im viergliedrigen hexagonalen Symbol ist die Formel

$$hu + kv + k\omega + lw = 0$$

denn dreigliedrig ist

$$3\,h_{\mathrm{III}}\,u_{\mathrm{III}} + 3\,k_{\mathrm{III}}\,v_{\mathrm{III}} + 3\,l_{\mathrm{III}}\,w_{\mathrm{III}} = 0$$

oder in anderer Schreibweise

$$h_{\mathrm{III}}\,(2\,u_{\mathrm{III}} - v_{\mathrm{III}}) + k_{\mathrm{III}}(2v_{\mathrm{III}} - u_{\mathrm{III}}) + (-h_{\mathrm{III}} - k_{\mathrm{III}})\,(-u_{\mathrm{III}} - v_{\mathrm{III}}) + $$
$$+3\,l_{\mathrm{III}}w_{\mathrm{III}} = 0$$

und dies wird viergliedrig (S. 6):

$$h_{\mathrm{IV}}u_{\mathrm{IV}} + k_{\mathrm{IV}}v_{\mathrm{IV}} + \varkappa_{\mathrm{IV}}\omega_{\mathrm{IV}} + l_{\mathrm{IV}}w_{\mathrm{IV}} = 0$$

Sind $(h_1\,k_1\,l_1)$, $(h_2\,k_2\,l_2)$ und $(h_3\,k_3\,l_3)$ tautozonal, dann sind es die Flächen $(h_1\,h_2\,h_3)$, $(k_1\,k_2\,k_3)$ und $(l_1\,l_2\,l_3)$ ebenfalls; so sind hier zahlreiche Beziehungen aus der Determinante abzulesen [1].

Zwei Kanten $[u_1\,v_1\,w_1]$ und $[u_2\,v_2\,w_2]$ mögen die Fläche (hkl) bestimmen. Dann ist

$$hu_1 + kv_1 + lw_1 = 0$$
$$hu_2 + kv_2 + lw_2 = 0$$

$$h : k : l = \begin{vmatrix} v_1 & w_1 \\ v_2 & w_2 \end{vmatrix} : \begin{vmatrix} w_1 & u_1 \\ w_2 & u_2 \end{vmatrix} : \begin{vmatrix} u_1 & v_1 \\ u_2 & v_2 \end{vmatrix}$$

Man findet h, k und l einfach durch kreuzweise Multiplikation

$$\begin{array}{c} u_1 \\ u_2 \end{array}\!\begin{vmatrix} v_1 \\ v_2 \end{vmatrix}\!\times\!\begin{vmatrix} w_1 \\ w_2 \end{vmatrix}\!\times\!\begin{vmatrix} u_1 \\ u_2 \end{vmatrix}\!\times\!\begin{vmatrix} v_1 \\ v_2 \end{vmatrix}\!\begin{array}{c} w_1 \\ w_2 \end{array}$$

$$\underbrace{\qquad}_{h}\ \underbrace{\qquad}_{k}\ \underbrace{\qquad}_{l}$$

Wenn sich drei Kanten nach parallelen Linien schneiden, d. h. wenn sie *komplanar* sind, gilt

$$\begin{vmatrix} u_1 & v_1 & w_1 \\ u_2 & v_2 & w_2 \\ u_3 & v_3 & w_3 \end{vmatrix} = 0$$

---

[1] J. D. H. DONNAY, Am. Min. *19* (1934) 593.

Dualismus von Flächen und Kanten

Zwischen Flächen und Kanten besteht *Dualismus*, d. h. neben jede Beziehung zwischen Flächen und Kanten kann eine zweite gestellt werden, indem man statt Flächen Kanten und statt Kanten Flächen liest. Zum Beispiel die Richtungen von zwei Flächen bestimmen die Richtung einer Kante und daneben: die Richtungen von zwei Kanten bestimmen die Richtung einer Fläche.

Analytisch geht der Dualismus aus $hu+kv+lw=0$ hervor; diese Formel bleibt richtig, wenn h, k und l durch u, v und w ersetzt werden und umgekehrt.

Alle Flächen (hkl) einer Zone [uvw]

Identisch ist

$$\begin{vmatrix} h_1 & k_1 & l_1 \\ h_2 & k_2 & l_2 \\ \lambda h_1 + \mu h_2 & \lambda k_1 + \mu k_2 & \lambda l_1 + \mu l_2 \end{vmatrix} = 0$$

Vergleicht man dies mit der Zonengleichung, dann sieht man, daß (hkl) tautozonal mit $(h_1 k_1 l_1)$ und $(h_2 k_2 l_2)$ ist, wenn

$$h = \lambda h_1 + \mu h_2$$
$$k = \lambda k_1 + \mu k_2$$
$$l = \lambda l_1 + \mu l_2$$

worin λ und μ willkürliche Zahlen sind.

Komplikation

Die Ableitung des Symboles einer neuen Fläche nach obiger Art heißt Komplikation (V. GOLDSCHMIDT, 1897), speziell, wenn $\lambda = \mu = 1$, also wenn die übereinstimmenden Indices ohne weiteres summiert werden. Man spricht in diesem Fall von *Abstumpfung* der Kante zwischen den alten Flächen durch die neue Fläche.

Die Kante wird gerade abgestumpft, wenn die neue Fläche mit den beiden alten gleiche Winkel bildet. Dies ist u. a. [1] der Fall, wenn die alten Flächen der gleichen Form angehören (VIOLA, 1905) [2].

Zerlegung eines Symbols

Durch Komplikation von z. B. (111) und (023) können die Flächen (134) und (356) in der durch die Flächen bestimmten Zone gefunden werden:

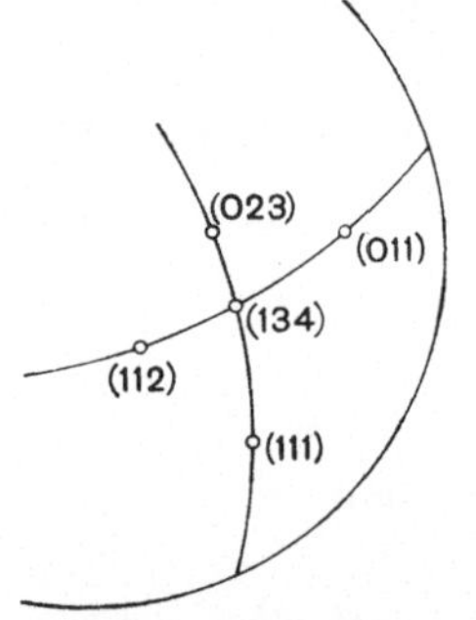

Abb. 18. Komplikation von (134) aus (111)+(023) und aus (112)+2.(011); oder auch Zerlegung von (134) in zwei Paare

$$h_3 = 1.1 + 1.0 = 1 \qquad h_4 = 3.1 + 1.0 = 3$$
$$k_3 = 1.1 + 1.2 = 3 \qquad k_4 = 3.1 + 1.2 = 5$$
$$l_3 = 1.1 + 1.3 = 4 \qquad l_4 = 3.1 + 1.3 = 6$$

Umgekehrt können die Symbole (134) und (356) zerlegt werden:

$$134 \begin{cases} 111 \\ 023 \end{cases} \qquad\qquad 356 \begin{cases} 333 = 3.\,(111) \\ 023 \end{cases}$$

[1] P. TERPSTRA und R. TER VELD, Am. Min. *31* (1946) 386.
[2] L. WEBER, Z. f. Krist. *55* (1919) 594.

Indem man ein Symbol (*hkl*) auf zwei Arten zerlegt, erhält man zwei Zonen, die die Fläche (*hkl*) bestimmen (Abb. 18).

Durch zweckmäßige Zerlegung kann man erreichen, daß in den neuen Symbolen keine anderen Indices als 1,0 und $\bar{1}$ auftreten. Diese sind die Symbole der 26 Flächen, die auf einfache Weise durch Zonenverband aus den Grundflächen abgeleitet werden können und die durch die Zonen des sogenannten *Neunzonensystems* [1] (Abb. 19) bestimmt werden.

Gleichwertigkeit der zwei Formulierungen des Hauptgesetzes
(NEUMANN, S. 6)

Geht man bei der Anwendung der zweiten Formulierung von vier Flächen mit ganzen Indices, z. B. (100), (010), (001) und (111), aus, dann zeigt die kreuzweise Multiplikation, daß auch die Symbole der Kanten ganze Indices besitzen, ebenso alle weiteren abgeleiteten Flächen und Kanten. Und jede Fläche mit ganzzahligen Symbolen kann solcherart abgeleitet werden, denn durch zweckmäßige Zerlegungen kann der Zonenverband mit den Ausgangsflächen hergestellt werden.

Reihen, Netze und Grundgitter [2]

Allgemeines

Eine *Reihe* ist eine eindimensionale Sammlung aequidistanter Punkte; ein *Netz* (=Punktenetz) ist eine zweidimensionale Sammlung von Punkten, die wie die Schnittpunkte zweier sich schneidender *Scharen* von aequidistanten Linien (erzeugende Linien)

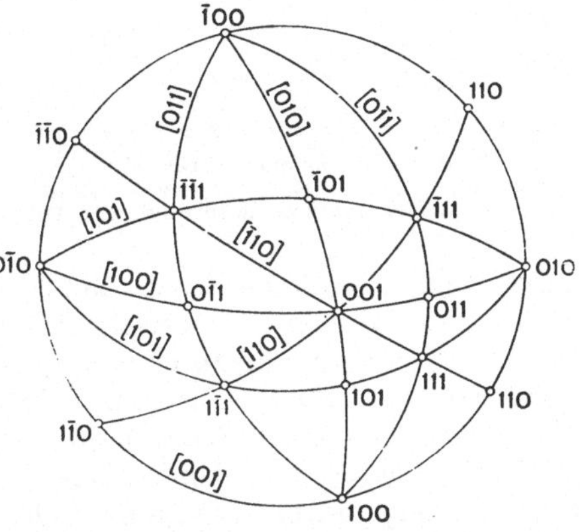

Abb. 19. Das „Neunzonensystem"

liegen; ein *Grundgitter* [3] ist eine Sammlung von Punkten, die wie die Schnittpunkte dreier Scharen aequidistanter Ebenen (erzeugende Ebenen) liegen. Grundgitter, Netz und Reihe sind alle drei unendlich; die Punkte derselben sind untereinander nicht unterscheidbar, d. h. *identisch*; die Umgebung jedes Punktes ist gleich und gleich orientiert (parallel). Nach Symmetrie verschieden gibt es: 1 Art von Reihen, 5 Arten von Netzen und 14 Arten von Grundgittern (vgl. S. 87, 91).

---

[1] P. TERPSTRA, Kristallometrie. Groningen, 1946 (hier wird dieses System „normaalpatroon" genannt).

[2] A. BRAVAIS (1848) in: Ostwalds Klassiker der exakten Wissenschaften, Nr. 90. Leipzig, 1897; P. NIGGLI, Handbuch der Experimentalphysik, Band VII, Teil 1. Leipzig, 1928.

[3] In der Theorie unterscheiden wir fortan Grundgitter und Gitter (s. S. 90). Wo aber keine Zweideutigkeit besteht, schreiben wir kurz Gitter statt Grundgitter.

Der Abstand zwischen zwei benachbarten Punkten einer Reihe heißt *Identitätsabstand*.

Eine Linie durch zwei Netzpunkte heißt *Netzlinie*; jede Netzlinie erfaßt eine Reihe; durch jeden Netzpunkt kann eine zu einer gegebenen Netzlinie parallele Netzlinie gelegt werden, diese zwei Netzlinien erfassen gleiche Reihen. Zieht man durch alle Netzpunkte zu einer gegebenen Netzlinie parallele Netzlinien, dann bilden diese eine Schar aequidistanter Netzlinien. Zwei Scharen Netzlinien, von denen alle Schnittpunkte mit allen Netzpunkten zusammenfallen, heißen *konjugierte* Scharen. Der Abstand zweier Nachbarlinien einer Schar heißt *Spatium*.

Eine Linie durch zwei Gitterpunkte heißt *Gitterlinie*; eine Gitterlinie erfaßt eine Punktreihe. Durch jeden Gitterpunkt verläuft eine zu einer gegebenen Gitterlinie parallele, alle diese Gitterlinien sind nicht unterscheidbar, identisch, das ganze heißt räumliche Schar. Eine Ebene durch drei Punkte heißt *Gitterebene*. Eine Gitterebene erfaßt ein Punktenetz. Durch jeden Punkt eines Gitters kann man eine zu einer gegebenen Gitterebene parallele legen, alle diese Ebenen sind identisch und bilden eine Schar. Der Abstand zweier Nachbarebenen einer Schar heißt *Spatium*.

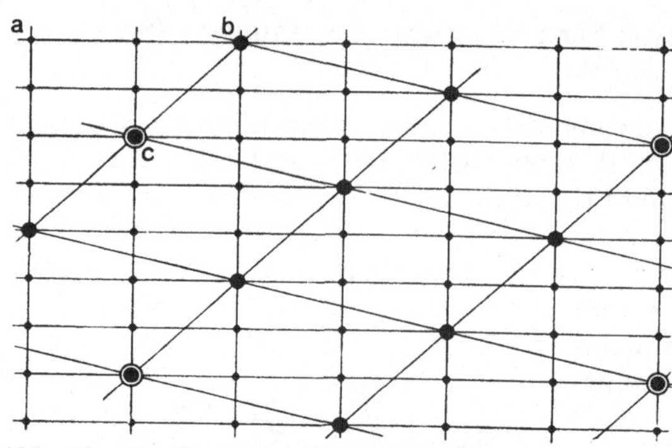

Abb. 20. (Zweidimensionales) Grundgitter *a* ● und Teilgitter *b* ●; *c* ◯, ein Teilgitter von *b*, ist ähnlich und // orientiert mit dem ursprünglichen Gitter *a*

Drei Scharen von Gitterebenen, von denen alle Schnittpunkte mit allen Gitterpunkten zusammenfallen, heißen *konjugierte* Scharen. Die erzeugenden Scharen sind also auch konjugierte und alle konjugierten Scharen können als erzeugende betrachtet werden.

Drei Gitterebenen heißen konjugiert, wenn jede einer von drei konjugierten Scharen angehört. Die Schnittlinien (d. s. Gitterlinien) dreier konjugierter Gitterebenen nennt man *konjugierte Gitterlinien*.

Ein *Teilgitter* ist ein Grundgitter, das einen Teil der Punkte eines Grundgitters umfaßt. Achtet man nicht auf die absoluten Maße eines Gitters, sondern nur auf die Verhältnisse der Maße, also auf die Form des Gitters, dann gilt, daß eine Gitterebene eines Gitters mit einer Gitterebene eines Teilgitters zusammenfällt oder parallel ist und umgekehrt, eine Gitterebene in einem Teilgitter ist auch eine Gitterebene des ursprünglichen Gitters; ebenso kann in einem Teilgitter stets ein Teilgitter gewählt werden, das gleich und gleichorientiert mit dem ursprünglichen Gitter ist (Abb. 20).

Gitter und Teilgitter haben „*dieselbe Metrik*", d. h. analoge Konstanten stehen in einfachem (rationalem) Zusammenhang und Größen, die in dem einen durch rationale Zahlen ausgedrückt werden, werden es im andern ebenfalls [1].

Identitätsraum oder *Primitivzelle* nennt man (Abb. 21) bei einer Reihe eine Linie mit der Länge des Identitätsabstands; bei einem Netz ein Parallelogramm, das gleich und parallel ist einem Parallelogramm, das von zwei Paaren von Nachbarlinien zweier konjugierter Scharen Netzlinien begrenzt wird; bei einem Gitter ein Parallelepiped, das gleich und parallel zu einem Parallelepiped ist, das von drei Paaren von Nachbarebenen dreier konjugierter Scharen Gitterebenen begrenzt wird. Über die Lage einer solchen Zelle wird also nichts ausgesagt.

Mathematisches (Grund-)Gitter

Nimmt man einen der Punkte eines Gitters als Ursprung O und drei durch O gehende konjugierte Gitterebenen als Koordinatenebenen, ihre Schnittlinien, die also drei konjugierte Gitterlinien sind, als Koordinaten-

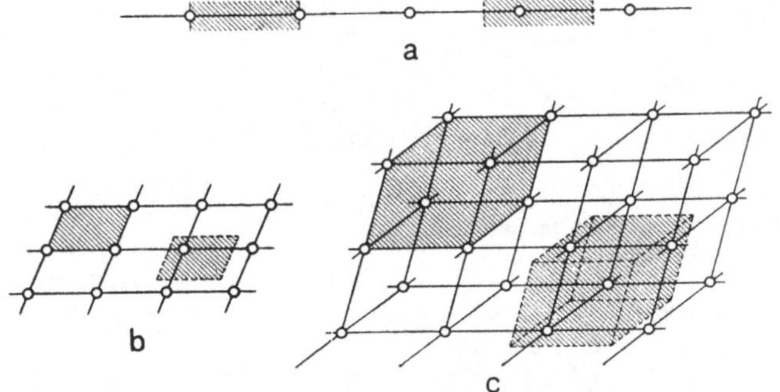

Abb. 21. Primitive Zellen. *a)* Eindimensionales, *b)* zweidimensionales, *c)* dreidimensionales Grundgitter. Die Lage der Zelle ist beliebig

achsen, nimmt man ferner als *absolute Achsenmaße* die drei Identitätsabstände entlang der Achsen, so wird ein derartiges Gitter ein mathematisches (Grund-)Gitter genannt.

Jeder Gitterpunkt hat dann drei ganze Zahlen als Koordinaten, das Symbol ist $[[mnp]]$.

Macht man aus einem Teilgitter ein mathematisches Gitter, oder, was dasselbe ist, wählt man in dem ursprünglichen Gitter drei nichtkonjugierte Gitterlinien als Achsen, dann sind einige der Koordinaten von Gitterpunkten gebrochene oder gemischte Zahlen.

Von einer Schar von Gitterebenen heißt die Ebene durch O die *Nullebene*. Die Koordinatenebenen und die damit parallelen Gitterebenen nennen wir *Netzebenen*, die Koordinatenebene OAB heißt die *nullte* C-Netzebene, die Nachbarebenen davon die erste positive und erste negative C-Netzebene usw. (Abb. 22).

---

[1] P. NIGGLI, Handbuch der Experimentalphysik, Band VII, Teil 1, S. 16. Leipzig, 1928.

Direktes kristallographisches (Grund-)Gitter

Die Symbole der Kristallkanten haben drei ganze Zahlen, die eines Punktes eines mathematischen Gitters ebenfalls.

Wir ordnen nun wie folgt einem Kristall (einer direkten Garbe) ein mathematisches Gitter zu und nennen dieses das direkte kristallographische Gitter.

Der Ursprung kann mit dem Mittelpunkt zusammenfallen, die Gitterachsen sind parallel zu den kristallographischen Achsen A, B und C, die Achsenmaße sind gleich den absoluten kristallographischen Achsenlängen a_0, b_0, c_0 (S. 92) oder verhalten sich wie die (relativen) Achsenlängen [1]; die Koordinaten eines beliebigen Punktes sind $[[uvw]]$ oder $[uvw]$.

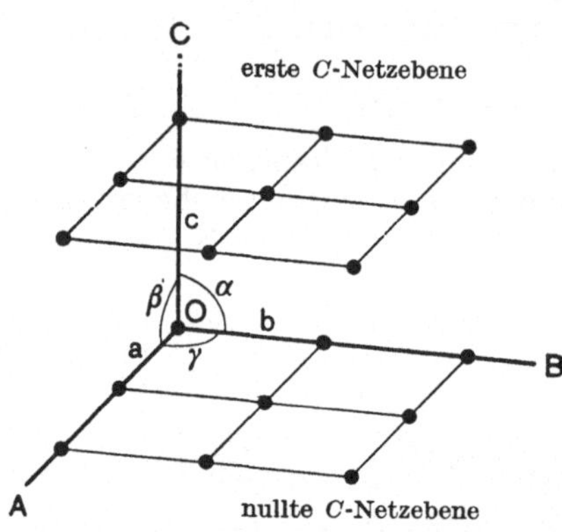

Abb. 22. Zwei C-Netzebenen im direkten Gitter

Für dieses Gitter gilt dann, daß der *Leitstrahl* nach $[[uvw]]$, das ist die Linie von O nach diesem Punkt, parallel zur Kante $[uvw]$ ist; es geht dies aus der Definition des Kantensymbols (S. 6) hervor. Besitzen die Koordinaten u, v und w einen gemeinsamen Faktor D, dann ist dieser Gitterpunkt nicht der Nachbarpunkt von O auf dem Leitstrahl, die Koordinaten dieses Punktes sind dann $\dfrac{u}{D}$, $\dfrac{v}{D}$, $\dfrac{w}{D}$. Die Kantenindices stimmen also speziell mit den Koordinaten des Nachbarpunktes von O überein.

Indirektes kristallographisches (Grund-)Gitter

In der indirekten Garbe wurden (S. 3) die Kristallflächen durch ihre Senkrechten und die Kanten durch die senkrechten Ebenen darauf dargestellt, auch hier bestanden die Symbole (hkl) der Linien aus drei ganzen Zahlen.

Wir ordnen nun der indirekten Garbe auch in analoger Weise ein indirektes kristallographisches Gitter zu. Der Ursprung O^* kann mit dem Mittelpunkt zusammenfallen, die Achsenrichtungen A^*, B^* und C^* sind zu den Senkrechten auf (100), (010) und (001), also zu den Senk-

---

[1] Es gibt also ebensoviele prinzipiell verschiedene Arten direkter Gitter wie Systeme. — Besonders in der älteren Literatur gebraucht man auch *topische* Achsenlängen. Diese verhalten sich wie die relativen Achsenlängen, sind aber selbst absolute Längen, nämlich die Längen der Kanten der Elementarzelle (S. 92) des direkten Gitters, wenn das Volumen dieser Zelle mit dem molekularen Volumen, d. h. Molekulargewicht geteilt durch spezifisches Gewicht, gleich genommen wird. Vgl. Encyklopädie der mathematischen Wissenschaften, Band V, Teil 1, S. 410. Leipzig, 1905.

rechten auf die Pinakoide, parallel, während die Achsenverhältnisse $a^* : b^* : c^*$ dadurch bestimmt werden, daß ein Punkt der Senkrechten auf (111) die Koordinaten [[111]] haben muß [1]. Die Koordinaten eines Gitterpunktes werden mit [[hkl]] oder (hkl) angegeben.

Es kann gezeigt werden (s. u.), daß dieses Gitter die Eigenschaft hat, daß der Leitstrahl nach [[hkl]] zur Senkrechten auf die Kristallfläche (hkl) parallel ist, speziell ist das Symbol des Nachbarpunktes von O^* dem dieser Fläche gleich.

Beziehung zwischen dem direkten und indirekten Gitter

Zum Kreis mit dem Radius ϱ um M (Abb. 23) ist Q der Polpunkt der Linie AP und P der Polpunkt der Linie BQ; AP ist die Pollinie von Punkt Q und BQ

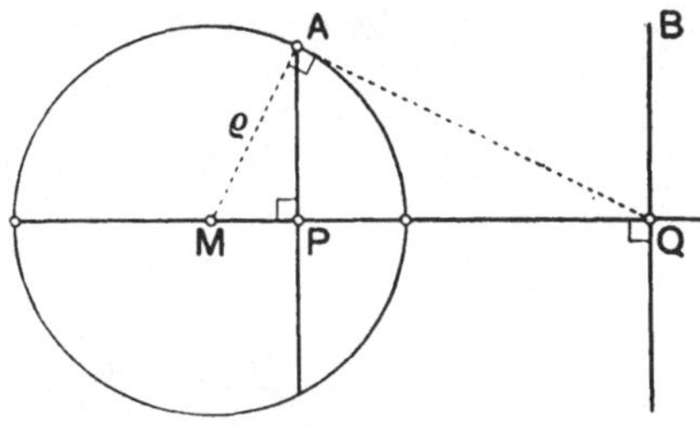

Abb. 23. Polpunkte und Pollinien in Bezug auf einen Kreis

die von Punkt P; es gilt $MQ \times MP = \varrho^2$. Auf eine Kugel bezogen gilt dasselbe für die senkrechten Ebenen in P und Q.

Im direkten Gitter liegt immer eine Schar von Gitterebenen parallel zu einer Kristallfläche (hkl). Eine von zwei O benachbarten Gitterebenen dieser Folge schneidet die Achsen in den Punkten [2]

$$\frac{a}{h}, \quad \frac{b}{k} \quad \text{und} \quad \frac{c}{l}$$

In Abb. 24, in der zur Verdeutlichung statt eines dreidimensionalen direkten Gitters ein zweidimensionales gezeichnet wurde, sind die Polpunkte der Nachbarlinien von (10) und (01) mit A^* bzw. B^* bezeichnet.

$$O^*A^* = a^* = \frac{\varrho^2}{a \sin \gamma} \quad \text{und} \quad O^*B^* = b^* = \frac{\varrho^2}{b \sin \gamma}$$

Diese polaren Achsenlängen mögen die Koordinaten von G sein. Man kann dann zeigen, daß O^*G senkrecht zu AB [Nachbarlinie von O^* in der Schar (11)] und daß $O^*E \times O^*G = \varrho^2$, also ist G der Polpunkt von (11): $\triangle OAB \sim \triangle O^*B^*G^*$ (ein Winkel gleich und zwei Seiten proportional),

Ähnlichkeitsfaktor $\dfrac{\varrho^2}{ab \sin \gamma} \left(= \dfrac{\varrho^2}{v_p} \right)$, daher $O^*G = \dfrac{\varrho^2}{ab \sin \gamma} AB$;

$OA \perp O^*B^*$ und $OB \perp O^*A^*$, daher $AB \perp O^*G$.

Ferner ist die Fläche vom $\triangle OAB$ gleich $\tfrac{1}{2} ab \sin \gamma$ und $\tfrac{1}{2} O^*E \times AB$,

---

[1] Es gibt also auch ebensoviele prinzipiell verschiedene Arten von indirekten Gittern wie Systeme.

[2] A. BRAVAIS in: Ostwalds Klassiker der exakten Wissenschaften, Nr. 90, S. 54. Leipzig, 1897; M. J. BUERGER, X-ray Crystallography, S. 8. New York, 1942.

so daß
$$O^*E = \frac{ab \sin \gamma}{AB} = \frac{ab \sin \gamma}{\dfrac{ab \sin \gamma}{\varrho^2} \cdot O^*G} = \frac{\varrho^2}{O^*G}$$

oder $O^*E \times O^*G = \varrho^2$.

H ist auf die gleiche Art der Polpunkt von BD usw.

Wenn, dreidimensional, nicht nur die Polpunkte der beiden Nachbarlinien von O^* jeder Schar (hkl) konstruiert werden, sondern ebenso die der

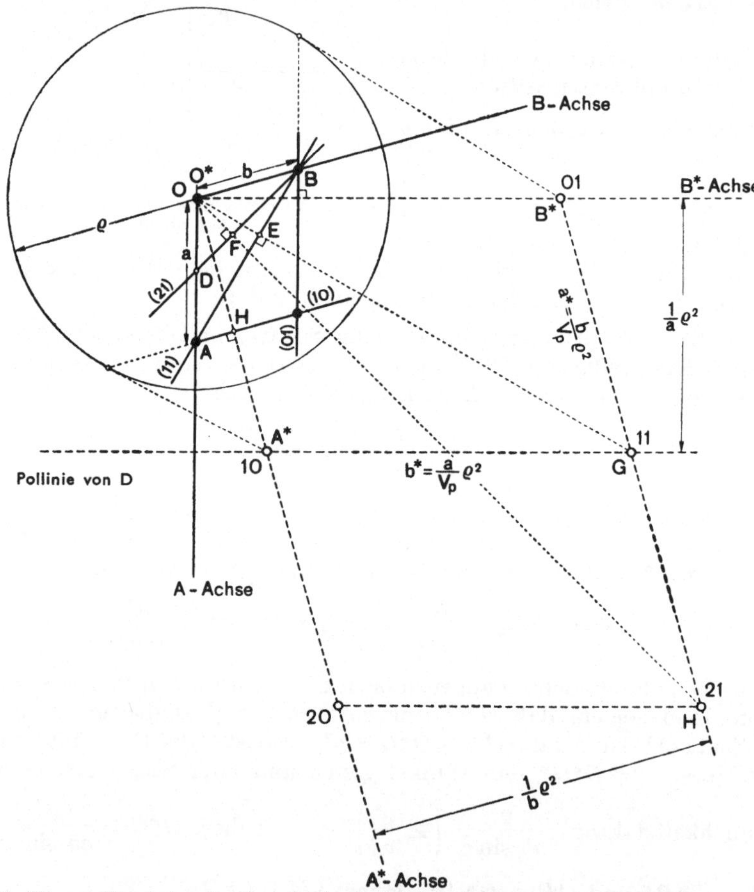

Abb. 24. Ein zweidimensionales Grundgitter und das in Bezug auf den Kreis mit Radius ρ polare Grundgitter o. $V_p = ab \sin \gamma$, Oberfläche einer Primitivzelle

intermediären Gitterebenen, die zu ihnen parallel sind und die Achsen in den Punkten

$$\frac{a}{nh}, \quad \frac{b}{nk} \quad \text{und} \quad \frac{c}{nl} \quad (n \text{ ist eine ganze Zahl})$$

schneiden, dann bilden die Polpunkte ein Gitter, das *polare* Gitter (BRAVAIS, 1848). Wenn in diesem Gitter die Senkrechten auf die Pinakoidflächen als Achsen angenommen werden, dann ist das polare Gitter mit dem indirekten identisch. Die polaren Achsen A^*, B^* und C^* sind dann auf die Achsenebenen der direkten Achsen senkrecht und die positive Richtung ist so, daß $A^* \wedge A < 90°$; $B^* \wedge B < 90°$ und $C^* \wedge C < 90°$.

Umgekehrt ist das direkte Gitter das polare des indirekten. Daraus geht deutlich die Dualität der Kristallflächen und -kanten hervor.

ϱ ist willkürlich; nimmt man $\varrho = 1$ (nicht 1 cm!), dann spricht man nicht von polarem, sondern von *reziprokem* Gitter. In der geometrischen Kristallographie sind nur Richtungen und Verhältnisse wichtig, daher ist der Wert von ϱ hier uninteressant.

Wenn zwei Radienvektoren 1 und 2 den Winkel (12) einschließen, hat man:

$$\sin^2 (12) = \begin{vmatrix} \cos (11) & \cos (12) \\ \cos (21) & \cos (22) \end{vmatrix}$$

Sin (123) ist analog:

$$\mathrm{Sin}^2 (123) \equiv \begin{vmatrix} \cos (11) & \cos (12) & \cos (13) \\ \cos (21) & \cos (22) & \cos (23) \\ \cos (31) & \cos (32) & \cos (33) \end{vmatrix}$$

$$\mathrm{Sin}^2 (ABC) \equiv \begin{vmatrix} 1 & \cos \gamma & \cos \beta \\ \cos \gamma & 1 & \cos \alpha \\ \cos \beta & \cos \alpha & 1 \end{vmatrix}$$

und Sin (ABC) wird positiv genommen, wenn die Umlaufrichtung $A \to B \to C$ von O aus im Uhrzeigersinn ist.

Dann ist das Volumen der Elementarzelle

$$v_p = abc \, \mathrm{Sin} \, (ABC) =$$
$$= abc \sqrt{1 - \cos^2 \alpha - \cos^2 \beta - \cos^2 \gamma + 2 \cos \alpha \cos \beta \cos \gamma}$$

Die Elemente des indirekten Gitters werden mit einem Sternchen bezeichnet und sind:

$$a^* = \frac{bc \sin \alpha}{v_p} \varrho^2 = \frac{\sin \alpha}{a \, \mathrm{Sin} \, (ABC)} \varrho^2; \text{ zykl.}$$

$$\sin \alpha^* = \frac{\mathrm{Sin} \, (ABC)}{\sin \beta \sin \gamma}; \text{ zykl.}$$

$$\cos \alpha^* = \frac{\cos \beta \cos \gamma - \cos \alpha}{\sin \beta \sin \gamma}; \text{ zykl.} \quad \text{(s. S. 55)}$$

$$a^* : b^* : c^* = \frac{\sin \alpha}{a} : \frac{\sin \beta}{b} : \frac{\sin \gamma}{c}$$

Die Elemente des direkten Gitters, ausgedrückt durch die des indirekten, werden analog

$$a = \frac{b^* c^* \sin \alpha^*}{v_p^*} \varrho^2 \text{ usw.}$$

Einige gemischte Formeln sind:

$$a\,a^* = \frac{\sin\alpha}{\mathrm{Sin}\,(ABC)}\,\varrho^2\,;\ \text{zykl.}$$

$$v_p\,v_p^* = \varrho^6$$

$$\mathrm{Sin}\,(ABC) = \sin\alpha^*\sin\beta\sin\gamma = \sin\alpha\sin\beta^*\sin\gamma = \sin\alpha\sin\beta\sin\gamma^*$$

$$\mathrm{Sin}\,(A^*\,B^*\,C^*) = \frac{\mathrm{Sin}^2\,(ABC)}{\sin\alpha\sin\beta\sin\gamma}\quad {}^{1}$$

Es besteht immer Dualismus, die Formeln bleiben gültig, wenn man die Buchstaben mit Stern durch solche ohne Stern und umgekehrt ersetzt.

Der Abstand von O zur Nachbarebene aus der Schar (hkl) ist gleich dem Spatium der Ebenen der Schar. Die *Haupteigenschaft* von direktem und indirektem Gitter findet bei der Strukturuntersuchung regelmäßig Anwendung und lautet: der Abstand der Gitterebenen im einen Gitter mal der Länge des korrespondierenden Leitstrahls im anderen ist konstant $(=\varrho^2)$.

Nimmt man in einem direkten Gitter drei neue Gitterlinien durch O, und zwar die nach $[[u_A v_A w_A]]$, $[[u_B v_B w_B]]$ und $[[u_C v_C w_C]]$, dann werde von einem Punkt $[[uvw]]$ das neue Symbol $[[UVW]]$. Diese Achsenveränderung bringt eine analoge im indirekten Gitter mit sich, die neuen Achsen mögen dann die Gitterlinien nach $[[h_A k_A l_A]]$ $[[h_B k_B l_B]]$ und $[[h_C k_C l_C]]$ sein und das alte Symbol $[[hkl]]$ möge zum neuen $[[HKL]]$ werden.

Nun gilt [2]:

$$\begin{aligned}
U &= h_A u + k_A v + l_A w & H &= u_A h + v_A k + w_A l\\
V &= h_B u + k_B v + l_B w & K &= u_B h + v_B k + w_B l\\
W &= h_C u + k_C v + l_C w & L &= u_C h + v_C k + w_C l
\end{aligned}$$

$$\begin{aligned}
u &= u_A U + u_B V + u_C W & h &= h_A H + h_B K + h_C L\\
v &= v_A U + v_B V + v_C W & k &= k_A H + k_B K + k_C L\\
w &= w_A U + w_B V + w_C W & l &= l_A H + l_B K + l_C L
\end{aligned}$$

worin z. B.:
$$h_B = \frac{-\begin{vmatrix} v_A & w_A\\ v_C & w_C \end{vmatrix}}{\begin{vmatrix} u_A & v_A & w_A\\ u_B & v_B & w_B\\ u_C & v_C & w_C \end{vmatrix}}\,;\quad v_C = \frac{-\begin{vmatrix} h_A & l_A\\ h_B & l_B \end{vmatrix}}{\begin{vmatrix} h_A & k_A & l_A\\ h_B & k_B & l_B\\ h_C & k_C & l_C \end{vmatrix}}\,;\ \text{usw.}$$

---

[1] Berechnung von angenäherten Werten bei A. L. PATTERSON, Am. Min. *37* (1952) 207.

[2] A. BRAVAIS (1848) in: Ostwalds Klassiker der exakten Wissenschaften, Nr. 90, S. 56. Leipzig, 1897.

Winkelberechnung

I. Mittels Gitterrechnung aus den direkten oder indirekten Kristallelementen, g-Methode [1]

Sind r_1 und r_2 Leitstrahlen in einem Gitter, dann nennen wir
$r_1 r_2 \cos (r_1\, r_2) \equiv g_{12}$.

Daraus folgt

$$g_{aa} = a^2; \qquad g_{ab} = g_{ba} = ab \cos \gamma; \text{ zykl.}$$
$$g_{aa}^{*} = a^{*2}; \qquad g_{ab}^{*} = g_{ba}^{*} = a^{*}b^{*} \cos \gamma^{*}; \text{ zykl.}$$

Aus den direkten Kristallelementen wird berechnet:

$$g_{aa}^{*} = \frac{\sin^2 \alpha}{a^2 \operatorname{Sin}^2 (ABC)} \varrho^4; \quad g_{ab}^{*} = \frac{\cos \alpha \cos \beta - \cos \gamma}{ab \operatorname{Sin}^2 (ABC)} \varrho^4; \text{ zykl.}$$

In g's ausgedrückt:

$$g_{aa}^{*} = \frac{\begin{vmatrix} g_{bb} & g_{bc} \\ g_{cb} & g_{cc} \end{vmatrix}}{\begin{vmatrix} g_{aa} & g_{ab} & g_{ac} \\ g_{ba} & g_{bb} & g_{bc} \\ g_{ca} & g_{cb} & g_{cc} \end{vmatrix}} \varrho^4; \quad g_{ab}^{*} = \frac{- \begin{vmatrix} g_{ba} & g_{bc} \\ g_{ca} & g_{cc} \end{vmatrix}}{\begin{vmatrix} g_{aa} & g_{ab} & g_{ac} \\ g_{ba} & g_{bb} & g_{bc} \\ g_{ca} & g_{cb} & g_{cc} \end{vmatrix}} \varrho^4; \text{ zykl.}[2]$$

Der Zähler ist die Unterdeterminante des Nenners des mit g_{ab}^{*} übereinstimmenden Elementes g_{ab}; der Nenner ist gleich $v_p{}^2$.

Alle Formeln sind dual in Bezug auf g und g^{*}.

Die Länge des Leitstrahles nach $[[uvw]]$ ist dann im direkten Gitter:

$$r^2{}_{uvw} = u^2 g_{aa} + v^2 g_{bb} + w^2 g_{cc} + 2\, uv g_{ab} + 2\, vw g_{bc} + 2\, wu g_{ca}$$

und die des Leitstrahles nach $[[hkl]]$ im indirekten:

$$r\,_{hkl}^{*2} = h^2 g_{aa}^{*} + k^2 g\,_{bb}^{*} + l^2 g_{cc}^{*} + 2\, hk g\,_{ab}^{*} + 2\, kl g_{bc}^{*} + 2\, lh g_{ca}^{*}$$

Der Winkel $(r_1 r_2)$ zwischen den Leitstrahlen nach $[[u_1 v_1 w_1]]$ und $[[u_2 v_2 w_2]]$, also zwischen den Kanten $[u_1 v_1 w_1]$ und $[u_2 v_2 w_2]$, folgt aus:

$$r_1\, r_2 \cos (r_1\, r_2) = u_1 u_2 g_{aa} + v_1 v_2 g_{bb} + w_1 w_2 g_{cc} + (u_1 v_2 + u_2 v_1) g_{ab} +$$
$$+ (v_1 w_2 + v_2 w_1) g_{bc} + (w_1 u_2 + w_2 u_1) g_{ca}$$

Analog ist der Winkel $(r_1^{*} r_2^{*})$ zwischen den Flächen $(h_1 k_1 l_1)$ und $(h_2 k_2 l_2)$:

$$r_1^{*}\, r_2^{*} \cos (r\,_1^{*}\, r_2^{*}) = h_1 h_2 g_{aa}^{*} + k_1 k_2 g_{bb}^{*} + l_1 l_2 g_{cc}^{*} + (h_1 k_2 + h_2 k_1) g_{ab}^{*} +$$
$$+ (k_1 l_2 + k_2 l_1) g_{bc}^{*} + (l_1 h_2 + l_2 h_1) g_{ca}^{*}$$

Der Winkel (rr^{*}) zwischen einem Leitstrahl $[[uvw]]$ im direkten und einem Leitstrahl $[[hkl]]$ im indirekten Gitter, also der Winkel zwischen der Kante $[uvw]$ und der Fläche (hkl), folgt aus:

$$r_{uvw}\, r_{hkl}^{*} \cos (rr^{*}) = (uh + vk + wl)\, \varrho^2$$

---

[1] Z. f. Krist. A *101* (1939) 317.
[2] In der geometrischen Kristallographie kommt es nur auf Verhältnisse an, gemeinsame Faktoren, wie hier die Nenner, werden weggelassen.

II. Mittels sphärischer Trigonometrie

Allgemeines

Die Schnittlinie der durch den Mittelpunkt einer Kugel gehenden Ebene mit der Kugeloberfläche ist ein Großkreis, Schnitte mit anderen Ebenen sind Kleinkreise. Die Meridiane der Erdkugel sind Großkreise, die Breitenkreise Kleinkreise mit Ausnahme des Äquators. Ein Großkreis wird durch zwei Punkte auf der Kugel bestimmt, außer wenn diese Punkte Gegenpunkte sind.

Von einem sphärischen Dreieck ABC sind die Seiten a, b, c Teile von Großkreisen (Abb. 25), üblicherweise sind die Seiten a, b, c kleiner als ein halber Großkreis; die eingeschlossenen Winkel werden α, β, γ genannt.

Die Eigenschaften der sphärischen Dreiecke sind mit denen der ebenen Dreiecke vergleichbar, letztere können sogar als sphärische Dreiecke auf einer Kugel mit unendlichem Radius

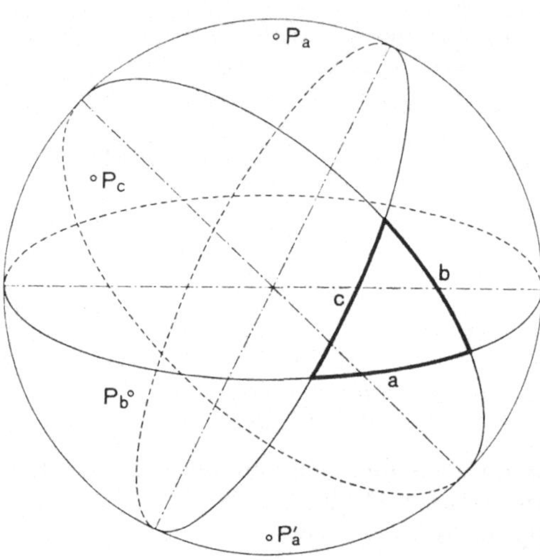

Abb. 25. Elemente von z. B. Kugeldreieck $P_a P_b P_c$ sind supplementär zu denen von abc ($P_a{}'$ liegt auf der Rückseite)

bezeichnet werden. Sowohl Seiten als auch Winkel werden in Graden ausgedrückt; ein Dreieck mit einer 90°-Seite wird rechtseitig, mit einem 90°-Winkel rechtwinkelig genannt.

Ein Großkreis besitzt zwei Pole P und P' (Abb. 25); einer der Pole jeder Seite eines Dreiecks liegt mit dem Dreieck auf der gleichen Kugelhälfte. Die Pole des Dreiecks ABC sind P_a, $P_a{}'$, P_b, $P_b{}'$, P_c, $P_c{}'$. Die Elemente des Poldreiecks $P_a{}'P_b{}'P_c{}'$ sind mit denen des Dreiecks ABC supplementär (s. unten), d. h. eine Seite von ABC ist mit dem entsprechenden Winkel von $P_a{}'P_b{}'P_c{}'$ supplementär und umgekehrt.

Die Flächen der direkten Garbe, deren Ursprung O im Mittelpunkt der Kugel liegt, schneiden die Kugel in Großkreisen. Winkel zwischen Kanten können daher als Bogen, zwischen Flächen als Winkel und zwischen Kanten und Flächen als Höhen in einem sphärischen Dreieck betrachtet werden.

Die Kanten der indirekten Garbe, deren Ursprung O^* ebenfalls im Mittelpunkt der Kugel gedacht ist, sind senkrecht auf die Flächen der direkten Garbe, daher sind ihre Schnittpunkte die Pole der Seiten des erwähnten Dreiecks. Im Polardreieck können die Winkel zwischen

Kristallflächen als Seiten, zwischen den Kanten als Winkel und zwischen den Flächen und Kanten als Höhen betrachtet werden.

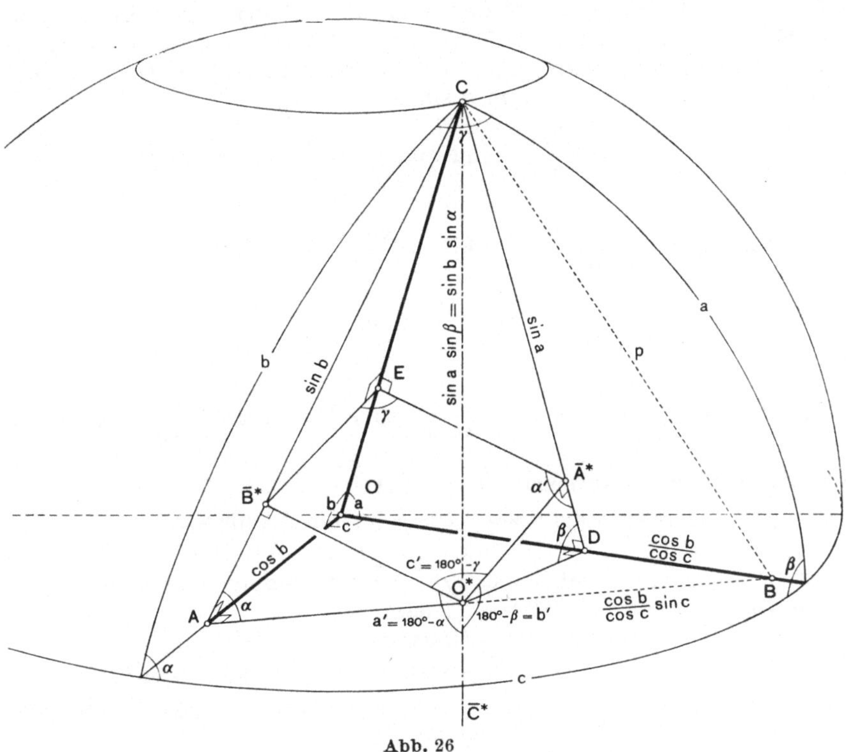

Abb. 26

Die stereographische Projektion und die graphische Berechnung (S. 63) sind sehr wertvoll.

Es folgt nun die Ableitung einiger Formeln und der Hinweis auf die Beziehungen zwischen den Winkeln in der direkten und in der indirekten Garbe.

1. Allgemeines sphärisches Dreieck

Die Ecken des Dreieckes abc (Abb. 26) sind mit dem Mittelpunkt O der Kugel verbunden und die Senkrechte CO^* auf die Ebene AOB wurde in den Dreiflächner $OABC$ eingezeichnet. Man zeichnet ferner $O^*A \perp OA$, $O^*D \perp OB$, $O^*\bar{A}^* \perp CD$ und $O^*\bar{B}^* \perp CA$. Dann sind die drei Linien $O^*\bar{A}^*$, $O^*\bar{B}^*$ und die O^*C gegenüberliegende $O^*\bar{C}^*$ Senkrechte auf die Ebenen des Dreiflächners und $O^*A^*B^*C^*$ ist bei Annahme von $OABC$ als direktes Achsenkreuz das (damit polare) indirekte.

Da $O^*\bar{A}^* \perp OCD$ und $O^*\bar{B}^* \perp OCA$, also $CO \perp O^*\bar{A}^*$ und $CO \perp O^*\bar{B}^*$, ist $CO \perp$ auf die Ebene $O^*\bar{A}^*E\bar{B}^*$ und, wie aus der Figur erkenntlich, $c' = 180° - \gamma$, zykl. und $\alpha' = 180° - a$, zykl. Nimmt man OC als Längeneinheit, dann ist $AC = \sin b$ und $OA = \cos b$, ferner ist $CD = \sin a$, so daß $O^*C = \sin b \sin \alpha$ und $O^*C = \sin a \sin \beta$.

Daher
$$\frac{\sin a}{\sin \alpha} = \frac{\sin b}{\sin \beta} \quad (\text{und analog} = \frac{\sin c}{\sin \gamma}) \quad [\text{Sinussatz}]$$

In $\triangle OAB$ ist $OB = \dfrac{\cos b}{\cos c}$ und $AB = \dfrac{\cos b}{\cos c} \sin c$. Daher in $\triangle OBC$:

$$p^2 = 1 + \left(\frac{\cos b}{\cos c}\right)^2 - 2 \cdot 1 \cdot \frac{\cos b}{\cos c} \cdot \cos a$$

und in $\triangle ABC$: $\quad p^2 = \sin^2 b + \left(\frac{\cos b}{\cos c}\sin c\right)^2 - 2\sin b \cdot \frac{\cos b}{\cos c} \sin c \cdot \cos \alpha$

Aus diesen zwei Ausdrücken für p folgt:

$\cos a = \cos b \cos c + \sin b \sin c \cos \alpha$ [erster Cosinussatz]

In dem polaren Dreiflächner $O^*\bar{A}^*\bar{B}^*\bar{C}^*$ sind die Seiten a', b', c' jeweils $180° - \alpha$, $180° - \beta$, $180° - \gamma$ gleich.

Bei Anwendung des ersten Cosinussatzes:

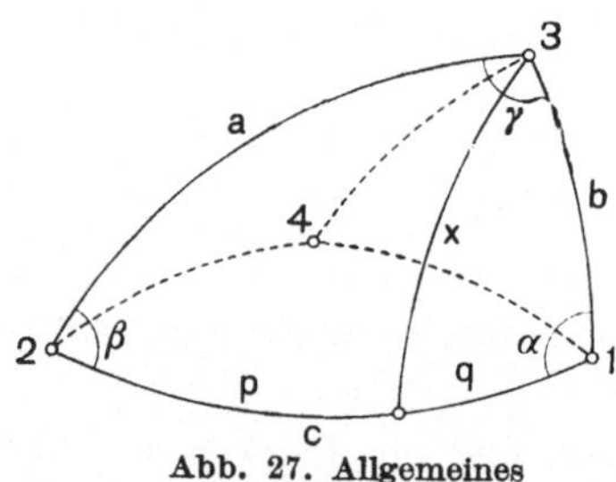

Abb. 27. Allgemeines sphärisches Dreieck

$\cos (180° - \alpha) = \cos (180° - \beta) \cos (180° - \gamma)$
$+ \sin (180° - \beta) \sin (180° - \gamma) \cos (180° - a)$
oder

$\cos \alpha = - \cos \beta \cos \gamma + \sin \beta \sin \gamma \cos a$
[zweiter Cosinussatz], zykl.

Andere gebräuchliche Formeln sind (Abb. 27):

$\cos x \sin c = \cos a \sin q + \cos b \sin p$
[Stewarts Lehrsatz]

$\cos (14) \operatorname{Sin} (234) + \cos (24) \operatorname{Sin} (314)$
$+ \cos (34) \operatorname{Sin} (124) = \operatorname{Sin} (123)$

Letztere Formel zeigt den Zusammenhang zwischen den 6 Winkeln zwischen 4 Kristallflächen. Zur Überprüfung zeichnet man die Radien zum Mittelpunkt O der Kugel, legt eine senkrechte Ebene auf den Radius zu 4 und findet so, daß das Volumen des Vierflächners $(O123)$ gleich der Summe der Volumina von drei Vierflächnern ist.

Nimmt man $OABC$ als direktes und $O^*A^*B^*C^*$ als indirektes kristallographisches Achsenkreuz, dann werden (S. 4) a, b, c, a', b', c' mit α, β, γ, $\alpha^*, \beta^*, \gamma^*$ bezeichnet und der erste Cosinussatz wird: $\cos \alpha = \cos \beta \cos \gamma$ $+ \sin \beta \sin \gamma \cos (180° - \alpha^*)$

Also
$$\cos \alpha^* = \frac{\cos \beta \cos \gamma - \cos \alpha}{\sin \beta \sin \gamma}$$

$$1 - \sin^2 \alpha^* = \frac{\cos^2 \beta \cos^2 \gamma + \cos^2 \alpha - 2 \cos \alpha \cos \beta \cos \gamma}{\sin^2 \beta \sin^2 \gamma}$$

$$\sin^2 \alpha^* = \frac{1 - \cos^2 \alpha - \cos^2 \beta - \cos^2 \gamma + 2 \cos \alpha \cos \beta \cos \gamma}{\sin^2 \beta \sin^2 \gamma}$$

$$\sin \alpha^* = \frac{\mathrm{Sin}\,(ABC)}{\sin \beta \sin \gamma} \quad \text{(vgl. S. 49)}$$

2. Rechtwinkeliges sphärisches Dreieck

Für das rechtwinkelige sphärische Dreieck (Abb. 28) können aus den allgemeinen folgende spezielle Formeln abgeleitet werden:

$$\cos a = \cos b \cos c = \operatorname{cotg} \beta \operatorname{cotg} \gamma; \quad \cos c = \frac{\cos \gamma}{\sin \beta};$$

$$\sin \gamma = \frac{\sin c}{\sin a}; \quad \cos \gamma = \frac{\operatorname{tg} b}{\operatorname{tg} a}; \quad \operatorname{tg} \gamma = \frac{\operatorname{tg} c}{\sin b}$$

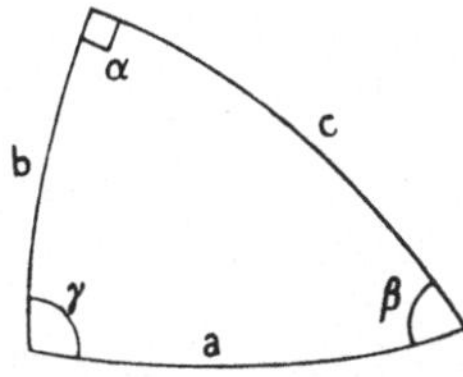

Abb. 28. Rechtwinkeliges sphärisches Dreieck

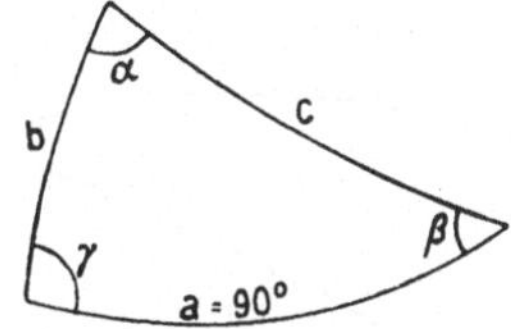

Abb. 29. Rechtseitiges sphärisches Dreieck

3. Rechtseitiges sphärisches Dreieck (Abb. 29)

$$\cos \alpha = -\cos \beta \cos \gamma = -\operatorname{cotg} b \operatorname{cotg} c$$

$$\cos \gamma = \frac{\cos c}{\sin b}; \quad \sin c = \frac{\sin \gamma}{\sin \alpha}; \quad \cos c = \frac{-\operatorname{tg} \beta}{\operatorname{tg} \alpha}; \quad \operatorname{tg} c = \frac{\operatorname{tg} \gamma}{\sin \beta}$$

III. In Verbindung mit Theodolitmessungen

Durch Messung mit einem Theodolitgoniometer findet man die *Positionen* der Flächen. Die Position einer Fläche wird in Kugelkoordinaten φ und ϱ vom Durchstichspunkt der Senkrechten auf die Fläche mit der Kugel angegeben. φ ist das Azimut, gemessen nach vorne von dem am weitesten rechts gelegenen Punkt des Horizontalkreises, ϱ ist der Zenithabstand.

Für sphärische Berechnungen sind zwei Formeln von großer Bedeutung. Ist P (Abb. 30) der Pol des Großkreises durch die Durchstichspunkte der Senkrechten auf die Flächen V_1 und V_2, dann gilt für das Dreieck V_1V_2Z:

$$\cos(V_1V_2) = \cos\varrho_1 \cos\varrho_2 + \sin\varrho_1 \sin\varrho_2 \cos(\varphi_1-\varphi_2)$$

Für logarithmische Operationen führt man

$$\operatorname{tg}\psi = \operatorname{tg}\varrho_1 \cos(\varphi_1-\varphi_2)$$

ein und erhält dann:

$$\cos(V_1V_2) = \frac{\cos\varrho_1 \cos(\varrho_2-\psi)}{\cos\psi}$$

Eine zweite Formel drückt die Koordinaten von P in denen von V_1 und V_2 aus. In den rechtseitigen Kugeldreiecken V_1PZ und V_2PZ gelten:

$$\operatorname{cotg} PZ = \operatorname{cotg}\varrho_P = -\operatorname{tg}\varrho_1 \cos(\varphi_1-\varphi_P) = -\operatorname{tg}\varrho_2 \cos(\varphi_2-\varphi_P)$$

also

$$\operatorname{tg}\varphi_P = -\frac{\operatorname{tg}\varrho_1 \cos\varphi_1 - \operatorname{tg}\varrho_2 \cos\varphi_2}{\operatorname{tg}\varrho_1 \sin\varphi_1 - \operatorname{tg}\varrho_2 \sin\varphi_2}$$

$$\operatorname{cotg}\varrho_P = -\operatorname{tg}\varrho_1 \cos(\varphi_1-\varphi_P) = -\operatorname{tg}\varrho_2 \cos(\varphi_2-\varphi_P)$$

Liegt V_1, bzw. V_2, auf dem Horizontalkreis, dann ist:

$$\varphi_P = \varphi_1 \pm 90°, \text{ bzw. } \varphi_P = \varphi_2 \pm 90°$$

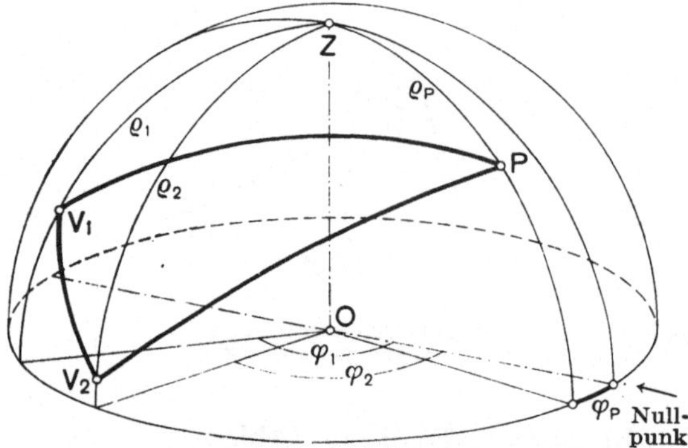

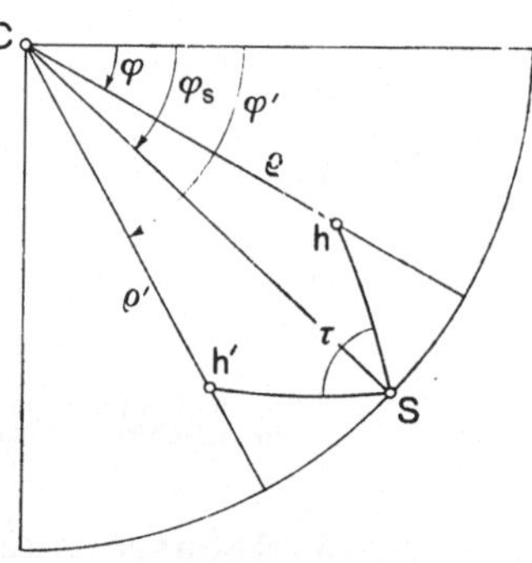

Abb. 30. P ist der Pol des Großkreises durch V_1 und V_2 Abb. 31. Wälzung von h um CS nach h' um einen Winkel τ

Bei Drehung des Kristalles um eine horizontale Achse ($= W\ddot{a}lzung$) φ_S um einen Winkel τ, kann man die neue Lage einer Fläche wie folgt ableiten (Abb. 31).

Der Punkt h (φ, ϱ) sei nach der Wälzung in h' (φ', ϱ'), so daß $hS = h'S$. Dann ist in dem rechtseitigen Kugeldreieck CSh:

$$\operatorname{tg}\varrho = \frac{\operatorname{tg} CSh}{\sin(\varphi_S-\varphi)}; \quad \cos(\varphi_S-\varphi) = \frac{\cos hS}{\sin\varrho}$$

Damit können der Winkel CSh und die Seite hS berechnet werden.

Im rechtseitigen Kugeldreieck CSh' gilt:

$$\operatorname{tg} h'S = \frac{\operatorname{tg}(\varphi'-\varphi_S)}{\sin(\tau-CSh)}; \quad \cos(\tau-CSh) = \frac{\cos\varrho'}{\sin h'S}$$

Nach Einsetzung der Werte für CSh und hS können φ' und ϱ' ausgerechnet werden. Wird cos ϱ' negativ, liegt also h nach der Wälzung auf der unteren Halbkugel, dann kann man den Gegenpunkt (φ'', ϱ'') heranziehen, dabei ist: $\varphi''=\varphi'+180°$ und $\varrho''=180°-\varrho'$.

Doppelverhältnisse
Allgemeines

Numerieren wir vier durch einen Punkt O gehende Leitstrahlen in einer Ebene in beliebiger Reihenfolge, 1, 2, 3 und 4 und verstehen wir unter sin (12) den sin des Winkels, den 1 in einem bestimmten Sinn, z. B. gegen den Uhrzeiger, durchläuft, um zu 2 zu kommen, dann heißt $\dfrac{\sin(12)\ \sin(34)}{\sin(23)\ \sin(14)}$ ein Doppelverhältnis der sin; der Wert des angeführten Doppelverhältnisses sei δ.

Nennen wir die Verlängerung des Leitstrahles 4 negativ ($\bar{4}$, strichliert), dann ist der Wert von $\dfrac{\sin(12)\ \sin(3\bar{4})}{\sin(23)\ \sin(1\bar{4})}$ auch gleich δ oder

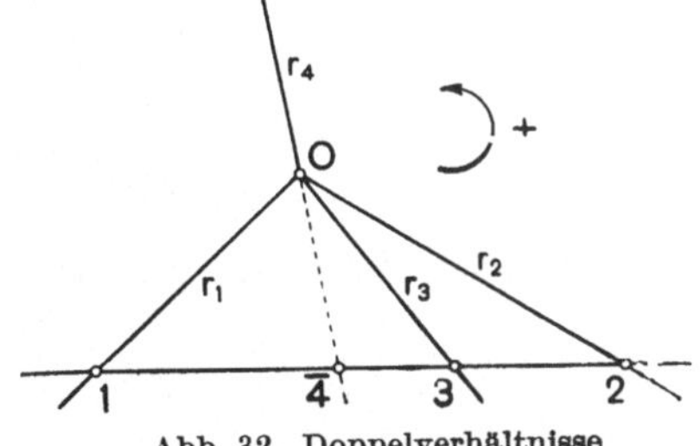

Abb. 32. Doppelverhältnisse

in Worten: der Wert ändert sich nicht, wenn man von einem oder mehreren Leitstrahlen die Verlängerung nimmt (Abb. 32).

Der Wert des Doppelverhältnisses der Abstände auf einer beliebigen Transversale ist ebenfalls δ, denn die Oberflächen der gebildeten Dreiecke verhalten sich wie die Basen (Abb. 32), also:

$$\frac{\sin(12)\ \sin(34)}{\sin(23)\ \sin(14)} = \frac{\text{Abst}(12)\ \text{Abst}(34)}{\text{Abst}(23)\ \text{Abst}(14)} = \delta$$

Der Wert des Doppelverhältnisses ändert sich auch nicht, wenn man die Abstände auf einer anderen Transversale betrachtet; auch nicht, wenn die ganze Figur parallel oder zentral projiziert wird.

Doppelverhältnisse in Gittern

Liegen im indirekten Gitter vier Leitstrahlen von O^* nach ($h_1k_1l_1$) usw. in einer Ebene, also sind die vier Kristallflächen *tautozonal*, und führen wir die Leitstrahlen nach Gitterpunkten, die alle die erste Koordinate gleich haben, also z. B. gleich dem Produkt $h_1h_2h_3h_4$, dann fallen die Endpunkte auf eine Gitterlinie, die zur Ebene $B^*O^*C^*$ parallel ist (Abb. 33).

Diese Punkte projizieren wir $// C^*$ auf die Ebene $A^*O^*B^*$; die Symbole dieser Projektion sind dann ($h_1h_2h_3h_4\ k_1h_2h_3h_4\ 0$) usw. Die Abstände zwischen den Projektionen sind ($k_2h_1h_2h_3-k_1h_2h_3h_4$) b^* usw.

Dann ist
$$\delta = \frac{\sin(12)\ \sin(34)}{\sin(23)\ \sin(14)} = \frac{\text{Abst}(1'2')\ \text{Abst}(3'4')}{\text{Abst}(2'3')\ \text{Abst}(1'4')} =$$
$$= \frac{\{(h_2h_3h_4k_1-h_1h_3h_4k_2)b^*\}\ \{(h_1h_2h_4k_3-h_1h_2h_3k_4)b^*\}}{\{(h_1h_3h_4k_2-h_1h_2h_4k_3)b^*\}\ \{(h_2h_3h_4k_1-h_1h_2h_3k_4)b^*\}} =$$

$$= \frac{\begin{vmatrix} h_1 & k_1 \\ h_2 & k_2 \end{vmatrix} \; \begin{vmatrix} h_3 & k_3 \\ h_4 & k_4 \end{vmatrix}}{\begin{vmatrix} h_2 & k_2 \\ h_3 & k_3 \end{vmatrix} \; \begin{vmatrix} h_1 & k_1 \\ h_4 & k_4 \end{vmatrix}}$$

Projiziert man $//\; A^*$ oder macht man andere als den ersten Index in allen Symbolen gleich, dann kommt man zu Ausdrücken wie

$$\delta = \frac{\begin{vmatrix} k_1 & l_1 \\ k_2 & l_2 \end{vmatrix} \; \begin{vmatrix} k_3 & l_3 \\ k_4 & l_4 \end{vmatrix}}{\begin{vmatrix} k_2 & l_2 \\ k_3 & l_3 \end{vmatrix} \; \begin{vmatrix} k_1 & l_1 \\ k_4 & l_4 \end{vmatrix}}$$

die alle zusammengefaßt werden können:

$$\delta = \frac{\begin{vmatrix} h_1 & k_1 & l_1 \\ h_2 & k_2 & l_2 \end{vmatrix} \; \begin{vmatrix} h_3 & k_3 & l_3 \\ h_4 & k_4 & l_4 \end{vmatrix}}{\begin{vmatrix} h_2 & k_2 & l_2 \\ h_3 & k_3 & l_3 \end{vmatrix} \; \begin{vmatrix} h_1 & k_1 & l_1 \\ h_4 & k_4 & l_4 \end{vmatrix}}$$

wobei in jeder Matrix die gleiche Kolonne gestrichen werden muß.

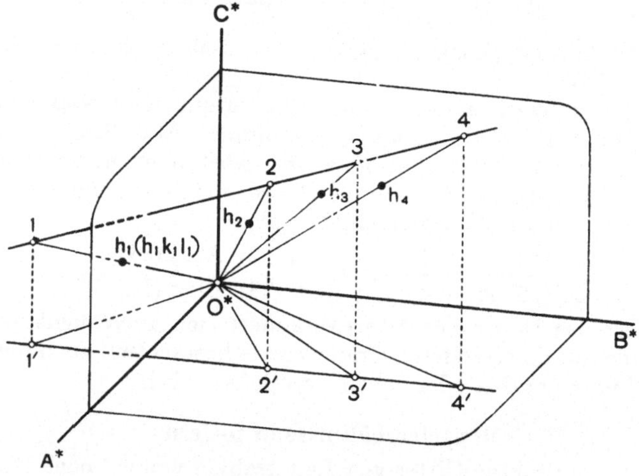

Abb. 33. Das Symbol von 1 ist $[[h_1 h_2 h_3 h_4 \quad k_1 h_2 h_3 h_4 \quad l_1 h_2 h_3 h_4]]$, von 1' $[[h_1 h_2 h_3 h_4 \quad k_1 h_2 h_3 h_4 \; 0]]$ usw.

Zuweilen werden die Formeln einigermaßen umgeformt, z. B.

$$\delta = \frac{\sin(12)\,\sin(34)}{\sin(23)\,\sin(14)} = \frac{\sin(12)\,\sin(14-13)}{\sin(13-12)\,\sin(14)} =$$

$$= \frac{\sin(12)\,\sin(14)\,\cos(13) - \sin(12)\,\cos(14)\,\sin(13)}{\sin(13)\,\cos(12)\,\sin(14) - \cos(13)\,\sin(12)\,\sin(14)} =$$

$$= \frac{\operatorname{cotg}(13) - \operatorname{cotg}(14)}{\operatorname{cotg}(12) - \operatorname{cotg}(13)}$$

Also

$$\delta \cot (12) - (1 + \delta) \cot (13) + \cot (14) = 0$$

Mittels dieser Gleichungen (GAUSS 1830, MILLER 1839) ist es möglich, die Indices einer Fläche zu berechnen, wenn sie mit drei anderen Flächen, deren Symbole bekannt sind, in einer Zone liegt und die Winkel zwischen den Flächen gegeben sind. Ebenso kann ein Winkel berechnet werden, wenn alle Symbole und zwei Winkel zwischen vier tautozonalen Flächen gegeben sind.

Analoge Formeln können mit Hilfe des direkten Gitters für vier komplanare Kanten abgeleitet werden.

Der *allgemeine Fall*, wo vier beliebige Flächen mit ihren eingeschlossenen Winkeln und ferner von einer fünften Fläche mit unbekanntem Symbol die Winkel mit zwei der gegebenen Flächen gegeben sind und wo nach dem Symbol der fünften

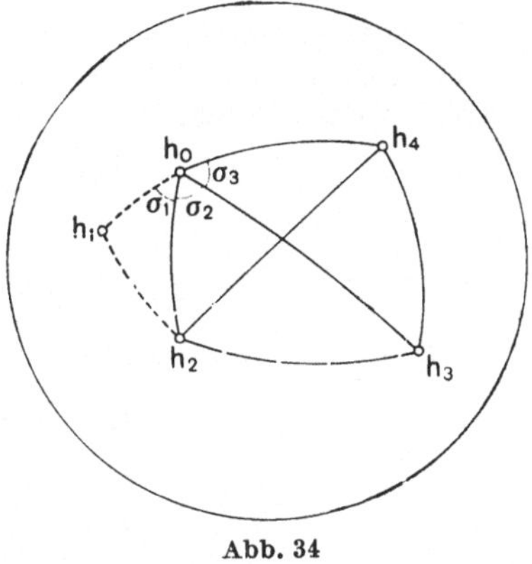

Abb. 34

Fläche gefragt wird, kann ebenfalls mittels Doppelverhältnissen gelöst werden, ohne daß Kristallelemente oder andere Konstanten berechnet werden.

Sind die Flächen h_0, h_2, h_3 und h_4 mit ihren Winkeln (Abb. 34) und die Winkel von h_1 mit h_0 und h_2 gegeben, dann werden mit Hilfe von Kugeldreiecksformeln erst die Winkel σ_1, σ_2 und σ_3 zwischen den Zonenkreisen in h_0 berechnet (S. 54).

Dann gilt in h_0 [1]:

$$\frac{\sin \sigma_1 \sin \sigma_3}{\sin \sigma_2 \sin (\sigma_1 + \sigma_2 + \sigma_3)} = \frac{\sin (102) \sin (304)}{\sin (203) \sin (104)} =$$

$$= \frac{\begin{vmatrix} h_1 & k_1 & l_1 \\ h_0 & k_0 & l_0 \\ h_2 & k_2 & l_2 \end{vmatrix} \begin{vmatrix} h_3 & k_3 & l_3 \\ h_0 & k_0 & l_0 \\ h_4 & k_4 & l_4 \end{vmatrix}}{\begin{vmatrix} h_2 & k_2 & h_2 \\ h_0 & k_0 & l_0 \\ h_3 & k_3 & l_3 \end{vmatrix} \begin{vmatrix} h_1 & k_1 & l_1 \\ h_0 & k_0 & l_0 \\ h_4 & k_4 & l_4 \end{vmatrix}}$$

und eine gleiche Formel in h_2. Aus diesen zwei Gleichungen können die Verhältnisse $h_1 : k_1 : l_1$ abgeleitet werden [2].

---

[1] Zur Ableitung dieser Formel s. Proc. Kon. Ned. Akad. Wet. Amsterdam **49** (1946) 369.

[2] Acta Crystallogr. *1* (1948) 97.

Transformationsformeln

Wir schreiben in diesem Abschnitt alte Achsenlängen als a, b, c, neue als A, B, C; alte Indices mit Klein- und neue mit Großbuchstaben. Ferner ist hkl identisch mit $nh\ nk\ nl$ und HKL mit $nH\ nK\ nL$.

Von den untenstehenden sind I und II Sonderfälle, die übrigen allgemeine, aus denen die Sonderfälle leicht abgeleitet werden können.

I. Gegeben ist, daß die Achsenrichtungen dieselben bleiben, aber die Fläche (efg) in (EFG) übergeht. Dann geht eine allgemeine Fläche (hkl) in (HKL) über, wobei

$$H = \frac{E}{e}\,h; \quad K = \frac{F}{f}\,k; \quad L = \frac{G}{g}\,l$$

II. Gegeben ist, daß die neuen Achsenrichtungen die alten Kanten $[u_1v_1w_1]$, $[u_2v_2w_2]$ und $[u_3v_3w_3]$ sind und daß (efg) in (EFG) übergeht. Dann geht (hkl) in (HKL) über, wobei

$$H = \frac{hu_1 + kv_1 + lw_1}{eu_1 + fv_1 + gw_1}\,E$$

$$K = \frac{hu_2 + kv_2 + lw_2}{eu_2 + fv_2 + gw_2}\,F$$

$$L = \frac{hu_3 + kv_3 + lw_3}{eu_3 + fv_3 + gw_3}\,G$$

III. Gegeben ist, daß die alten Flächen $(h_1k_1l_1)$, $(h_2k_2l_2)$, $(h_3k_3l_3)$ und $(h_4k_4l_4)$ in $(H_1K_1L_1)$ usw. übergehen [1].

Dann geht (hkl) in (HKL) über, wobei

$$H = u_A h + v_A k + w_A l$$
$$K = u_B h + v_B k + w_B l$$
$$L = u_C h + v_C k + w_C l$$

Also $[u_A v_A w_A]$ ist die neue Achse $[100]$, die alte Fläche (100) ist neu $(u_A u_B u_C)$ usw.

Die Koeffizienten u_A usw. sind die alten Indices der neuen Achsen und bilden die sogenannte Transformationsdeterminante:

$$\begin{vmatrix} u_A & v_A & w_A \\ u_B & v_B & w_B \\ u_C & v_C & w_C \end{vmatrix}$$

auch geschrieben $u_A v_A w_A\ /\ u_B v_B w_B\ /\ u_C v_C w_C$.

Sie werden berechnet:

$$u_A = \begin{vmatrix} k_2 & l_2 \\ k_3 & l_3 \end{vmatrix} P_1^* H_1 + \begin{vmatrix} k_3 & l_3 \\ k_1 & l_1 \end{vmatrix} P_2^* H_2 + \begin{vmatrix} k_1 & l_1 \\ k_2 & l_2 \end{vmatrix} P_3^* H_3$$

$$u_B = \quad ,,\quad P_1^* K_1 + \quad ,,\quad P_2^* K_2 + \quad ,,\quad P_3^* K_3$$

$$u_C = \quad ,,\quad P_1^* L_1 + \quad ,,\quad P_2^* L_2 + \quad ,,\quad P_3^* L_3$$

---

[1] Ableitung in Acta Crystallogr. *2* (1949) 322.

$$v_A = \begin{vmatrix} l_2\,h_2 \\ l_3\,h_3 \end{vmatrix} P_1^*H_1 + \begin{vmatrix} l_3\,h_3 \\ l_1\,h_1 \end{vmatrix} P_2^*H_2 + \begin{vmatrix} l_1\,h_1 \\ l_2\,h_2 \end{vmatrix} P_3^*H_3$$

$$v_B = \quad ,, \quad P_1^*K_1 + \quad ,, \quad P_2^*K_2 + \quad ,, \quad P_3^*K_3$$

$$v_C = \quad ,, \quad P_1^*L_1 + \quad ,, \quad P_2^*L_2 + \quad ,, \quad P_3^*L_3$$

$$w_A = \begin{vmatrix} h_2k_2 \\ h_3k_3 \end{vmatrix} P_1^*H_1 + \begin{vmatrix} h_3k_3 \\ h_1k_1 \end{vmatrix} P_2^*H_2 + \begin{vmatrix} h_1k_1 \\ h_2k_2 \end{vmatrix} P_3^*H_3$$

$$w_B = \quad ,, \quad P_1^*K_1 + \quad ,, \quad P_2^*K_2 + \quad ,, \quad P_3^*K_3$$

$$w_C = \quad ,, \quad P_1^*L_1 + \quad ,, \quad P_2^*L_2 + \quad ,, \quad P_3^*L_1$$

Darin sind

$$P_1^* = \frac{\begin{vmatrix} H_2 & K_2 & L_2 \\ H_3 & K_3 & L_3 \\ H_4 & K_4 & L_4 \end{vmatrix}}{\begin{vmatrix} h_2 & k_2 & l_2 \\ h_3 & k_3 & l_3 \\ h_4 & k_4 & l_4 \end{vmatrix}}; \quad P_2^* = \frac{\begin{vmatrix} H_1 & K_1 & L_1 \\ H_3 & K_3 & L_3 \\ H_4 & K_4 & L_4 \end{vmatrix}}{\begin{vmatrix} h_1 & k_1 & l_1 \\ h_3 & k_3 & l_3 \\ h_4 & k_4 & l_4 \end{vmatrix}}; \quad P_3^* = \frac{\begin{vmatrix} H_1 & K_1 & L_1 \\ H_2 & K_2 & L_2 \\ H_4 & K_4 & L_4 \end{vmatrix}}{\begin{vmatrix} h_1 & k_1 & l_1 \\ h_2 & k_2 & l_2 \\ h_4 & k_4 & l_4 \end{vmatrix}}$$

IV. Sind die vier Übergänge von

a) 3 Flächen und 1 Kante,

b) 2 Flächen und 2 Kanten,

c) 1 Fläche und 3 Kanten,

d) 4 Kanten

gegeben, dann werden diese Fälle mittels kreuzweiser Multiplikation zu III zurückgeführt.

V. Bei den viergliedrigen Symbolen nach BRAVAIS wird in einem Flächensymbol der dritte Index weggelassen und für das Kantensymbol $[uv\omega w]$ $[u-\omega\ v-\omega\ w]$ gelesen; die Symbole haben dann Bezug auf das Achsenkreuz ABC (S. 6).

VI. Aus den allgemeinen Formeln folgt, daß bei Übergang vom hexagonalen Achsenkreuz nach BRAVAIS (Flächensymbol $hk\varkappa l$) nach dem nach MILLER (pqr) oder umgekehrt (S. 15), gilt:

$$p = 2h + k + l = h - \varkappa + l$$
$$q = -h + k + l = k - h + l$$
$$r = -h - 2k + l = \varkappa - k + l$$
$$h = p - q$$
$$k = q - r$$
$$\varkappa = r - p$$
$$l = p + q + r$$

Für die Elemente der Achsenkreuze gilt:

$$\sin \tfrac{1}{2}\alpha = \frac{3}{2\sqrt{3 + \left(\dfrac{c}{a}\right)^2}}$$

$$\frac{c}{a} = \sqrt{\frac{9}{4 \sin^2 \tfrac{1}{2}\alpha} - 3}$$

Für den Übergang vom Achsenkreuz nach BRAVAIS ($hkxl$) nach dem nach SCHRAUF ($h_s\,k_s\,l_s$) oder umgekehrt gilt:

$$h_s = 2h + k$$
$$k_s = k$$
$$l_s = l$$
$$h = \tfrac{1}{2}(h_s - k_s)$$
$$k = k_s$$
$$x = \tfrac{1}{2}(-h_s - k_s)$$
$$l = l_s$$

VII. Geht bei der ersten Transformation $h \ldots$ in $H \ldots$ und bei der zweiten $H \ldots$ in $H' \ldots$ über, gilt also für die erste die Determinante S. 60 und für die zweite

$$\begin{vmatrix} u'_A & v'_A & w'_A \\ u'_B & v'_B & w'_B \\ u'_C & v'_C & w'_C \end{vmatrix}$$

dann gilt für die Transformation von $h \ldots$ nach H' die Produktdeterminante[1]

$$\begin{vmatrix} u_A u'_A + u_B v'_A + u_C w'_A & v_A u'_A + v_B v'_A + v_C w'_A & w_A u'_A + w_B v'_A + w_C w'_A \\ u_A u'_B + u_B v'_B + u_C w'_B & v_A u'_B + v_B v'_B + v_C w'_B & w_A u'_B + w_B v'_B + w_C w'_B \\ u_A u'_C + u_B v'_C + u_C w'_C & v_A u'_C + v_B v'_C + v_C w'_C & w_A u'_C + w_B v'_C + w_C w'_C \end{vmatrix}$$

Berechnungen mittels Projektionen

Projektionsmethoden

Es gibt vier klassische Projektionsmethoden, alle im Prinzip von NEUMANN (1823) für den kristallographischen Gebrauch angegeben[2].

---

[1] P. TERPSTRA, Kristallometrie, S. 99. Groningen, 1946.

[2] Die stereographische Projektion wurde in der Astronomie bereits von HIPPARCHUS verwendet, in der Kugeldreiecksrechnung von A. METIUS (1627); die gnomonische Projektion wurde 1612 von C. GRIENBERGER in der Astronomie angewandt. Vgl. A. HUTCHINSON, Z. f. Krist. 46 (1909) 238.

I. Man bringt in einem Abstand R vom Mittelpunkt der Garbe eine (horizontale) Ebene an. Die Schnittpunkte der Garbenlinien und die Schnittlinien der Garbenflächen sind ihre Projektionen:

    a) direkte Garbe: *lineare* Projektionsmethode;

    b) indirekte Garbe: *gnomonische* Projektionsmethode.

II. Man umgibt den Mittelpunkt mit einer Kugel mit dem Radius R und projiziert stereographisch mit Nadir oder Zenith als Augenpunkt auf die Horizontalebene die Schnitte der Garbenlinien und -flächen mit der Kugel:

    a) direkte Garbe: *zyklographische* Projektionsmethode;

    b) indirekte Garbe: *stereographische* Projektionsmethode.

Nach I werden die Zonen und Kristallflächen als Punkte bzw. Geraden projiziert oder umgekehrt; Nachteile dieser Projektion sind, daß

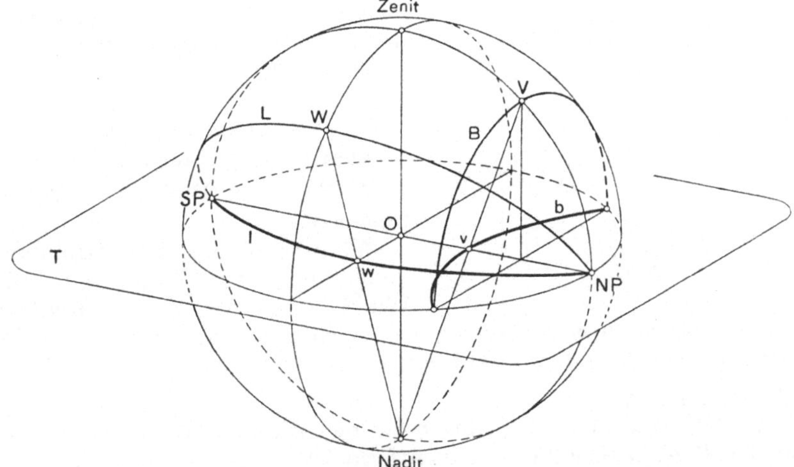

Abb. 35. Konstruktion des stereographischen Netzes. Der Meridian L, projiziert als l, und der Parallelkreis B als b auf die Projektionsebene T mit dem Nadirpunkt als Augenpunkt

die Projektionen der Kristallfläche und der Gegenfläche zusammenfallen und daß man für die Projektion von Garbenflächen und -linien mit geringer Neigung sehr große Zeichenpapiere benötigt. Nach II werden die Projektionen Punkte und Kreise (Kreisbogen): Vorteile sind Winkeltreue und Übersichtlichkeit.

Am häufigsten wird die stereographische, aber für genaue Arbeiten wird oft auch die gnomonische Projektion verwendet.

Stereographische Projektion

Allgemeines

Eine Kristallfläche wird als Punkt, eine Kante (= Zonenachse) als Kreis, *Zonenkreis*, der durch zwei diametrale Punkte des Grundkreises geht, projiziert (S. 10). Die Senkrechten auf in einer Zone gelegenen

Kristallflächen liegen in einer Ebene, der *Zonenebene*; die Projektionen dieser Kristallflächen fallen auf den Zonenkreis. Die Lage einer Kristallfläche wird in Kugelkoordinaten φ und ϱ angegeben (*Position*, S. 55).

Die Konstruktionen können mit Zirkel und Lineal ausgeführt werden [1], aber in der Regel macht man von einem stereographischen Netz (=Wulffsches Netz) Gebrauch. Dieses besteht aus einer Anzahl von Projektionen von Längen- und Breitenkreisen auf der Konstruktionskugel, gleich wie die auf der Erdkugel, aber der Nord- und Südpol sind auf den Grundkreis gelegt (Abb. 35). Der Radius dieses Netzes ist oft 10 cm,

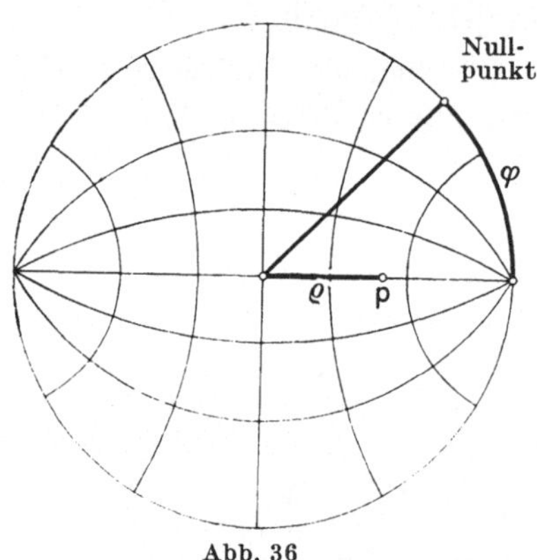

Abb. 36

die Kreise sind alle 2° angebracht. Die erreichbare Genauigkeit beträgt ungefähr 1°. Das Netz wird gewöhnlich unter ein durchscheinendes Papier gelegt, auf dem die Zeichnung ausgeführt wird; Papier und Netz sind dann um den gemeinsamen Mittelpunkt drehbar.

Verwendung des stereographischen Netzes

1. Punkt p (Position φ, ϱ) einzeichnen.

Man trägt auf dem Grundkreis vom Nullpunkt im Uhrzeigersinn den Winkel φ auf (Abb. 36), dreht die Zeichnung bis das Merkzeichen auf den Äquator fällt und zeichnet auf dem Äquator $\varrho°$ vom Mittelpunkt entfernt den Punkt p ein.

2. Polkreis π von p.

Man dreht die Zeichnung, bis p auf den Äquator fällt (Abb. 37) und zieht den Kreis π, der 90° von p entfernt ist.

3. Großkreis durch a und b.

Die Zeichnung wird gedreht, bis a und b auf einen Großkreis fallen (Abb. 38).

4. Winkel $\psi°$ zwischen a und b.

Man bringt a und b auf einen Großkreis und liest den Winkel $\psi°$ längs dieses Kreises ab (Abb. 38).

5. Pol p eines Großkreises π.

Man bringt den Großkreis π auf einen Großkreis des Netzes und zeichnet p auf dem Äquator in 90° Abstand ein (Abb. 37).

6. Winkel $\psi°$ zwischen zwei Großkreisen δ und ε.

Man zeichnet die Punkte A und B um 90° vom Schnittpunkt T der Kreise ein (Abb. 39), indem man die Kreise nacheinander auf Großkreise

---

[1] H. E. Boeke, Die Anwendung der stereographischen Projektion bei kristallographischen Untersuchungen. Berlin, 1911; B. Gossner, Kristallberechnung und Kristallzeichnung. Leipzig, 1914.

des Netzes legt; danach bringt man T auf den Äquator und liest den Winkel $\psi°$ zwischen A und B ab. Fällt einer der Punkte A oder B außerhalb des Grundkreises, so bestimmt man das Supplement des Winkels.

7. Kleinkreis mit Radius $\alpha°$ um p.

a) Man bringt p auf den Äquator und zeichnet nach beiden Seiten $\alpha°$ ein, so daß man a_1 und a_2 erhält (Abb. 40). Der Mittelpunkt m von a_1a_2 ist der Mittelpunkt des gefragten Kreises.

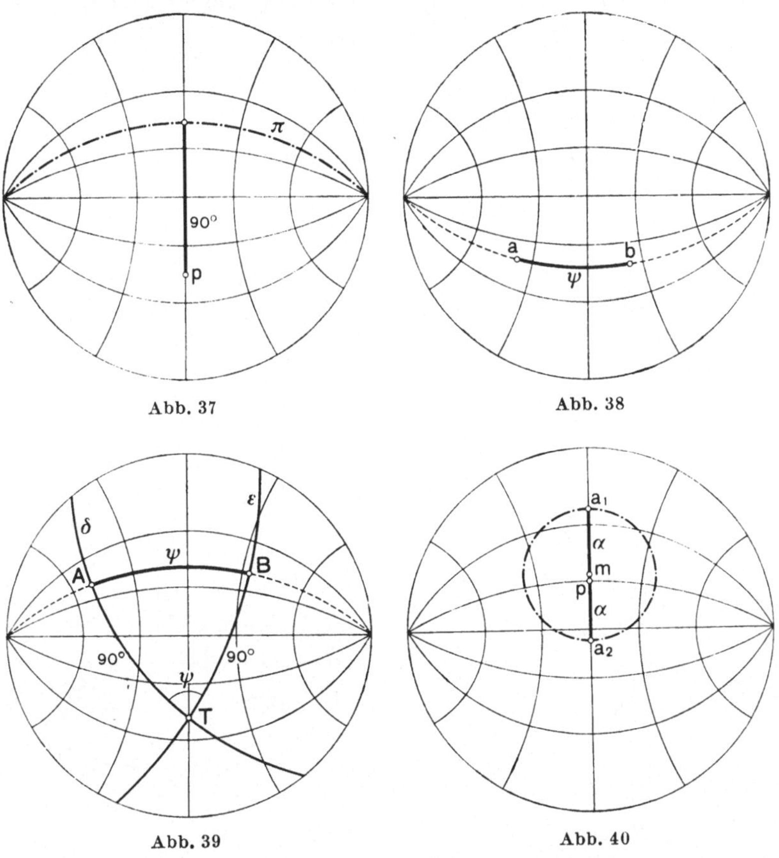

Abb. 37

Abb. 38

Abb. 39

Abb. 40

b) Fällt a_1 oder a_2 oder beide außerhalb des Grundkreises, dann legt man p auf einen Großkreis und zählt $\alpha°$ ab. Dann dreht man die Zeichnung, so daß p auf einen zweiten Großkreis fällt und zählt wieder $\alpha°$ ab. Das kann man wiederholen, bis genügend Punkte gefunden sind, um den gefragten Kreis zu konstruieren oder aus der Hand zu zeichnen (dies nennt man Umkreisen von p mit $\alpha°$).

8. Anbringen eines Großkreises unter einem Winkel $\psi°$ in p eines Großkreises θ.

Man legt p auf den Äquator (Abb. 41), zieht den Polkreis π und zeichnet hierauf nach beiden Seiten vom Schnittpunkt von π mit θ $\psi°$ ein, so daß man a_1 und a_2 erhält. Die Großkreise pa_1 und pa_2 sind die gesuchten.

9. Anbringen von Großkreisen δ_1 und δ_2 durch p, die jeder mit einem Großkreis θ einen Winkel $\psi°$ einschließen.

Man zieht um den Pol t von θ einen Kreis mit $\psi°$ (Abb. 42) und bestimmt die Schnittpunkte d_1 und d_2 dieses kleinen Kreises mit dem Polkreis π von p. Dann sind d_1 und d_2 die Pole der gefragten Kreise δ_1 und δ_2.

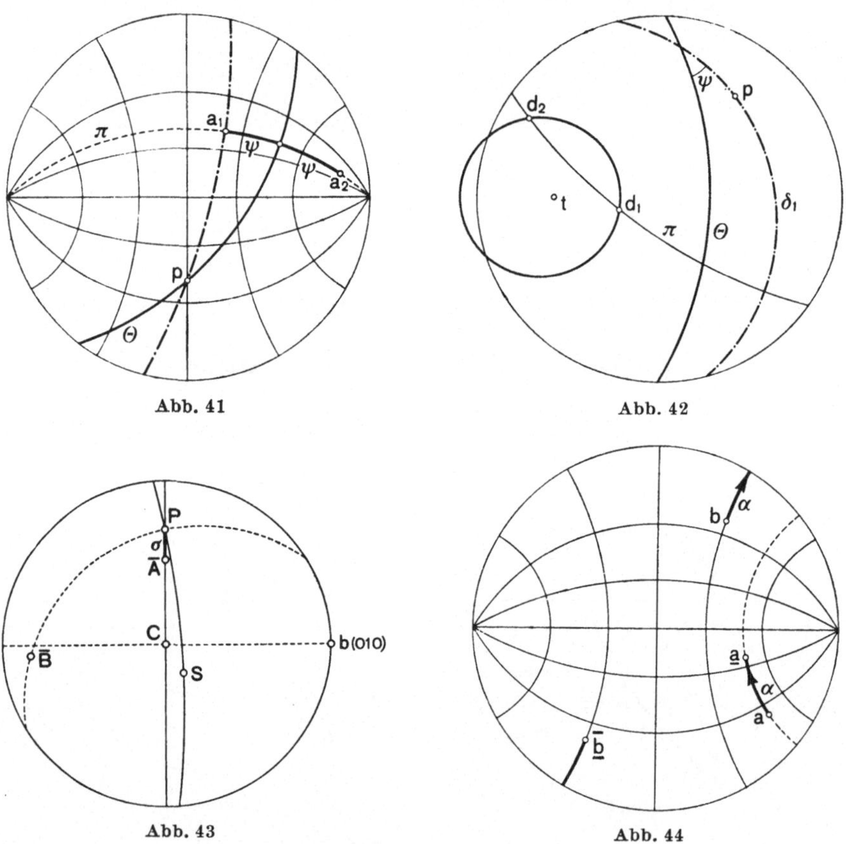

Abb. 41

Abb. 42

Abb. 43

Abb. 44

10. Bestimmung der Ebene S des sogenannten rhombischen Schnittes (S. 25) bei einem Plagioklas (triklin).

Die Schnittlinie von S mit $b(010)$ liegt in der Fläche b und ist senkrecht auf die B-Achse (Abb. 43). Der Durchstichspunkt P dieser Linie liegt also auf den Polkreisen von b und $\overline{B}$ (vgl. S. 71) und die Projektion von S ist der Pol des Großkreises durch P und $\overline{B}$. Die Schnittlinie mit b schließt mit der A-Achse den Winkel σ ein.

11. Wälzen um α°.

Bei Wälzung der Erdkugel um α° um ihre horizontal gedachte Achse beschreibt jeder Punkt der Oberfläche auf seinem Breitenkreis einen Bogen von α°.

Dreht man die Zeichnung um den Mittelpunkt, bis die Wälzachse senkrecht auf dem Äquator des Netzes steht, dann beschreibt bei einer Wälzung um α° jeder Punkt a auf seinem Breitenkreis einen Bogen von α° (Abb. 44).

12. Punkte außerhalb des Grundkreises.

Fällt nach der Wälzung b außerhalb des Grundkreises, dann kann man den Gegenpunkt $\bar{b}$ innerhalb des Grundkreises angeben.

Bei allen vorkommenden Konstruktionen kann man sich mit diesem *Gegenpunkt* behelfen, z. B. der Großkreis durch a und b geht durch a und $\bar{b}$; die Kugeldreiecke abc und $ab\bar{c}$ sind Nebendreiecke, ihre Elemente sind entweder gleich oder supplementär, so daß die Elemente von abc bequem aus denen von $ab\bar{c}$ abgeleitet werden können.

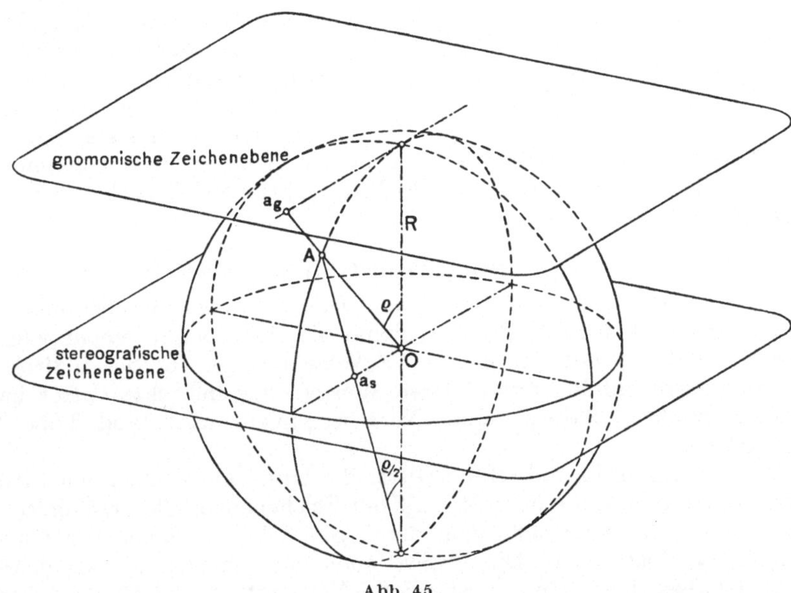

Abb. 45

In einigen Fällen, speziell für Übersichtsfiguren, ist es erwünscht, die Oberfläche der ganzen Kugel unter Benützung *eines* Augenpunktes zu projizieren. Man kann dann die obere Hälfte stereographisch projizieren und die untere konventionell, z. B. indem man jeden Punkt der Kugel um den Zenith auf die Zeichenebene hinaufschlägt. Besonders in der Nähe des Nadir ist die Verzerrung dann groß, der Pol selbst wird der Umkreis, aber die gesamte Kugeloberfläche wird übersichtlich dargestellt. Diese Methode ist bei einigen Figuren in Tab. 4 (S. 37, 39) angewendet.

5*

Gnomonische Projektion

Allgemeines

Vom Mittelpunkt der direkten Garbe wird im Abstand R horizontal die Zeichenebene angebracht; die Schnittpunkte der Senkrechten auf die Kristallflächen sind die gnomonischen Projektionen dieser Flächen, die der senkrechten Flächen auf die Kanten, d. s. die Zonenebenen, sind die gnomonischen Projektionen der Kanten ($=$Zonenachsen).

Die Flächen einer Zone projizieren sich auf die Projektion der Zonenachse, also auf eine Gerade. In Abb. 45 ist die stereographische und gnomonische Projektion von Kristallfläche a angegeben. Läßt man die Zeichenebenen zusammenfallen, dann kann auf einfache Weise aus der stereographischen die gnomonische Projektion einer Fläche oder Zone abgeleitet werden (Abb. 46).

Für die Konstruktion kann ein ähnliches wie das stereographische Netz verwendet werden, aber für genaue Arbeiten, wofür die gnomonische Projektion sehr geeignet ist, ist Konstruktion mit Lineal (und Zirkel) vorzuziehen [1].

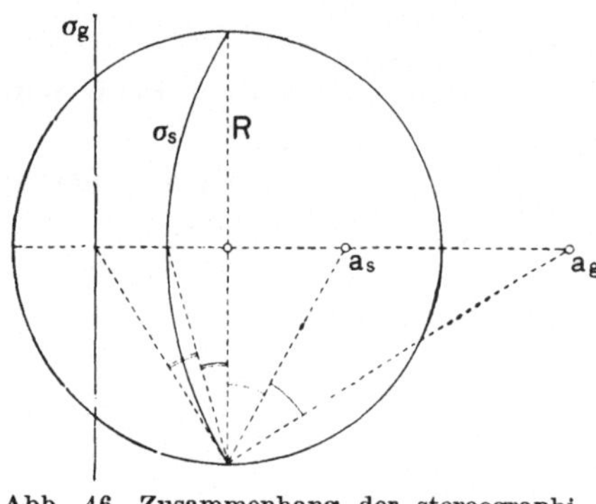

Abb. 46. Zusammenhang der stereographischen Projektion a_s und σ_s mit der gnomonischen Projektion a_g und σ_g

Anwendung nach Goldschmidt

V. GOLDSCHMIDT wählt als gnomonische Zeichenebene ebenfalls eine Ebene senkrecht auf die C-Achse, denkt sie sich aber in einem solchen Abstand, daß sie mit der ersten C^*-Netzebene (S. 46) des indirekten Gitters zusammenfällt; mit anderen Worten, das indirekte Gitter habe solche Ausmaße, daß die genannte Netzebene in einem Abstand R ober O^* liegt (Abb. 47).

Zieht man nun im indirekten Gitter die Leitstrahlen nach den Gitterpunkten, dann sind die Schnitte mit der Zeichenebene die gnomonischen Projektionen der Kristallflächen, deren Symbole mit denen der Gitterpunkte übereinstimmen. Die Projektionen der Flächen, die als dritten Index 1 haben, bilden in der Ebene ein Netz mit a^* und b^* als Achsenlängen und γ^* als Achsenwinkel; diese Achsenlängen nennt GOLDSCHMIDT p_0 und q_0. Die ersten beiden Indices im Symbol geben also die Koordinaten in p_0 und q_0 ausgedrückt an.

Auch die Durchstichspunkte der Leitstrahlen nach Punkten auf anderen Netzebenen werden auf der Zeichenebene in Koordinaten ange-

---

[1] V. GOLDSCHMIDT, Über Projektion und graphische Krystallberechnung. Berlin, 1887; H. E. BOEKE, Die gnomonische Projektion in ihrer Anwendung auf kristallographische Aufgaben. Berlin, 1913.

geben, deren beide ersten Indices gleich bleiben, aber durch den dritten
Index (=Rangnummer der Netzebene) geteilt werden. So liegt die Projektion von (232) in dem Punkt mit den Koordinaten 2/2 und 3/2 (Abb. 47).
Die zweigliedrigen Flächensymbole, die entstehen, wenn im Symbol der
letzte Index 1 gemacht und dann weggelassen wird, nennt man die Symbole
nach GOLDSCHMIDT.

Sind in der gnomonischen Projektion die Lagen von vier Flächen
bekannt, z. B. von (001), (010), (100) und (111), dann kann in der ersten

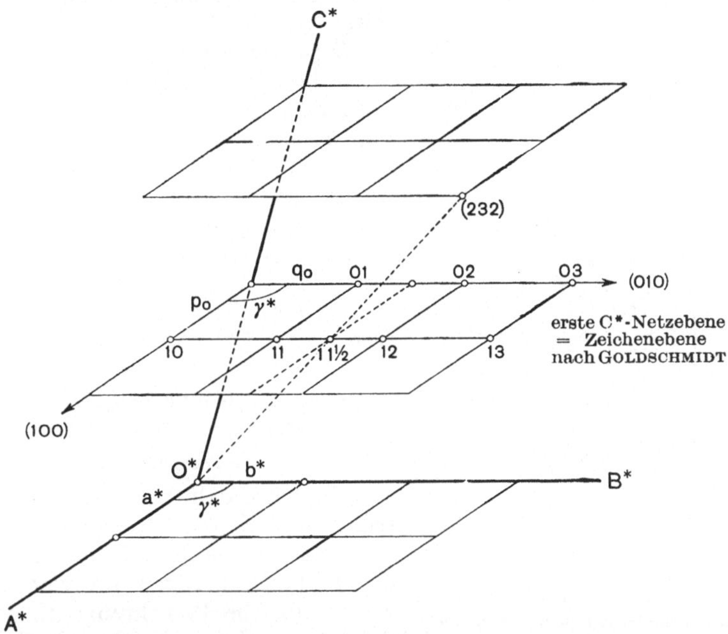

Abb. 47. Fällt die erste C^*-Netzebene mit der gnomonischen Projektionsebene zusammen,
dann werden die Projektionen der Kristallflächen durch Koordinaten, ausgedrückt in a^*
und b^*, die gleich den Indices nach GOLDSCHMIDT sind, angegeben

C^*-Netzebene das Netz entworfen und alle Punkte können mit Symbolen
nach GOLDSCHMIDT versehen werden. Die gnomonische Projektion einer

Fläche (hkl) liegt an der Stelle, wo die Koordinaten $\dfrac{h}{l}$ und $\dfrac{k}{l}$ sind. Ist

$l=0$, dann liegt die Projektion im Unendlichen auf der Linie vom Ursprung
des Netzes nach dem Punkt $[[hk]]$.

Andere Projektionen

Lineare. Die gnomonische Projektion wird durch die Schnittpunkte
und -linien der indirekten Garbe mit der Ebene, die lineare durch die der
direkten Garbe gebildet; die beiden Figuren sind zueinander polar. Die
lineare Projektion wurde vor allem durch QUENSTEDT entwickelt (1873).

Zyklographische. Auf analoge Weise wie oben ist diese Projektion die Polfigur der stereographischen.

Winkelprojektion. Wie die stereographische, aber mit dem Augenpunkt auf der Linie Zenith-Nadir, ungefähr 0,7 R unter letzterem. Die Fehlzeichnung ist nun minimal.

Orthogonale. Wie die stereographische, aber mit dem Augenpunkt auf der Linie Zenit-Nadir im Unendlichen. Diese Methode findet für kristalloptische Fragen in Verbindung mit dem Polarisationsmikroskop Verwendung.

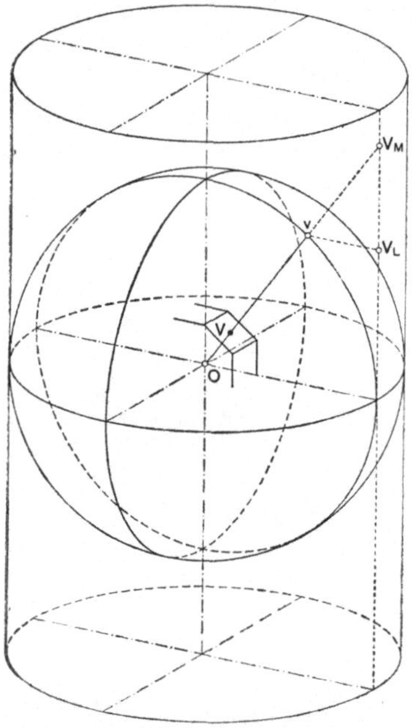

Dreiecksprojektion. Von kubischen Kristallen ist es die gnomonische Projektion auf eine der Oktaederflächen; von anderen Kristallen ist es eine konventionelle Projektion, ähnlich der gnomonischen [1].

Zylinderprojektionen.

1. Nach MERCATOR; diese ist winkeltreu [2].

2. Nach LAMBERT; diese ist flächentreu [3]. Vgl. Abb. 48.

Abb. 48. Projektionen nach MERCATOR V_M und nach LAMBERT V_L einer Kristallfläche V. Der Projektionszylinder wird nach einer erzeugenden Linie aufgeschnitten und auseinandergeschlagen

Stereographische Projektion eines Kristalles (Stereogramm) [4]

Allgemeines

Wir behandeln nur den allgemeinen, triklinen Fall, die speziellen Fälle sind Vereinfachungen des allgemeinen. Hexagonale Fälle, bezogen auf vier Achsen, werden für die Berechnung hinsichtlich der drei Achsen A, B und C (S. 6) betrachtet.

Die *normale Projektion* ist die, bei der die Ebene senkrecht auf die C-Achse steht, also horizontal ist (vgl. S. 4). Andere Projektionen können durch Drehung und Wälzung in die normale zurückgebracht oder daraus abgeleitet werden.

Die direkten Elemente

Gegeben sind die Lagen der vier Grundflächen oder der drei Pinakoidflächen und einer beliebigen Fläche.

---

[1] P. NIGGLI, Lehrbuch der Mineralogie und Kristallchemie, S. 169. Berlin, 1941.

[2] Der Winkel OvV_M ist kein gestreckter! Siehe F. A. VENING MEINESZ, Kort overzicht der kartografie, S. 35. Groningen, 1950.

[3] Von B. G. ESCHER verwendet in: Algemene mineralogie en kristallografie. Gorinchem, 1950.

[4] Literatur s. Fußnote S. 64.

Für andere Fälle s. S. 80 f.

In der normalen Projektion liegen a (100) und b (010) auf dem Grundkreis, b im äußersten rechten Punkt (Abb. 49). Der Grundkreis ist die Projektion der Kante ab, also auch der C-Achse, die Durchstichspunkte

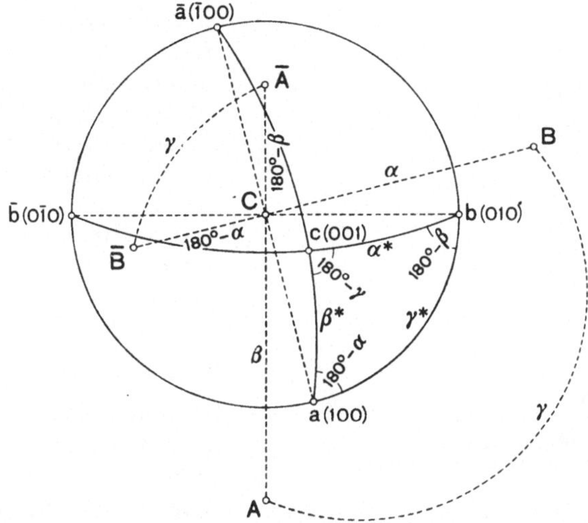

Abb. 49. Stereographische Projektion der direkten und indirekten Achsen, der Achsenwinkel und der Pinakoidflächen

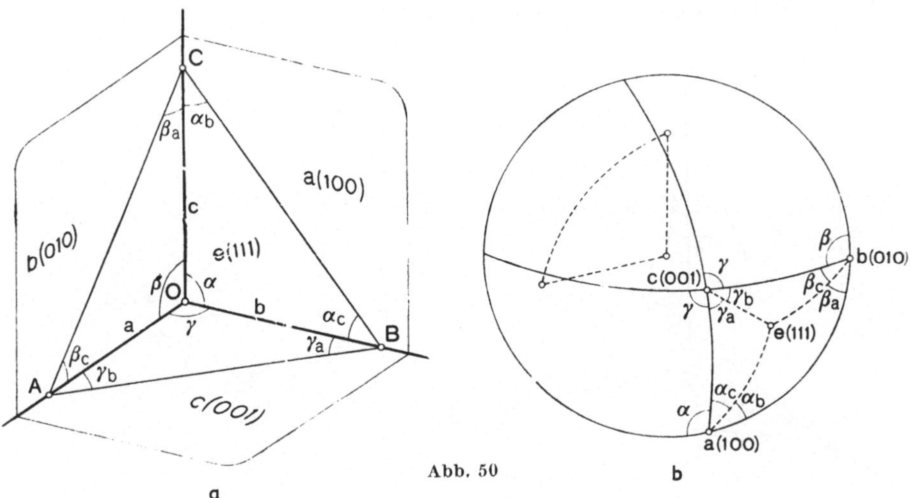

Abb. 50

davon sind daher die Pole des Grundkreises. Der Durchstichspunkt der $\overline{A}$-Achse liegt in der sagittalen Ebene 180°—β von C, der $\overline{B}$-Achse 180°—α von C und γ von $\overline{A}$ entfernt. Auf dem Polkreis von $\overline{A}$ liegen b und c, auf dem von $\overline{B}$, a und c. Die *direkten Achsenwinkel* (ihre Supplementärwinkel) sind die Winkel zwischen den genannten großen Kreisen oder auch die Winkel zwischen den Durchstichspunkten.

Die *direkten Achsenlängen* können auf zweierlei Art gefunden werden.

1. Eine Kristallfläche, außerhalb des Mittelpunktes der Garbe gedacht, schneidet von den Koordinatenebenen Dreiecke ab, die wir *Index-dreiecke* nennen wollen. Die Seiten dieser Indexdreiecke sind Kanten. So ist in Abb. 50a *BC* die Kante zwischen der Pinakoidfläche *a* (100) und der Einheitsfläche *e* (111), *OB* die Kante zwischen *c* (001) und *a* (100) und der Winkel der Kanten α_c.

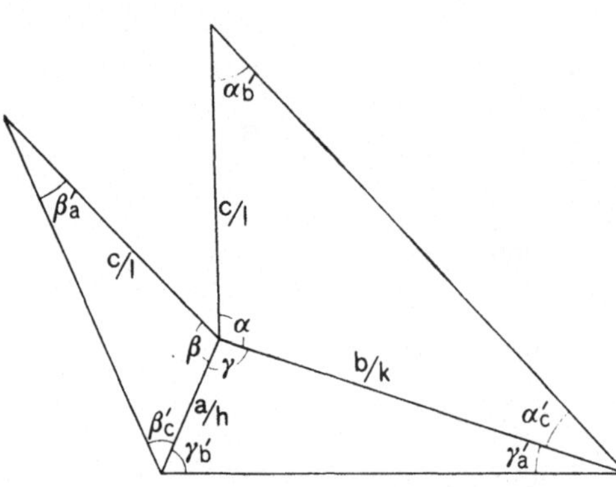

Abb. 51. Die Indexdreiecke von (*hkl*), auf die Zeichenebene umgeschlagen

Die Projektion von *e* (111) liegt im *Grunddreieck abc* (Abb. 50b), die Kreisbogen in der Figur sind die Projektionen der Kanten von Abb. 50a und die Winkel der Indexdreiecke sind also gleich denen in der Projektion.

Sind *a*, *b*, *c*, *e* gegeben, dann können die Winkel der Indexdreiecke abgelesen werden, die Dreiecke selbst werden im richtigen Verhältnis konstruiert und die Achsenlängen gemessen.

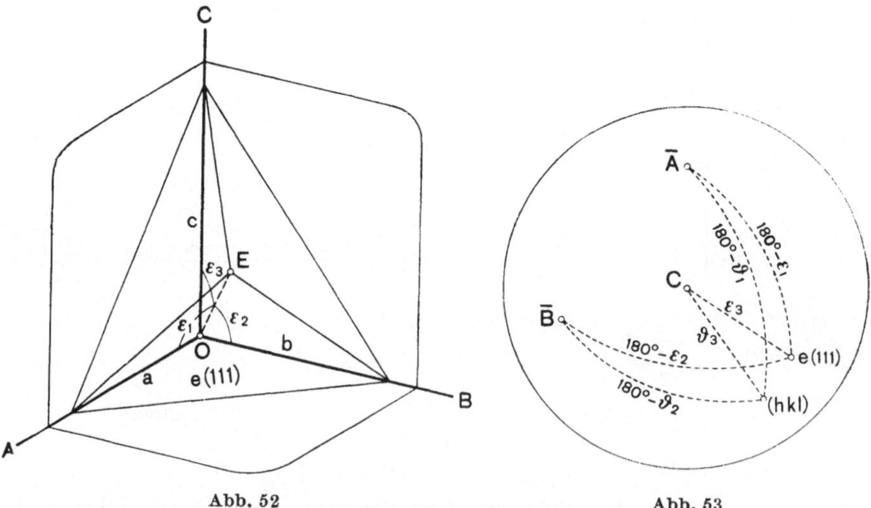

Abb. 52   Abb. 53

Aus den Dreiecken folgt:

$$\frac{a}{b} = \frac{\sin \gamma_a}{\sin \gamma_b}; \quad \frac{c}{b} = \frac{\sin \alpha_c}{\sin \alpha_b}$$

Ist die Projektion einer allgemeinen Fläche (hkl) gegeben, dann kann man auf die gleiche Weise die Achsenlängen bestimmen. Die Indexdreiecke werden dann wie in Abb. 51 und die Formeln:

$$\frac{a/h}{b/k} = \frac{\sin \gamma'_a}{\sin \gamma'_b}; \quad \frac{c/l}{b/k} = \frac{\sin \alpha'_c}{\sin \alpha'_b}$$

2. Die Fläche e (111) schneidet von den Achsen a, b und c ab (Abb. 52). Bildet die Senkrechte OE auf e mit den Achsen die Winkel ε_1, ε_2 und ε_3, dann ist

$$\cos \varepsilon_1 = \frac{OE}{a};$$

$$\cos \varepsilon_2 = \frac{OE}{b}; \quad \cos \varepsilon_3 = \frac{OE}{c}$$

(Gleichungen von MILLER, 1839)

$$a : b : c = \frac{1}{\cos \varepsilon_1} : \frac{1}{\cos \varepsilon_2} : \frac{1}{\cos \varepsilon_3}$$

Die Winkel ε können in der Projektion abgelesen werden (Abb. 53).

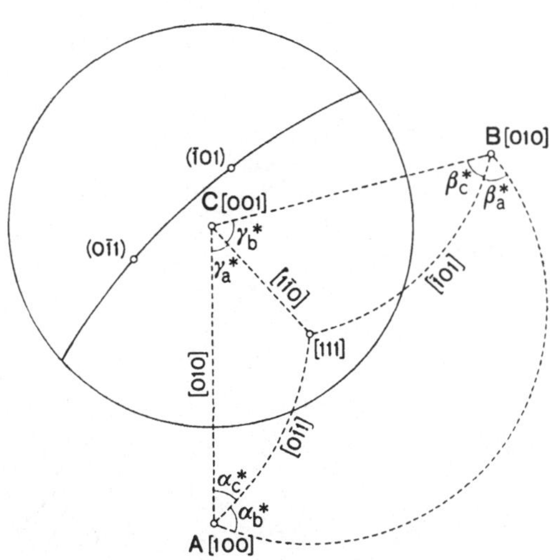

Abb. 54. Die Winkel der indirekten Indexdreiecke, das sind also die Dreiecke, die von der senkrechten Ebene auf [111] in den Koordinatenebenen abgeschnitten werden

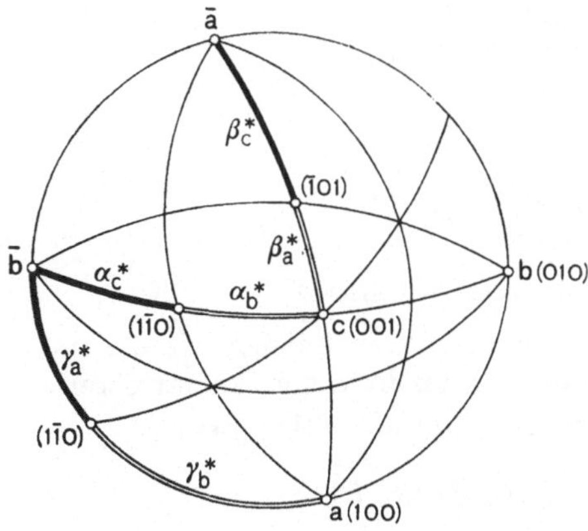

Abb. 55. Ablesung der Basiswinkel der indirekten Indexdreiecke innerhalb des Grundkreises

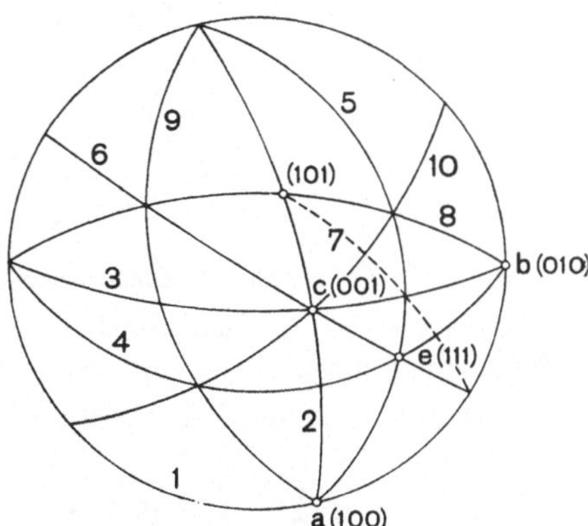

Abb. 56. Ableitung des „Neunzonensystems" aus den vier Grundflächen

Ist eine allgemeine Fläche $h(hkl)$ gegeben, dann können wir auf gleiche Weise die Achsenlängen aus den Winkeln ϑ, die die Senkrechte auf h mit den Achsen bildet, bestimmen. Dann ist nämlich (Abb. 53):

$$\frac{a}{h} : \frac{b}{k} : \frac{c}{l} = \frac{1}{\cos \vartheta_1} : \frac{1}{\cos \vartheta_2} : \frac{1}{\cos \vartheta_3}$$

Die indirekten Elemente

$\alpha*$ ist der Winkel zwischen den Senkrechten auf (010) und (001), also gleich der Bogen bc (Abb. 49); analog $\beta*$ und $\gamma*$.

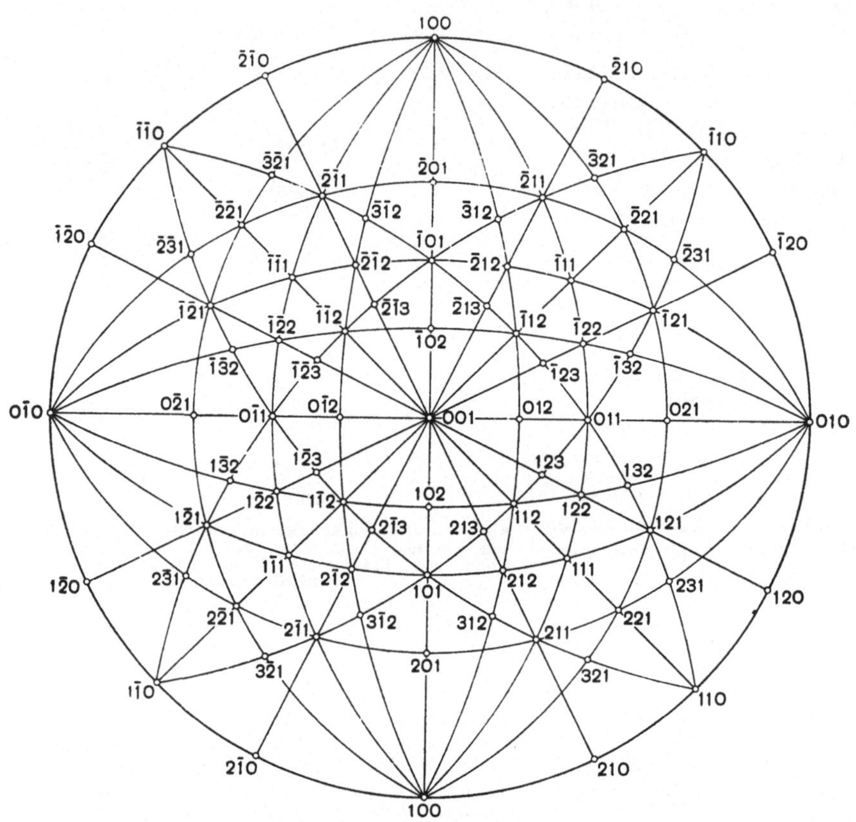

Abb. 57. Zonenverband einer Anzahl von Flächen

Auf gleiche Art wie die direkten in den direkten können wir die indirekten Achsenlängen in den indirekten Indexdreiecken konstruieren. Punkt [111] ist der Pol des Bündels durch ($\bar{1}01$) und ($0\bar{1}1$), denn:

$$\begin{vmatrix} \bar{1} \\ 0 \end{vmatrix}\begin{matrix} 0 \\ \bar{1} \end{matrix} \times \begin{matrix} 1 \\ 1 \end{matrix} \times \begin{matrix} \bar{1} \\ 0 \end{matrix} \times \begin{matrix} 0 \\ \bar{1} \end{matrix}\begin{matrix} 1 \\ 1 \end{matrix} \equiv [111] \quad \text{(Abb. 54)}.$$

Die Winkel α_b* usw. können auch als Bogen zwischen Flächen gemessen werden, vgl. Abb. 55.

Entwerfen einer stereographischen Projektion
(=Stereogramm)

Gegeben die direkten Kristallelemente.

Achsen und Pinakoide. Die C-Achse liegt im Mittelpunkt des Grundkreises, $\bar{A}$ auf der sagittalen Linie $180°-\beta°$ von C, $\bar{B}$ ist $180°-\alpha°$ von

C und γ° von $\overline{A}$ entfernt (Konstruktion 7, S. 65). Die Pinakoide sind die Pole der Großkreise $\overline{A}\overline{B}$, $\overline{B}C$ und $C\overline{A}$ (Abb. 49).

Einheitsfläche e (111). Um α_b und β_a zu finden, konstruieren wir zwei Indexdreiecke (S. 72), nämlich die mit den Winkeln α und β (Abb. 50a).

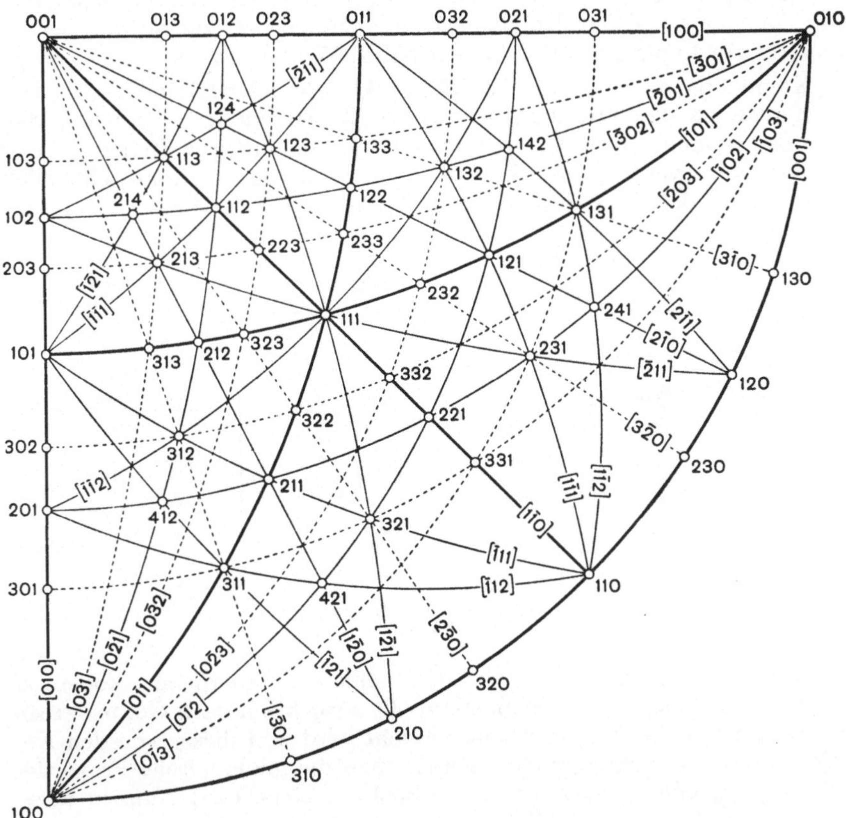

Abb. 58. Zonenverband einer Anzahl von Flächen und Zonen

Indem man in der stereographischen Projektion in a einen Bogen unter α_b^o und in b einen Bogen unter β_a^o, beide zum Grundkreis, zieht, findet man die Lage von e (111). Zur Kontrolle können auch andere Winkel in den Indexdreiecken bestimmt und in die Projektion eingetragen werden (Abb. 50b).

Allgemeine Fläche (hkl). (hkl) kann wie e (111) auf direkte Weise durch zwei Indexdreiecke und Eintragung der Winkel α_b' und β_a' in a bzw. in b gefunden werden (S. 73).

Wenn man auf diese Weise die Flächen einzeichnet, geht oft durch Ungenauigkeiten bei Messung und Zeichnung der vorhandene Zonenverband verloren. Um dem zu entgehen, bestimmt man die Lage von (*hkl*) als Schnittpunkt zweier Zonenkreise. Dafür verwendet man, wenn die Lagen der Grundflächen bekannt sind, das *Neunzonensystem* (S. 43); die Reihenfolge für die Konstruktion dieses Systems geht aus Abb. 56 hervor. Um ferner die beiden Zonen, deren Schnittpunkt (*hkl*) ist, zu finden, kann man, weil der Zonenverband von den Kristallelementen, also von der Lage der Grundflächen unabhängig ist, zuerst eine bereits konstruierte Figur zu Hilfe nehmen (Abb. 57 und 58).

Kommt die gesuchte Fläche (*hkl*) in Abb. 57 oder 58 nicht vor, dann kann man zu den erforderlichen beiden Zonen dadurch kommen, daß man das Symbol in zwei Doppelsymbole mit niedrigeren Indices zerlegt (S. 42) und eventuell die Zerlegung fortsetzt, bis man ausschließlich Symbole aus der Figur des Neunzonensystems erreicht hat.

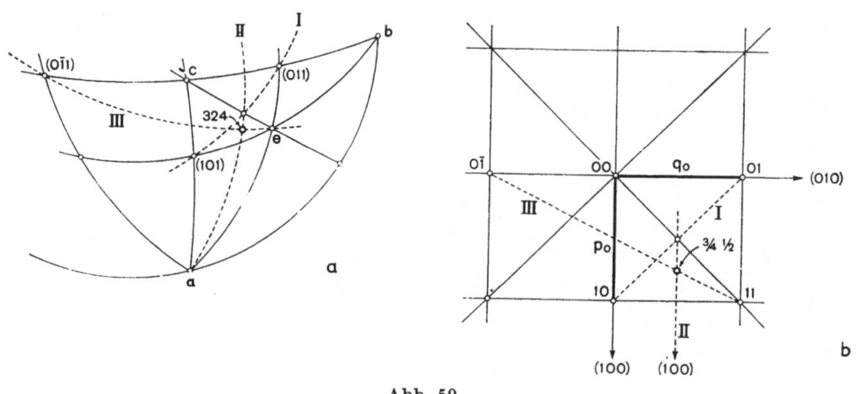

Abb. 59

Um auf eine dritte Art zu den beiden erforderlichen Zonen zu kommen, verwendet man die gnomonische Projektion nach GOLDSCHMIDT (S. 68). Da nur der Zonenverband gesucht wird und dieser von den Kristallelementen unabhängig ist, entwirft man die gnomonische Projektion wobei $p_0=q_0$ und $\gamma^*=90°$ ist. Die gesuchte Fläche (*hkl*) kann in dieser Projektion sofort als der Punkt mit den Koordinaten $\dfrac{h}{l} \dfrac{k}{l}$ eingezeichnet werden; die erforderlichen Zonenlinien, die in dieser Projektion Gerade sind, können bequem gefunden werden.

Beispiel: gesucht ist in der stereographischen Projektion von Abb. 59a die Lage von (324).

Man entwirft die gnomonische Projektion des Neunzonensystems und wählt $p_0=q_0$ (z. B. 10 cm) und $\gamma^*=90°$ (Abb. 59b).

In diese Figur wird (324) als Punkt mit den Koordinaten 3/4 2/4 eingezeichnet. Die Zonenlinie I wird durch die zwei bekannten Punkte 10 und 01 gezogen, dann die Zonenlinie II durch den Schnittpunkt von I mit Zonenlinie 00—11 und dem unendlichen Punkt in Richtung (100);

(324) liegt auf dieser Zonenlinie. Ferner liegt (324) nach Abb. 59b auf der Zonenlinie III von $0\overline{1}-11$. Der Schnittpunkt von II mit III ist die Projektion von (324).

In der stereographischen Projektion findet man die Lage von (324) also durch dieselben Zonen in gleicher Zeichenreihenfolge (Abb. 59a).

C. Kristallzeichnen[1]

Allgemeines

Von einem stereometrischen Kristallbild wird stets verlangt, daß parallele Kanten in der Zeichnung parallele Linien sind; die Längenverhältnisse der Kanten, also die Form der Flächen interessiert im allgemeinen weniger, es sei denn, daß die Symmetrie zum Ausdruck gebracht werden muß. Daraus geht hervor, daß nur eine Parallelprojektion in Betracht kommt. Ferner zieht man es vor, daß Kanten nicht als Punkte und Flächen nicht als Linien in der Zeichnung auftreten.

Tab. 5 gibt eine Übersicht.

Tabelle 5. *Projektionen und Zeichenweisen*

Projektionsweise	Zeichenebene	projektierende Linien	Aufstellung des Kristalles	Fehlzeichnung des Achsenkreuzes	Abbildung	Anwendung von
orthographische	horizontal	senkrecht zur Zeichenebene, also vertikal	normal	c auf einen Punkt verkürzt	Draufsicht	
			gedreht und gewälzt	a, b u. c verkürzt	beliebige Ansicht	HAIDINGER 1822 1825 MIERS 1887 HECHT 1893
klinographische	vertikal und zugleich frontal	schräg auf die Zeichenebene	gedreht	nur c unverkürzt	halbschräges Schattenbild	HAÜY 1801 1822 NAUMANN 1830
	vertikal und zugleich parallel zur B-Achse	nicht in sagittaler und nicht in horizontaler Ebene	normal	b und c unverkürzt	schräges Schattenbild	KOPP 1849 NIGGLI 1941

[1] V. GOLDSCHMIDT, Über Projektion und graphische Krystallberechnung. Berlin, 1887 (technische Hinweise auf S. 7); T. V. BARKER, Graphical and Tabular Methods in Crystallography. London, 1922; P. TERPSTRA, Kristallometrie, S. 268. Groningen, 1946. L. BURMEISTER, Z. f. Krist. *57* (1922) 1 (Geschichtliches).

Regiographische Zeichenweise

Die Zeichnung wird aus den Richtungen der Kanten angefertigt, die Längen sind ziemlich willkürlich, es sei denn, daß man die Zeichnung der Symmetrie des Kristalls entsprechen läßt [1]. Die Kantenrichtungen, z. B. die von Kante *ab* (Abb. 60), erhält man aus der stereographischen Projektion als die Senkrechte auf die Sehne *pq* des Zonenkreises.

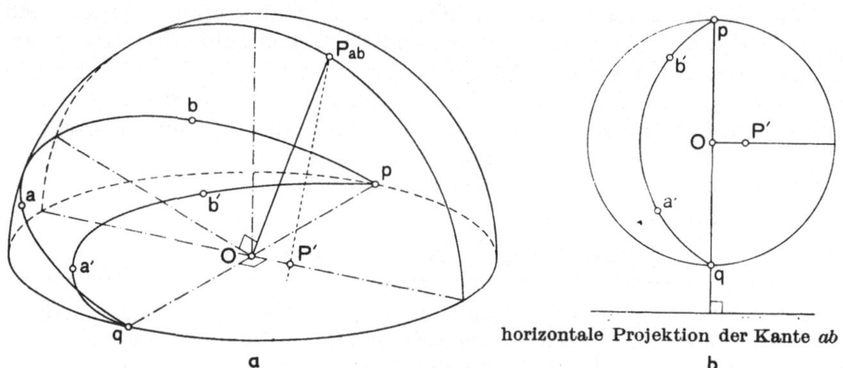

Abb. 60. *a) P'* ist die Projektion des Poles P_{ab} des Zonenkreises *ab*; die Linie *OP'* steht senkrecht auf der Mittellinie *pq*; *b)* die senkrecht auf die Zeichenebene projizierte Kantenrichtung *ab* steht senkrecht auf die Mittellinie *pq*

Die Zeichenebene legt man horizontal oder vertikal, in letzterem Fall zugleich frontal oder zuweilen parallel zu der nicht ganz frontal verlaufenden *B*-Achse.

Die projektierenden Strahlen können senkrecht (*orthographische* Projektion) oder schräg (*klinographische* Projektion) auf die Ebene fallen. Ist in letzterem Fall die Ebene vertikal und zugleich frontal und verlaufen die projektierenden Strahlen in der sagittalen Ebene, dann spricht man von *halbschräger* Projektion.

Die Ausführung einer Zeichnung einer beliebigen Ansicht (senkrecht auf Ebene *P*, in der Regel mit der Position $\varphi = 80°$ und $\varrho = 70°$, Abb. 61) geschieht wie folgt. Zuerst entwirft man die stereographische Projektion (Abb. 61a), leitet daraus die Aufsicht ab (Abb. 61b), dreht die stereographische Projektion Abb. 61a, bis die neue Projektionsebene *P* auf die sagittale Linie fällt, und wälzt um die frontale Linie, bis *P* in den Mittelpunkt kommt (Abb. 61c). Dann stellt man aus Abb. 61c und Abb. 61b die Ansicht (Abb. 61d) zusammen, indem man aus Abb. 61c die Richtungen und aus Abb. 61b die Längen der Kanten ableitet.

---

[1] H. HERITSCH, Porträtgetreue Kristallbilder aus der stereographischen Projektion. Tschermaks min. u. petr. Mitt. *2* (1950) 67.

Axonometrische Zeichenweise

Das kristallographische Achsenkreuz wird projiziert; die Indices der Flächen geben dann die Schnittpunkte davon mit den Achsen; aus den Schnitten der Flächen mit den Koordinatenebenen findet man die Schnitt-

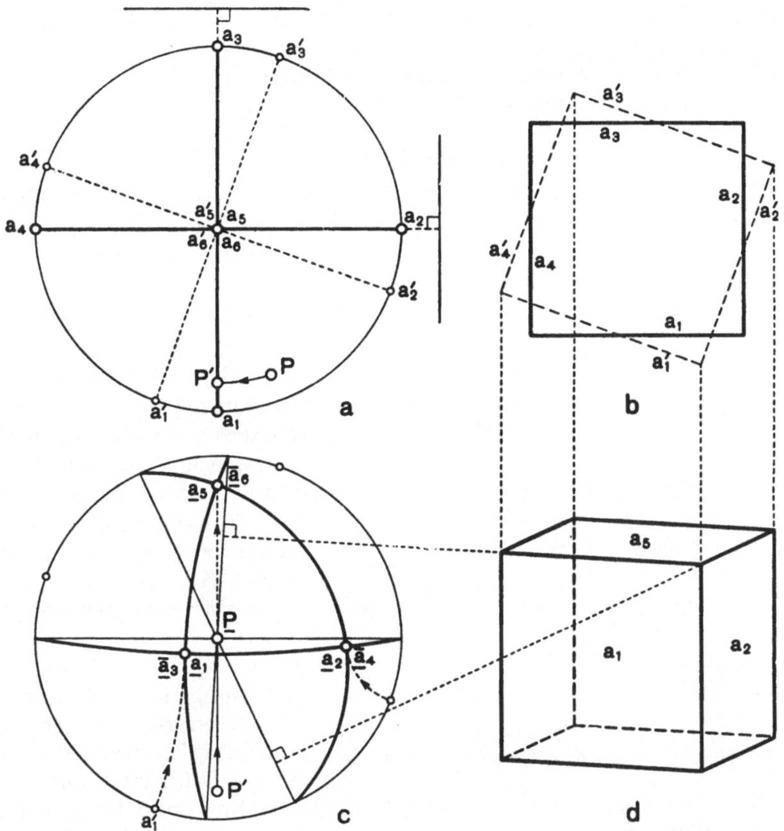

Abb. 61. Regiographische Zeichnung eines Würfels. In a) und c) sind P und a_{1-6} normale stereographische Projektionen, P' und a'_{1-6} Projektionen nach Drehung, $\underline{P}$ und $\underline{a}_{1-6}$ Projektionen nach Drehung und Wälzung

linien in genauer Richtung und auch in genauer Lage (Abb. 62). Diese Methode fand früher allgemeine Anwendung.

Wie man die Projektion des Achsenkreuzes erhält, wird in den Handbüchern beschrieben [1].

---

[1] P. GROTH, Physikalische Krystallographie, S. 623. Leipzig, 1905; A. E. H. TUTTON, Crystallography and Practical Measurement, Kap. 25. London, 1911.

D. Aufgaben der geometrischen Kristallkunde [1]

Eine Kristallbeschreibung umfaßt:

a) die Symmetrie;

b) die direkten Kristallelemente;

c) die Symbole der Flächen (und Kanten);

d) die Winkel zwischen den Flächen (den Kanten und den Flächen und Kanten);

e) die normale stereographische Projektion;

f) ein Bild (beliebige Ansicht).

a) Die Symmetrie

Diese kann bei gut entwickelten Kristallen mit einiger Sicherheit aus den Lagen der Flächen abgeleitet werden, aber meist muß man physikalische Merkmale zu Rate ziehen:

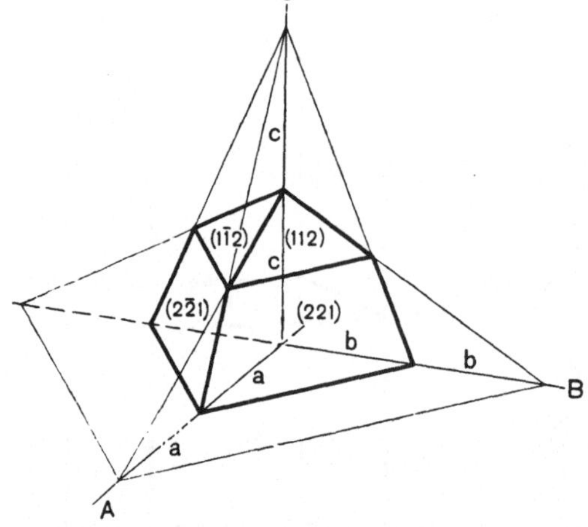

Abb. 62. Axonometrische Zeichnung einiger Flächen

1. Ätzfiguren (vgl. S. 241);

2. Optische Erscheinungen. Kubische Kristalle sind isotrop, hauptachsige optisch einachsig, die übrigen optisch zweiachsig. Über gerade und schiefe Auslöschung vgl. S. 192. Drehung der Schwingungsebene tritt nur in einzelnen Klassen auf (S. 196);

3. Härteunterschiede (vgl. S. 218);

4. Piezoelektrische Erscheinungen treten nur bei Kristallen ohne Inversionspunkt, außer bei denen von Klasse O (S. 203), auf;

5. Röntgendiagramme, vor allem LAUE-Diagramme und Retigramme. Ob ein Inversionspunkt vorhanden ist oder nicht, kann jedoch damit nicht eruiert werden (S. 113, 114);

6. Magnetische Erscheinungen.

b) Die direkten Kristallelemente

Die Elemente eines triklinen Kristalls umfassen fünf Angaben, nämlich

drei Achsenwinkel und zwei Achsenlängenverhältnisse, z. B. $\dfrac{a}{b}$ und $\dfrac{c}{b}$. Für

die Ableitung sind daher fünf unabhängige Winkelmessungen zwischen Flächen, von denen nicht drei in einer Zone liegen, nötig. Für einen

---

[1] P. TERPSTRA, A Thousand and One Questions on Crystallographic Problems. Groningen, 1952.

monoklinen Kristall sind drei, für einen rhombischen zwei, für einen hauptachsigen eine und für einen kubischen keine Messungen nötig.

Sind bei einem triklinen Kristall fünf Winkel zwischen vier Flächen mit Symbolen [1], von denen nicht drei in einer Zone liegen, gemessen, dann kann man die Elemente berechnen. Man kann eine *mathematische Methode* anwenden, indem man die fünf cos der fünf Winkel in g^*'s ausdrückt (S. 51), die unbekannten

$$\frac{g_1^*}{g_{22}^*} \, , \ \frac{g_{33}^*}{g_{22}^*} \, , \ \frac{g_{12}^*}{g_{22}^*} \, , \ \frac{g_{23}^*}{g_{22}^*} \, , \ \frac{g_{31}^*}{g_{22}^*}$$

berechnet und aus den g^*'s die direkten Elemente ableitet.

Sind die fünf gemessenen Winkel die zwischen den vier Grundflächen oder den Koordinatenflächen und $h(hkl)$, dann kann der sechste Winkel berechnet werden (S. 54) und die indirekten Elemente gehen aus

$$ha^* : kb^* : lc^* =$$

$$\begin{vmatrix} \cos\vartheta_1 & \cos\gamma^* & \cos\beta^* \\ \cos\vartheta_2 & 1 & \cos\alpha^* \\ \cos\vartheta_3 & \cos\alpha^* & 1 \end{vmatrix} : \begin{vmatrix} 1 & \cos\vartheta_1 & \cos\beta^* \\ \cos\gamma^* & \cos\vartheta_2 & \cos\alpha^* \\ \cos\beta^* & \cos\vartheta_3 & 1 \end{vmatrix} : \begin{vmatrix} 1 & \cos\gamma^* & \cos\vartheta_1 \\ \cos\gamma^* & 1 & \cos\vartheta_2 \\ \cos\beta^* & \cos\alpha^* & \cos\vartheta_3 \end{vmatrix}$$

hervor, wobei die Winkel wie auf S. 73 bezeichnet sind. Hieraus werden die direkten Elemente mittels der Formeln von S. 49 abgeleitet.

Die Anwendung einer *kristallographischen Methode* führt leichter zum Ziel. In dem Spezialfall, wo die fünf gemessenen Winkel die zwischen den Koordinatenflächen und e (111) oder $h(hkl)$ sind, wird eine graphische Bestimmung mittels Indexdreiecken (S. 72) durchgeführt oder man berechnet die Elemente mit den Formeln von S. 72, 73.

Der allgemeine Fall, wobei die Winkel zwischen vier allgemeinen Flächen gemessen wurden, kann nach WEBSKY [2] oder auf folgende Weise in das besondere übergeführt werden [3].

Gegeben sind die Winkel zwischen $h_1\,h_2\,h_3\,h_4$ (Abb. 63). Dann können mittels Kugeldreiecksformeln die Winkel zwischen den Zonen der Flächen je zwei und zwei berechnet werden. Man zeichnet danach die Zonenkreise h_1a, h_2b, h_3c, h_4a, h_4b, h_4c ein und wendet in h_1 die Formel von S. 59

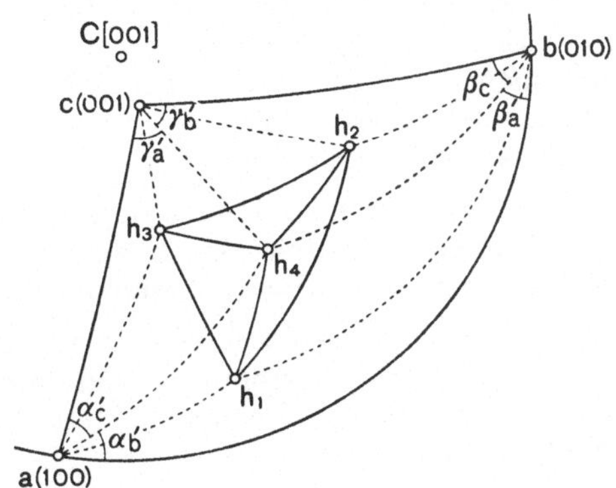

Abb. 63

---

[1] Das Symbolisieren kann nicht ganz willkürlich geschehen, vgl. A. BREZINA, Methodik der Krystall-Bestimmung, S. 205. Wien, 1884.

[2] Siehe TH. LIEBISCH, Geometrische Krystallographie, S. 160. Leipzig, 1881.

[3] Acta Crystallogr. *1* (1948) 97.

an. Damit erhält man Winkel h_3h_1a und auch Winkel h_4h_1a. Ebenso ergibt die Anwendung der Formel in h_4 auf den vier Bogen nach h_1, h_2, h_3, a den Winkel ah_4h_1. In dem Kugeldreieck ah_1h_4 sind nun eine Seite und zwei anliegende Winkel bekannt und ah_4 kann berechnet werden. Auf gleiche Weise werden bh_4 und ch_4 bestimmt. Von dem Kugeldreieck abh_4 kennt man nun die Seiten ah_4 und bh_4 und den eingeschlossenen Winkel; die Winkel α_b' und β_a' können berechnet werden. Auf gleiche Weise berechnet man die übrigen vier Grundwinkel der Indexdreiecke. Aus diesen Winkeln resultieren die direkten Elemente (S. 72, 73).

Wurden bei einem triklinen Kristall mehr als fünf Winkelmessungen ausgeführt, dann unterscheidet man zwei Fälle:

1. Es sind n Winkel gemessen, die Messungen genügen $n-5$ Bedingungen. Damit hat man schließlich fünf unabhängige Angaben. Die meist wahrscheinlichen Werte der Winkel können mit Hilfe von Ausgleichsmethoden bestimmt werden.

Dieser Fall ist von Bedeutung, wenn zwischen vier Kristallflächen, die einen Vierflächner bilden, die sechs Winkel gemessen wurden. Die Winkel erfüllen dann die Bedingung S. 54. Das *Ausgleichsverfahren* ist von BECKENKAMP ausgearbeitet und als Anleitung formuliert [1]. Das Resultat wird zur genauen Winkelbestimmung bei zwei verschiedenen Temperaturen verwendet, um so die Veränderung der Kristallelemente unter thermischer Beeinflussung zu ergründen.

2. Es sind n Winkel gemessen, die Messungen genügen weniger als $n-5$ Bedingungen. Würde man in diesem Fall die Winkel ohne weiters zu einem System ohne innere Widersprüche zusammenfassen, dann würde man mehr als ein Gitter erhalten, da mehr als fünf unabhängige Angaben vorhanden sind.

In diesem Fall betrachtet man die Winkel als Funktionen der $g*$'s [2] und berechnet mittels der kleinsten Quadrate die wahrscheinlichsten Werte davon, um daraus die wahrscheinlichsten Elemente zu erhalten.

Danach leiten wir aus fünf Winkeln erst fünf Werte von *genäherten* $g*$'s ab ($g*_{22}$ wird 1 genommen) und damit Näherungswerte für die übrigen Winkel. Werden die Flächen numeriert, dann geht der Näherungswinkel $(r_1^* r_2^*)$ hervor aus:

$$r_1^* r_2^* \cos (r_1^* r_2^*) = g_{12}^* = h_1 h_2 g_{aa}^* + k_1 k_2 + l_1 l_2 g_{cc}^* +$$
$$+ (h_1 k_2 + h_2 k_1)g_{ab}^* + (k_1 l_2 + k_2 l_1)g_{bc}^* + (l_1 h_2 + l_2 h_1)g_{ca}^* \quad (\text{S. 51})$$

---

[1] J. BECKENKAMP, Statische und kinetische Kristalltheorien, Teil I, S. 45. Leipzig, 1913; P. GROTH, Physikalische Krystallographie, S. 612. Leipzig, 1905.

[2] Encyklopädie der mathematischen Wissenschaften, Band V, Teil I, S. 428. Leipzig, 1905; P. NIGGLI, Handbuch der Experimentalphysik, Band VII, Teil 1, S. 35. Leipzig, 1928 (mit Literaturangaben); A. BREZINA, Methodik der Krystall-Bestimmung. Wien, 1884.

Die *Verbesserungen* dg^*_{aa} usw. die an den g^*'s angebracht werden müssen, gehen aus den *Normalgleichungen* hervor:

$$[A\delta] - [AA]dg^*_{aa} - [AC]dg^*_{cc} - [AD]dg^*_{ab} - [AE]dg^*_{bc} - [AF]dg^*_{ca} = 0$$
$$[C\delta] - [CA]\ ,, - [CC]\ ,, - [CD]\ ,, - [CE]\ ,, - [CF]\ ,, = 0$$
$$[D\delta] - [DA]\ ,, - [DC]\ ,, - [DD]\ ,, - [DE]\ ,, - [DF]\ ,, = 0$$
$$[E\delta] - [EA]\ ,, - [EC]\ ,, - [ED]\ ,, - [EE]\ ,, - [EF]\ ,, = 0$$
$$[F\delta] - [FA]\ ,, - [FC]\ ,, - [FD]\ ,, - [FE]\ ,, - [FF]\ ,, = 0$$

worin $[A\delta] = A_{12}\,\delta_{12} + A_{13}\,\delta_{13} + \cdots\cdots$
$[AC] = A_{12}\,C_{12} + A_{13}\,C_{13} + \cdots\cdots$

$$A_{12} = \left(\frac{h_1^2}{2\,r_1^{*2}} + \frac{h_2^2}{2r_2^{*2}} - \frac{h_1 h_2}{r_1^* r_2^* \cos(r_1^* r_2^*)}\right) \cotg (r_1^* r_2^*)$$

$$D_{12} = \left(\frac{h_1 k_1}{r_1^{*2}} + \frac{h_2 k_2}{r_2^{*2}} - \frac{h_1 k_2 + h_2 k_1}{r_1^* r_2^* \cos(r_1^* r_2^*)}\right) \cotg (r_1^* r_2^*)$$

δ_{12} ist die Differenz von gemessenem und genähertem Winkel, ausgedrückt in Radialen; von diesen Differenzen sind also fünf gleich Null.

c) Die Symbole der Flächen

Sind die direkten Kristallelemente und zwei Winkel von bekannten Flächen z. B. Pinakoidflächen, mit einer Fläche, deren Symbol unbekannt ist, gegeben, dann können mit Hilfe der Kugeldreiecksformeln die Winkel der Indexdreiecke berechnet und daraus die Indices abgeleitet werden (S. 73).

Sind die Elemente nicht bekannt, aber liegt die gesuchte Fläche in zwei Zonen, die durch bekannte Flächen bestimmt sind, dann berechnet man durch kreuzweise Multiplikation die Symbole der Zonen und daraus das der Fläche.

Liegt die Fläche mit drei bekannten Flächen in einer Zone, und sind die eingeschlossenen Winkel gegeben, dann wendet man Formel S. 58 an. Sind vier allgemeine Flächen mit ihren eingeschlossenen Winkeln und zwei Winkel zwischen der gesuchten und zwei der anderen Flächen gegeben, dann geht man nach S. 59 vor.

Die Berechnungen können graphisch wesentlich rascher und meist mit genügender Genauigkeit ausgeführt werden.

Stellt man das direkte Gitter in O drehbar auf und bringt man in den Schnittpunkten der Achsen mit einer um O gelegten Kugel Gewichte ua, vb und wc an, dann stellt sich der Leitstrahl nach $[[uvw]]$ senkrecht; das gleiche gilt mutatis mutandis für das indirekte Gitter und $[[hkl]]$. Man könnte auf diese Art *experimentell* die Richtungen $[uvw]$, bzw. (hkl) oder auch die Symbole von gegebenen Richtungen bestimmen [1].

---

[1] A. MÖBIUS, Der barycentrische Calcül (1827).

d) Die Winkel zwischen den Flächen
(den Kanten und den Kanten und Flächen)

Sind die Kristallelemente nicht bekannt, dann erreicht man das Ziel
rasch mittels Kugeldreiecksformeln. Sind z. B. fünf Winkel zwischen den
vier Flächen r, x, a, s von Axinit [1] gegeben und der sechste Winkel ax
(Abb. 64) gefragt, dann sind in dem Kugeldreieck rxs die drei Seiten
bekannt, so daß der Winkel s_1 berechnet werden kann (S. 54). Ebenso
im Kugeldreieck rsa der Winkel s_2, womit auch s_3 bekannt ist. Im Kugeldreieck asx kann dann die Seite xa abgeleitet werden, man findet $a \wedge x =$
$= 32°30'8''$.

Die sechs cos der Winkel zwischen vier Flächen erfüllen die Gleichung [2]:

$$\begin{vmatrix} 1 & \cos(12) & \cos(13) & \cos(14) \\ \cos(21) & 1 & \cos(23) & \cos(24) \\ \cos(31) & \cos(32) & 1 & \cos(34) \\ \cos(41) & \cos(42) & \cos(43) & 1 \end{vmatrix} = 0$$

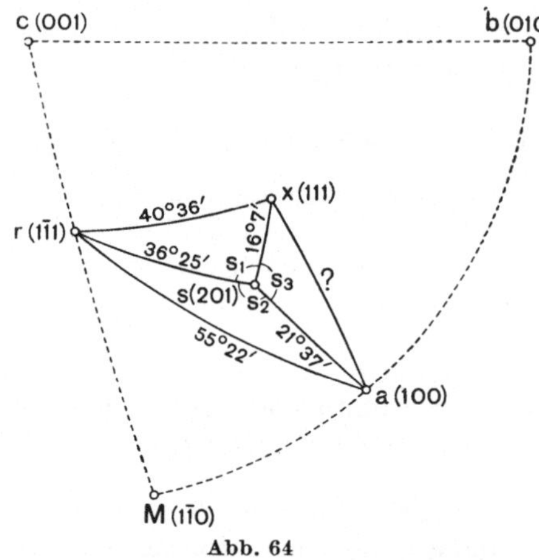

Abb. 64

Sind die direkten Kristallelemente gegeben, dann berechnet man die g's und g^*'s
und danach die Winkel (S. 51),
oder man wendet für die Flächen direkt die Formel

$$\cos(h_1 h_2) = \frac{T_{12}^2}{T_{11}\,T_{22}}$$

an, in der z. B. T_{12}^2 die Determinante

$$T_{12}^2 = \begin{vmatrix} \dfrac{h_1}{a} & & & \\ \dfrac{k_1}{b} & & \operatorname{Sin}^2(ABC) & \\ \dfrac{l_1}{c} & & & \\ 0 & \dfrac{h_2}{a} & \dfrac{k_2}{b} & \dfrac{l_2}{c} \end{vmatrix}$$

ist.

[1] J. D. Dana, A System of Mineralogy, S. 527. New York, 1914.
[2] T. Liebisch, Geometrische Krystallographie, S. 78. Leipzig, 1881.

cos $(h_1 h_2)$ wird also für niedrigsymmetrische Kristalle durch einen langen Bruch ausgedrückt [1]; für kubische ist

$$\cos (h_1 h_2) = \frac{h_1 h_2 + k_1 k_2 + l_1 l_2}{\sqrt{(h_1^2 + k_1^2 + l_1^2)} \; \sqrt{(h_2^2 + k_2^2 + l_2^2)}}$$

e) Die normale stereographische Projektion

Auf S. 74 ist die Ableitung aus den direkten Elementen beschrieben. Aus einer allgemeinen Projektion kann man durch Drehen und Wälzen zur normalen gelangen (S. 67).

f) Das Bild

Das Bild in beliebiger Ansicht ist auf S. 78, 79 beschrieben.

E. Geometrische Kristallbestimmung

Da im allgemeinen die Winkel zwischen den Flächen charakteristisch sind, liegt es auf der Hand, damit einen Kristall zu identifizieren und zu determinieren.

Die Schwierigkeiten sind, daß man gut entwickelte Kriställchen benötigt, um genügend genaue Winkelwerte zu erhalten (z. B. bis 5'), daß Tabellen zur Verfügung stehen müssen, in denen die nötigen Winkelwerte der Kristalle aller bekannten Verbindungen verzeichnet sind, aber vor allem, daß es besonders für niedrigsymmetrische Kristalle schwierig ist, die Lage des Achsenkreuzes im unbekannten Kristall so zu wählen, daß sie mit der in den Tabellen übereinstimmt.

Eine Reihe von Instituten beschäftigt sich mit der Zusammenstellung von Tabellen nach BARKERS [2] System und es werden Methoden beschrieben, um zu dem richtigen Achsenkreuz zu kommen [3].

Die Bestimmung erfolgt dann nach der Größe der Winkel zwischen einigen Flächen, die durch Zonen des Neunzonensystems (S. 43) bestimmt werden, zuerst nach (001) $\wedge$ (101) und dann nach (100) $\wedge$ (110) und (010) $\wedge$ (011) [4].

---

[1] P. NIGGLI, Handbuch der Experimentalphysik, Band VII, Teil 1, S. 31. Leipzig, 1928 (auf S. 116f. numerische Werte).
[2] T. V. BARKER, Systematic Crystallography. London, 1930.
[3] P. TERPSTRA, Kristallometrie, Hauptstück 6. Groningen, 1946.
[4] M. W. PORTER und R. C. SPILLER, The BARKER Index of Crystals I, *1* and *2*, und II. Cambridge, 1951 und 1956.

II. Kristallstrukturkunde

A. Geschichtliches [1]

Spekulationen über die Struktur von Kristallen wurden von JAMITZER (1568) und mit einigen Berechnungen von GUGLIELMINI (1688) angestellt. CHR. HUYGENS (1690) dachte sich Calcit aus gleichen und gleich orientierten Rotationsellipsoidchen (Abb. 65) aufgebaut.

WESTFELD (1767), GAHN und BERGMAN (1773) nahmen Spaltrhomboederchen als Bausteine von Calcit an; GAHN glückte es, durch parallele Staffelung ein Skalenoeder zusammenzustellen (Abb. 66). Charakteristisch für diese Staffelung ist, daß die Bausteine untereinander gleich sind, gleich orientiert und in rechten Reihen liegen, also nicht vorspringen, da anders die Spaltbarkeit nach den Fügungsflächen nicht erklärt werden könnte.

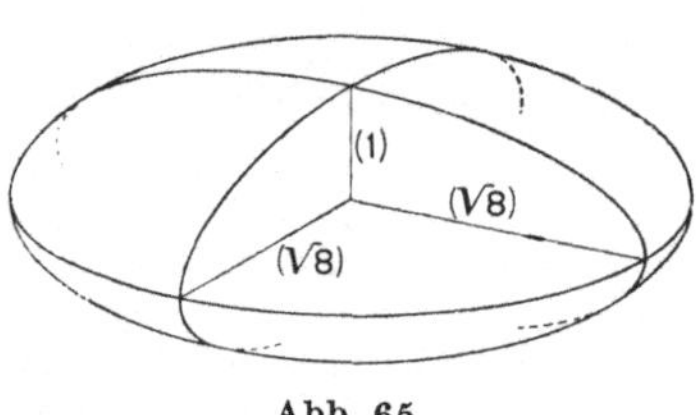

Abb. 65

HAÜY erklärte diese Theorie für alle Kristalle gültig und präzisierte sie (1783). Im ersten Stadium bilden die Körperchen den Kern, der ein großer Spaltkörper, begrenzt durch die primäre Form, ist (forme primitive). Im zweiten Stadium kann um den Kern ein Mantel von Spaltkörperchen gelegt werden, wobei jede Lage eine regelmäßige Verminderung erfährt (Dekreszenz), so daß eine anders geformte Kristallbegrenzung, eine sekundäre Form (forme secondaire, Abb. 67) entsteht.

Das Bauen auf diese Weise geht aber nur mit kleinen *Parallelepipeden*, kann also ohne weiteres nur für Kristalle mit drei Spaltrichtungen angewendet werden.

Waren es weniger Spaltrichtungen, dann nahm HAÜY die fehlenden als hypothetisch an; waren es mehr, dann wurde verstanden, daß die Körperchen, von allen Spaltrichtungen begrenzt (molécules intégrantes; sollen in der Lösung und in der Schmelze vorkommen), erst kleine Parallelepipede bilden (molécules soustractives, bestimmen die Verminderung und waren also die eigentlichen Baueinheiten).

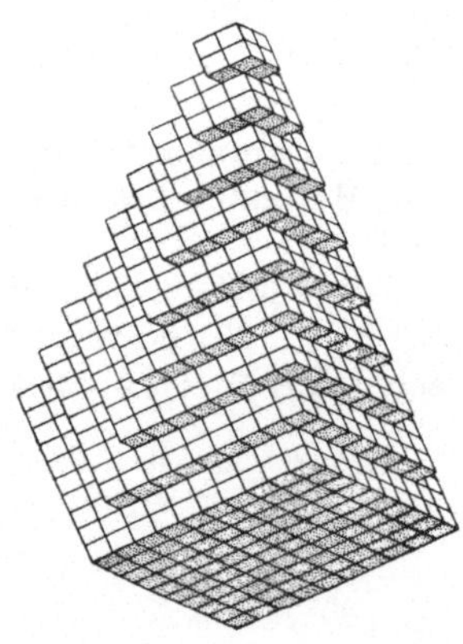

Abb. 66. Calcitskalenoeder, aufgebaut aus kleinen parallelepipedisch angeordneten Spaltrhomboedern

Die Theorie erklärte 1. das Vorkommen der Flächen auf fixen Plätzen bezogen zu einander, z. B. acht gleichwertige Flächen (Oktaeder) stumpfen immer die Eckpunkte des Würfels ab, und offenbarte 2. das Hauptgesetz (Abb. 67).

---

[1] Literatur s. Fußnote S. 1.

HAÜY nahm 14 verschiedene Kerne an, aber BERNHARDI bewies (1807), daß sechs genügend waren. Diese sechs sind mit unseren sechs Parallelepipeden auf den Achsenlängen identisch (Abb. 10)!

Die Arbeit von HAÜY kann man als die Grundlage der wissenschaftlichen Kristallographie bezeichnen und sie war der Anlaß zu vielen Untersuchungen. Der Theorie entsprach aber nicht die Gleichwertigkeit der vierten Spaltrichtung von Fluorit (CaF_2); eine parallele Staffelung der Spaltoktaederchen ergibt einen porösen Kristall, der prinzipiell anders ist als ein aus Parallelepipeden aufgebauter. Auch die Starrheit und Eckigkeit der Bauteilchen fand in der Zeit, wo DALTON seine Atomtheorie aufstellte, auf die Dauer keinen Beifall. 1813 nahm WOLLASTON Kügelchen als Bausteine an, 1824 sprach SEEBER von Schwerpunkten von Teilchen und erklärte, daß in einem Kristall die Schwerpunkte der Bausteine, parallelepipedisch (d. i. nach paralleler Staffelung) angeordnet seien, modern gesprochen ein *Grundgitter* bilden.

Charakteristisch für ein (Grund-)Gitter ist 1. die genannte Anordnung, 2. die gleiche Orientierung der Teilchen und 3. ihre gleichen und gleich orientierten Umgebungen.

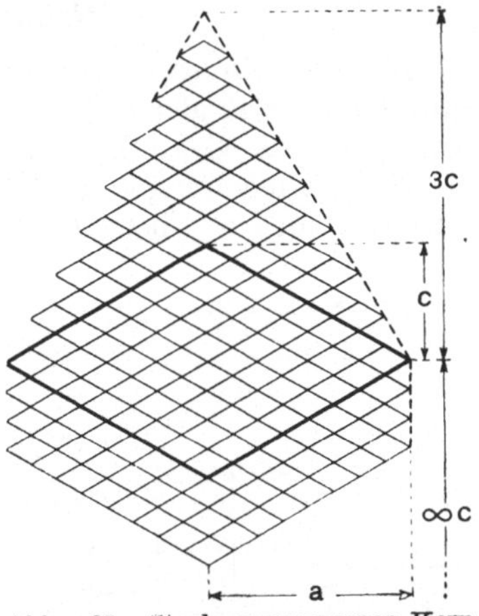

Abb. 67. Stark ausgezogener Kern mit einem Mantel, der zwei Arten von Dekreszenz zeigt; im ersten Fall ist das Achsenverhältnis 3:1, im anderen ∞:1; bei jeder regelmäßigen Dekreszenz ist das Verhältnis rational

FRANKENHEIM untersuchte 1835, wieviele nach (Mikro-) Symmetrie verschiedene Gitter theoretisch möglich sind; er fand 15, aber BRAVAIS stellt 1848 fest, daß es zweidimensional 5 (Abb. 68) und dreidimensional nur 14 sind (Abb. 71).

Die Makrosymmetrien der 14 Gitter sind die der holoedrischen Klassen. Um die Symmetrie der meroedrischen Klassen zu erklären, nahm man an,

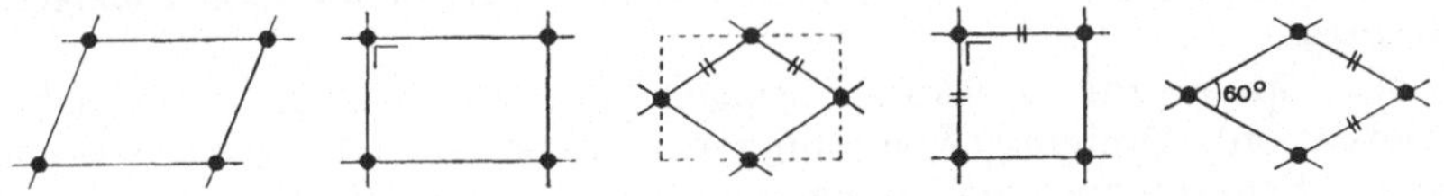

Abb. 68. Die fünf zweidimensionalen Grundgitter (= Netze)

daß die Verminderung der Symmetrie die Folge einer geringeren Eigensymmetrie der Bauteilchen war. Damit war die Erklärung der Struktur verschoben, aber nicht gelöst.

SOHNCKE (1879) breitete die Theorie aus, indem er erklärte, daß die Umgebungen zwar gleich, aber auch gedreht sein können. Er kam so zu 65 mikrosymmetrisch verschiedenen Konfigurationen. Nimmt man nicht nur gedrehte, sondern auch gespiegelte, sonst gleiche Umgebungen an, dann kommt man zu 230 Fällen, den *Punktsystemen* (FEDOROW 1885, SCHOENFLIES 1889, BARLOW 1894) [1].

B. Gittertheorie

Grundlegende Hypothese

Die Vorstellung, daß bei ruhiger Kristallisation gleiche Teilchen (Atome oder Ionen) sich gleiche Umgebung schaffen, ist sehr einfach und plausibel und bildet die Grundlage für die ganze Strukturtheorie.

Unter Umgebung kann dann die Gesamtheit der Punkte und Abstände, ausgenommen das betrachtete Atom, verstanden werden und das Ganze eigentlich dreidimensional unendlich (vgl. S. 91).

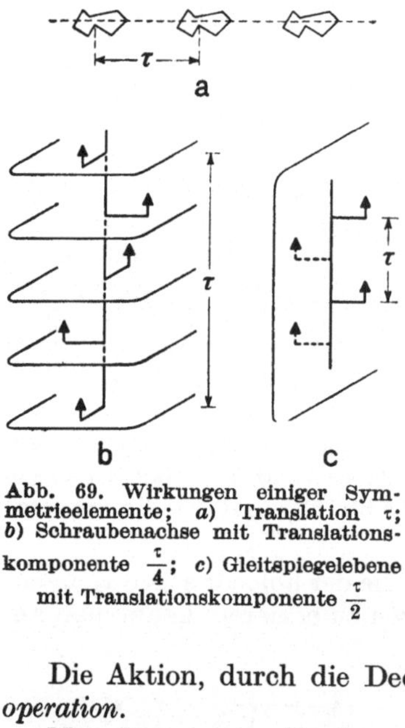

Gleich heißen zwei Umgebungen (allgemein: Körper), wenn alle Atome und ihre Abstände, die in dem einen vorkommen, denen im anderen gleich sind (S. 8).

Diese grundlegende Hypothese trifft im allgemeinen zu, aber in einigen Fällen können gleiche Atome zwei oder mehrere Arten von Umgebungen in einem Kristall haben (z. B. Graphit, S. 139).

Symmetrie

Um die Gleichheit der Umgebungen zweier gleicher Atome zu ermitteln, denkt man sich das eine an die Stelle des anderen versetzt und prüft, ob dann die beiden Umgebungen, also alle anderen Atome, zur Deckung gebracht werden können. Kann dies erreicht werden, dann ist Gleichheit vorhanden.

Abb. 69. Wirkungen einiger Symmetrieelemente; *a)* Translation τ; *b)* Schraubenachse mit Translationskomponente $\frac{\tau}{4}$; *c)* Gleitspiegelebene mit Translationskomponente $\frac{\tau}{2}$

Die Aktion, durch die Deckung erzielt wird, nennt man *Symmetrieoperation*.

Man kann zur Deckung bringen durch parallele Verschiebung (Translation), Drehung, Spiegelung und Inversion oder Kombinationen davon: Schraubung, Schiebungsspiegelung (=Gleitspiegelung) und die bereits auf S. 8 genannten.

Diese Operationen können mittels Symmetrieelementen beschrieben werden, bei Translation ist das Element die Richtung und Größe der Verschiebung, bei Drehung und Schraubung die Dreh- bzw. Schrauben-

---

[1] A. E. H. TUTTON, Crystallography and Practical Crystal Measurement, S. 123. London, 1911 (gibt die Prinzipe der Ableitungen, erläutert auch den Begriff *Steroeder* von FEDOROW).

achse, bei Spiegelung, Gleitspiegelung und Drehspiegelung ist es eine
Ebene, eventuell mit Translationskomponente. In Abb. 69 sind die
Wirkungen einiger dieser Elemente erläutert.

Unendliche Gruppen und ihre Symmetrieelemente

Bei einem endlichen Körper kann die Symmetrie nichts anderes als
die einer Punktgruppe sein, mit Drehachsen, Spiegelebenen, Drehspiegel-
ebenen, Inversionspunkt; die Zahl der verschiedenen Gruppen ist 32
(= Symmetrieklassen; S. 11).

Treten auch andere Elemente auf, also Translationen oder Elemente,
die eine Translationskomponente enthalten, dann ist die Gruppe und
auch der Körper unendlich. Von einer solchen Gruppe sind die Translationen (und die Translationskomponenten) ein-, zwei- oder dreidimensional, somit sind die Translationen gleich denen einer Reihe, bzw. eines
Netzes, bzw. eines Gitters. Die Zahl der möglichen Kombinationen gibt
Tab. 6.

Tabelle 6

eindimensional	zweidimensional	dreidimensional
mit Reihentranslation (2 Stück Liniegruppen) [1]	mit Reihentranslation (7) [2] Netztranslationen (17 Ebenegruppen) [3]	mit Reihentranslation (75) [4] Netztranslationen (80) [4] Gittertranslationen (230 Raumgruppen)

Raumgruppen

Die 230 dreidimensionalen Gruppen werden *Raumgruppen* genannt.
Nimmt man in einer solchen Gruppe einen Ausgangspunkt an, so wird
dieser durch die Elemente zu einem *Punktsystem* vervielfältigt; jeder der
Punkte ist im weitesten Sinn, wie auf S. 88 beschrieben, gleich umgeben.
Die Annahme eines zweiten Ausgangspunktes ergibt ein zweites Punktsystem, in dem die Punkte untereinander auch gleiche Umgebungen
besitzen, aber die Umgebungen der Punkte des ersten Punktsystems
sind von denen des zweiten verschieden. Liegt der Ausgangspunkt auf
einem Symmetrieelement (nicht Schraubenachse oder Gleitspiegelebene),
dann erhält man ein dünneres Punktsystem, in dem die Punkte eine
Eigensymmetrie besitzen (vgl. spezielle Formen, S. 20).

Die Untergruppe der Translationen vervielfältigt den Ausgangspunkt
zu einem Grundgitter (von *identischen* Punkten). Auch jeder durch den

---

[1] Z. f. Krist. *71* (1929) 81.
[2] id. *63* (1926) 255 (ein- und zweiseitige Ränder).
[3] id. *60* (1924) 278, 283.
[4] id. *69* (1929) 250.

Rest der Gruppe entstehende Punkt (*gleichwertige* Punkte) wird durch diese Untergruppe zu einem kongruenten und parallel gelegenen Gitter vervielfältigt. Jedes Punktsystem kann also als Gebilde aus einer Anzahl kongruenter Gitter, die parallel zueinander angeordnet und ineinander gestellt sind, beschrieben werden.

Sind in einer Raumgruppe ein oder mehrere Punktsysteme vorhanden, so kann jedes als aus Grundgittern, die geometrisch alle kongruent und parallel zueinander angeordnet und ineinander gestellt sind, zusammengesetzt beschrieben werden (Abb. 70).

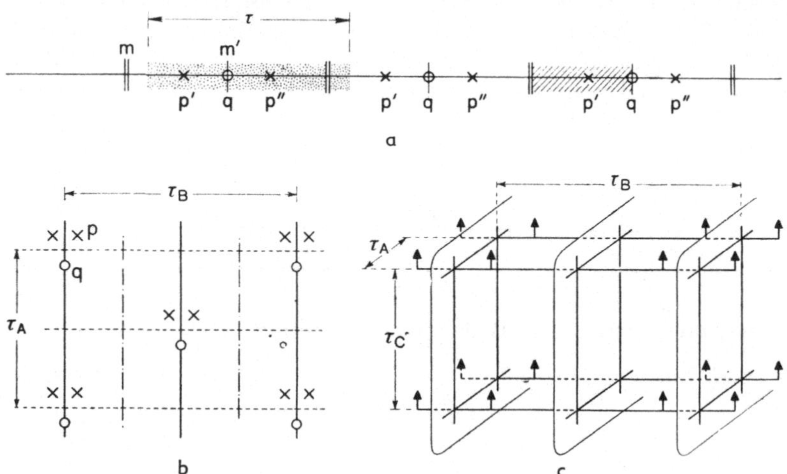

Abb. 70. *a*) (Eindimensionale) Liniegruppe mit Spiegelpunkten m und m'; eine Primitivzelle (mit Länge gleich der Translation τ), ein Kenngebiet (Länge $\frac{\tau}{2}$), ein allgemeines Punktsystem p und ein spezielles q. Das Punktsystem p kann als aus zwei kongruenten Grundgittern (in diesem Falle Reihen) p' und p'' bestehend betrachtet werden; das von q ist ein mit p' und p'' kongruentes Gitter. Die Struktur kann als aus drei kongruenten Punktreihen bestehend beschrieben werden, die ineinandergeschachtelt sind; *b*) Ebenegruppe (zweidimensional) mit Spiegellinien (ausgezogen) und Gleitspiegellinien (gestrichelt), in die ein allgemeines Punktsystem p und ein spezielles q eingezeichnet sind; *c*) Raumgruppe (dreidimensional) mit Spiegelebenen und einem allgemeinen Punktsystem

Gitter

Die beiden Bedingungen: 1. gleiche Atome haben gleiche Umgebungen, und 2. in einem Kristall sind von jeder Atomart praktisch unendlich viele Individuen vorhanden, können in einem dreidimensionalen Kristall nur dann erfüllt werden, wenn der Kristall die Symmetrie einer der 230 Raumgruppen besitzt, d. h. wenn die Atome ein *Gitter* bilden.

Unter Gitter versteht man die Gesamtheit von Punktsystemen, von denen jedes von einer Atomart gebildet wird. Die Definition für einen Kristall lautet nach GROTH (1904):

Die Atome in einem Kristall bilden ein Gitter, das der Symmetrie einer Raumgruppe entspricht. Jede Atomart bildet ein Punktsystem, jedes dieser Punktsysteme kann als Gebilde aus einem oder mehreren Grundgittern

beschrieben werden. Diese Grundgitter sind alle kongruent und parallel ineinander gestellt.

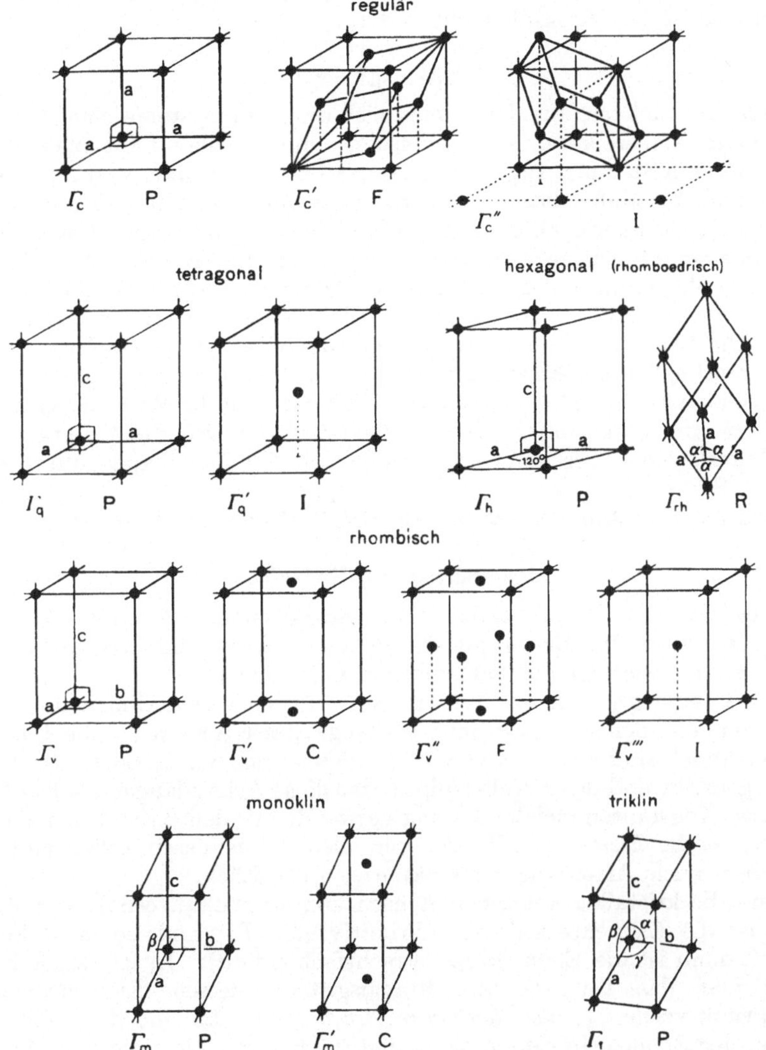

Abb. 71. Die 14 Grundgitter (Bravaisgitter); die Elementarzellen sind schwach ausgezogen, die Primitivzellen in Γ_c' und Γ_c'' sind stark ausgezogen. Bezeichnung Γ nach SCHOENFLIES. Betrachtet man die voll ausgezogenen Linien zwischen zwei Punkten als freie Vektoren, so stellen sie Translationen der Raumgruppe dar

Aus dieser Theorie geht hervor, daß ein Gitter, also ein Kristall, dreidimensional unendlich zu denken ist. Dies ist vom physikalischen, atomaren, Standpunkt aus vollkommen gerechtfertigt, denn 1. liegen für den Großteil der Atome die Grenzen des Kristalls, verglichen mit ihren Abständen untereinander, sehr weit entfernt und 2. können die Grenzen durch Anwachsen des Kristalls allzeit verlegt werden, wobei sich die Eigenschaften des Kristalls nicht ändern.

Bravaisgitter

Alle Grundgitter, aus denen man sich die Punktsysteme eines Gitters aufgebaut denken kann, sind kongruent und parallel. Faßt man eines dieser Grundgitter ins Auge, dann ist das Gitter bekannt, wenn man die Form und die Maße dieses Grundgitters kennt, also seine Primitivzelle und die Koordinaten aller darin vorhandenen Atome. Nimmt man von allen in einer Primitivzelle vorkommenden Atomen z. B. den gemeinsamen Schwerpunkt, dann bilden diese Schwerpunkte auch ein kongruentes und paralleles Grundgitter. Dieses „materielle" Gitter nennen wir *Bravaisgitter*. Die Lage des Bravaisgitters hängt davon ab, welches Grundgitter man ursprünglich ins Auge faßte, sie ist aber belanglos, denn die für den Kristall kennzeichnenden Größen sind die Form und die Maße des Gitters.

Form und Maße einer Primitivzelle werden durch die Untergruppe der Translationen bestimmt, die Symmetrie des Zellinhaltes durch die übrigen Symmetrieelemente der Raumgruppe. Man kann auch sagen: die Translationen bestimmen das *Muster*, der Rest das *Motiv* des Gitters.

Hypothese von Bravais

Diese lautet: Kristallflächen sind Gitterebenen und Kristallkanten sind Gitterlinien im Bravaisgitter; im allgemeinen sind Kristallflächen und -kanten dichtbesetzte Gitterebenen bzw. -linien [1].

Die kristallographischen Achsen sind also auch Gitterlinien im Bravaisgitter; die kleinsten Translationen längs dieser Achsen (= die Identitätsabstände) sind die *absoluten Achsenlängen* a_0, b_0, c_0 oder oft kurz a, b, c genannt und das Parallelepiped, das diese Achsenlängen als Kanten hat, also Konstanten gleich oder eng verwandt mit den Kristallelementen besitzt, ist die *Elementarzelle* oder kurz Zelle. Von diesen Zellen gibt es also ebensoviele Arten wie Achsenkreuze, 6 (7) Stück.

Sind die kristallographischen Achsen konjugierte Gitterlinien (S. 44), dann ist die Elementarzelle eine Primitivzelle (P); sind sie nicht konjugiert, dann ist die Elementarzelle mehrfach primitiv. In letzterem Fall nennt man das Teilgitter des Bravaisgitters, dessen Elementarzelle eine Primitivzelle ist, das *elementare Bravaisgitter*. Es sind diese Gitter, die bei der Strukturbestimmung in erster Linie ermittelt werden; jedes besitzt die Makrosymmetrie (S. 87) einer holoedrischen Klasse und seine Primitivzellen sind Elementarzellen, d. h. die Kanten liegen entlang der kristallographischen Achsen und die Längen der Kanten sind die absoluten Achsenlängen.

---

[1] J. D. H. DONNAY und D. HARKER formulieren diese Hypothese schärfer. Am. Min. *22* (1937) 446.

Die übrigen Bravaisgitter gehören zu denselben Symmetrieklassen, besitzen aber eine andere (Mikro-)Symmetrie und jedes kann als Ineinanderstellung einiger kongruenter, parallel gelegener elementarer Bravaisgitter beschrieben werden.

Die Art der Ineinanderstellung wird durch die Lage der Punkte der hineingestellten Gitter angegeben; ist z. B. eines in den Mittelpunkt der Elementarzelle des elementaren Bravaisgitters hineingestellt, dann be-

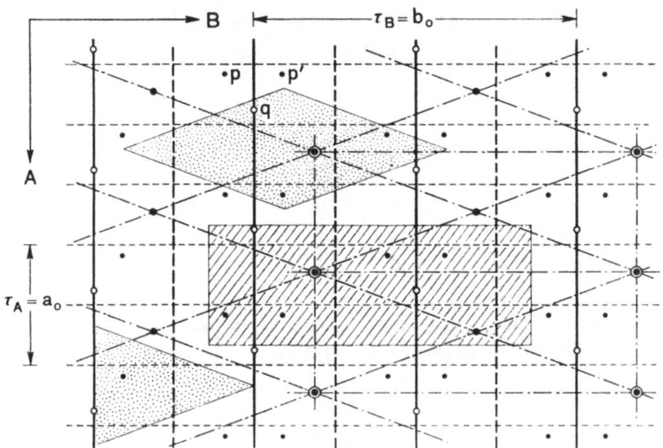

Abb. 72. Darstellung der im Text gebrauchten verschiedenen Benennungen. In der Praxis legt man die Bravaispunkte auf Inversionszentren oder auf andere Symmetrieelemente.

— Spiegellinie   — — Gleitspiegellinie
• ($p + p'$ =) Punktsystem p o Punktsystem q
● Bravaispunkte

Bravaisgitter   elementares Bravaisgitter

punktierter Rhombus = Primitivzelle   schraffiertes Rechteck = Elementarzelle
punktiertes Dreieck = Kenngebiet

zeichnet man diese Zelle oder das ganze Bravaisgitter mit I („innenzentriert"); andere Ineinanderstellungen sind F, A^1, B^1, C, R (Abb. 71).

Zur Verdeutlichung der genannten Begriffe ist in der Ebenegruppe Abb. 72, deren Gitter vom Typ Abb. 70 ist, eine primitive Zelle angegeben. Die Schwerpunkte der primitiven Zellen bilden das Bravaisgitter; die Gitterlinien darin, die parallel zu der, bzw. senkrecht auf die Spiegellinien sind, werden als kristallographische Achsen gewählt, die Identitätsabstände auf ihnen als absolute Achsenlängen a_0 und b_0.

Eine Elementarzelle hat die Kanten parallel zu diesen kristallographischen Achsen und Kantenlängen a_0 und b_0, sie ist hier also zweimal so groß wie eine primitive Zelle, daher doppeltprimitiv. Die Schwerpunkte der Elementarzellen bilden das elementare Bravaisgitter, dieses ist also zweimal so dünn wie das Bravaisgitter.

---

[1] A und B kommen nur im rhomb., mon. und trikl. System vor und geben an, daß die vertikalen frontalen bzw. seitlichen Flächen zentriert sind.

Man kann das Bravaisgitter auch als zwei ineinandergestellte elementare Bravaisgitter beschreiben; diese Ineinanderstellung ist hier vom F-Typ.

Will man ein Kenngebiet unterscheiden (vgl. S. 18), dann hat dies die Größe einer halben primitiven Zelle.

Das direkte Gitter (S. 46) ist entweder kongruent, man kann auch sagen gleichförmig, mit dem elementaren Bravaisgitter oder sie sind zueinander Teilgitter (S. 44). Ist die Elementarzelle eines Kristalles bekannt, dann liegt es auf der Hand, das direkte Gitter mit dem elementaren Bravaisgitter zu identifizieren, also die Verhältnisse der relativen Achsenlängen denen der absoluten gleichzusetzen. Sind die Verhältnisse nicht dieselben, d. h. ist das elementare Bravaisgitter ein Teilgitter des

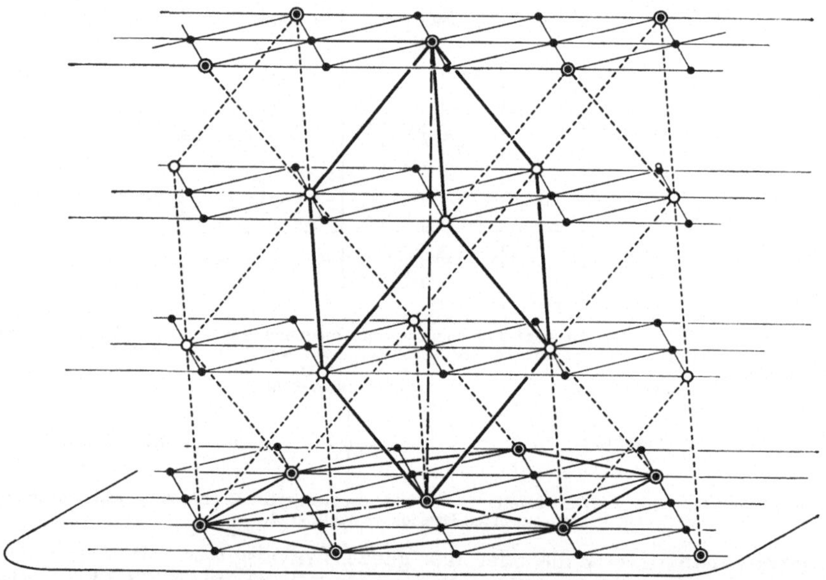

Abb. 73. Die Grundgitter Γ_h und Γ_{rh} sind Teilgitter voneinander. Das rhomboedrische Gitter (Γ_{rh}) ⊚ + o ist ein Teilgitter des hexagonalen (Γ_h) ⊚ + o + •; das hexagonale ⊚ ist ein Teilgitter des rhomboedrischen ⊚ + o

direkten, dann ist der Zusammenhang der Verhältnisse doch sehr einfach, auf jeden Fall meßbar, und man kann, weil die „Metrik dieselbe ist", sowohl das eine als auch das andere für geometrische Berechnungen heranziehen (S. 44).

Im folgenden sind gewöhnlich direktes Gitter und elementares Bravaisgitter kongruent zu denken.

Es gibt sechs oder sieben elementare Bravaisgitter, die Zahl hängt davon ab, ob das rhomboedrische vom hexagonalen getrennt wird oder nicht. Bisweilen ist die Verwendung des rhomboedrischen erwünscht, aber die beiden sind zueinander Teilgitter (Abb. 73), so daß es in der geometrischen Kristallographie nicht notwendig ist, das rhomboedrische zu verwenden.

Die Hypothese von BRAVAIS erklärt das Vorkommen ebener Kristallflächen und rechter Kanten. Auch das Hauptgesetz wird erklärt, denn eine Gitterebene verteilt einen Identitätsabstand auf eine Gitterlinie (z. B. auf eine kristallographische Achse) in Abschnitte, die sich rational verhalten (Abb. 74).

Ableitung und Beschreibung der Raumgruppen

Die Translationen einer Raumgruppe vervielfältigen ein Symmetrieelement zu einer unendlichen Anzahl paralleler identischer Elemente. Diese bilden mit intermediär vorhandenen, ebenfalls parallelen, eine Schar. So wird eine Spiegelebene durch eine senkrecht auf die Ebene vorhandene Translation zu einer Serie äquidistanter Spiegelebenen; außerdem sind mitten zwischen diesen dann auch immer andere parallele Spiegelebenen vorhanden; das ganze heißt eine *Schar* Spiegelebenen (Abb. 75).

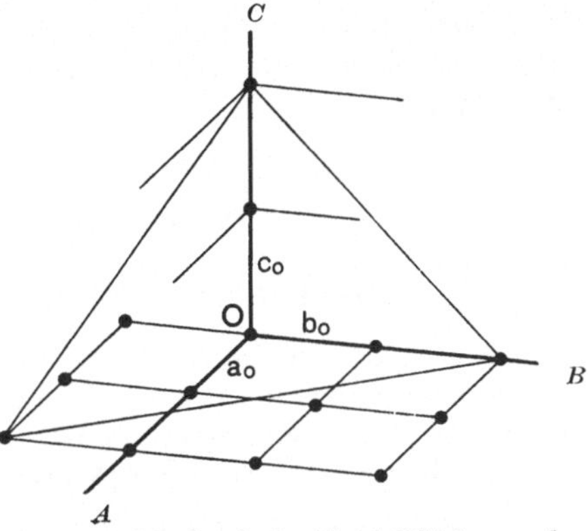

Abb. 74. Die durch eine Kristallfläche von den Achsen im elementaren Bravaisgitter (infolgedessen auch im direkten Gitter) abgeschnittenen Stücke verhalten sich rational, wenn in Achsenmaßen gemessen

Mit jeder Schar korrespondiert ein *homöomorphes* Symmetrieelement, das ist ein zu den Elementen der Schar gleiches und paralleles Symmetrieelement, aber ohne Translationskomponente; von einer Schar Gleitspiegelebenen z. B. ist also das homöomorphe Element eine Spiegelebene.

Legt man durch einen beliebigen Punkt die Homöomorphen jeder der Scharen einer Raumgruppe, dann entsteht eine der 32 Punktgruppen. Diese Punktgruppe nennt man *homöomorph* mit der Raumgruppe.

Das Gitter besitzt die Symmetrie einer Raumgruppe, makroskopisch nimmt man die Symmetrie der hömoomorphen Punktgruppe wahr.

Bei der Ableitung aller Raumgruppen gelten analoge Bedingungen für die gegenseitige Lage der Scharen wie für die

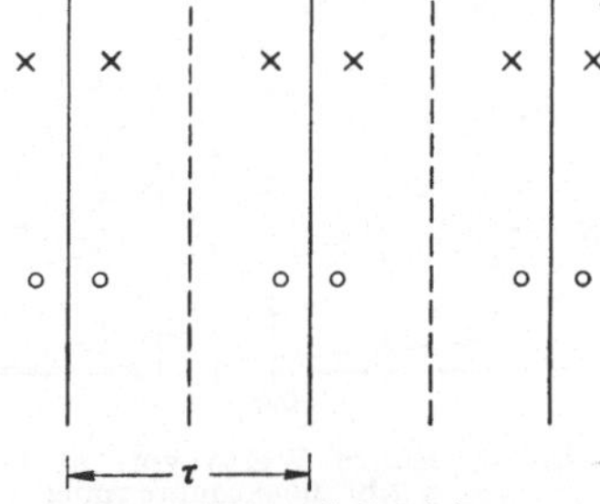

Abb. 75. Eine Spiegelebene und eine dazu senkrechte Translation vervielfältigen sich zu einer unendlichen Anzahl von Spiegelebenen (ausgezogene Linien), aber ziehen auch intermediäre Spiegelebenen (gestrichelte Linien) nach sich, wie das aus der Symmetrie *zweier* allgemeiner Punktsysteme hervorgeht

Symmetrieelemente bei der Ableitung aller Punktgruppen (Ableitung nach NIGGLI) [1].

---

[1] Geometrische Kristallographie des Diskontinuums. Leipzig, 1919.

Jede Symmetrieklasse „umfaßt" die Raumgruppen, die mit der Punktgruppe der Klasse homöomorph sind.

Eine vollständige Beschreibung aller Raumgruppen wird in den International Tables [1] gegeben. Die Bezeichnung ist dort: 1. nach SCHOENFLIES, die mit einer Punktgruppe homöomorphen werden mit dem Symbol der Klasse und einer Folgenummer bezeichnet; 2. nach HERMANN-MAUGUIN, das elementare Bravaisgitter und einige typische Scharen werden angegeben.

C. Strukturbestimmung [2]

Streuung von Röntgenstrahlen durch Materie

Die Strukturbestimmung erfolgt mit Hilfe von Röntgenstrahlen, zuweilen verwendet man auch Elektronen- oder Neutronenstrahlen. Die ersten Bestimmungen machten W. H. BRAGG und sein Sohn W. L. BRAGG 1913, nachdem 1912 M. v. LAUE gezeigt hatte, daß Röntgenstrahlen durch die Atome (die Elektronen der Atome) in einem Kristall gestreut werden und daß diese gestreuten Strahlen interferieren und so in einzelnen Richtungen in gut wahrnehmbarer Stärke auftreten.

Von Streuung spricht man, wenn unter dem Einfluß des einfallenden (=primären) Bündels die Atome selbst Ausgangspunkte von Wellen mit gleicher Wellenlänge wie die einfallende Strahlung werden und die gestreuten (=sekundären) Wellen kohärent sind.

Da sich die Röntgenstrahlen nicht durch Linsen konvergieren lassen, ist das primäre Bündel eigentlich immer schwach und das sekundäre noch mehr, so daß oft erst nach Stunden von Belichtung auf dem photographischen Film oder der Platte ein Effekt wahrnehmbar ist.

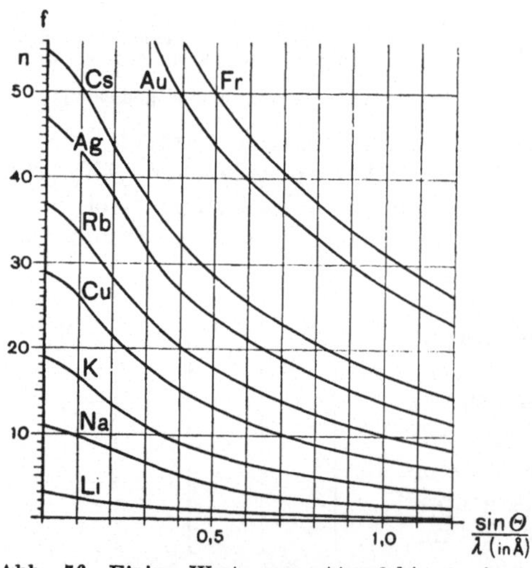

Abb. 76. Einige Werte von Atomfaktoren f; n gibt die Atomnummer an

---

[1] International Tables for X-ray Crystallography I. Birmingham, 1952.

[2] J. M. BIJVOET, N. H. KOLKMEYER und C. H. MacGILLAVRY, Analysis of Crystals with X-rays. Amsterdam, 1948; N. F. M. HENRY, H. LIPSON und W. A. WOOSTER, The Interpretation of X-ray Diffraction Photographs. London, 1951; D. McLACHLAN, X-ray Crystal Structures. New York, 1957.

Streuung durch ein Elektron [1]

Fällt ein paralleles Bündel unpolarisiertes monochromatisches Röntgenlicht mit der Amplitude A_p auf ein Elektron, dann ist in der Richtung, die einen Winkel $2\,\theta$ mit dem primären Bündel bildet, eine sekundäre Welle in einem Punkt P auf einem Abstand R vorhanden, die eine mittlere Amplitude A'_s besitzt:

$$A'_s = \frac{1}{R}\,\frac{e^2}{mc^2}\sqrt{\frac{1 + \cos^2 2\theta}{2}}\cdot A_p$$

$e = $ Ladung und $m = $ Masse eines Elektrons, $c = $ Lichtgeschwindigkeit.

Streuung durch ein Atom

Enthält das Atom n Elektronen, dann ist die mittlere Amplitude A_s in P in erster Näherung n-mal so groß wie die eines Elektrons. Bei genauerer Untersuchung zeigt sich:

$$A_s = f\,\frac{1}{R}\cdot\frac{e^2}{mc^2}\sqrt{\frac{1 + \cos^2 2\theta}{2}}\,A_p$$

f wird Atomfaktor genannt und ist abhängig von θ und der Wellenlänge λ (Abb. 76).

Harmonische Wellen und Schwingungen

Eine laufende Sinuswelle wird beschrieben:

$$u = A\,\cos 2\pi\left(\frac{t}{T} - \frac{R}{\lambda}\right)$$

$u = $ bei einer materiellen Welle die Ausweichung, bei einer elektromagnetischen Welle die elektrische Feldstärke, $T = $ Schwingungszeit, $\lambda = $ Wellenlänge.

Ferner ist $\nu = \dfrac{1}{T}$ die Frequenz und für eine elektromagnetische Welle gilt $\nu\lambda = c$, wobei c die Lichtgeschwindigkeit ist.

Die Gleichung beschreibt den Zustand für alle R in einem Zeitpunkt, also wenn t einen bestimmten Wert hat. Hat R einen bestimmten Wert, dann beschreibt sie den Zustand (harmonische Schwingung) von dem Punkt in P für alle Zeiten t.

Die Energie im Punkte im Abstand R, also die Intensität der Schwingung, ist proportional A^2; $I \;/\!/\!/\; A^2$. Wir nehmen fortan $I = A^2$ wodurch der Allgemeinheit des Resultates kein Abbruch getan wird.

---

[1] Internationale Tabellen II, S. 556. Berlin, 1935.

Die Größen u und I sind in der Folge von großer Bedeutung.

Wir zählen zu dem Ausdruck für u einen imaginären Teil dazu und zeigen, daß von der neuen Größe Q das Quadrat des Absolutwertes gleich I ist [1]:

$$Q = A \cos 2\pi \left(\frac{t}{T} - \frac{R}{\lambda} \right) + i\,A \sin 2\pi \left(\frac{t}{T} - \frac{R}{\lambda} \right)$$

$$I = \left[A \cos 2\pi \left(\frac{t}{T} - \frac{R}{\lambda} \right) \right]^2 + \left[A \sin 2\pi \left(\frac{t}{T} - \frac{R}{\lambda} \right) \right]^2 = A^2$$

Man kann I auch finden, indem man Q mit dem konjugierten Komplex von Q, das ist jene Größe, die man erhält, wenn man in dem Ausdruck für Q dem Teil mit i das entgegengesetzte Vorzeichen gibt, multipliziert. Es ist doch

$$\left[A \cos 2\pi \left(\frac{t}{T} - \frac{R}{\lambda} \right) + i\,A \sin 2\pi \left(\frac{t}{T} - \frac{R}{\lambda} \right) \right] \cdot$$

$$\cdot \left[A \cos 2\pi \left(\frac{t}{T} - \frac{R}{\lambda} \right) - i\,A \sin 2\pi \left(\frac{t}{T} - \frac{R}{\lambda} \right) \right] = A^2$$

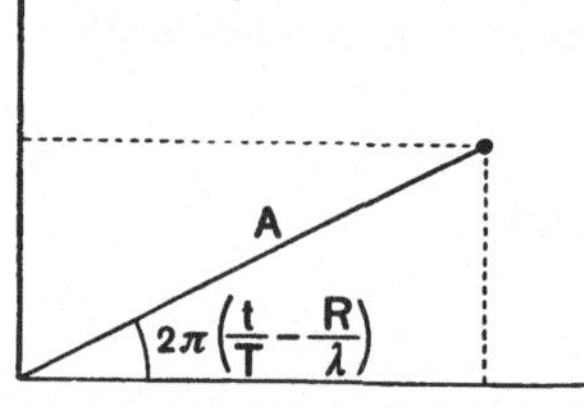

Abb. 77. Graphische Darstellung einer komplexen Zahl durch einen Punkt

Oft schreibt man [2]

$$Q = A\,e^{2\pi i \left(\frac{t}{T} - \frac{R}{\lambda} \right)}$$

und findet dann einfacher

$$I = |\,Q\,|^2 = A\,e^{2\pi i \left(\frac{t}{T} - \frac{R}{\lambda} \right)} \cdot$$

$$\cdot A\,e^{-2\pi i \left(\frac{t}{R} - \frac{R}{\lambda} \right)} = A^2$$

Auch gebraucht man oft die graphische Vorstellung von Abb. 77.

Gehen von zwei Punkten O und O' auf der Linie OP Wellen von gleicher Wellenlänge aus, dann sind im allgemeinen die Phasen in P verschieden; die totale Ausweichung u in P ist die Summe der beiden Ausweichungen u_1 und u_2 (Prinzip der Überlagerung).

$$u = u_1 + u_2 = A_1 \cos 2\pi \left(\frac{t}{T} - \frac{R_1}{\lambda} \right) + A_2 \cos 2\pi \left(\frac{t}{T} - \frac{R_2}{\lambda} \right)$$

---

[1] $z = a + b\,i$

$Re\ z = a$

Absolutwert $|z| = \sqrt{a^2 + b^2}$

$|z|^2 = a^2 + b^2$.

[2] $e^{i\varphi} = \cos \varphi + i \sin \varphi$

$e^{-i\varphi} = \cos \varphi - i \sin \varphi$

$2 \cos \varphi = e^{i\varphi} + e^{-i\varphi}$

$2i \sin \varphi = e^{i\varphi} - e^{-i\varphi}$

Um I in P zu berechnen, zeigt man, daß P eine harmonische Schwingung ausführt, d. h. daß die Zusammenstellung zweier harmonischer Schwingungen wieder eine harmonische Schwingung ist. Hierfür wird folgende Formel angewendet:

$$\cos (\alpha - \beta) = \cos \alpha \cos \beta + \sin \alpha \sin \beta$$

$$u = A_1 \cos 2\pi \frac{t}{T}\cos 2\pi\frac{R_1}{\lambda} + A_1 \sin 2\pi \frac{t}{T} \sin 2\pi \frac{R_1}{\lambda} +$$

$$+ A_2 \cos 2\pi \frac{t}{T}\cos 2\pi \frac{R_2}{\lambda} + A_2 \sin 2\pi \frac{t}{T} \sin 2\pi \frac{R_2}{\lambda} =$$

$$= \cos 2\pi \frac{t}{T}\left(A_1 \cos 2\pi \frac{R_1}{\lambda} + A_2 \cos 2\pi \frac{R_2}{\lambda}\right) +$$

$$+ \sin 2\pi \frac{t}{T}\left((A_1 \sin 2\pi \frac{R_1}{\lambda} + A_2 \sin 2\pi \frac{R_2}{\lambda}\right)$$

Wir nennen

$$A_1 \cos 2\pi \frac{R_1}{\lambda} + A_2 \cos 2\pi \frac{R_2}{\lambda} \equiv A \cos 2\pi p$$

und

$$A_1 \sin 2\pi \frac{R_1}{\lambda} + A_2 \sin 2\pi \frac{R_2}{\lambda} \equiv A \sin 2\pi p$$

$$u = A \cos 2\pi \frac{t}{T} \cos 2\pi p + A \sin 2\pi \frac{t}{T} \sin 2\pi p = A \cos 2\pi \left(\frac{t}{T} - p\right)$$

$$I = A^2 = A^2 (\cos^2 2\pi p + \sin^2 2\pi p)$$

$$I = \left[A_1 \cos 2\pi \frac{R_1}{\lambda} + A_2 \cos 2\pi \frac{R_2}{\lambda}\right]^2 + \left[A_1 \sin 2\pi \frac{R_1}{\lambda} + A_2 \sin 2\pi \frac{R_2}{\lambda}\right]^2$$

Zählt man bei u_1 und u_2 imaginäre Ausdrücke hinzu und nennt die Summe S, dann ist

$$S = A_1 e^{2\pi i\left(\frac{t}{T} - \frac{R_1}{\lambda}\right)} + A_2 e^{2\pi i\left(\frac{t}{T} - \frac{R_2}{\lambda}\right)}$$

und die Intensität ist wiederum das Quadrat des Absolutwertes, der durch Multiplikation mit dem konjugierten Komplex gefunden wird:

$$I = |S|^2 = [A_1 e^{2\pi i\left(\frac{t}{T} - \frac{R_1}{\lambda}\right)} + A_2 e^{2\pi i\left(\frac{t}{T} - \frac{R_2}{\lambda}\right)}] \cdot$$

$$\cdot [A_1 e^{-2\pi i\left(\frac{t}{T} - \frac{R_1}{\lambda}\right)} + A_2 e^{-2\pi i\left(\frac{t}{T} - \frac{R_2}{\lambda}\right)}] =$$

$$= A_1{}^2 + A_2{}^2 + 2A_1 A_2 \cos 2\pi \frac{R_1 - R_2}{\lambda}$$

dasselbe Resultat wie oben.

In der graphischen Darstellung zeigt sich, daß die Leitstrahlen nach den zwei Punkten, die die zwei komplexen Ausdrücke von S darstellen, vektorisch zusammengestellt werden müssen, um zum Summenpunkt zu kommen; vom Leitstrahl nach diesem Summenpunkt ist die Projektion auf der reellen Achse gleich $u_1 + u_2$ und das Quadrat ist gleich I (Abb. 78).

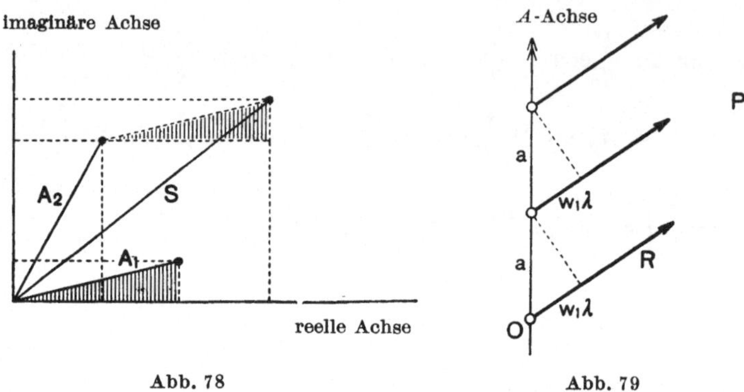

Abb. 78   Abb. 79

Streuung durch eine Reihe (gleicher Punkte, z. B. Atome)

Fällt der Primärstrahl senkrecht auf eine Reihe mit M_1 Atomen (also auch M_1 Elementarzellen), dann ist die Schwingung in P (Abb. 79):

$$Q = A_s\, e^{2\pi i\left(\frac{t}{T} - \frac{R}{\lambda}\right)} + A_s\, e^{2\pi i\left(\frac{t}{T} - \frac{R}{\lambda} + w_1\right)} +$$

$$+ A_s\, e^{2\pi i\left(\frac{t}{T} - \frac{R}{\lambda} + 2w_1\right)} + \dots$$

A_s ist die Amplitude des Sekundärstrahles in P von einem Atom ausgehend.

$$Q = A_s\, e^{2\pi i\left(\frac{t}{T} - \frac{R}{\lambda}\right)} \cdot \{1 + e^{2\pi i w_1} + e^{2\pi i 2 w_1} + \dots\}$$

Der Ausdruck zwischen den geschlungenen Klammern ist eine geometrische Reihe, so daß

$$Q = A_s\, e^{2\pi i\left(\frac{t}{T} - \frac{R}{\lambda}\right)} \cdot \frac{e^{2\pi i M_1 w_1} - 1}{e^{2\pi i w_1} - 1}$$

$$I = A_s\, e^{2\pi i\left(\frac{t}{T} - \frac{R}{\lambda}\right)} \cdot A_s\, e^{-2\pi i\left(\frac{t}{T} - \frac{R}{\lambda}\right)} \cdot \frac{e^{2\pi i M_1 w_1} - 1}{e^{2\pi i w_1} - 1} \cdot \frac{e^{-2\pi i M_1 w_1} - 1}{e^{-2\pi i w_1} - 1}$$

$$I = A_s^2 \, \frac{1 - e^{2\pi i M_1 w_1} - e^{-2\pi i M_1 w_1} + 1}{1 - e^{2\pi i w_1} - e^{-2\pi i w_1} + 1} =$$

$$= A_s^2 \, \frac{2 - 2\cos 2\pi\, M_1 w_1}{2 - 2\cos 2\pi\, w_1} = A_s^2 \, \frac{\sin^2 \pi\, M_1 w_1}{\sin^2 \pi\, w_1}$$

Diese Funktion von w_1 besitzt Hauptmaxima für $w_1 = h$ (h ist eine ganze Zahl), wird Null für $w_1 = h \pm \dfrac{1}{M_1}$ und hat ferner eine Reihe von Nebenmaxima, die aber gegenüber den Hauptmaxima bei großem M_1 vernachlässigt werden können (Abb. 80).

Bei $w_1 = h$ ist $I = \dfrac{0}{0}$, nach zweimaligem Differenzieren von Zähler und Nenner zeigt sich $I = M_1^2 \, A_s^2$.

Die Energie zwischen $w_1 = h - \dfrac{1}{M_1}$ und $w_1 = h + \dfrac{1}{M_1}$ ist bei großem M_1, da dann die Intensität im übrigen Integrationsgebiet vernachlässigt werden kann:

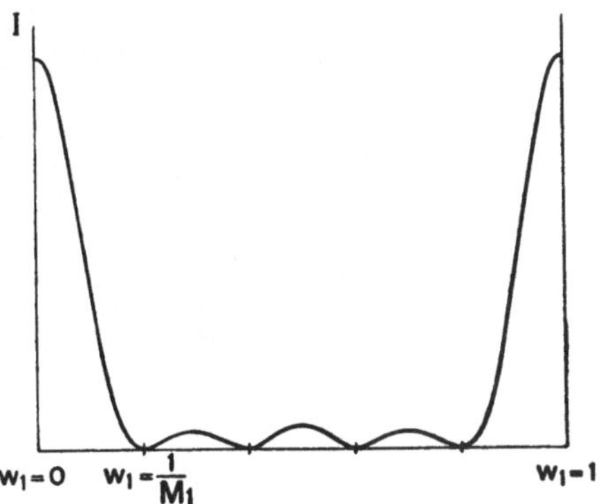

Abb. 80. Verlauf der Funktion für $M_1 = 5$

$$E_{\text{Hauptmaximum}} = A_s^2 \int_{w_1 = h - 1/2}^{w_1 = h + 1/2} \frac{\sin^2 \pi\, M_1\, w_1}{\sin^2 \pi\, w_1}\, dw_1 = A_s^2\, M_1$$

Die Intensität bei genau $w_1 = h$ ist daher gleich dem Quadrat der Anzahl Atome, aber die totale Energie in und in nächster Nähe der Richtung $w_1 = h$ $\left(\text{nämlich zwischen } w_1 = h - \dfrac{1}{M_1} \text{ und } w_1 = h + \dfrac{1}{M_1} \right)$ ist proportional der Anzahl Atome, also auch der *Anzahl der Zellen* und der Größe der Reihe.

Streuung durch ein Grundgitter (gleicher Punkte, z. B. Atome)

Auf analoge Weise wird gezeigt, daß die Intensität des Sekundärstrahls in P — dessen Richtung durch drei Zahlen w_1, w_2, w_3 gegeben ist, von denen w_1 angibt, wieviele Wellenlängen der Wegunterschied der Sekundärstrahlen ist, die von zwei Nachbarpunkten auf der A-Achse, w_2 von zweien auf der B-Achse, w_3 von zweien auf der C-Achse ausgehen — folgende ist:

$$I = A_s^2\, \frac{\sin^2 \pi\, M_1 w_1}{\sin^2 \pi\, w_1} \cdot \frac{\sin^2 \pi\, M_2 w_2}{\sin^2 \pi\, w_2} \cdot \frac{\sin^2 \pi\, M_3 w_3}{\sin^2 \pi\, w_3}$$

Hauptmaxima liegen in den Richtungen, wo w_1, w_2 und w_3 ganze Zahlen sind. Die Intensität genau in Punkt P ist proportional $(M_1 . M_2 . M_3)^2$; die Energie in und in nächster Nähe von P ist proportional $(M_1 . M_2 . M_3)$, also proportional der Anzahl Zellen, daher auch dem Volumen des bestrahlten Kristalls.

Die Richtungen der Hauptmaxima

Wir betrachten die 6 (7) elementaren Bravaisgitter (S. 94) von drei Gesichtspunkten aus:

1. als Sammlung gleicher und paralleler Reihen (nach LAUE);
2. als Sammlung äquidistanter Netze (nach BRAGG);
3. in polarer Form (nach EWALD).

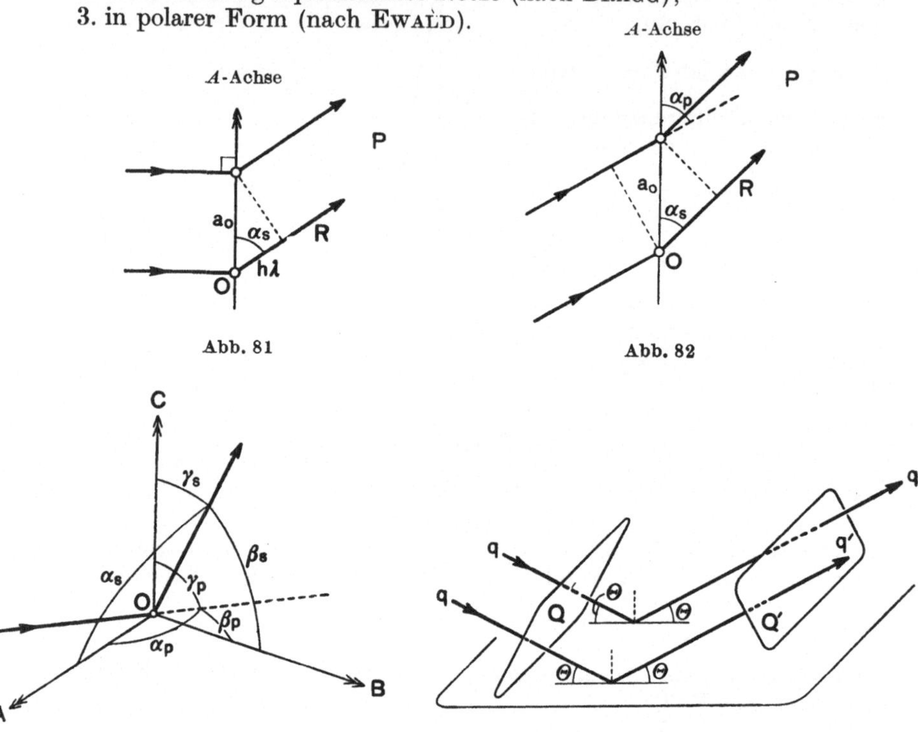

Abb. 81

Abb. 82

Abb. 83

Abb. 84. $Q \perp q$ und $Q' \perp q'$

ad 1. Läßt man ein paralleles Bündel monochromatisches Röntgenlicht mit Wellenlänge λ senkrecht auf eine Reihe fallen, dann genügen die Richtungen der Hauptmaxima der Gleichung

$$a_0 \cos \alpha_s = h\,\lambda \qquad \text{(Abb. 81)}$$

wobei α_s der Winkel zwischen dem Sekundärstrahl und der Reihe und h eine ganze Zahl ist (Null und negative Zahlen eingeschlossen).

Die Gleichung wird erfüllt, wenn P auf dem Kegelmantel, dessen Achse die Reihe und dessen halber Spitzenwinkel α_s ist, liegt.

Ist der Winkel α_p zwischen Primärstrahl und Reihe kein rechter, dann gilt

$$a_0 \left(\cos \alpha_s - \cos \alpha_p \right) = h\,\lambda \qquad \text{(Abb. 82)}$$

Sind viele parallele Reihen nebeneinander, dann gilt für jede die gleiche Bedingung, es entstehen also keine neuen Richtungen von Hauptmaxima.

Liegen die Reihen regelmäßig nebeneinander, wie das im dreidimensionalen Bravaisgitter der Fall ist, dann müssen die Hauptmaxima drei Reihenbedingungen gleichzeitig entsprechen (Abb. 83):

$$\left.\begin{aligned} a_0\,(\cos\alpha_s - \cos\alpha_p) &= \lambda h_{\text{LAUE}} \\ b_0\,(\cos\beta_s - \cos\beta_p) &= \lambda k_{\text{LAUE}} \\ c_0\,(\cos\gamma_s - \cos\gamma_p) &= \lambda l_{\text{LAUE}} \end{aligned}\right\} \text{Gleichungen von LAUE}$$

Bei einem ruhenden Kristall entsprechen dann nur einige Richtungen. Läßt man den Kristall aber drehen, z. B. um die dritte Reihe als Achse, dann werden in vielen Stellungen alle drei Bedingungen zugleich erfüllt werden und längs einer Anzahl beschreibender Linien des Kegelmantels um die dritte Reihe wird eine Hauptmaximumrichtung fallen. Von diesen Richtungen ist also l konstant, aber h und k haben viele Werte.

ad 2. Streuung durch punktbesetzte Gitterebenen.

Wir nennen von einem primären Bündel, das auf eine Ebene unter dem Winkel θ einfällt, die *Reflexionsrichtung*, die in der Ebene des primären Bündels und der Senkrechten auf die Gitterebene liegt und mit dieser ebenfalls den Winkel θ einschließt (Abb. 84). Ist q' die Reflexionsrichtung von q, dann sind bei Reflexion an der Gitterebene alle Wege zwischen den Ebenen Q und Q' gleich; die Sekundärwellen aller Punkte der Gitterebene haben also in Q' gleiche Phase, d. h. in die Reflexionsrichtung fällt stets ein Hauptmaximum.

Nun besteht ein Gitter nicht aus nur einer Ebene, sondern aus einer Anzahl äquidistanter „reflektierender" Ebe-

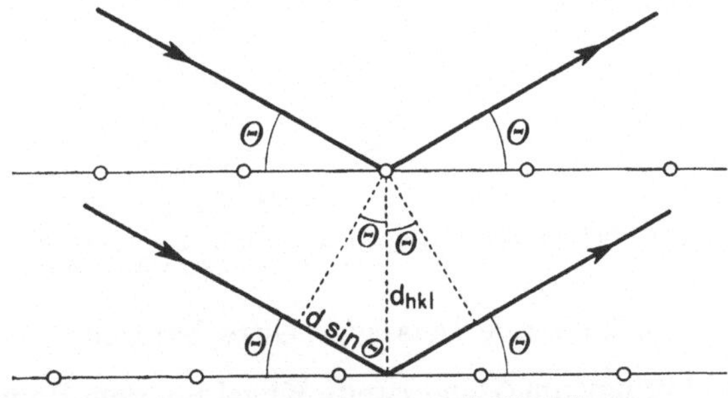

Abb. 85. Spiegelung an zwei // Gitterebenen

nen mit einem gegenseitigen Abstand (=Spatium) d_{hkl}. In diesem Fall hat man in der Reflexionsrichtung nur dann ein Hauptmaximum, wenn die Wegunterschiede der von allen Ebenen ausgehenden Sekundärstrahlen eine ganze Anzahl von Wellenlängen betragen. Formulierung dafür in der *Reflexionsbedingung* von BRAGG:

$$2\,d_{hkl}\sin\theta = n\lambda \qquad \text{(Abb. 85)}$$

n ist eine ganze Zahl (Ordnungszahl), θ nennt man den *Glanzwinkel*, der Winkel zwischen Primär- und Sekundärstrahl ist $2\,\theta$.

Der Zusammenhang zwischen den beiden Betrachtungsweisen ist der, daß die LAUE-Indices (das sind ganze Zahlen h_{LAUE}, k_{LAUE} und l_{LAUE}) gleich den mit der Ordnungszahl n vervielfältigten MILLER-Indices (diese sind teilerfremd) der Gitterebene sind. Beschreibt man also die Richtung von Primär- und Sekundärstrahl mit Hilfe der Formeln von LAUE, dann geben die angewendeten h, k und l an, daß der Primärstrahl von den Gitterebenen, die zur Kristallfläche (hkl) parallel sind, in erster Ordnung reflektiert wird, wenn die LAUE-Indices nicht teilbar sind. Haben sie einen gemeinsamen Faktor n, dann gibt dieser die Ordnung der Reflexion nach BRAGG an.

ad 3. Nach EWALD werden die Richtungen der Hauptmaxima auf folgende Art konstruiert (Abb. 86).

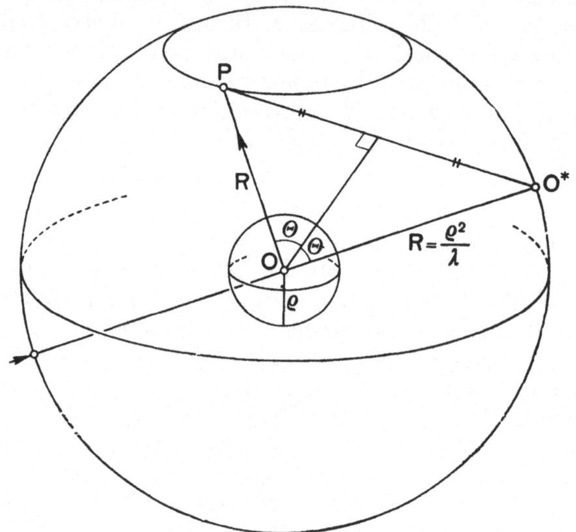

Abb. 86. Polarisationskugel ρ und EWALDsche Kugel R; diese Kugeln fallen, wenn $\rho = \lambda$ genommen wird, zusammen

Man konstruiert das polare Gitter bezogen auf eine Kugel mit dem Radius ρ und bringt um O eine zweite Kugel mit dem Radius $R = \dfrac{\varrho^2}{\lambda}$ an (EWALDsche Kugel). Man läßt den Ursprung $O*$ des polaren Gitters nicht mit dem Ursprung O des direkten Gitters zusammenfallen, sondern stellt ihn in den Austrittspunkt des Primärstrahls aus der EWALDschen Kugel. Liegt nun ein Punkt P des polaren Gitters auf dieser Kugel, dann tritt in der Richtung von O nach diesem Punkt ein Hauptmaximum auf. Diese Richtung entspricht nämlich der Bedingung von BRAGG, denn es ist

$$O* P = \frac{\varrho^2}{d_{nh\ nk\ nl}}$$

Auch ist

$$^1/_2\, O* P = R \sin \theta$$

Also

$$\frac{\varrho^2}{d_{nh\ nk\ nl}} = 2\, \frac{\varrho^2}{\lambda}\, \sin \theta$$

$$\lambda = 2\, d_{nh\ nk\ nl} \sin \theta$$

$$n\lambda = 2\, d_{hkl} \sin \theta$$

Indem man die Ordnungszahl n in d_{hkl} aufnimmt, ist die letzte Formel für alle Punkte des polaren Gitters gültig.

Arbeitsmethoden [1]

Nach den meisten Methoden werden die Sekundärstrahlen photographisch registriert; um die Intensitäten genau zu bestimmen, werden aber auch Ionisationskammern oder GEIGER-MÜLLER-Zähler verwendet. Der Registrationsapparat kann stillstehen oder sich bewegen (Tab. 7).

Tabelle 7

	stillstehender oder stufenweise verstellbarer Registrator	mitbewegter Registrator
monochromatisches Röntgenlicht	Drehaufnahme Schwenkaufnahme Kreisaufnahme	SCHIEBOLD-SAUTER-Aufnahme
	BRAGG-Aufnahme	WEISSENBERG-Aufnahme
	Pulveraufnahme	Retigramm
weißes Licht	LAUE-Aufnahme	

Drehaufnahme (Kreis-, Schwenkaufnahme)

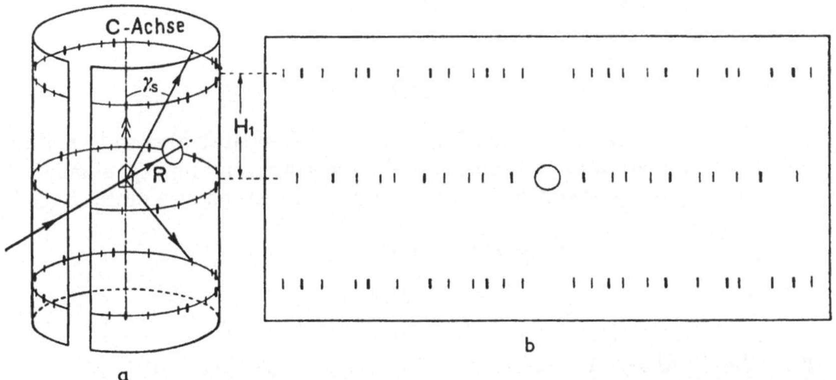

Abb. 87. Drehkristallaufnahme mit nullter ($=$ Äquator) und positiver und negativer erster Schichtlinie. *a*) Während der Aufnahme, *b*) entfalteter Film

Der Kristall wird um eine Kante, z. B. die C-Achse, gedreht und es wird auf einem konzentrisch um die Drehachse angebrachten Film registriert. Aus den Betrachtungen von S. 102 geht hervor, daß sich auf dem

---

[1] M. J. BUERGER, X-ray Crystallography. New York, 1942.

Film, wenn der Kristall aus nur einer Reihe entlang der C-Achse bestünde, horizontale Linien abbilden sollten; besteht er aber aus vielen, seitlich regelmäßig angeordneten Reihen, so sind von diesen Linien einzelne Punkte vorhanden. Diese Punkte liegen auf dem ausgebreiteten und entwickelten Film auf zur Drehachse senkrechten Linien und bilden die sogenannten *Schichtlinien* (Abb. 87).

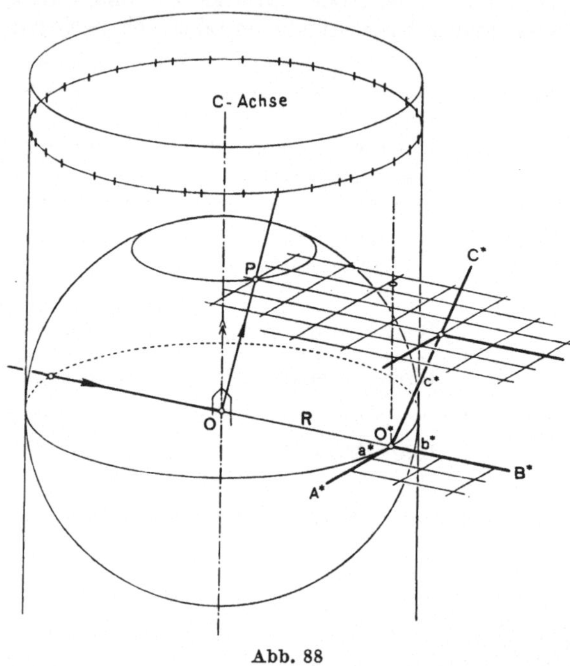

Abb. 88

Aus den Höhen der Schichtlinien kann der Identitätsabstand entlang der Drehachse, in diesem Fall also die absolute Achsenlänge c_0, abgeleitet werden. Wenn der Primärstrahl senkrecht auf die Drehachse einfällt, gilt:

$$\operatorname{tg}(90° - \gamma_s) = \frac{H_l}{R}$$

$$\cos \gamma_s = \frac{l\,\lambda}{c_0} \qquad\qquad \text{(Abb. 81)}$$

Für alle Punkte auf einer Schichtlinie ist in diesem Fall l konstant, d. h. diese Punkte werden durch Reflexionen auf Flächen, deren dritter Index konstant und bekannt ist, hervorgerufen; für die nullte Schichtlinie (Äquator) ist $l = 0$, für die erste $l = 1$ usw. Allgemeiner: wird eine Kristallkante als Drehachse gewählt, dann stammen die Reflexe auf einer Schichtlinie von Flächen, die im indirekten Gitter auf einer Gitterebene liegen (*komplanare* Flächen; ihre Indices genügen der Gleichung $\lambda h + \mu k + \nu l =$ konst., wobei λ, μ, ν ganze Zahlen sind).

Dies geht auch aus der Betrachtung von S. 104 hervor. Legt man $O*$ in den Schnittpunkt von Primärstrahl und Film (Abb. 88), dann liegen, weil $A*$ und $B*$ $\perp$ C sind, alle reziproken Punkte (hkl) — l konstant — in einer horizontalen Ebene. Der Schnitt dieser mit der EWALDschen Kugel, der man auch einen Radius R gibt, ist ein horizontaler Kreis, also die Abdrücke auf dem Film liegen gleichfalls auf einem horizontalen Kreis. Die Höhe dieses Kreises kann mit Hilfe des polaren Gitters berechnet werden.

Bei einer *Schwenkaufnahme* läßt man den Kristall um einen kleinen Winkel, z. B. 10° oder 15°, hin und zurück drehen, so daß nur ein Teil der Punkte einer Drehaufnahme aufgenommen wird. Diese Methode verwendet man, um die Kristallkante genau parallel zur Drehachse zu stellen [1].

Nimmt man an Stelle eines zylinderförmigen Filmes einen flachen Film senkrecht auf die Drehachse und oberhalb des Kristalls, dann werden die Schichtlinien Kreise (*Kreisaufnahme*). Aus den Durchmessern der Kreise und der Höhe des Films kann auf analoge Weise wie S. 102 die Länge c_0 berechnet werden.

Bragg-Aufnahme

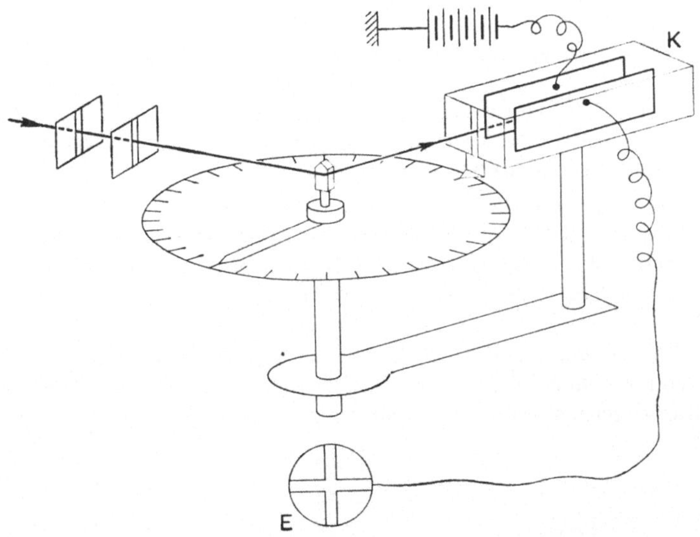

Abb. 89. BRAGG-Aufnahme; die Leitfähigkeit des Gases in der Ionisationskammer K, hervorgebracht durch die sekundären Röntgenstrahlen, wird durch das Elektrometer E gemessen

Nach der BRAGG-Methode wird der Sekundärstrahl in einer Ionisationskammer oder gegenwärtig immer in einem Zählrohr aufgefangen und gemessen. Die Kammer oder das Rohr sind um dieselbe Achse wie der

---

[1] C. W. BUNN, Chemical Crystallography, S. 173. London, 1946; R. B. ROOF, Acta Crystallogr. *8* (1955) 434 (mittels Drehaufnahme).

Kristall drehbar; oft werden nur Reflexe der nullten Schichtlinie aufgenommen (Abb. 89).

Die Methode ist für die Intensitätsmessung sehr geeignet, bei Verwendung eines Zählrohres werden die Intensitäten meistens automatisch registriert.

Pulveraufnahme [1]

Bei einer Pulveraufnahme (DEBYE-SCHERRER, HULL) werden viele sehr kleine, nach allen Richtungen orientierte Kriställchen auf einem gläsernen Stäbchen, einem Haar oder in einem sehr dünnwandigen gläsernen Röhrchen in der Achse einer zylinderförmigen Kamera angebracht; der Film liegt entlang der Wand der Kamera. Dann ist eine

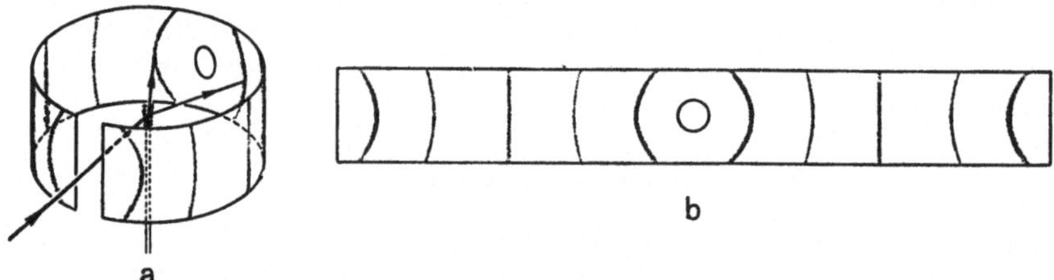

Abb. 90. Pulveraufnahme. *a*) Während der Aufnahme, *b*) entfalteter Film

Fläche (*hkl*) mit bestimmtem d_{hkl} in einer Anzahl Körnchen so orientiert, daß der Primärstrahl unter dem nach der Formel von BRAGG geforderten Winkel θ einfällt und daher reflektiert wird.

Die Sekundärstrahlen fallen dann auf einen Kegelmantel, dessen halber Spitzwinkel 2θ ist und ergeben auf dem Film eine krumme Linie, die die Schnittlinie des Kegelmantels mit dem zylindrischen Film ist (Abb. 90). Da sin θ höchstens 1 sein kann, ist die Zahl der Linien beschränkt.

Bei einem *kubischen* Kristall kann man im allgemeinen bequem herausfinden, von welcher Fläche eine Linie stammt: 2θ, also auch θ, kann auf dem Film abgelesen werden. Dann gilt:

$$\sin \theta = \frac{n\lambda}{2d} \qquad \text{(BRAGG)}$$

$$d^2 = \frac{a_o^2}{h^2 + k^2 + l^2}$$

$$\sin^2 \theta = \frac{\lambda^2}{4a_0^2} \{(nh)^2 + (nk)^2 + (nl)^2\}$$

---

[1] H. S. PEISER, H. P. ROOKSBY und A. J. C. WILSON, X-ray Diffraction by Polycrystalline Materials. London, 1955; H. P. KLUG und L. E. ALEXANDER, X-ray Diffraction Procedures. New York, 1954.

Nun ist der Ausdruck zwischen den geschlungenen Klammern eine ganze Zahl (Tab. 8), so daß es meist nicht schwierig ist, aus den Werten für $\sin^2 \theta$ den Wert für $\dfrac{\lambda^2}{4a_0^2}$ und somit für a_0 auszurechnen.

Tabelle 8

nh	nk	nl	$(nh)^2 + (nk)^2 + (nl)^2$
1	0	0	1
1	1	0	2
1	1	1	3
2	0	0	4
2	1	0	5
2	1	1	6
2	2	0	8
usw.			

Das Indizieren von Linien von Pulveraufnahmen bei weniger symmetrischen Kristallen ist oft langwierig oder schwierig, außer wenn aus anderen Aufnahmen die absoluten Achsenlängen bekannt sind.

Ist von einem kubischen Kristall a_0 oder allgemein, sind a_0, b_0, c_0, α, β, γ ziemlich genau bekannt, dann kann von allen Flächen $\sin^2 \theta$ berechnet werden und eine Pulveraufnahme kann sehr gut dazu dienen, die genannten Konstanten genauer zu bestimmen, denn man kann von den Linien $\sin^2 \theta$ genau messen, besonders wenn man das Pulver des zu untersuchenden Kristalls mit Pulver von NaCl, W oder einem anderen sehr gut bekannten Material mischt.

Außerdem dienen Pulveraufnahmen auch noch zur Identifizierung und Bestimmung, da sie für eine Kristallart äußerst charakteristisch sind. Es gibt Tabellen (A. S. T. M., American Society for Testing Materials), mit Hilfe derer die Bestimmung nach den drei stärksten Linien eines Pulverdiagramms erfolgt.

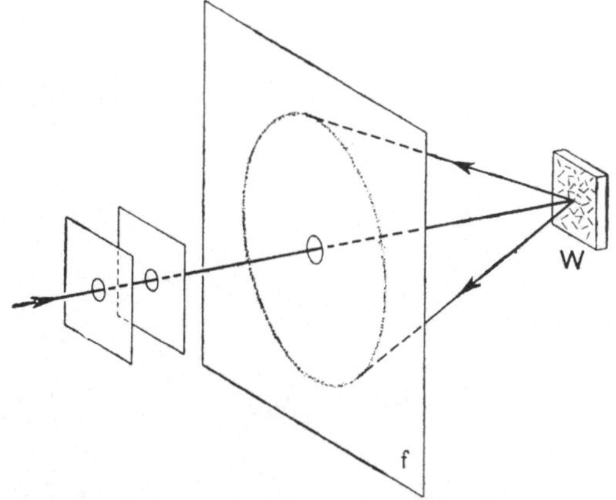

Abb. 91. Rückstrahldiagramm; auf Film *f* erscheinen Pulverdiagrammlinien in der Gestalt von konzentrischen Kreisen, die von den kleinen Kristallen des Metallstückes *W* stammen

Ist die Kamera für Aufnahmen bei verschiedenen Temperaturen gebaut, dann können polymorphe Übergänge wahrgenommen werden, besonders bei metallurgischen Untersuchungen von Legierungen hat diese

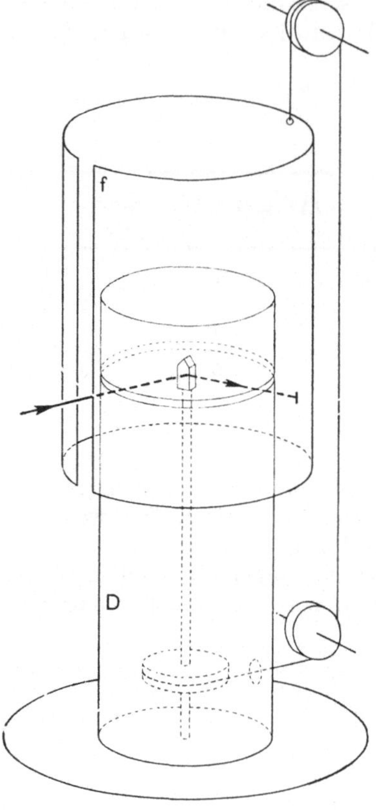

Methode zu wichtigen Resultaten geführt. Überdies können aus der Verlagerung der Linien die Ausdehnungskoeffizienten des Kristalls berechnet werden.

Eine weitere Verwendung ist die zur Untersuchung von Spannungen in Metallstücken, die fast immer feinkristallin sind. Spannungen rufen in den Metallkristallen Verformungen hervor, also Veränderungen des Gitters und dadurch Verlagerung der Röntgenlinien. Die Verlagerungen sind bei den Linien mit $2\,\theta \sim 180°$, also bei denen, die auf einer *Rückstrahlaufnahme* erscheinen, am größten (Abb. 91).

Aus der Verbreiterung der Pulverlinien kann auf die mittlere Größe der Pulverteilchen, wenn diese kleiner als $0,1\,\mu$ ist, geschlossen werden (S. 235).

Besonders organische Kristalle haben oft große d_{hkl}'s, so daß wichtige Linien nahe beim Austrittspunkt des Primärbündels liegen. Es sind spezielle

Abb. 92. WEISSENBERG-Aufnahme; die Verschiebung des Films f ist mit der Drehung des Kristalls gekoppelt; der Schlitz im Mantel D läßt allein die Reflexe der nullten Schichtlinie durchtreten

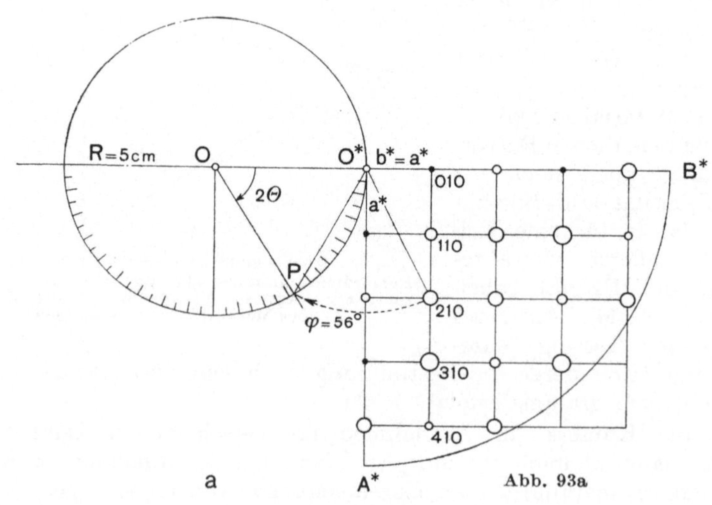

Abb. 93a

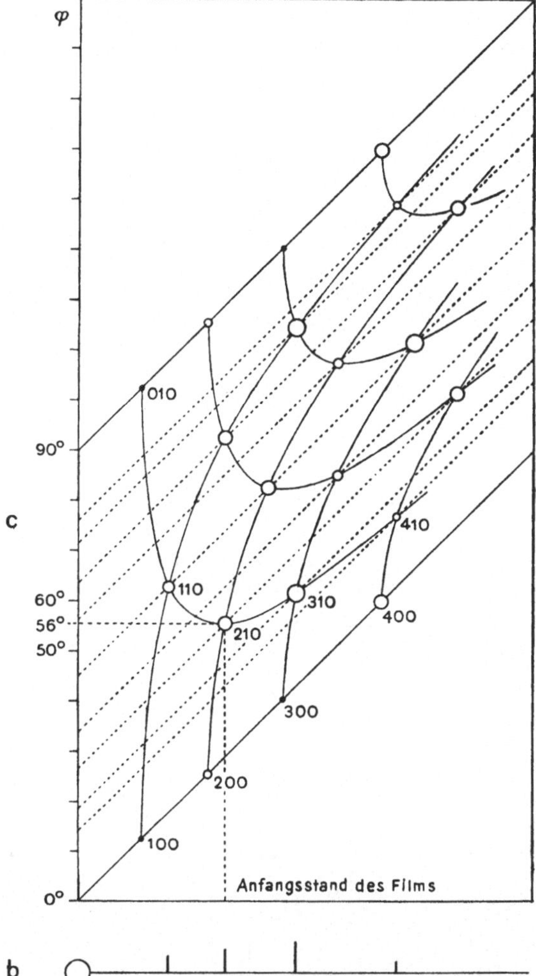

Abb. 93. Erklärung einer WEISSENBERG-Aufnahme der nullten C^*-Netzebene von Rutil (tetragonaler TiO_2), aufgenommen mit monochromatischem Röntgenlicht, das normal zur
Rotationsachse (in diesem Falle//C-Achse) einfällt; der Radius
der Kamera beträgt 5 cm, die Verschiebung des Films ist
$2/360 \cdot 2\pi \cdot 5$ cm = 0,1745 cm pro Grad der Rotation des Kristalls; a) ein Viertel der Netzebene mit den aufgenommenen
Reflexen (die leeren Kreise) und den Koordinatenlinien
und weiters auch Überschneidung mit der EWALD-Kugel mit
$R = 5$ cm; b) einige Reflexe der Äquatorschichtlinie auf der
Drehkristallaufnahme; z. B. (210) reflektiert, wenn der Punkt
210 in P auf den Kreis fällt, daher nach einer Drehung
$\varphi = 56°$ der Polarnetzebene (also auch des Kristalls), so daß
die Abszisse R bg $2\,\theta$ = 4,9 cm ist; c) Teil des entfalteten
Films der WEISSENBERG-Aufnahme mit den Koordinaten-
linien der polaren Netzebene; die Ordinate von (210) ist
$$56 \cdot 2/360 \cdot 2\pi \cdot 5 \text{ cm} = 9,76 \text{ cm}$$

Methoden, um diese Li-
nien aufzunehmen, ent-
wickelt worden, wobei
streng monochromati-
sierte Strahlung verwen-
det wird [1].

Aufnahmen mit mitbewegtem Film

Bei einer Drehauf-
nahme ist nicht be-
kannt, in welchem
Augenblick ein Reflex
z. B. der ersten Schicht-
linie abgebildet wird,
die Lage des Kristalls in
diesem Augenblick ist
nicht bekannt, für die
Indizierung eines Punk-
tes ist daher eine Angabe
zu wenig vorhanden.

Macht man in der
gleichen Kamera eine
Pulveraufnahme und
können die Linien hier-
von indiziert werden,
dann kann in der Regel
schon gesagt werden,
auf welche Linie der
Punkt fällt und eine
Indizierung ist oft mög-
lich.

Besser erreicht man
sein Ziel, wenn man den
Film eine mit der Dre-
hung des Kristalls ge-
koppelte Bewegung aus-
führen läßt. Nach
SCHIEBOLD-SAUTER wer-
den die Reflexe auf
einem flachen Film auf-
gefangen, der sich um
eine horizontale Achse
dreht, und zwar so,
daß eine Umdrehung

[1] A. GUINIER und G. FOURNET, Small-angle Scattering of X-rays. New York, 1955.

in der gleichen Zeit wie eine volle Drehung des Kristalls erfolgt. Die Punkte einer reziproken Netzebene sind dann auf ziemlich komplizierte Weise auf dem Film verteilt.

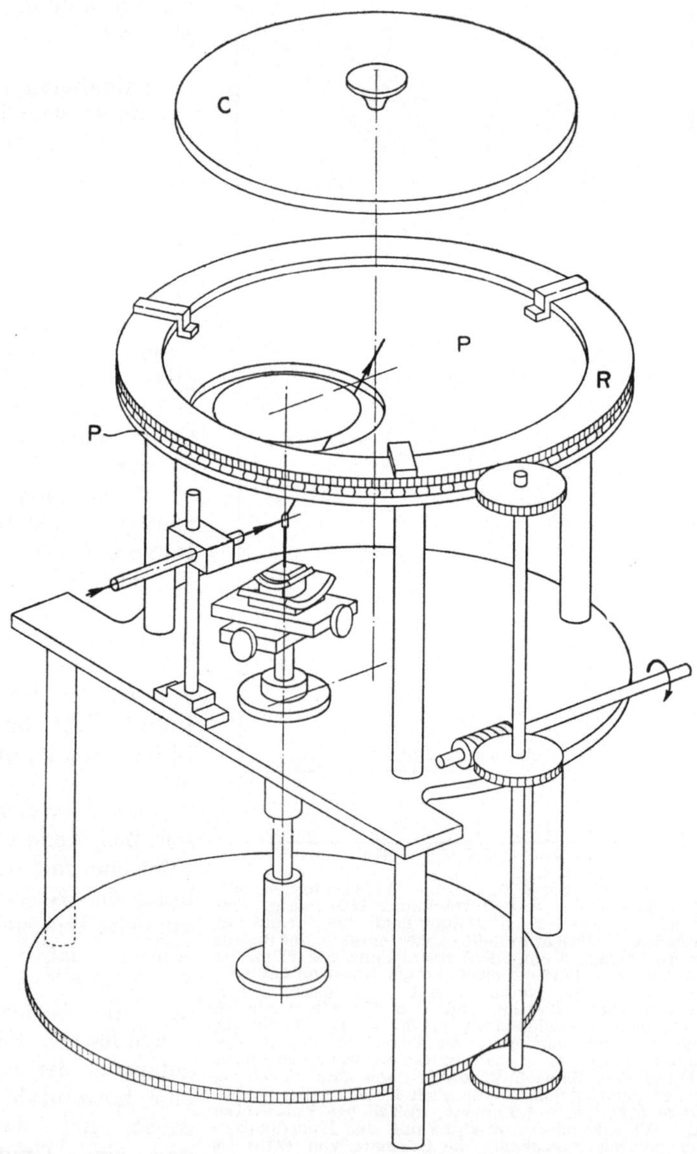

Abb. 94. Retigraph. Der Filmbehälter C mit Film dreht sich im Ring R auf einem Kugellager; die sekundären Strahlenbündel gehen durch eine verstellbare kreisförmige Öffnung in der Metallplatte P

Gebräuchlicher ist die Methode nach WEISSENBERG, wo der zylindrische Film eine Verschiebung längs der Achse erfährt, und zwar so, daß während einer Drehung des Kristalls der Film z. B. eine Verschiebung von $2\,\pi$-mal der Mittellinie des Zylinders durchmacht (Abb. 92).

Die Punkte auf den Achsen in der nullten C^*-Netzebene liegen dann auf dem ausgebreiteten Film auf Geraden, die auf Netzlinien parallel zu den reziproken Achsen auf krummen Linien. Es ist vor allem graphisch einfach, die Indizierung durchzuführen (Abb. 93).

Es gibt Nomogramme, die auch für andere als die nullte C^*-Netzebene passen, wenn die Aufnahme so gemacht wird, daß der Primär- und der Sekundärstrahl mit der Drehachse des Kristalls und somit auch mit der des Films gleiche Winkel einschließen (*Equiinclination-Methode*).

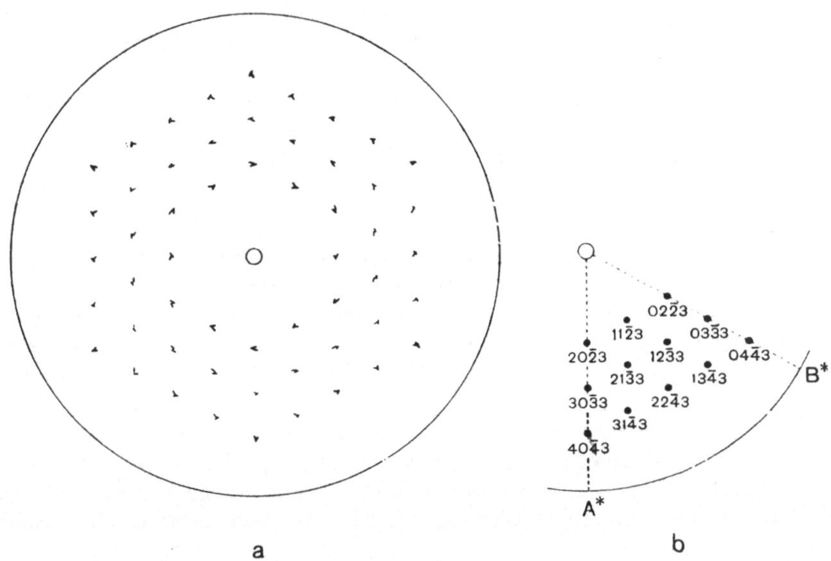

Abb. 95. *a*) Retigramm der dritten C^*-Netzebene von Quarz; *b*) Teil der Reflexe indiziert

Läßt man einen flachen Film mit einer der polaren Netzebenen zusammenfallen und dreht sich der Film um eine durch O^* gehende, zur Drehachse des Kristalls parallele Achse in gleichem Sinn und mit gleicher Geschwindigkeit wie der Kristall, dann wird die Netzebene unverformt auf dem Film abgebildet. Dies erreicht man mit dem *Retigraph* (=Netzschreiber)[1]. Für die Indizierung ist nun kein Nomogramm nötig, sobald die polaren Achsen bestimmt sind, liest man die Indices als Koordinaten ab. In Abb. 94 und 95 sind der Apparat und ein Retigramm abgebildet.

---

[1] J. BOUMAN et al., Selected Topics in X-ray Crystallography, S. 19. Amsterdam, 1951.

Aus der Länge und den Winkeln der polaren Achsen können die direkten Kristallelemente abgeleitet werden (S. 49). Auf den charakteristischen Werten dieser Elemente beruht eine Bestimmungsmethode [1].

Eine Variante des Retigraphen wurde von BUERGER entworfen (*Precession-Methode*).

Laue-Aufnahme

Bei einem stillstehenden Kristall fällt auf einige Scharen von Gitterebenen, jede mit einem bestimmten Spatium d, der Primärstrahl so ein, daß bei jeder für eine bestimmte Wellenlänge des einfallenden Lichtes die Bedingung von BRAGG erfüllt wird. Jeder Punkt auf der photographischen Platte, der senkrecht zum Primärstrahl hinter dem Kristall liegt, wird durch monochromatisches Licht hervorgerufen, das im allgemeinen für alle Punkte verschiedene Wellenlänge hat, jeder Punkt hat seine eigene „Farbe".

Läßt man den Primärstrahl nach einem Symmetrieelement einfallen, so erhält man symmetrische Aufnahmen; diese Methode kann also zur Feststellung der Klasse dienen, vgl. jedoch S. 117.

Intensität der Reflexe (Streuung durch ein Gitter)

Die Intensität eines Reflexes (Sekundärstrahles) hängt von einer Anzahl kontinuierlich mit 2θ verlaufender physikalischer Faktoren ab: Abstand R, Absorption, primäre und sekundäre Extinktion, Polarisationsfaktor, Wärmefaktor, LORENTZ-Faktor L, Atomfaktor f und von den diskontinuierlichen kristallographischen: Strukturfaktor F und Häufigkeitsfaktor v.

Der Strukturfaktor F wird durch die Art der Atome und ihre Anordnung in der Elementarzelle bestimmt, er ist proportional der Amplitude der Sekundärwelle, die von einer Elementarzelle ausgeht, mit anderen Worten, die Vektorsumme aller A_s (S. 97), die von einer solchen Zelle ausgehen.

Enthält eine eindimensionale Zelle ein Atom A_1 und ein Atom A_2 (Abb. 96), dann ist die Schwingung in P (vgl. S. 98):

$$Q = A_{s1}\, e^{2\pi i\left(\frac{t}{T} - \frac{R}{\lambda} + \frac{x_1}{a} h\right)} + A_{s2}\, e^{2\pi i\left(\frac{t}{T} - \frac{R}{\lambda} + \frac{x_2}{a} h\right)}$$

Allgemein:

$$Q = e^{2\pi i\left(\frac{t}{T} - \frac{R}{\lambda}\right)} \cdot \Sigma\, A_s\, e^{2\pi i \frac{x}{a} h}$$

Dreidimensional:

$$Q = e^{2\pi i\left(\frac{t}{T} - \frac{R}{\lambda}\right)} \cdot \Sigma\, A_s\, e^{2\pi i\left(\frac{x}{a} h + \frac{y}{b} k + \frac{z}{c} l\right)}$$

---

[1] J. D. H. DONNAY und W. NOWACKI, Crystal Data. New York, 1954.

Wir erinnern daran (S. 97) daß A_s die Amplitude der sekundären, elementaren, von einem Atom ausgehenden Welle in P ist und durch die kontinuierlichen Faktoren und die Größe $\dfrac{e^2}{mc^2}$ bestimmt wird. Von diesen Faktoren ist nur der Atomfaktor f von der Atomart abhängig, die anderen sind für alle Atome gleich. Die gesamte Wellenbewegung in P wird also beschrieben:

$$Q = \text{Größe} \cdot e^{2\pi i\left(\frac{t}{T} - \frac{R}{\lambda}\right)} \cdot \Sigma f\, e^{2\pi i\left(\frac{x}{a}\,h + \frac{y}{b}\,k + \frac{z}{c}\,l\right)}$$

Der Ausdruck $\Sigma\ldots$ heißt *Strukturfaktor* F oder komplexe Amplitude.

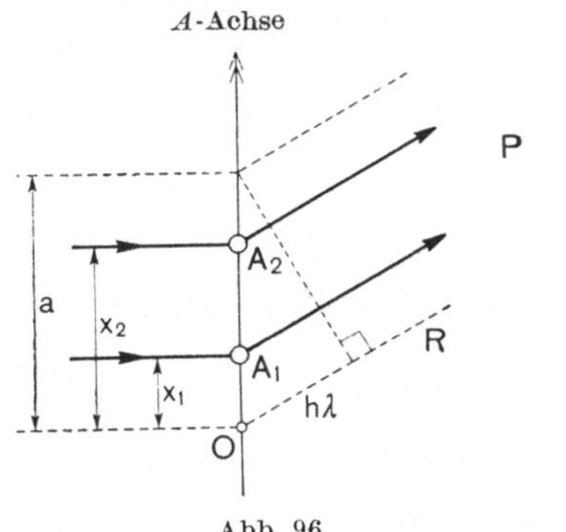

Abb. 96

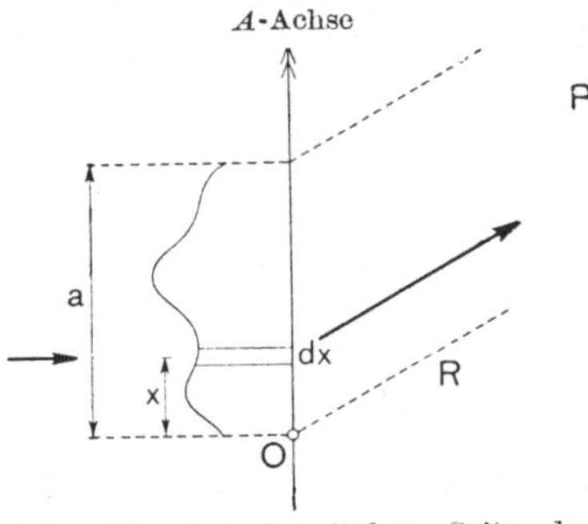

Abb. 97. Auf der linken Seite der
A-Achse ist der Verlauf der Elektronendichte angegeben

Die Intensität in P ist proportional dem Quadrat des Absolutwertes von Q und somit auch dem von F, daher:

$$I \sim |F|^2 = \left[\Sigma f \cos 2\pi \left(\frac{x}{a}\,h + \frac{y}{b}\,k + \frac{z}{c}\,l\right)\right]^2 +$$

$$+ \left[\Sigma f \sin 2\pi \left(\frac{x}{a}\,h + \frac{y}{b}\,k + \frac{z}{c}\,l\right)\right]^2$$

Der *Häufigkeitsfaktor* ν gibt an, wie oft die betrachtete Ebenenschar (mit d_{hkl}) in dem Kristall vorkommt, er ist also gleich der Zahl der Flächen der Form $\{hkl\}$, wobei aber Fläche und parallele Gegenfläche eins gezählt werden (vgl. Gesetz von FRIEDEL, S. 117).

Das Verhältnis der Intensitäten der Linien eines Pulverdiagrammes auf einem zylindrischen Film wird:

$$I \sim \frac{1 + \cos^2 2\theta}{2} \cdot \frac{1}{\sin^2 \theta \cos \theta}\, \nu\, |F|^2$$

Die ersten beiden Faktoren heißen Polarisations- bzw. LORENTZ-Faktor. Über die Intensitäten der Reflexe auf einem Retigramm und anderen Aufnahmen siehe Literatur [1].

---

[1] Internationale Tabellen zur Bestimmung von Kristallstrukturen II, S. 562. Berlin, 1935; J. BOUMAN et al., Selected Topics in X-ray Crystallography, S. 27. Amsterdam, 1951.

Fourier-Analyse

Die Elektronendichte in einem Kristall ist periodisch und kann daher durch eine FOURIER-Reihe (oder -Integral) dargestellt werden.

Im eindimensionalen Fall ist diese Dichte eine Funktion $\varrho\,(x)$ von x; x ist der Abstand zu O (Abb. 97).

Die Funktion kann auf drei Arten geschrieben werden:

1. $\varrho(x) = A_0 + A_1 \cos 2\pi\,\dfrac{x}{a} + A_2 \cos 2\pi\,\dfrac{2x}{a} + \ldots + B_1 \sin 2\pi\,\dfrac{x}{a} + \ldots$

2. Nennt man
$$\left.\begin{aligned} A_0 &= C_0' \\ A_h &= 2\,C_h'\cos\alpha_h \\ B_h &= 2\,C_h'\sin\alpha_h \end{aligned}\right\} \qquad (A_h,\ B_h \text{ und } C_h' \text{ sind reell})$$

$$\varrho(x) = C_0' + 2C_1' \cos\left(2\pi\,\frac{x}{a} - \alpha_1\right) + 2C_2' \cos\left(2\pi\,\frac{2x}{a} - \alpha_2\right) + \ldots\ldots$$

3. Setzt man ein: $2\cos\varphi = e^{i\varphi} + e^{-i\varphi}$

und nennt
$$\left.\begin{aligned} C_0' &= C_0 \\ C_h'\,e^{-ia_h} &= C_h \\ C_h'\,e^{ia_h} &= C_{\bar h} \end{aligned}\right\} \quad \begin{aligned} &C_h \text{ und } C_{\bar h} \text{ sind also komplex und zu} \\ &\text{einander konjugiert} \end{aligned}$$

dann wird der Ausdruck:

$$\varrho\,(x) = \ldots\ldots\ldots C_{\bar 1}\ e^{-2\pi i\frac{x}{a}} + C_0 + C_1\,e^{2\pi i\frac{x}{a}} + \ldots\ldots$$

Ist bei $x = 0$, also in O, ein Inversionspunkt, dann ist auch bei $x = {}^1\!/_2 a$ einer und $\varrho\,(x) = \varrho\,(-x)$.

Daraus folgt:

1. alle $B_h = 0$

$$\varrho\,(x) = A_0 + A_1 \cos 2\pi\,\frac{x}{a} + A_2 \cos 2\pi\,\frac{2x}{a} + \ldots\ldots$$

2. $2\,C_h'\sin\alpha_h = 0$, also $\alpha_h = 0$ oder π, also $\cos\alpha_h = \pm 1$

$$\varrho\,(x) = C_0' \pm 2\,C_1' \cos 2\pi\,\frac{x}{a} \pm \ldots\ldots$$

3. $\alpha_h = 0$ oder π, also e^{ia_h} oder $e^{-ia_h} = \pm 1$, also $C_{\bar h} = C_h$ [reell]

$$\varrho\,(x) = C_0 \pm 2\,C_1 \cos 2\pi\,\frac{x}{a} \pm 2\,C_2 \cos 2\pi\,\frac{2x}{a} \pm \ldots\ldots$$

Die sekundäre Elementarwelle, ausgehend von dx, ist in P:

$$Q = \varrho\,(x)\,dx\ e^{2\pi i\left(\frac{t}{T} - \frac{R}{\lambda} + \frac{x}{a}h\right)}$$

Die ganze Zelle gibt in P

$$Q = \int_0^a \varrho\,(x)\,dx\ e^{2\pi i\left(\frac{t}{T} - \frac{R}{\lambda} + \frac{x}{a}h\right)} = e^{2\pi i\left(\frac{t}{T} - \frac{R}{\lambda}\right)} \int_0^a \varrho\,(x)\,e^{2\pi i\frac{x}{a}h}\,dx$$

Der Ausdruck unter dem Integral ist der Strukturfaktor F, nach seiner Ordnung F_h genannt.

Setzt man für $\varrho(x)$ die FOURIER-Reihe ein, so erhält man

$$F_h = \int_0^a \ldots\ldots\ldots + \int_0^a C_{\bar{h}}\, e^{-2\pi i \frac{x}{a} h} \cdot e^{2\pi i \frac{x}{a} h}\, dx + \int_0^a \ldots\ldots\ldots$$

Alle Integrale mit Ausnahme des ausgeschriebenen sind Null; dieser hat den Wert $C_{\bar{h}}\, a$.

Also

$$F_h = C_{\bar{h}}\, a$$

und

$$C_{\bar{h}} = \frac{F_h}{a}$$

$$\varrho(x) = \sum_{h=-\infty}^{h=+\infty} \frac{F_h}{a}\, e^{-2\pi i \frac{x}{a} h}, \text{ worin } F_h \text{ komplex}$$

Ist in O ein Inversionspunkt, dann ist:

$$\varrho(x) = \frac{F_0}{a} + \sum_{h=1}^{h=\infty} \pm 2\, \frac{F_h}{a}\, \cos 2\pi\, \frac{x}{a} h, \text{ worin } F \text{ reell}$$

F_0 geht aus dem Ausdruck für Q hervor und ist $\int_0^a \varrho(x)\, dx = \varrho\, a$, die Gesamtanzahl der Elektronen in a; somit ist $\dfrac{F_0}{a}$ die mittlere Elektronendichte.

Dreidimensional mit Inversionspunkt in O:

$$\varrho(x\,y\,z) = \frac{1}{abc\,\mathrm{Sin}\,(ABC)} \sum_{-\infty}^{\infty} \sum_{-\infty}^{\infty} \sum_{-\infty}^{\infty} \pm F_{hkl} \cos 2\pi \left(\frac{x}{a} h + \frac{y}{b} k + \frac{z}{c} l \right)$$

F_{000} ist wieder die Gesamtzahl der Elektronen in der Elementarzelle. Nimmt man z.B. $z = \frac{1}{2} c$, dann ergibt die Reihe die *Elektronendichte* in einem Schnitt durch die Zelle in der Höhe $\frac{1}{2} c$, nimmt man z.B. $l = 0$, dann ergibt die Reihe die *Projektion* der Dichte auf der Koordinatenebene AB.

Der Absolutwert von F_{hkl} ist die Wurzel aus dem der Intensität (vgl. S. 101) und kann daher experimentell bestimmt werden (s. aber S. 123).

Aus $C_{\bar{h}} = \dfrac{F_h}{a}$ geht hervor, daß $C_{\bar{h}}$ nur durch die Amplitude des Sekundärstrahls der h^{ten} Ordnung bestimmt wird. Daraus, daß C_h und $C_{\bar{h}}$ zu einander konjugiert sind, folgt, daß die Stärke des Sekundärstrahls der h^{ten} und der $\bar{h}^{ten}$ Ordnung gleich ist, d. h. ein Röntgendiagramm zeigt immer einen Inversionspunkt, bei einem Röntgendiagramm kommt zur

Symmetrie des Kristalls stets ein Inversionspunkt dazu, so daß man röntgenologisch nur 11 Klassen unterscheiden kann (Gesetz von FRIEDEL[1]).

Sind, im Fall die Elementarzelle einen Inversionspunkt hat, genügend Werte für F bekannt und kann man für jeden Term das Vorzeichen be-

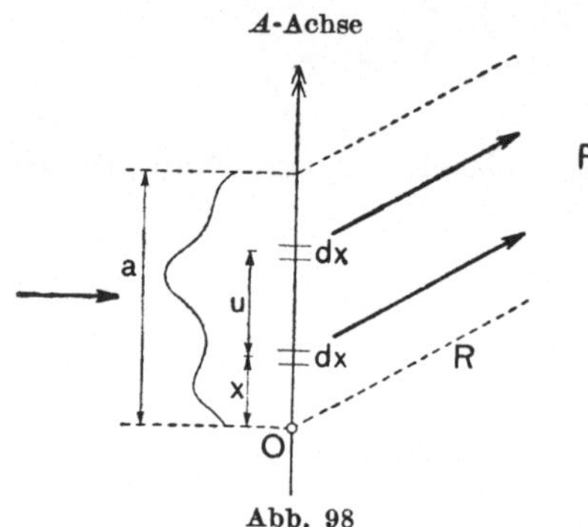

Abb. 98

stimmen, dann findet man $\varrho\,(xyz)$ und damit auch die Lagen der Atome in der Zelle. Kann man z. B. mittels eines PATTERSON-Diagrammes (s. unten) zu einer genäherten Struktur kommen, dann können die Vorzeichen bestimmt werden und mit ihrer Hilfe $\varrho\,(xyz)$ und eine ziemlich genaue Lage der Atome (vgl. S. 123).

Experimentell kann nur eine beschränkte Anzahl F's bestimmt werden, so daß man die Reihe abbrechen muß, ohne Sicherheit, daß die fehlenden Terme vernachlässigbar klein sind. Um diese Kleinheit zu erreichen, führt man oft eine „Rechentemperatur" ein.

Bei höherer Temperatur t werden die F's kleiner:

$$F^t = F^o\; e^{\,-\,B\left(\frac{\sin\,\theta}{\lambda}\right)^2} = F^o\,e^{\,-\,\frac{B}{4\,d^2}}$$

B ist auf bekannte Weise von der Temperatur abhängig. Ist d groß, sind also h, k und l klein und ist die Ordnung niedrig, dann ist der zweite Faktor ungefähr 1, bei kleinerem d nimmt er stark ab. Denkt man sich daher die Aufnahme bei hoher Temperatur gemacht, dann nehmen die aus der Messung abgeleiteten F's in den höheren Ordnungen stark ab und der Fehler, der bei Summation der Reihe gemacht wird, kann durch passende Wahl von t oft vernachlässigbar klein gemacht werden. Die Folge ist jedoch auch, daß die Details in der Elektronendichte verschwinden und daß im Diagramm die Maxima (=Atomlagen) verschwommen erscheinen.

Patterson-Diagramm [2]

Ist in einem eindimensionalen Kristall (Abb. 98) die Elektronendichte

$$\varrho\,(x) = \frac{1}{a}\,\Sigma\,F_h\;e^{-2\pi i\frac{x}{a}\,h}$$

und ist u ein Parameter, dann kann man das Produkt

$$\varrho\,(x)\,\varrho\,(x+u)\,dx$$

betrachten und diese Größe über die ganze Zelle integrieren.

[1] Vgl. aber J. M. BIJVOET, Endeavour *14* (1955) 71.
[2] C. W. BUNN, Chemical Crystallography, S. 351. London, 1946.

$$P\,(u) = \int\limits_0^a \varrho\,(x)\,\varrho\,(x+u)\,dx =$$

$$= \frac{1}{a^2} \int\limits_0^a (\,\Sigma\ F_h\ e^{-2\pi i \frac{x}{a} h}\,)\,(\Sigma\ F_{h'}\ e^{-2\pi i \frac{x+u}{a} h'}\,)\,dx$$

Um diesen Ausdruck weiterzuführen, zieht man aus der ersten Summe den Term mit F_h und aus der zweiten den mit $F_{\bar{h}}$ heran also

$$\frac{1}{a^2} \int\limits_0^a F_h\ e^{-2\pi i \frac{x}{a} h} \cdot F_{\bar{h}}\ e^{2\pi i \frac{x}{a} h} \cdot e^{2\pi i \frac{u}{a} h} \cdot dx$$

Der Wert davon ist

$$\frac{1}{a}\,|\,F_h\,|^2\ e^{2\pi i \frac{u}{a} h}$$

Die Integrale aller anderen Produkte sind Null. Also

$$P\,(u) = \frac{1}{a}\,\Sigma\,|\,F_h\,|^2 \cdot e^{2\pi i \frac{u}{a} h}$$

Nun sind $|\,F_h\,|^2$ proportional den Intensitäten der Sekundärstrahlen, so daß $P(u)$ bestimmt werden kann, Unsicherheit bezüglich der Phase (Vorzeichen) besteht hier nicht. Läßt man u von 0 bis a gehen und setzt in ein Diagramm die zugehörigen Werte von $P(u)$ ein, dann bedeutet ein großer Wert von $P\,(u)$, daß dieses u ein Abstand ist, auf dem die beiden Werte $\varrho\,(x)$ und $\varrho\,(x+u)$ groß sind, d. h. daß in der Zelle zwei Strahlungszentren mit gegenseitigem Abstand u vorkommen. Ihre Lagen sind damit noch nicht bestimmt, aber das Diagramm gibt wertvolle Aufschlüsse über die Richtigkeit der genäherten Struktur, die S. 118 erwähnt wurde.

Tabelle 9

h00		beobachtete Intensität $(/// F^2_{h00})$
200 oder $\bar{2}00$		47
400 $\bar{4}00$		100
600 $\bar{6}00$		102
800 $\bar{8}00$		13
1000 $\bar{1}000$		63

Als eindimensionales Beispiel sei die Projektion auf die A- (oder B-) Achse einer Elementarzelle von Rutil (S. 145) gewählt.

Aus der Raumgruppensymmetrie geht hervor, daß die Ti-Ionen auf festen Plätzen und die O-Ionen auf den horizontalen Diagonalen liegen, daß aber der Parameter p unbestimmt ist (Abb. 99).

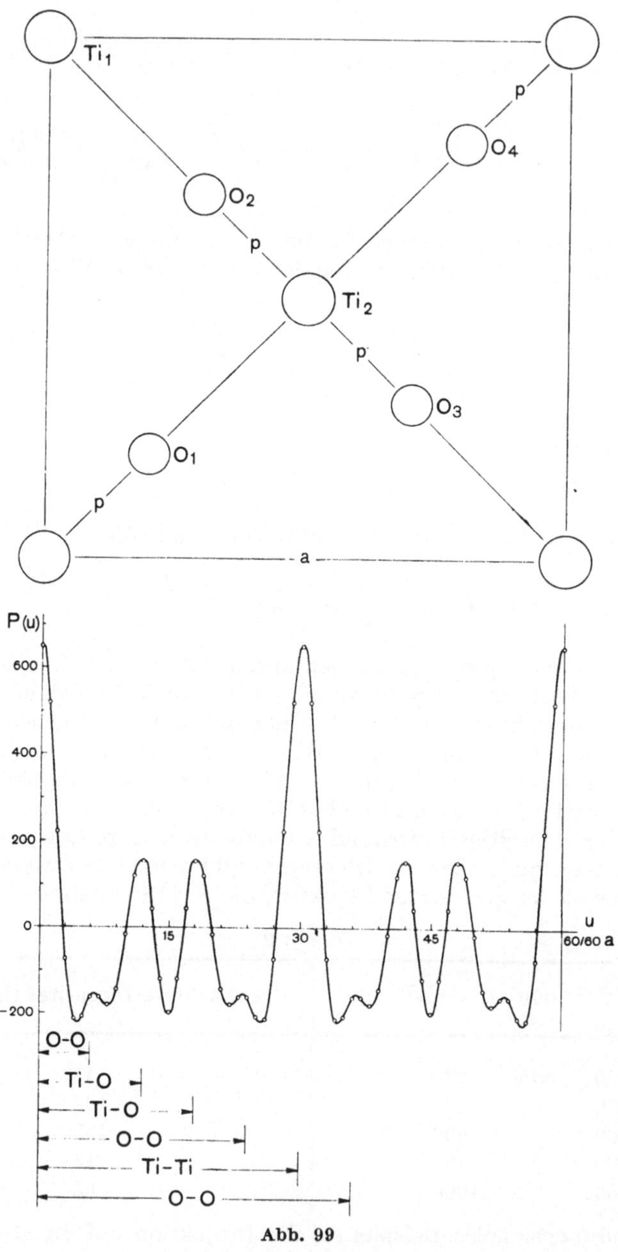

Abb. 99

Zur annäherenden Bestimmung gehen wir von fünf beobachteten relativen Intensitäten von Reflexen verschiedener Ordnung auf (100) aus (Tab. 9) und entwerfen das PATTERSON-Diagramm.

$$P\,(u) = \frac{1}{a}\,\sum_{-\infty}^{\infty} F^2_{h00}\ \cos 2\pi\,\frac{u}{a}\,h$$

In der Regel nimmt man für u Intervalle von $\frac{1}{60}$ oder $\frac{1}{120}\,a$. Der Wert von $P\,(u)$ bei z. B. $u = \frac{1}{60}\,a$ ist:

$$P\left(\frac{1}{60}\,a\right) = 63 \cos 2\pi \cdot \overline{10} \cdot \frac{1}{60}\ + 13 \cos 2\pi\,\overline{8} \cdot \frac{1}{60} + 102 \cos 2\pi\,\overline{6} \cdot \frac{1}{60} +$$

$$+\ 100 \cos 2\pi\,\overline{4} \cdot \frac{1}{60} + 47 \cos 2\pi\,\overline{2} \cdot \frac{1}{60}\ + \text{(den für alle } u \text{ konstanten}$$

Ausdruck $F^2_{000} \cos 2\pi \cdot 0 \cdot \frac{1}{60}$, den man Null nimmt) $+\ 47 \cos 2\pi\,2 \cdot \frac{1}{60} +$

$$+\ 100 \cos 2\pi\,4 \cdot \frac{1}{60} + 102 \cos 2\pi\,6 \cdot \frac{1}{60} + 13\ \cos 2\pi\,8 \cdot \frac{1}{60} +$$

$$+\ 63\ \cos 2\pi\,10 \cdot \frac{1}{60} = 520.$$

Das PATTERSON-Diagramm wird in Abb. 99 angegeben. Man ersieht daraus, daß bei $u = 0$ ein sehr hohes Maximum auftritt, bei $u = 6/60\,a$ ein schwaches, bei $u = 12/60a$ ein mittleres usw. Wir schreiben das erste und ebenso das Maximum bei $30/60\,a$ den sehr wichtigen projizierten Abständen Null zu: $(\mathrm{Ti}_1 - \mathrm{Ti}_1) + (\mathrm{O}_1 - \mathrm{O}_1) + (\mathrm{O}_2 - \mathrm{O}_2) + \ldots$; das zweite Maximum den projizierten Abständen weniger streuender Ionen, also $(\mathrm{O}_1 - \mathrm{O}_2) + (\mathrm{O}_3 - \mathrm{O}_4)$; das dritte den zwischen mittelmäßig streuenden Ionen, also $(\mathrm{Ti}_1 - \mathrm{O}_1) + (\mathrm{Ti}_2 - \mathrm{O}_2) + \ldots$ usw.

Bei Annahme (der Projektion von) $p = 12/60a$, besteht hinreichende Übereinstimmung mit dem PATTERSON-Diagramm und ist eine wohlfundierte Näherungsstruktur gefunden.

Verlauf einer Strukturanalyse

1. Aus den *Lagen* der Reflexe oder, besser gesagt, aus den Winkeln 2θ, werden die Elemente der Elementarzelle abgeleitet, also die Form und die Maße des elementaren Bravaisgitters (S. 92).

Steht ein orientierbarer Einkristall zur Verfügung, dann werden die Identitätsabstände längs der Achsen, also die absoluten Achsenlängen, mit Hilfe von Drehaufnahmen gemessen, wobei der Kristall nacheinander um die drei kristallographischen Achsen gedreht wird; die Achsenlängen gehen aus den Höhen der Schichtlinien hervor (S. 106).

Hat man nur Pulver zur Verfügung, dann kann man aus der Lage der Linien einer Pulveraufnahme bei einem kubischen Kristall in der Regel die Länge a_0 der Zellkante bestimmen. Hierbei gilt:

$$\sin^2 \theta = \frac{\lambda^2}{4a_0^2}\,\{(nh)^2 + (nk)^2 + (nl^2)\} \qquad \text{(S. 108)}$$

Nun ist der Ausdruck zwischen geschlungenen Klammern immer eine ganze Zahl, z. B. 1, 2, 3, 4, 5, 6, 8 .... (7 nicht), also $\sin^2 \theta$ bildet eine arithmetische Reihe, in der einzelne Glieder fehlen. Aus der Differenz der Reihe erhält man den Wert für $\dfrac{\lambda^2}{4\,a_0^2}$, also auch für a_0, und von den Linien können h, k, l bestimmt werden, d. h. sie können indiziert werden.

Ist die Elementarzelle gefunden (die Winkel zwischen den Achsen werden in der Regel goniometrisch bestimmt) dann erhält man aus dem Volumen der Zelle in Verbindung mit dem spezifischen Gewicht, der Zusammensetzung und dem absoluten Gewicht jedes Atomes die Anzahl der Atome in der Zelle.

2. Aus den *Intensitäten* der Reflexe erhält man die Art des elementaren Bravaisgitters, die Raumgruppe und die Lagen der Atome in der Zelle.

a) Das elementare Bravaisgitter ist P, I, F, A, B, C oder R (S. 93). Aus der Intensitätsformel S. 115 geht hervor, daß bei Gitter P keiner der Reflexe fehlen muß, d. h. daß keine *allgemeine Auslöschungsregel* vorhanden ist. Auf gleiche Weise folgt Tab. 10:

Tabelle 10

Gitter	allgemeine Auslöschungsregel
P	keine
I	$nh+nk+nl$ ungerade
F	nh, nk, nl gemischt gerade und ungerade
A	$nk+nl$ ungerade
B	$nh+nl$ ungerade
C	$nh+nk$ ungerade
R	$nh-nk+nl$ oder $-nh+nk+nl$ nicht dreifach

b) In der Regel ist die Symmetrieklasse bekannt oder wird mit Hilfe von Ätzfiguren, piezoelektrischen Eigenschaften usw. (S. 80) abgeleitet. Die Raumgruppe wird bestimmt, indem man den *speziellen Auslöschungen* nachgeht. Diese Auslöschungen entstehen beim Vorhandensein von Gleitspiegelebenen (*zonale* Auslöschung) und / oder Schraubenachsen (*seriale* Auslöschung). Nahezu alle Raumgruppen sind auf diese Art durch Auslöschungen gekennzeichnet [1].

c) Die Lagen der Atome in der Elementarzelle (= das Motiv, S. 92) entsprechen der Gesamtheit der Symmetrieelemente außer den Translationen. Die daraus bedingten gleichwertigen Atompositionen sind in Tabellen zusammengefaßt [2]. Ist die Raumgruppe bekannt, dann kann man an Hand dieser Tabellen eine Aufstellung über die Atomkoordinaten

---

[1] Vollständige Beschreibung in: International Tables for X-ray Crystallography I. Birmingham, 1952.

[2] International Tables I (1952); R. W. G. WYCKOFF, The Analytical Expression of the Results of the Theory of Space Groups. Washington, 1930.

machen (natürlich unter Berücksichtigung der Wirkungsradien der Atome, S. 128 und 163, und der Regeln von PAULING, S. 153) und diese kontrollieren, indem man die berechneten Intensitäten der Reflexe mit den beobachteten vergleicht.

An Stelle dieser Trial-and-error-Methode [1] kann man auch versuchen, aus den F-Werten (S. 116) die Elektronendichte an allen Stellen der Zelle abzuleiten. Dies ist eine direkte Methode[1] und wäre unbedingt zu empfeh-

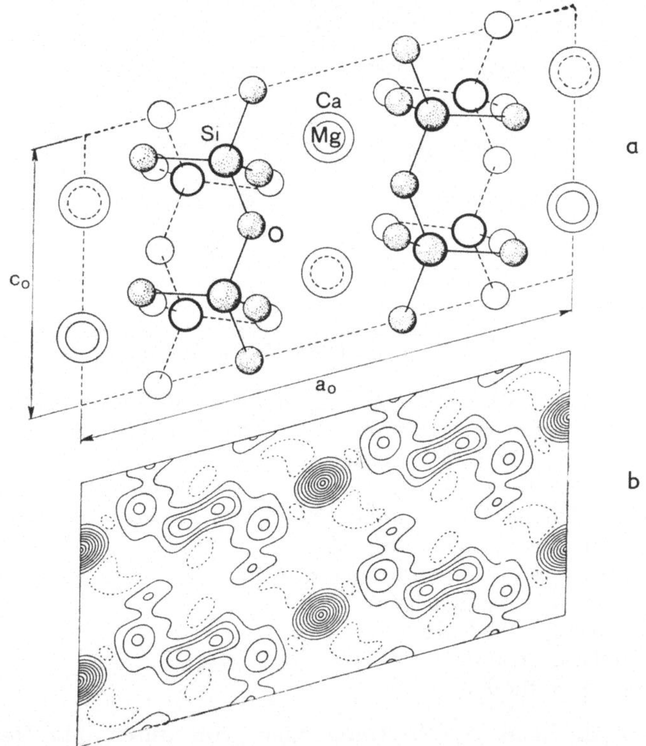

Abb. 100. Projektion der Elementarzelle von Diopsid (vier einfacher SiO-Ketten, S. 161); a) unter Angabe der Atomlagen; b) mit Elektronendichteverteilung, wie sie sich aus der FOURIER-Analyse ergibt [W. L. BRAGG, Z. f. Krist. 70 (1929) 488]

len, wenn es nicht die Schwierigkeit gäbe, daß wohl die Amplitude eines Reflexes, aber nicht die Phase gegenüber der von anderen Reflexen, gemessen werden kann, so daß α_h (S. 116) in den Termen der FOURIER-Reihe unbekannt sind. Besitzt die Zelle einen Inversionspunkt, dann ist $\alpha_h = 0$ oder π, F ist also dem Vorzeichen nach bekannt. Dieses Vorzeichen läßt sich oft aus einer Näherungsstruktur ableiten oder nach einer mathematischen Methode[2], so daß dann die Elektronendichte in jedem Punkt der Zelle mit Hilfe einer FOURIER-Reihe berechnet werden kann.

[1] Vollständige Beschreibung bei: H. LIPSON, und W. COCHRAN, The Crystalline State III, S. 110 und 246. London, 1953.
[2] Ebenda S. 250.

Bei dieser Berechnung projiziert man am besten den Inhalt der Elementarzelle auf eine der Seitenflächen und leitet die räumliche Verteilung aus zwei oder drei dieser Projektionen ab.

Durch Projektion z. B. // zur C-Achse auf die Fläche der A- und B-Achse wird die Berechnung zur zweidimensionalen FOURIER-Reihe folgender Form zurückgebracht:

$$\varrho\,(xy) = \frac{1}{a\,b\,\sin\gamma}\,\sum_h\,\sum_k\,F_{hk0}\,e^{-2\pi i\left(\frac{x}{a}h + \frac{y}{b}k\right)}$$

Ist ein Inversionspunkt anwesend, so wird die Formel

$$\varrho\,(xy) = \frac{1}{a\,b\,\sin\gamma}\,\sum_h\,\sum_k\,F_{hk0}\,\cos 2\pi\left(\frac{x}{a}h + \frac{y}{b}k\right)$$

oder unter Anwendung von $\cos(\alpha + \beta) = \cos\alpha\cos\beta - \sin\alpha\sin\beta$

$$\varrho\,(xy) = \frac{1}{a\,b\,\sin\gamma}\,\sum_k\left[\sum_h F_{hk0}\cos 2\pi\,\frac{x}{a}h\right]\cos 2\pi\,\frac{y}{b}\,k -$$

$$- \frac{1}{a\,b\,\sin\gamma}\,\sum_k\left[\sum_h F_{hk0}\sin 2\pi\,\frac{x}{a}h\right]\sin 2\pi\,\frac{y}{b}\,k$$

Für diese zeitraubende Berechnung der sin- und cos-Funktionen verschiedener Werte von x und y gibt es Methoden, wobei in großem Maßstab Rechenmaschinen verwendet werden.

Die projizierte Dichte in den Punkten einer Fläche wird in einer Figur durch Linien gleicher Dichte angegeben; große Dichte kennzeichnet das Vorhandensein eines Atoms (Abb. 100).

Für die *genauere* [1] Bestimmung der Lage der Atome wurden Verfeinerungsmethoden ausgearbeitet:

1. der kleinsten Quadrate,
2. der steilsten Abfälle,
3. FOURIER-Methoden.

Die Verläßlichkeit der Bestimmungen wird durch den Reliabilityfaktor ausgedrückt, der das Mittel der Abweichnungen zwischen beobachteten und berechneten Intensitäten angibt.

Ein auf ähnliche Weise entworfenes PATTERSON-Diagramm ist oft eine große Hilfe beim Aufstellen einer genäherten Struktur. Die Reihe für eine Projektion $//C$ ist:

$$P\,(uv) = \frac{1}{a\,b\,\sin\gamma}\,\sum_{h=-\infty}^{\infty}\,\sum_{k=-\infty}^{\infty}\,|F_{hk0}|^2\,e^{2\pi i\left(\frac{u}{a}h + \frac{v}{b}k\right)}$$

---

[1] H. LIPSON und W. COCHRAN, The Crystalline State III, S. 277. London, 1953.

III. Kristallchemie[1]

In diesem Teil wird das realisierte Gitter studiert, die „Punkte" sind hier mit Atomen oder Ionen besetzt, die durch ihre untereinander wirksamen Kräfte das Gitter aufbauen und dessen Eigenschaften bestimmen.

A. Die Bindungen

Es ist anzunehmen, daß alle chemischen Bindungen elektrischer Art sind (DESAGULIERS 1742, BERZELIUS 1819).

Man unterscheidet vier extreme Typen[2]:

1. Heteropolare (=Ionen-) Bindung,
2. Homöopolare (=kovalente=Atom-) Bindung,
3. Metallbindung,
4. Rest-.(=VAN DER WAALSsche) Bindung.

Oft ist die Bindung zwischen zwei Teilchen eine Kombination von Bindungszuständen (=Resonanzbindung).

Die Art der Bindung wird gefunden:

1. Aus dem gegenseitigen Abstand der Teilchen,
2. Aus der Elektronenverteilung zwischen den Teilchen, wie bei der FOURIER-Analyse (S. 116) ermittelt,
3. Aus der Art der Teilchen, die aus ihrem Verhalten gegenüber infraroten Strahlen bestimmt wird (S. 231).

Ionenbindung

Die Teilchen sind als Ionen vorhanden, die Außenschalen enthalten meist 8 oder 18 Elektronen, jedes Elektron gehört zu einem Ion. Zwischen ungleichnamigen Ionen herrscht eine anziehende COULOMB-Kraft (verkehrt proportional dem Quadrat der Entfernung der Mittelpunkte) und die abstoßende BORN-Kraft (verkehrt proportional mit ungefähr der zehnten Potenz des Abstandes), bei gleichnamigen Ionen sind diese beiden Kräfte abstoßend (S. 213).

Die Kräfte sind unorientiert, die Ionen verhalten sich wie geladene Kügelchen, die Umringung mit entgegengesetzt geladenen Ionen ist also eine Frage des Raumes (und der Größe der Ladungen).

---

[1] R. C. EVANS, An Introduction to Crystal Chemistry. London, 1948; CH. W. STILLWELL, Crystal Chemistry. London, 1938; C. W. BUNN, Chemical Crystallography. London, 1946; W. HÜCKEL, Anorganische Strukturchemie. Stuttgart, 1948; F. MACHATSCHKI, Grundlagen der allgemeinen Mineralogie und Kristallchemie. Wien, 1946; P. GROTH, Chemische Krystallographie. Leipzig, 1906—1919 (Beschreibung aller bekannten Kristalle, keine Strukturen); Strukturberichte. Berlin, 1913—1943 (Beschreibung aller bekannten Strukturen); Structure Reports, Vol. 8—13. Utrecht, 1956; R. W. G. WYCKOFF, Crystal Structures. New York-London, 1948—1953.

[2] Vgl. J. A. A. KETELAAR, Chemical Constitution. New York, 1953.

Je kleiner die Abstände der Mittelpunkte der Ionen und je größer ihre Ladungen, desto stärker sind die Bindungen und desto größer ist im allgemeinen die Härte des Kristalls (Tab. 11).

Tabelle 11

	BeO	MgO	CaO	BaO	LiCl	SrO
Ionenabstand in A [1]	1,65	2,10	2,40	2,76	2,57	2,57
Härte (MOHS, S. 218)	9	6,5	4,5	3,5	3	3,5

Daß die Bindung bei Zunahme des Abstandes der Ionen schwächer wird, zeigt sich beim Schmelzpunkt, das ist der Punkt, wo die thermischen Bewegungen für die Gitterkräfte zu stark werden. Auch wird der Schmelzpunkt höher bei Vermehrung der Ladung (Tab. 12).

Tabelle 12

	NaF	NaCl	NaBr	NaJ	NaF	CaO
Abstand in A	2,31	2,79	2,94	3,18	2,31	2,40
Schmelzpunkt °C	988	801	740	660	988	2570

Die Elektronen sind alle gebunden, die Kristalle sind nicht oder sehr schwach leitend. Durch ultraviolettes Licht oder Röntgenstrahlen können aber Elektronen frei werden und Leitfähigkeit kann auftreten (S. 228).

Die Schmelze besitzt gute Ionenleitung und wird daher bei Stromdurchgang zerlegt.

Die Refraktion kann aus der Ionenrefraktion additiv abgeleitet werden (S. 233); über Absorption von Lichtstrahlen s. S. 231, über Reststrahlen ebenfalls [2].

Atombindung

Die Außenschalen von zwei Teilchen füllen sich zu 8 oder 18 auf, indem sie gemeinsame Elektronenpaare besitzen (LEWIS, KOSSEL, 1926); dies wird bei einfachen Bindungen angegeben $:\ddot{C}l:\ddot{C}l:$ und bei dreifachen $:N:::N:$

Bei dieser Art von Bindung kann also ein Atom mit 7 Valenzelektronen (n=7) nur ein gleichartiges zur Auffüllung der Außenschalen binden; Atome mit Außenschalen mit weniger als 4 Elektronen können also untereinander nicht rein homöopolar gebunden sein, weil dann die Außenschalen nicht ganz besetzt sind [(8—n)-Regel [3]].

---

[1] 1 A = 1 Å = 1 Ångströmeinheit = 10^{-8} cm.

[2] Eine Übersicht über die Eigenschaften gibt K. FAJANS, Z. f. Krist. *61* (1925) 18 und *66* (1928) 321.

[3] CH. W. STILLWELL, Crystal Chemistry, S. 68. London, 1938.

Ein Teilchen kann nicht in jeder Richtung andere binden, die Bindungen sind orientiert. Das NH_3-Molekül ist pyramidal, das H_2O-Molekül ist nicht gerade, sondern der Winkel H-O-H beträgt 105°, die Bindung zwischen einfach gebundenen C-Teilchen ist immer tetraedrisch (z. B. Diamant, S. 139). Diese Bindungsart kann „spezifisch chemisch" genannt werden, sie kann durch einen Strich in bestimmter Richtung dargestellt werden im Gegensatz zur Ionenbindung, die mehr als „physikalisch" angesprochen werden kann.

Die Elektronen sind oft stark gebunden, so daß die Kristalle Isolatoren und wie die Ionengitter durchsichtig sind. Auch in geschmolzenem Zustand ist die Leitfähigkeit null. Oft ist der Brechungsindex hoch und der Glanz harzartig.

Die homöopolare Bindung kann stärker als jede andere sein, vgl. Diamant mit Härte 10 (MOHS). Oft ist der Schmelzpunkt hoch, C (Diamant) $\sim$ 3500° C, Si 1417° C, Ge 958° C.

Metallbindung

Alle oder viele Elektronen der äußersten Schale bilden eine sehr bewegliche negative Wolke, in der die positiven Ionen liegen (DRUDE 1900)[1]. Die Bindung ist also ungerichtet. Es herrscht gute Leitfähigkeit ohne Zersetzung (Elektronenleitung); durch Licht, besonders ultraviolettes, können Elektronen aus der Oberfläche des Kristalls herausgeschleudert werden (photoelektrischer Effekt). Die Bindung ist in ihrer Stärke sehr wechselnd, daher wechselt auch die Härte der Kristalle stark.

Restbindung

Diese Bindung ist die Anziehung zwischen Dipolen, sie ist proportional der Stärke der Dipole und umgekehrt proportional mit einer großen, z. B. sechsten Potenz des Abstandes und bei normalem Atomabstand klein. Man unterscheidet drei Fälle:

1. Permanente Dipole, z. B. H_2O, NH_3 (Orientierungseffekt),
2. Induzierte Dipole (Induktionseffekt),
3. Dipole, hervorgerufen durch dynamische Polarisation, quantenmechanisch erklärbar (Dispersionseffekt).

Letzter Effekt ist in der Regel am stärksten für diese Bindung verantwortlich; diese ist ungerichtet. Die Teilchen, hauptsächlich Moleküle, sind im Kristall im gleichen Zustand vorhanden wie in der Flüssigkeit oder im Dampf. Die Kristalle sind durchsichtig und nicht leitend.

H-Bindung

Einige Atome mit starker Elektronenaffinität, wie O oder F oder N, können durch einen H-Kern (=Proton) gebunden werden, wobei die gegenseitigen Abstände wesentlich kleiner als gewöhnlich sind. So ist

---

[1] Vgl. G. V. RAYNOR, An Introduction to the Electron Theory of Metals. London, 1949.

Tabelle 13. *Wirkungsradien der Atome und Ionen (in Å)*

	I	II	III a	IV a	V a	VI a	VII a	VIII	VIII	VIII	I a	II a	III	IV	V	VI	VII	0
1								1 H 1 − 1,27 0 0,37 1 + 0,0										2 He 0 0,93
2	3 Li 0 1,52 1 + 0,78	4 Be 0 1,11 2 + 0,34											5 B 4 − 2,6 0 0,77 3 + 0,2	6 C 3 − 1,7 0 0,95 4 + 0,1	7 N 2 − 1,32 0 0,71 5 + 0,1	8 O 1 − 1,33 0 0,60 6 + 0,1	9 F 0 0,6 7 + 0,1	10 Ne 0 1,60
3	11 Na 0 1,86 1 + 0,98	12 Mg 0 1,60 2 + 0,78											13 Al 0 1,43 3 + 0,57	14 Si 4 − 1,98 0 1,17 4 + 0,39	15 P 3 − 2,12 0 1,08 5 + 0,3	16 S 2 − 1,74 0 1,04 6 + 0,3	17 Cl 1 − 1,81 0 0,99 7 + 0,3	18 A 0 1,92
4	19 K 0 2,31 1 + 1,33	20 Ca 0 1,97 2 + 1,06	21 Sc 0 1,51 3 + 0,83	22 Ti 0 1,49 3 + 0,69 4 + 0,64	23 V 0 1,32 2 + 0,72 3 + 0,65 4 + 0,61 5 + 0,4	24 Cr 0 1,25 2 + 0,8 3 + 0,65 6 + 0,35	25 Mn 0 1,29 2 + 0,91 3 + 0,70 4 + 0,52 7 + 0,46	26 Fe 0 1,26 2 + 0,83 3 + 0,67	27 Co 0 1,26 2 + 0,82	28 Ni 0 1,24 2 + 0,78	29 Cu 0 1,27 1 + 0,96	30 Zn 0 1,33 2 + 0,83	31 Ga 0 1,22 3 + 0,62	32 Ge 4 − 2,7 0 1,22 2 + 0,9 4 + 0,44	33 As 3 − 2,22 0 1,26 3 + 0,69 5 + 0,47	34 Se 2 − 1,91 0 1,16 6 + 0,4	35 Br 1 − 1,96 0 1,19 7 + 0,4	36 Kr 0 2,01
5	37 Rb 0 2,43 1 + 1,49	38 Sr 0 2,10 2 + 1,27	39 Y 0 1,81 3 + 1,06	40 Zr 0 1,62 4 + 0,87	41 Nb 0 1,43 4 + 0,69 5 + 0,69	42 Mo 0 1,36 4 + 0,68 6 + 0,6	43 Tc 0 1,36 7 + 0,6	44 Ru 0 1,32 4 + 0,65	45 Rh 0 1,34 3 + 0,69 4 + 0,65	46 Pd 0 1,37 2 + 0,50	47 Ag 0 1,44 1 + 1,13	48 Cd 0 1,49 2 + 1,03	49 In 0 1,62 3 + 0,92	50 Sn 4 − 2,15 0 1,40 4 + 0,74 5 + 0,6	51 Sb 3 − 2,45 0 1,44 3 + 0,90 6 + 0,5	52 Te 2 − 2,0 0 1,43 4 + 0,89 7 + 0,5	53 J 1 − 2,20 0 1,36 5 + 0,94	54 X 0 2,20
6	55 Cs 0 2,62 1 + 1,65	56 Ba 0 2,17 2 + 1,43	57 selt. E. / 71 57 La 58 Ce 0 1,86 3 + 1,04 0 1,83 3 + 1,02 4 + 1,02	72 Hf 0 1,59 4 + 0,84	73 Ta 0 1,42 5 + 0,69	74 W 0 1,37 4 + 0,68	75 Re 0 1,37	76 Os 0 1,34 4 + 0,67	77 Ir 0 1,35 4 + 0,66	78 Pt 0 1,38 4 + 0,55	79 Au 0 1,44 1 + 1,37	80 Hg 0 1,49 2 + 1,12	81 Tl 0 1,71 1 + 1,49 3 + 1,05	82 Pb 4 − 2,15 0 1,74 2 + 1,32 4 + 0,84	83 Bi 0 1,55 3 + 1,20 5 + 0,7	84 Po	85 At	86 Rn
7	87 Fr	88 Ra 2 + 1,52	89 Ac 3 + 1,11	90 Th 0 1,82 4 + 0,95	91 Pa 4 + 0,91	92 U 0 1,38 3 + 1,04 4 + 0,89	93 Np 0 1,50 2 + 1,18 3 + 1,02 4 + 0,88	94 Pu 2 + 1,16 3 + 1,01 4 + 0,86	95 Am 2 + 1,16 3 + 1,00 4 + 0,85	96 Cm	97 Bk	98 Cf	99 E	100 Fm	101 Mv	102 No		

Ion	Radius
NH_4^+	1,50
OH^-	1,32
H_2O	1,38
$=CH_2$	2,00

in O-H-O der Abstand der O-Ionen 2,55 A, während normal der Radius des O-Ions 1,32 A ist. Diese Bindung kommt hauptsächlich in organischen Kristallen vor und spielt eine wichtige Rolle bei vielen Polymerisationen, aber sie tritt auch in KH_2PO_4 und NH_4F auf. Im letzten Fall bilden N und F ein Gitter vom Wurtzittyp (S. 142) und H-Kerne verbinden jedes N mit 4 F und jedes F mit 4 N.

In NH_4Cl hat Cl eine zu kleine Elektronenaffinität, so daß hier ein normales Koordinationsgitter entsteht (S. 141).

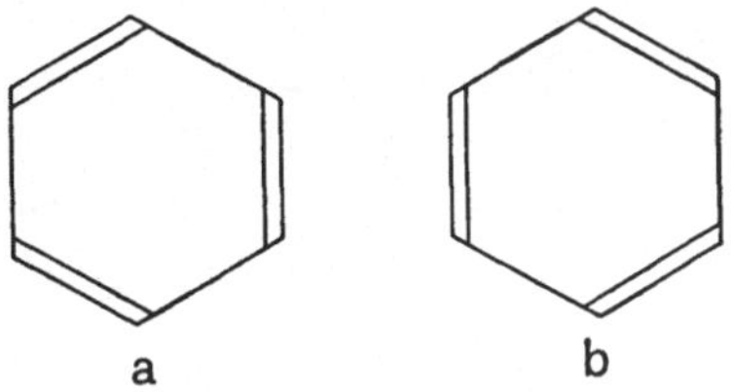

Resonanzbindung

Die Bindung zwischen zwei Teilchen hat oft gemischten Charakter. So vermittelt der Bindungszustand in einem Benzolring hauptsächlich (formell) zwischen den in Abb. 101 angegebenen Zuständen, so daß der Abstand C-C, der bei einfacher Bindung 1,54 A und bei doppelter 1,35 A ist, in dem vollkommen ebenen, regelmäßigen C-Sechseck 1,39 A wird. Diese Resonanzbindung kann quantenmechanisch vollständig erklärt werden und sie tritt vielfach bei Bindungen auf, die man als Mischung zwischen Ionen- und Atombindung betrachten kann. Sie ist wahrscheinlich auch die Ursache der ziemlich beträchtlichen Veränderlichkeit der Wirkungsradien.

Abb. 101. Der Bindungszustand im Benzolring ist ein Resonanzfall hauptsächlich von *a*) und *b*)

B. Die Teilchen

Die Teilchen, die die Punkte des Gitters besetzen, sind Atome oder Ionen. Von Atomen kann eigentlich nur gesprochen werden, wenn keine andere als die Restbindung vorhanden ist, aber auch bei homöopolarer und Metallbindung spricht man von Atomen.

Man nimmt an, daß diese Teilchen in den Kristallen in großer Näherung Kügelchen sind und einen ziemlich konstanten Wirkungsradius haben, so daß das Gitter eine Packung oder Stapelung von einander berührenden Kügelchen ist (BARLOW 1897, SOLLAS 1898, BRAGG 1920, GOLDSCHMIDT 1926). Dieser Wirkungsradius oder kurz Radius ist nicht gleich dem Radius der äußersten Elektronenschale.

Gitter, in denen die übereinstimmenden Teilchen ganz oder fast ganz gleiche Radien haben, nennt man *kommensurabel*. Die Radien der Atome werden aus ihren Abständen in den Elementen berechnet, bei den Ionen geht man von $O^{2-}=1,32$ A und $F^-=1,33$ A aus, deren Werte von WASASTJERNA auf andere Weise bestimmt wurden (1923).

Die Art der Teilchen in einem Gitter kann aus den Wirkungsradien, aus ihrem Streuvermögen von Röntgenstrahlen mit genauer FOURIER-Analyse oder mit Hilfe von Reststrahlen bestimmt werden (S. 116 und 231).

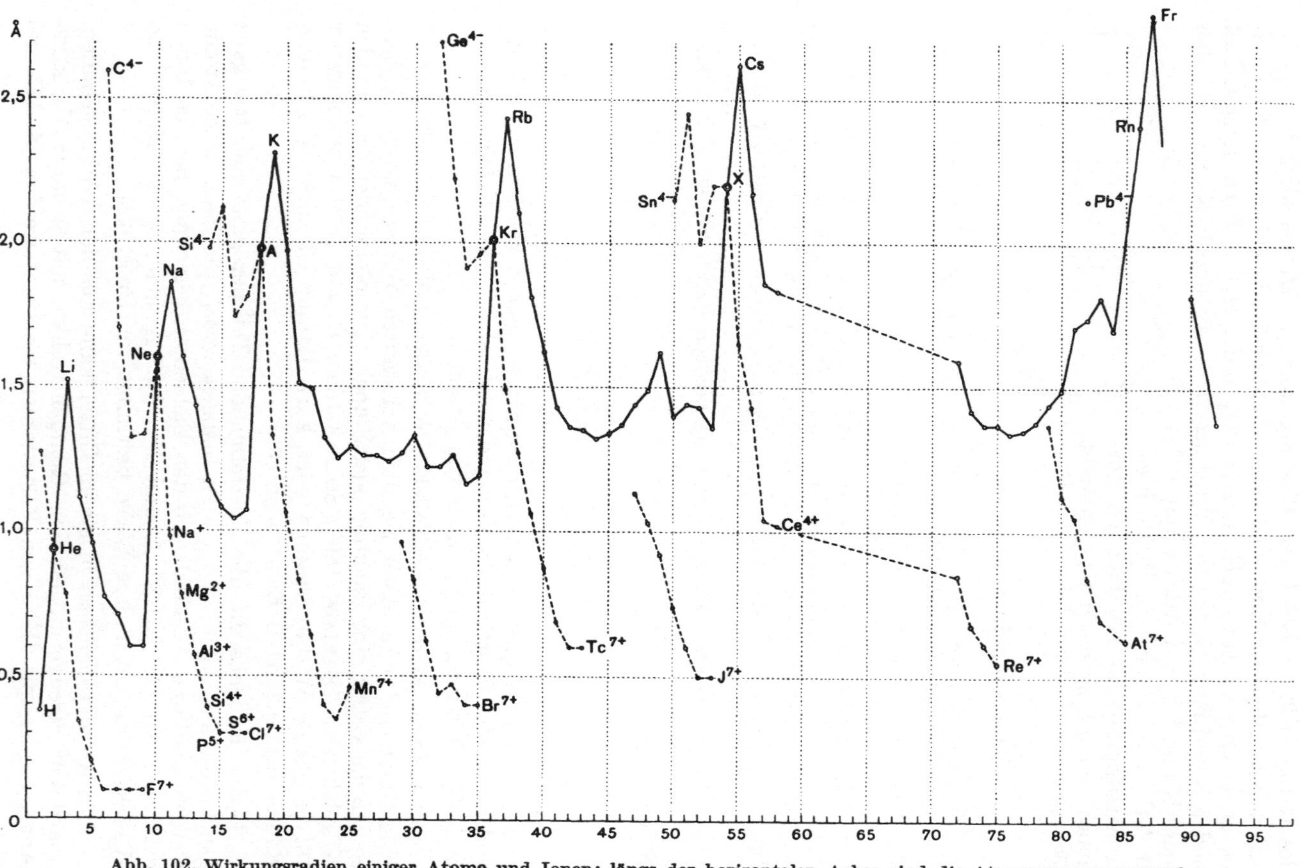

Abb. 102. Wirkungsradien einiger Atome und Ionen; längs der horizontalen Achse sind die Atomnummern angegeben

In Tab. 13 [1] und in der graphischen Darstellung Abb. 102 sind eine Anzahl Wirkungsradien von Atomen und Ionen wiedergegeben. Im allgemeinen sieht man in einer horizontalen Reihe des periodischen Systems, also bei Teilchen mit gleicher Anzahl Elektronenschalen, daß der Radius mit zunehmender Kernladung abnimmt; dieser Effekt ist auch in der Reihe der Seltenen Erden wahrnehmbar (Lanthanidenkontraktion). In einer vertikalen Kolonne wird der Radius bei Zunahme der Zahl der Schalen größer, aber die Radien der 4. und 5. Reihe sind ungefähr gleich. Der Radius nimmt beim gleichen Element bei Abnahme der positiven Ladung zu, z. B.:

$$Pb^{4+} \qquad Pb^{2+} \qquad Pb \qquad Pb^{4-}$$
$$0{,}84 \qquad\ 1{,}32 \qquad\ 1{,}74 \qquad\ 2{,}15$$

Mehrfache Bindung verkleinert den Wirkungsradius, z.B. der Abstand $C-C$ ist 1,54; $C=C$ ist 1,35; $C\equiv C$ ist 1,20 A.

Tabelle 14. *Polarisierbarkeit $\alpha.10^{24}$ einiger Ionen*

	I	II	III	IV	V	VI	VII
2	Li^+ 0,075	Be^{2+} 0,028	B^{3+} 0,014	C^{4+} 0,012		O^{2-} 3,1	F^- 0,99
3	Na^+ 0,21	Mg^{2+} 0,12	Al^{3+} 0,065	Si^{4+} 0,043		S^{2-} 7,25	Cl^- 3,05
4	K^+ 0,85	Ca^{2+} 0,57	Sc^{3+} 0,38	Ti^{4+} 0,27		Se^{2-} 6,4	Br^- 4,17
5	Rb^+ 1,81	Sr^{2+} 1,42	Y^{3+} 1,04			Te^{2-} 9,6	J^- 6,28
6	Cs^+ 2,79	Ba^{2+} 2,08	La^{3+} 1,56	Ce^{4+} 1,20			

Der Radius hängt einigermaßen von der Zahl der Teilchen, die das betrachtete in erster Sphäre umringen (= die es berühren), d. h. von der *Koordinationszahl* (S. 134) ab. In Tab. 13 sind die Werte für die Koordinationszahl 6 angegeben. Der Radius ändert sich ungefähr:

bei Koordinationszahl 4 Abnahme 7%;
„   „   8 Zunahme 3%;
„   „   12 Zunahme 6%.

Die bedeutendste Verkleinerung des Wirkungsradius tritt bei *Polarisation* des Teilchens auf. In einem elektrischen Feld verschieben sich Kern und Elektronenschalen zueinander, das Teilchen wird ein Dipol

---

[1] U und die schwereren Elemente sind nicht in die richtigen Kolonnen aufgenommen.

und der Wirkungskreis erhält eine Abplattung [1]. Die Stärke des Dipols, das Moment **p**, ist gleich dem Produkt aus Ladung und Verschiebung. Die Verschiebbarkeit (=Polarisierbarkeit) ist für jedes Teilchen ungefähr eine Konstante α, also $\mathbf{p}=\alpha\mathbf{E}$, wobei **E** die Feldstärke ist. Besonders bei großen negativen Ionen ist die Polarisierbarkeit stark (Tab. 14).

Die polarisierende Kraft eines Ions kann experimentell weniger gut bestimmt werden, man setzt sie gewöhnlich der Feldstärke im Abstand

Tabelle 15. *Polarisierende Kraft einiger Ionen (unbestimmte Einheit)*

	I	II	III	IV	V	VI	VII
1							H^- 0,62
2	Li^+ 1,64	Be^{2+} 17,30				O^{2-} 1,15	F^- 0,57
3	Na^+ 1,04	Mg^{2+} 3,29	Al^{3+} 9,23	Si^{4+} 26,30		S^{6+} 51,90 S^{2-} 0,66	Cl^- 0,30
4	K^+ 0,57	Ca^{2+} 1,78 Zn^{2+} 2,90	Sc^{3+} 4,35 Ga^{3+} 7,80	Ti^{4+} 9,76 Ge^{4+} 20,66		Se^{2-} 0,55	Br^- 0,26
5	Rb^+ 0,45 Ag^+ 0,78	Sr^{2+} 1,24 Cd^{2+} 1,88	Y^{3+} 2,67 In^{3+} 3,54	Zr^{4+} 5,28 Sn^{4+} 7,30	Nb^{5+} 10,50	Te^{2-} 0,45	J^- 0,21
6	Cs^+ 0,37	Ba^{2+} 0,98 Hg^{2+} 1,59	La^{3+} 2,01 Tl^{3+} 2,72	Ce^{4+} 3,84 Pb^{4+} 5,67			
7				Th^{4+} 3,31			

des Wirkungsradius gleich (Tab. 15). Besonders kleine positive Ionen polarisieren stark, vor allem das sehr kleine H^+. Polarisation tritt in geringem Maße auf, wenn die Umringung gleichmäßig ist, also z. B. bei einem Koordinationsgitter (S. 134); stark polarisierbare Ionen bilden dann auch oft andere Gitter (Radikal- und Schichtgitter, S. 135).

---

[1] Kalotten- oder STUART-Modelle, Nature *166* (1950) 59; Fortschr. d. chem. Forschung *1* (1950) 642.

Die Teilchen $(OH)^-$ und H_2O

$(OH)^-$ ist selbst ein „zylindrischer" Dipol mit einem positiven und einem negativen Pol ungleicher Stärke. Durch starke Polarisation kann daraus aber ein „tetraedrischer" Dipol entstehen, wobei drei Eckpunkte die Ladung $-1/2\ e$ und einer die Ladung $+1/2\ e$ besitzen. Diese Tetraeder können so liegen, daß sie einander anziehen: die Schichten im $Al(OH)_3$-Gitter. Diese $(OH)^-$-Ionen mit vier Polen kommen auch in $B(OH)_3$ vor und bilden dort mit B ebene Lagen. Der Radius dieses Ions ist dann 1,35 A, während der eines „Zylindrischen" 1,32 A beträgt.

H_2O bildet nahezu eine Kugel von 1,38 A (H-O$=$0,958 A, der Winkel H-O-H ist 105°), die ein Vierpol ist mit zwei Polen $+e$ und zwei Polen $-e$, alle unter ungefähr gleichen Winkeln, also nach Tetraederrichtungen. Dadurch ist die Umringung von H_2O immer tetraedrisch, vgl. die Strukturen von Eis (S. 146) und den Zeolithen (S. 163).

C. Die Gitter

Tabelle 16. *Gitterarten mit Beispielen*

Atomarten	Gitter		Gitterbindung			
			Ionenbindung	Atombindung	Metallbindung	Restbindung
eine	Koordinations			C (Diamant)	Cu	A
	Schicht	neutral				C (Graphit)
	Ketten	neutral				Se
	Molekül	neutral				S$_8$
zwei	Koordinations		NaCl	ZnS	NiAs	
	Gerüst	neutral		Quarz		
	Schicht	neutral				CdJ$_2$
	Ketten	neutral		Sb$_2$S$_3$		
	Molekül	neutral			FeS$_2$	CO
mehr als zwei	Koordinations		CaTiO$_3$		CuFeS$_2$	
	Gerüst {	neutral / geladen	Orthoklas			
	Schicht {	neutral / geladen	Glimmer			
	Ketten {	neutral / geladen	Pyroxene			Zellulose
	Molekül (Radikal) {	neutral / geladen (Radikal) (Komplex)	CaCO$_3$		CoAsS	organische Verbindungen

Die gitterbildende Bindung nennt man *Gitterbindung*. Ist diese schwach, dann ist der Stoff weich und leicht schmelzbar und verflüchtigt bei niedriger Temperatur. Die andere Bindung heißt Molekülbindung usw.

Das Gitter, in dem die Teilchen ein Minimum von potentieller Energie besitzen, ist stabil (S. 213). Wir unterscheiden folgende Arten von Gittern (Tab. 16); zu bemerken ist jedoch, daß nicht alle Gittertypen in dieser Weise klassifiziert werden können.

Die Bindungen zwischen den Teilchen in einem Gitter können von einer (*homodesmische* Gitter) oder von mehreren Arten sein (*heterodesmische* Gitter). In letzterem Fall können durch die eine Art Teilchen zu

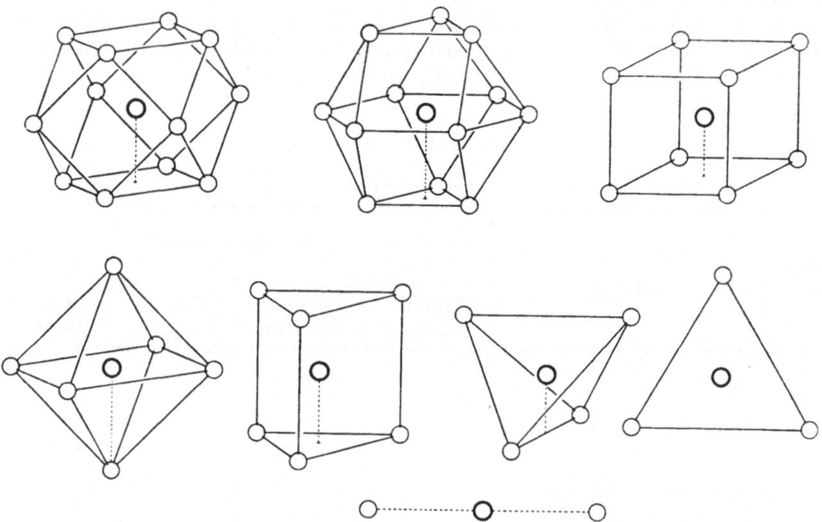

Abb. 103. Die häufigsten Koordinationen: Kubooktaeder, Disheptaeder, Würfel, Oktaeder, trigonales Prisma, Tetraeder, Dreieck und Gerade

endlichen oder prinzipiell unendlichen Zusammenballungen (Molekülen, Radikalen, Ketten, Schichten, Gerüsten) vereint sein, während durch die andere Art das Gitter zustande kommt.

Koordinationsgitter

Alle Teilchen sind ganz oder fast ganz *gleichmäßig* (oft *regelmäßig*) durch die angrenzenden umringt und das Gitter ist homodesmisch.

Man kann sich jedes Teilchen als den Mittelpunkt eines Vielflächners denken, dessen Eckpunkte mit den Schwerpunkten der angrenzenden Teilchen zusammenfallen; deren Zahl bestimmt die *Koordinationszahl*. Die häufigsten Fälle, wo man von gleichmäßiger Umgebung spricht, zeigen Tab. 17 und Abb. 103.

Tabelle 17

Koordinations- zahl	Vielflächner	$\dfrac{r_A}{r_X}$
12	Kubooktaeder und Disheptaeder	1
8	Hexaeder	1 $-0,73$
6	Oktaeder und trigonales Prisma	$0,73-0,41$
4	Tetraeder	$0,41-0,22$
3	gleichseitiges Dreieck	$0,22-0,15$
2	Gerade	$0,15-\infty$

Bei homöopolarer Bindung hängt die Koordination von den orientierten Bindungsrichtungen ab (Diamant, Sphalerit, S. 142); bei Ionen- oder Metallbindung sind die Bindungskräfte unorientiert und das Gitter kann als eine Stapelung (=Packung) geladener Kügelchen betrachtet werden und die Koordination ist hauptsächlich von den Größenverhältnissen und den Verhältnissen der Ladungen der Kügelchen abhängig. Die Restbindung tritt in Koordinationsgittern von Kristallen der Edelgase auf.

Bei Gittern mit einer Atomart und Metallbindung ist die Umringung kubooktaedrisch (Cu), oder bei schwach homöopolarer Bindung nach dem Disheptaeder (Mg) oder Hexaeder (W), bei stärkerer oktaedrisch (weißes Sn).

Bei Ionengittern mit zwei oder mehreren Arten von Teilchen hängt die Umringung vom Verhältnis der Anzahl (also der Ladungen), den Größen und dem Polarisationszustand der Ionen ab. Die Abhängigkeit von der Größe äußert sich darin, daß die Umringung nicht weiter als bis zur Umhüllung gehen kann, es darf keine Überumhüllung entstehen, wo die umringenden Teilchen nicht mehr alle das umringte berühren, d. h. das umringte Teilchen kann in seinem Raum „umherrollen“. In diesem Fall ist sein Gleichgewicht und damit auch das des Gitters nicht mehr stabil. Ist das umringte Teilchen zu groß, so daß die umringenden Teilchen auseinander gedrängt würden, dann wird keine Instabilität verursacht. Es kommt also oft dahin, daß sich die (großen) negativen Ionen ganz oder fast ganz berühren, die (kleinen) positiven nicht.

In Tab. 16 sind einige dieser kritisch kleinsten Werte angegeben, wobei der Radius der positiven Ionen r_A und der der negativen r_X ist.

Molekül-, Radikal-, Ketten-, Schicht- und Gerüstgitter

In diesen Gittern sind nicht alle Teilchen gleichmäßig umgeben, es treten *Zusammenballungen* auf, die neutral oder geladen sein können; man kann Ketten eindimensional unendliche Radikale nennen usw. Die Gitter sind in der Regel heterodesmisch und die Bindungen in den Zusammenballungen sind oft stärker als die Gitterbindung.

Unregelmäßigkeit in der Umringung wird hervorgerufen durch Polarisation von Ionen, starkes Überwiegen in Zahl und Größe von Teilchen einer Art oder durch homöopolare Bindung.

So wird CdJ_2 ein Schichtgitter durch starke Polarisation von J; S_8 bildet durch homöopolare Bindung von 8 S-Atomen untereinander ein Molekülgitter; CCl_4 ergibt durch die große Zahl der Cl-Teilchen, von denen jedesmal vier ein C-Teilchen umhüllen, ein Molekülgitter (*umhüllte* Verbindung, VAN LAAR, 1916).

Die ausgezeichnete Spaltbarkeit von Schicht- und Kettengittern, wobei die Schichten bzw. Ketten erhalten bleiben, ist erklärlich, besonders, wenn die Zusammenballungen neutral sind und die Gitterbindung daher eine Restbindung ist.

Bei Molekülgittern zeigt sich die stärkere Bindung in den Molekülen darin, daß in der Schmelze die Moleküle noch-vorhanden sind, z. B. S_8 und organische Verbindungen; organische Isomeren sind nach Kristallisation wieder die gleichen Isomeren.

In Radikalgittern sind die Zusammenballungen geladen; in Tab. 23, S. 156, sind einige Radikale beschrieben. Doppeltgeladene Ionen bilden oft tetraedrische, einfach geladene oktaedrische Radikale. In Hypophosphit ist das Radikal $(H_2PO_2)^-$ ein Tetraeder, so daß NaH_2PO_2 kein saures, sondern ein normales Salz ist, da es kein H an O gebunden enthält.

Wenn neutrale Moleküle starke Dipole (NH_3) oder Quadrupole (H_2O) sind, können sie mit einem Ion ein stark gebundenes komplexes Radikal bilden; dieses Radikal ist dann in der Regel positiv:

$$[Co(NH_3)_6]^{2+}Cl_2; \quad [Na(H_2O)_4]\overset{+}{_3}PO_4.$$

In wässeriger Lösung sind die Hydratationskräfte gewöhnlich nicht fähig, Radikale oder Komplexe zu dissoziieren.

D. Gitterbeschreibung [1]

Eine Atomart [2]

Man teilt die Elemente in vier Klassen (Tab. 18):

Tabelle 18

H																	He
Li ⊡	Be ⬡											B	C	N·	O	F	Ne □
Na ⊡	Mg ⬡											Al □	Si	P	S	Cl	A □
K ⊡	Ca □	Sc ⬡	Ti ⬡	V ⊡	Cr ⊡	Mn	Fe ⊡	Co ⬡	Ni □	Cu □	Zn* ⬡	Ga	Ge	As	Se ⬡	Br	Kr □
Rb ⊡	Sr □	Y ⬡	Zr ⬡	Nb ⊡	Mo ⊡	Tc ⬡	Ru ⬡	Rh □	Pd □	Ag □	Cd* ⬡	In	Sn	Sb	Te ⬡	J	X □
Cs ⊡	Ba ⊡	S.E.§ □	Hf ⬡	Ta ⊡	W ⊡	Re ⬡	Os ⬡	Ir □	Pt □	Au □	Hg* ⬡	Tl ⬡	Pb □	Bi	Po	At	Rn
Fr	Ra	Ac	Th □	Pa	U												

Übergangsmetalle

Ia Leichtmetalle	Ib Metalle	II Halbmetalle	III Halbmetalloide	IV Metalloide

§ nicht alle
* nicht ganz

□ kubische dichteste Packung (Γ_c')

⊡ Gitter mit raumzentrierten Kuben (Γ_c'')

⬡ hexagonale dichteste Packung

Klasse I (Metalle)

Gewöhnliche homöopolare Bindung ist bei diesen Elementen wegen der (8−n)-Regel (S. 126) nicht möglich, die Metallbindung kann als extrem homöopolar betrachtet werden, alle Atome haben eine große Anzahl von Valenzelektronen gemeinsam. Diese Bindung ist nicht orientiert, das Gitter ist gewöhnlich als dichteste oder sehr dichte Kugelpackung zu betrachten.

---

[1] Strukturberichte 1—7. Berlin, 1913—1943 und Structure Reports 8—13. Utrecht, 1956; R. W. G. WYCKOFF, The Structure of Crystals, I und II. New York, 1931; ders., Crystal Structures. New York, 1948—53; W. L. BRAGG, Atomic Structure of Minerals. London, 1937.

[2] Die bei niedrigster Temperatur stabile Modifikation ist in der Folge mit α bezeichnet.

Hierbei kommen zwei *dichteste Packungen* vor, die kubische (Cu usw.) und die hexagonale (Mg usw.) $c_0 : a_0 = 1,67$ (Abb. 104); die Koordinationszahl ist in beiden Fällen 12, die Koordination nach einem Kubooktaeder bzw. nach einem Disheptaeder (Abb. 103); die Poren nehmen 25,95% des Raumes ein.

Ferner tritt eine kubische sehr dichte Kugelpackung auf, Koordinationszahl 8 (W usw.), Porenvolumen 32% (Abb. 105).

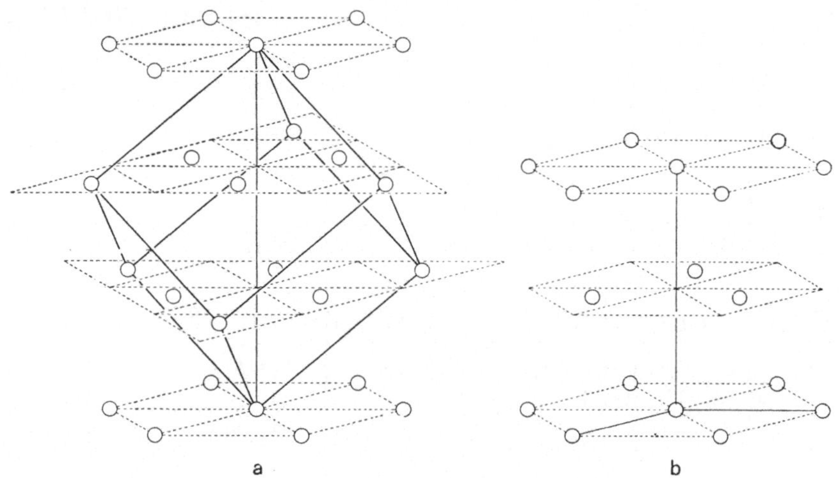

a   b

Abb. 104. Die gegenseitige Lage von Schwerpunkten gleich großer Kugeln in *a*) regulärer und *b*) hexagonaler dichtester Packung; die Ordnung innerhalb der eingezeichneten Lagen ist immer dieselbe, die Aufeinanderfolge im 1. Fall 1-2-3-1 . . ., im 2. Fall 1-2-1 . . .; theoretisch gibt es unendlich viele Aufeinanderfolgen, die alle gleich dichte Packungen ergeben, einige davon sind in Strukturen ungefähr verwirklicht (O + F in Topas: 1-2-1-3-1-2-1-3 . . .)

Tabelle 19

kubische dichteste Packung $[O_h^5]$	Al	A	Ni	Cu	Ag	Pt	Au Pb
a_0	4,04	5,43	3,52	3,61	4,08	3,92	4,07 4,94
Γ_c'' $[O_h^9]$	Na	K	V	Cr	Fe	Mo	Ta W
a_0	4,28	5,20	3,04	2,88	2,86	3,14	3,30 3,16
hexagonale dichteste Packung $[D_{6h}^4]$	Be	Mg	Ti	Zn	Cd		
a_0	2,28	3,20	2,92	2,66	2,97		
c_0	3,58	5,20	4,67	4,94	5,61		

Die Gitter sind in Tab. 18 und 19 wiedergegeben, aber viele dieser Metalle kristallisieren auch anders, sie sind also *allotrop* (Fe in 4 Modifikationen).

Klasse II (Halbmetalle)

Hier macht sich der homöopolare Charakter der Bindung schon stärker bemerkbar, Zn und Hg sind zwar noch hexagonal, weichen aber von der dichtesten Packung ab. Oft kommt Allotropie vor, wobei in einer der

Phasen ausgesprochen homöopolare Bindung auftritt, z. B. bei Sn, das in der grauen Modifikation ein Gitter vom Diamanttyp $[O_h^7]$ bildet (Abb. 110).

Vom weißen Zinn ist die Bindung überwiegend metallisch, die Koordinationszahl ist dann 6 (fast oktaedrisch).

Klasse III (Halbmetalloide)

Überwiegend homöopolare und Restbindung, Diamant ganz erstere (Abb. 110), die Bindungen davon sind tetraedrisch orientiert, der Abstand C-C ist 1,54 A wie in den aliphatischen Verbindungen; $a_0=3,56$ A, Raumfüllung nur 33,8%.

In Graphit ist die Bindung in den Schichten Resonanzbindung wie in Benzol, C-C=1,42 A; zwischen den Schichten, deren Abstand 3,40 A beträgt, ist wohl Restbindung vorhanden (Abb. 106), obwohl Graphit Elektronenleiter ist; die Leitfähigkeit parallel zu den Schichten soll 10000mal so groß sein wie senkrecht darauf. Die Hälfte der Atome ist untereinander gleichwertig, ebenso die andere Hälfte. Zwischen die Schichten können fremde Bestandteile eindringen, wobei sich die Schichten bis 8 A voneinander trennen, ohne daß der Zusammenhang des Kristalles verloren geht.

Auch zwischen den Schichten der Schichtgitter von As, Sb und Bi kann Restbindung angenommen werden $[D_{3d}^5]$.

Selen und Tellur besitzen ein Kettengitter mit spiral- oder ringförmigen Ketten $[D_3^4]$:

$$:\overset{\cdot\cdot}{\underset{\cdot\cdot}{Se}} : \overset{\cdot\cdot}{\underset{\cdot\cdot}{Se}} : \overset{\cdot\cdot}{\underset{\cdot\cdot}{Se}} :$$

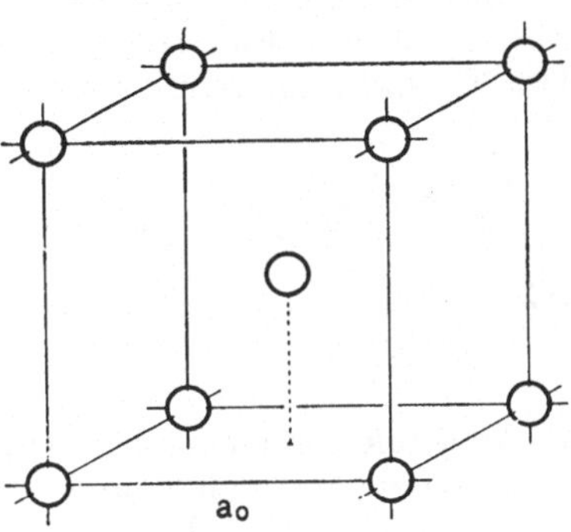

Abb. 105. W-Gitter

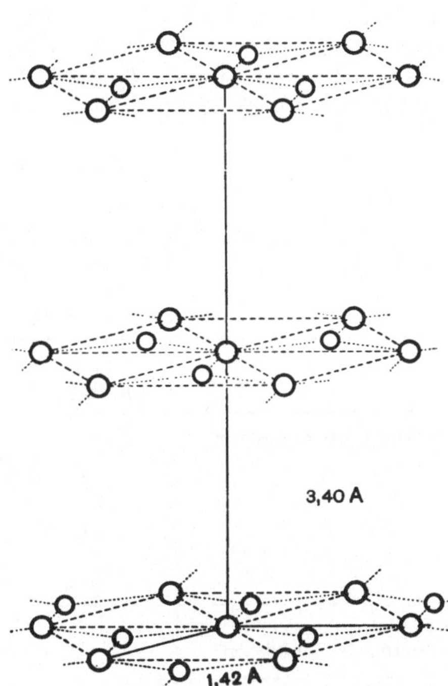

Abb. 106. Graphitgitter; die zwei strukturell verschiedenen Arten von C-Atomen sind durch verschiedene Größe gekennzeichnet

Klasse IV (Metalloide)

Molekülgitter (mit Ausnahme der Edelgase), in den Molekülen homöopolare, zwischen den Molekülen Restbindung. Die Moleküle sind nicht kugelförmig und das Gitter kann nicht mehr als Kugelpackung betrachtet werden. Sind die Moleküle groß, dann bilden sie schlecht ein Gitter, sie haken sich ineinander und zeigen Neigung zu Glaszustand (Schwefel, Selen).

Im Schwefelgitter sind ringförmige S_8-Moleküle vorhanden (Abb. 107), wovon 16 pro Elementarzelle anwesend sind (rhombischer Schwefel). Der Kristall zeigt sehr starke positive Doppelbrechung [1]. Bei 110° ist die Schmelze dünnflüssig, bei 200° sehr viskos, da dann die Ringe gebrochen sind und sich ineinanderhängen [2].

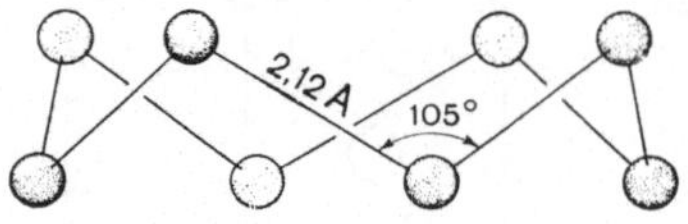

Abb. 107. S_8-Molekül

In den Kristallen der Edelgase ist die Gitterbindung reine Restbindung, unorientiert, also dichteste Kugelpackung.

Im Wasserstoffgitter rotieren die H_2-Moleküle wahrscheinlich selbst bei 0°K, so daß sie eine kugelförmige Wirkungssphäre haben und die Moleküle in hexagonal dichtester Pakkung angeordnet sind.

Die Halogene bilden ebenfalls Gitter mit zweiatomigen Molekülen. Cl_2, Br_2 und J_2 sind rhombisch $[D_{2h}^{18}]$ und haben ein Schichtgitter (d, der Abstand der Atome = 2,02; 2,27 und 2,70 A).

Die Schwerpunkte der N_2-Moleküle bilden im Stickstoffgitter ungefähr ein Γ_c'-Gitter (vgl. S. 144, CO-Typ).

Zwei Atomarten

In Tab. 20 sind von einigen Typen einzelne Vertreter aufgenommen. Bei der Beschreibung sind A, B, ... Metalle (auch NH_4) und X, Y, ... Metalloide (auch Radikale (OH) usw.).

Tabelle 20

	Ionen-bindung	Atom-bindung	Metall-bindung	Rest-bindung
Koordinationsgitter	NaCl CsCl CaF_2 TiO_2 SiO_2 Al_2O_3	α-ZnS (Sphalerit) β-ZnS (Wurtzit) Cu_2O	NiAs NaTl Misch-kristalle	
Schichtgitter (neutrale Schichten)			MoS_2	$CdCl_2$ CdJ_2
Kettengitter (neutrale Ketten)		Sb_2S_3		
Molekülgitter		Sb_2O_3	FeS_2 CaC_2	CO

[1] C. W. Bunn, Chemical Crystallography, S. 282. London, 1946.

[2] S. aber J. Bouman et al., Selected Topics in X-ray Crystallography, S. 206. Amsterdam, 1951.

NaCl-Typ (Halit = Steinsalz)

Kubisch, O_h^5; Koordinationsgitter (Abb. 108). Zwei Gitter Γ_c', A auf [[000]] und X auf [[½½½]]. Die Koordinationszahl ist für beide Teilchenarten 6. Ein Drittel aller untersuchten Verbindungen AX kristallisieren nach diesem Typ; auch eine Reihe von Mischkristallen besitzt diesen Typ (S. 150).

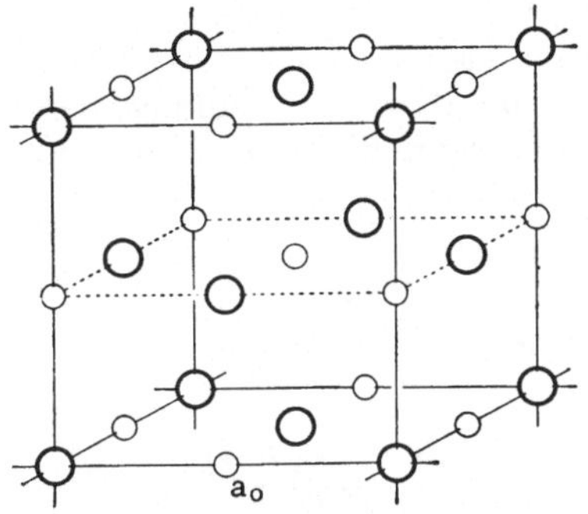

Abb. 108. NaCl-Gitter; Na ○, Cl ○

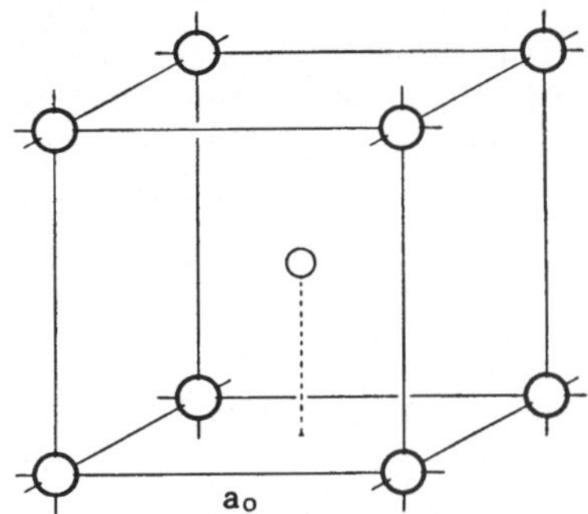

Abb. 109. CsCl-Gitter; Cs ○, Cl ○

	F	Cl	Br	J
Li	$a_0 = 4{,}03$	5,14	5,49	6,00
Na	4,62	5,64	5,96	6,46
K	5,34	6,28	6,59	7,07
Rb	5,64	6,54	6,85	7,32
Cs	6,02	β 6,94		
NH₄		β 6,53	β 6,90	β 7,24
Ag	4,93	5,54	5,76	

	S	Se	Te
Mg	5,19	5,45	
Ca	5,67	5,91	6,34
Sr	6,01	6,23	6,47
Ba	6,37	6,59	6,99
Sn			6,28
Pb	5,93	6,14	6,34
Mn	5,21	5,45	

	Mg	Ca	Sr	Ba	Cd	Ti	Mn	Fe	Co	Ni
O	4,20	4,80	5,15	5,52	4,69	4,23	4,43	4,28	4,25	4,17

CsCl-Typ

Kubisch, O_h^1; Koordinationsgitter (Abb. 109).

Zwei Gitter Γ_c, A auf [[000]], X auf [[½½½]]. Die Koordinationszahl ist für beide Arten 8; $d=$ kleinster Abstand $A-X$.

	α-CsCl	CsBr	CsJ	TlCl	TlBr	α-NH$_4$Cl	α-NH$_4$Br
a_0	4,11	4,29	4,56	3,84	3,97	3,86	3,99
d	3,57	3,71	3,95	3,32	3,43	3,34	3,45

Ferner auch eine Anzahl Legierungen (S. 150).

α-ZnS-Typ [1] (Sphalerit)

Kubisch, T_d^2; Koordinationsgitter (Abb. 110).

Die Packung ist dünn, die Bindungen orientiert, ein typisches Gitter mit homöopolarer Bindung; tritt oft auf,. wenn die eine Komponente

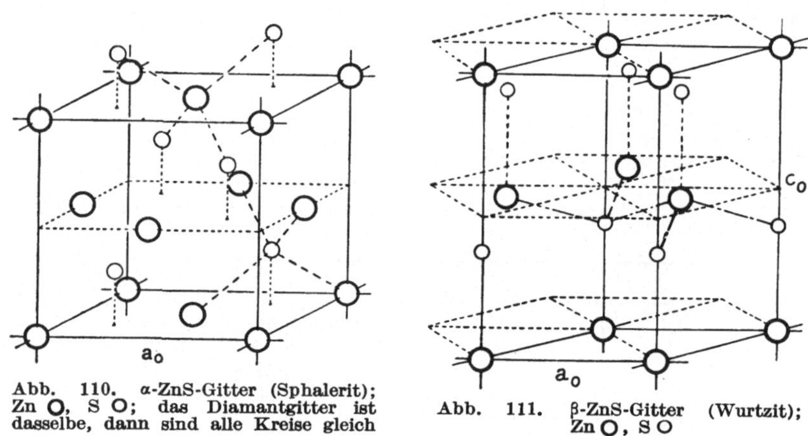

Abb. 110. α-ZnS-Gitter (Sphalerit); Zn ○, S ◯; das Diamantgitter ist dasselbe, dann sind alle Kreise gleich

Abb. 111. β-ZnS-Gitter (Wurtzit); Zn ○, S ◯

gleich weit vor wie die andere hinter der vierten Kolonne des periodischen Systems liegt. Wie Diamanttyp. A auf [[000]], X auf [[¼¼¼]]. Koordinationszahl für beide Atomarten 4.

	S	Se	Te		Cu	Ag
Be	$a_0 = 4,86$	5,13	5,61	F	4,25	
Zn	α 5,42	5,66	6,09	Cl	5,41	
Cd	α 5,82	6,04	6,46	Br	5,68	
Hg	5,84	6,07	6,36	J	6,05	β 6,47

β-ZnS-Typ [1] (Wurtzit)

Hexagonal, C_{6v}^4; Koordinationsgitter (Abb. 111).

Die Koordination ist wie bei Sphalerit, die Gitterbindung homöopolar. Das Gitter kann als atomar verzwillingter Sphalerit mit einer dreizähligen

---

[1] Vollständige Untersuchung F. G. SMITH, Am. Min. *40* (1955) 658.

Achse als Zwillingsachse beschrieben werden, energetisch sind die beiden Typen fast gleichwertig.

	NH$_4$F	α-AgJ	BeO	ZnO	β-ZnS	β-CdS	CdSe
a_0	4,39	4,58	2,69	3,24	3,81	4,14	4,30
c_0	7,02	7,49	4,37	5,18	6,23	6,72	7,01

c_0/a_0 ist ungefähr 1,63.

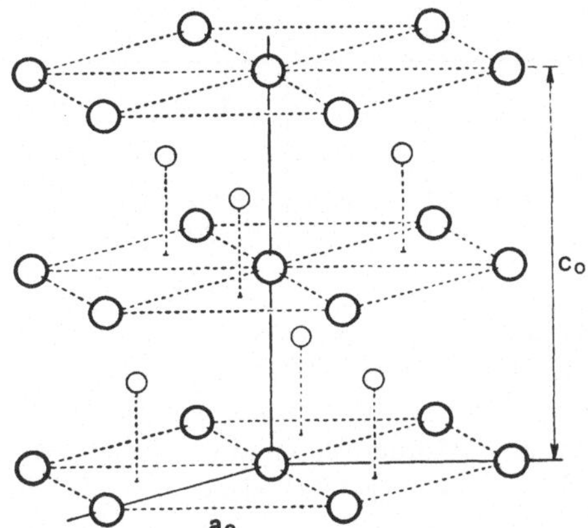

Abb. 112. NiAs-Gitter (Nickelin); Ni ◯, As ◦

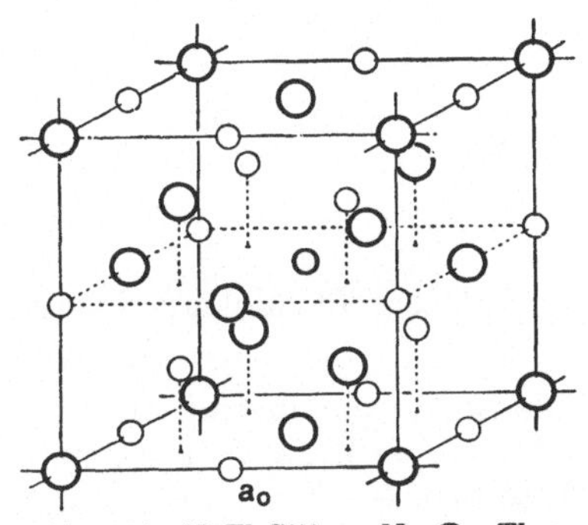

Abb. 113. NaTl-Gitter; Na ◯, Tl ◦

NiAs-Typ (Nickelin)

Hexagonal, D_{6h}^4; Koordinationsgitter (Abb. 112).

Die Koordinationszahl ist für beide Atomarten 6, für A nach dem Oktaeder, für X nach dem trigonalen Prisma.

		S	Se	Te	As	Sb
Cr	a_0	3,44	3,59	3,98		4,11
	c_0	5,67	5,80	6,21		5,46
Mn	a_0			4,12	3,72	4,12
	c_0			6,69	5,70	5,79
Fe	a_0	3,43 [1]	3,61	3,80		4,06
	c_0	5,68	5,87	5,65		5,13
Co	a_0	3,37	3,59	3,89		3,87
	c_0	5,16	5,27	5,36		5,19
Ni	a_0	3,42	3,66	3,95	3,61	3,91
	c_0	5,30	5,33	5,36	5,03	5,13

c_0/a_0 ist 1,4—1,6

[1] Aber vgl. M. J. Buerger, Am. Min. *32* (1947) 411.

Die Zusammensetzung von Eisensulfid wechselt von FeS[1] bis Fe_6S_7. Die Abweichung von FeS wird durch das Fehlen einer Anzahl von Fe-Atomen verursacht. Die Erscheinung von leeren Plätzen ist ziemlich häufig; solche Gitter heißen *defekte* (S. 209).

NaTl-Typ

Kubisch, O_h^7; Koordinationsgitter (Abb. 113).

Die Koordinationszahlen für beide Arten sind 8, aber jedes Atom wird von 4 gleichen und 4 ungleichen umgeben (bei α-CsCl 8 der ungleichen Art).

	Al	Zn	Ga	Cd	In	Tl
Li	$a_0 = 6,36$	6,21	6,19	6,69	6,79	
Na					7,30	7,47

CO-Typ

Kubisch, T^4; Molekülgitter.

Moleküle CO, Abstand $C—O = 1,05$ A. Die Schwerpunkte der Moleküle bilden annähernd ein Γ'_c-Gitter, die Atome liegen ungefähr wie die S-Atome bei Pyrit (S. 149), $a_0 = 5,63$ A. Auch N_2 kristallisiert nach diesem Gittertyp, $N—N = 1,065$ A, $a_0 = 5,66$ A.

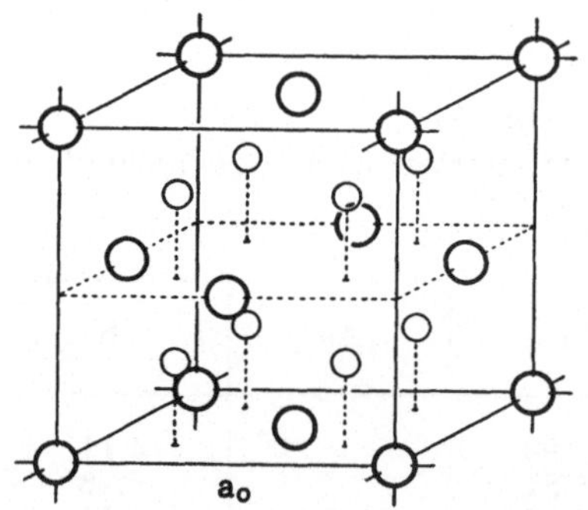

Abb. 114. CaF$_2$-Gitter (Fluorit); Ca ○, F ○

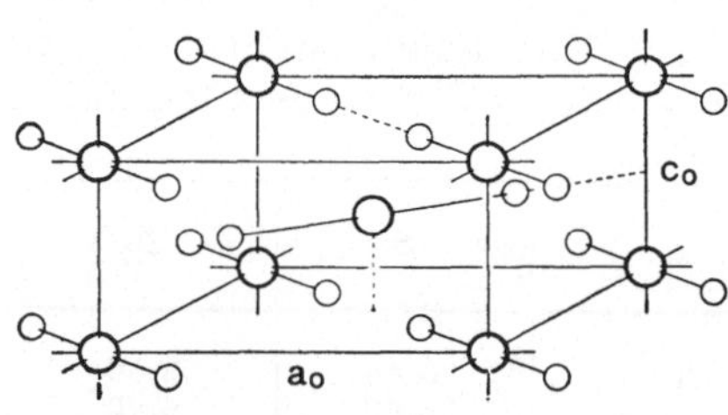

Abb. 115. TiO$_2$-Gitter (Rutil); Ti ○, O ○

CaF₂-Typ (Fluorit)

Kubisch, O_h^5; Koordinationsgitter (Abb. 114).

Die Koordinationszahl von A ist 8, von X 4. Drei Gitter Γ'_c, A auf [[000]], X auf [[¼ ¼ ¼]] und [[¾ ¾ ¾]]. Li_2O usw. bilden ein sogenanntes Antifluoritgitter.

---

[1] E. F. BERTAUT, Bull. Min. et Crist. *79* (1956) 276.

	F_2	Cl_2	O_2	Li_2	Cu_2
Ca	$a_0 = 5{,}45$				
Sr	5,78	6,98			
Ba	6,19				
Zr			5,08		
U			5,47		
O				4,61	
S				5,70	5,59

TiO_2-Typ (Rutil)

Tetragonal, D_{4h}^{14}; Koordinationsgitter (Abb. 115). 6 Gitter l'_q.

Um jedes O drei Ti im Dreieck und um jedes Ti sechs O nach dem Oktaeder.

		Mg	Zn	Ti	Sn	Pb	W	Mn	Fe	Ge
F_2	a_0	4,64	4,72					4,87	4,83	
	c_0	3,06	3,14					3,30	3,36	
O_2	a_0			4,58	4,72	4,96	4,86	4,40		4,39
	c_0			2,95	3,17	3,39	2,77	2,87		2,86

Modifikationen von SiO_2

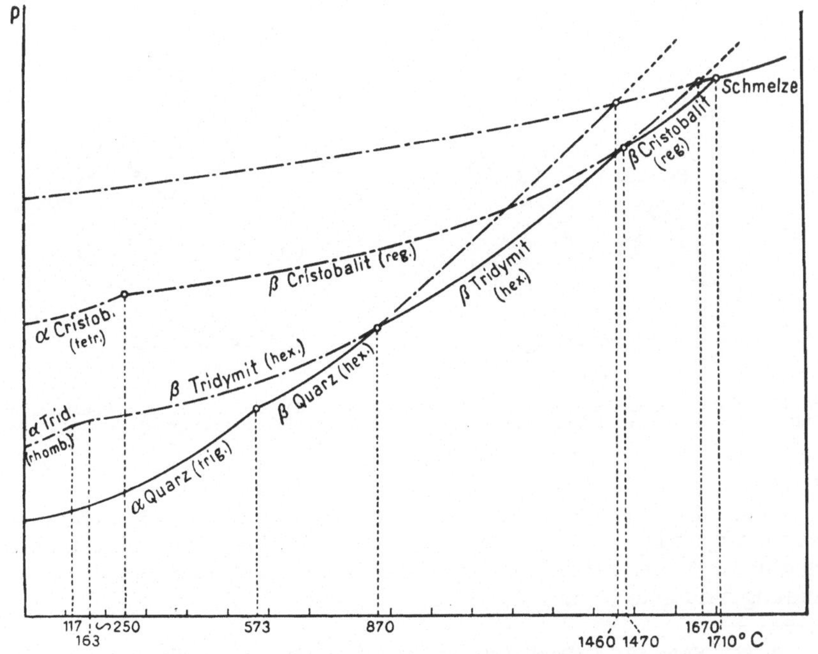

Abb. 116. Zustandsdiagramm von SiO_2

Das Zustandsdiagramm ist in Abb. 116 abgebildet.

In allen Silikaten und auch in den SiO_2-Modifikationen ist Si von 4 O tetraedrisch umgeben, der Abstand Si — O $\sim$ 1,62 A. Die Tetraeder sind in den Modifikationen auf solche Art zu einem Koordinationsgitter oder einem Gerüst gekoppelt (S. 160), daß jedes O zwei Tetraedern angehört, also jedes O von 2 Si ganz oder ungefähr symmetrisch umgeben ist.

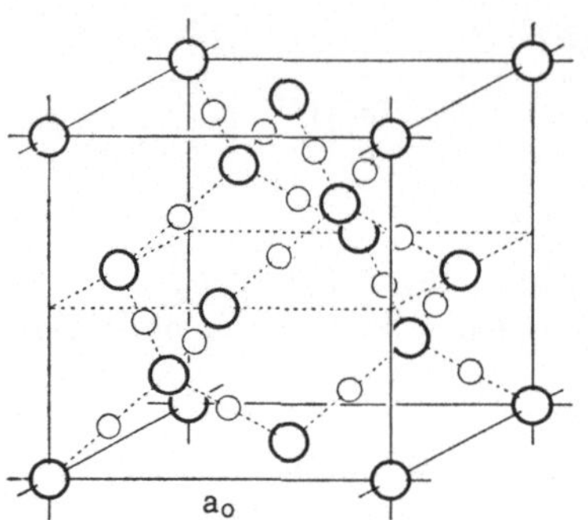

Abb. 117. β-Cristobalit-Gitter; Si ◯ , O ◯

β-Cristobalit, O_h^7, pseudokubisch, vielleicht rhombisch, die Schwerpunkte der Tetraeder bilden ein Diamantgitter; $a_0 = 7,12$ A (Abb. 117).

α-Cristobalit, D_4^4, tetragonal-trapezoedrisch.

β-Tridymit, D_{6h}^4, hexagonal. Die Schwerpunkte der Tetraeder bilden ein Wurtzitgitter. γ-Eis [1] besitzt ein Gitter vom gleichen Typ.

α-Tridymit, rhombisch, pseudohexagonal.

β-Quarz, D_6^4 und D_6^5, hexagonal-trapezoedrisch.

α-Quarz, D_3^4 und D_3^6, trigonal-trapezoedrisch.

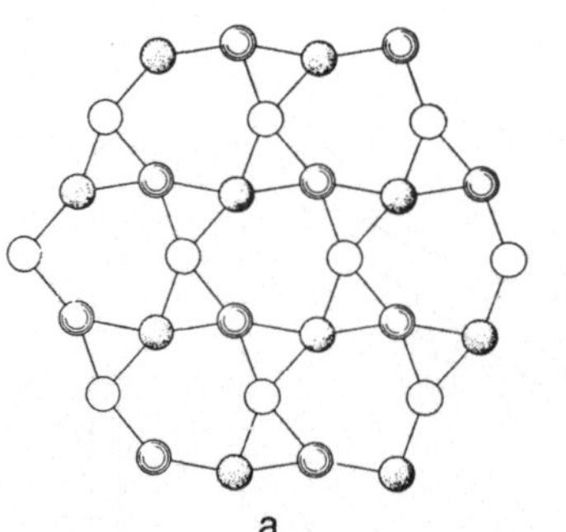
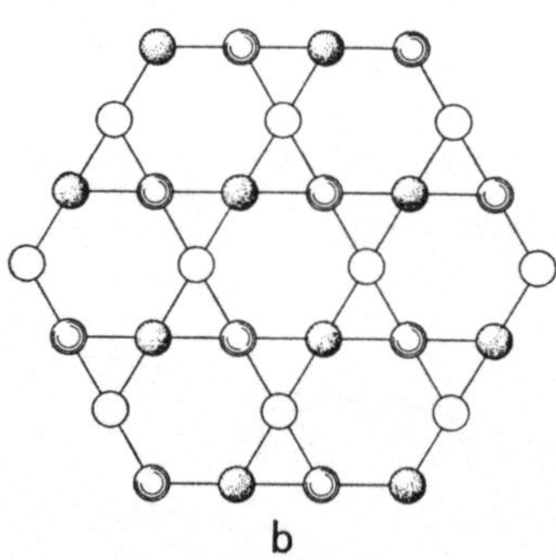

Abb. 118. Projektionen der Si-Ionen nach der C-Achse in a) α-Quarz und b) β-Quarz. Gleich getönte Ionen liegen in gleicher Höhe [W. L. Bragg, Atomic Structure of Minerals, 1937]

Bei Quarz sind die Tetraeder schraubenförmig um die dreizähligen Achsen angeordnet, in Abb. 118 sind die Si-Teilchen von drei Tetraederlagen in vertikaler Projektion abgebildet. Man findet, daß im α-Quarz die Bindung halb hetero- und halb homöopolar ist [2].

---

[1] R. C. Evans, An Introduction to Crystal Chemistry, S. 298. London, 1948.
[2] R. Brill, C. Hermann und C. Peters, Ann. d. Phys. V *41* (1942) 233.

Von α-Quarz ist $a_0 = 4,90$ A; $c_0 = 5,39$ A.

Die Änderung $\alpha \rightleftarrows \beta$ verläuft bei einem Druck von

1 bar bei 572,3° C
1000 Megabar bei 599°
9000 Megabar bei 820° [1]

α-Al$_2$O$_3$-Typ (Korund)

Hexagonal, D_{3d}^6.

Die O-Ionen bilden eine hexagonal dichteste Packung, in $^2/_3$ der oktaedrischen Zwischenräume liegen die Al-Ionen.

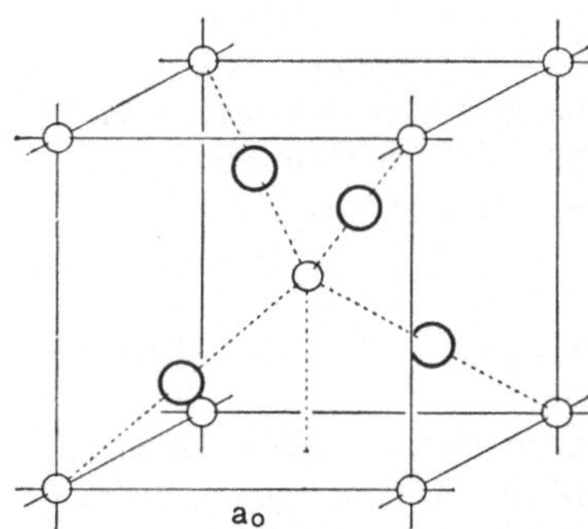

Abb. 119. Cu$_2$O-Gitter (Cuprit);
Cu ⦿, O ◯

γ-Al$_2$O$_3$, das oberhalb von 900° rasch in Korund übergeht, gehört zum Spinelltyp (S. 154), wobei O eine kubisch dichteste Packung bildet und Al $21^2/_3$ der 24 Zwischenräume bei Spinell besetzt (defektes Gitter, vgl. S. 209).

Cu$_2$O-Typ (Cuprit)

Kubisch, O_h^4; Koordinationsgitter (Abb. 119).

Die Koordinationszahl von Cu ist 2, von O 4; $a_0 = 4,26$ A.

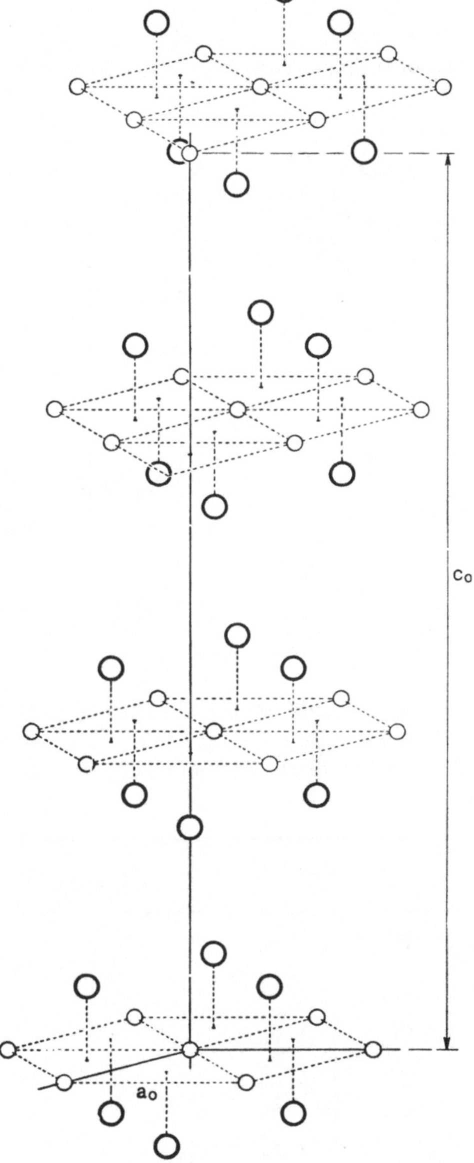

Abb. 120. CdCl$_2$-Gitter; Cd ◯, Cl ⦿

---

[1] Vgl. C. W. CORRENS, Einführung in die Mineralogie, S. 158. Berlin-Göttingen-Heidelberg, 1949.

MoS_2-Typ (Molybdänit)

Hexagonal, D_{6h}^4; Schichtgitter.

Die Schichten bestehen aus Mo-Lagen, umgeben von S-Lagen. Die Koordinationszahl jedes Mo-Atoms ist 6 (trigonales Prisma). Nach den Schichten ist eine ausgezeichnete Spaltbarkeit vorhanden.

$CdCl_2$-Typ

Hexagonal, D_{3d}^5; Schichtgitter [1] (Abb. 120).

Die Koordinationszahl von Cd ist 6. Eine Schicht besteht aus einer Lage Cd, beiderseits umgeben von einer Lage Cl. Diese Schichten sind gleich gebaut wie die von CdJ_2, aber ihre Stapelung ist anders, so daß, die vierte Schicht wieder genau über die erste kommt. Ausgezeichnete Spaltbarkeit nach den Schichten. Die Primitivzelle ist rhomboedrisch. Cl ist stark polarisiert.

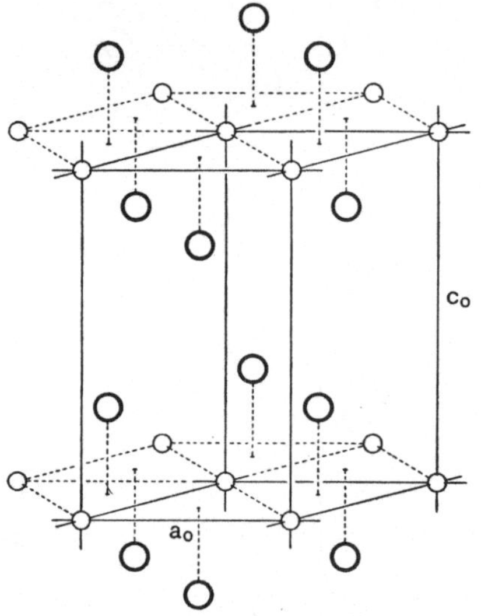

Abb. 121. CdJ_2-Gitter; Cd ○, J ⬤

CdJ_2-Typ

Hexagonal, D_{3d}^3; Schichtgitter [1] (Abb. 121).

Die Koordinationszahl für Cd ist 6 (Koordination ungefähr nach dem Oktaeder). Eine Schicht besteht aus einer Lage Cd, beiderseits von einer Lage J umgeben, wie bei $CdCl_2$. J ist stark polarisiert.

		Ag_2	J_2	S_2	$(OH)_2$
F	a_0	3,00			
	c_0	5,73			
Mg	a_0		4,14		3,12
	c_0		6,88		4,73
Ca	a_0		4,48		3,58
	c_0		6,96		4,90
Cd	a_0		4,24		3,48
	c_0		6,84		4,64
Fe	a_0		4,04		3,24
	c_0		6,74		4,47
Ti	a_0			3,40	
	c_0			5,69	

[1] Eine Betrachtung über die Stapelung der Schichten in den Schichtgittern in J. M. Bijvoet, N. H. Kolkmeyer und C. H. MacGillavry, X-ray Analysis of Crystals, S. 164, 274. London, 1951.

Die Schichten liegen so, daß die zweite genau über die erste kommt (vgl. hexagonal und kubisch dichteste Packung, S. 138). Die Schichten können aber auch seitlich verschoben sein, die Aufeinanderfolge der Schichten ist dann weniger regelmäßig (*Wechselstruktur*). Diese Erscheinung tritt bei Schichtgittern häufig auf, bei einigen Glimmern ist die Stapelung solcherart, daß erst die zwanzigste Schicht wieder über die erste zu liegen kommt [1] (Erklärung s. S. 238).

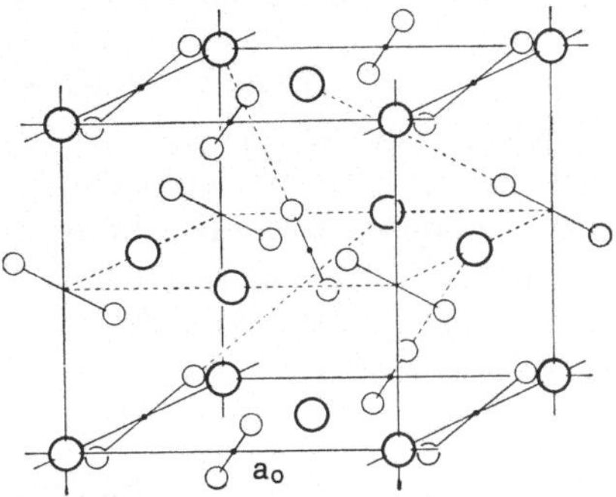

Abb. 122. FeS_2-Gitter (Pyrit); Fe ○, S ○

FeS_2-Typ (Pyrit)

Kubisch, T_h^6; „Molekül"-Gitter (Abb. 122).

X_2 bildet „Moleküle". Die Schwerpunkte dieser Moleküle und die der A-Atome bilden ein Gitter vom Halittyp; bei Pyrit ist der Abstand $S—S = 2{,}10$ A.

	Mn	Fe	Co	Ni	Ru	Pt	O	C
S_2	$a_0 = 6{,}10$	5,40	5,52	5,74	5,59			
Se_2			5,85	5,95	5,92			
As_2						5,97		
Sb_2						6,43		
N_2							5,72	
O_2								5,63

CaC_2-Typ

Tetragonal, D_{4h}^{17}; Molekülgitter.

Dieser Typ ist eines der sogenannten X_2-Gitter, zu denen auch der Pyrittyp gerechnet werden kann.

Die Schwerpunkte der X_2-Moleküle bilden mit denen der A-Atome ein etwas tetragonal deformiertes Halitgitter.

Sb_2S_3-Typ (Antimonit)

Rhombisch, D_{2h}^{16}; Kettengitter.

$(Sb_2S_3)_\infty$-Ketten in Richtung der Faserachsen (C-Achse). Bi_2S_3 besitzt dieselbe Struktur.

---

[1] Vgl. Fußnote S. 148 und H. STRUNZ, Mineralogische Tabellen, S. 306. Leipzig, 1957.

Sb_2O_3-Typ (Senarmontit)

Kubisch, O_h^7; Molekülgitter.

Die Schwerpunkte der As_4O_6-Moleküle bilden ein Diamantgitter; $a_0 = 11,06$ A. Anorganische Molekülgitter sind selten (vgl. S_8).

Feste Lösungen (= Einlagerungsgitter)

Kleine ($<0,59$ A) „Atome" wie H, B, C, N und O können interstitiell in Metallgitter aufgenommen werden. Die Verbindungen sind noch metallisch und oft sehr hart [1]. Z. B. bei Fe_4N liegen im Γ_c'-Gitter von Fe die füllenden N-Atome auf $[[\frac{1}{2}\ \frac{1}{2}\ \frac{1}{2}]]$, bei PdH liegen die H-Atome im Γ_c'-Gitter von Pd so, daß ein Sphaleritgitter entsteht (etwas rhombisch verformt). Die Füllung kann auch teilweise sein (vgl. defekte Gitter, S. 209).

Binäre Legierungen

Die Komponenten davon sind zwei der Elemente der Klassen I, II und III (S. 137). Die Legierungen können durch Schmelzen, Sintern oder gleichzeitigen elektrolytischen Niederschlag entstehen.

Die Gitterbindung ist ganz (Klasse I) oder hauptsächlich (Klasse II und III) metallisch; der chemische Valenzbegriff fällt oft weg, von einer stöchiometrischen Verbindung ist oft keine Rede und die Gitter kennzeichnen sich durch ein großes Anpassungsvermögen, d. h. lassen großen Ersatz zu, ohne sich prinzipiell zu ändern. Bei reinen Metallkristallen ist Gleitung sehr leicht (S. 219), bei Legierungen sind in der Regel die Gleitflächen weniger „glatt" und die Gleitung wird schwieriger, so daß eine Legierung oft hart und zuweilen spröde ist (Ti und Zr, die einige Zehner von Atomprozenten O oder N aufnehmen können, sind bei wenigen Prozenten schon sehr spröde und hart; $0,1\%$ Bi in Au macht die Legierung bereits spröde). Die Farbe einer Legierung ist unberechenbar, aber zuweilen sehr auffallend; manche Gold-Eisenkristalle sind blau.

Tab. 21 gibt eine Übersicht über die verschiedenen Möglichkeiten:

1. Keine Mischung, die Kristalle der Komponenten sind nebeneinander vorhanden. Tritt bei hoher Temperatur Mischbarkeit auf und vermindert sich diese bei Temperatursenkung, dann scheidet sich eine der Komponenten oder eine Verbindung ab und in der Regel nimmt die Härte des ganzen zu, z. B. Stahl ist Eisen mit feinverteilten abgeschiedenen Karbiden.

2. Es bilden sich *Mischkristalle*. Mischkristalle entsprechen nicht der Hypothese von S. 88, daß die Umgebungen gleicher Atome gleich sind; wohl aber wird der Hypothese entsprochen, wenn die eine Art der Atome durch die andere ersetzt gedacht wird. Die Entstehung wird gefördert, wenn

a) die Radien der Atome nicht mehr als etwa 10% verschieden sind;

b) kein großer Unterschied in der Elektropositivität besteht;

---

[1] Tabellen bei G. BECKER, Phys. Z. *34* (1933) 185.

c) die Gitter der Komponenten vom gleichen Typ, vorzugsweise Γ'_c, sind. Die Regel von VEGARD gilt hier in großer Näherung, d. h. die Zelldimensionen hängen linear von der Zusammensetzung ab.

Tabelle 21

	Ia (Metalle: Alkalien, Erdalkalien)	Ib (Metalle: Übergangsmetalle und Cu, Ag, Au)	II (Halbmetalle)	III (Halbmetalloide)
Ia	wenig mischbar	schlecht bekannt	Gitter; Typen $\begin{cases} NaCl \\ CsCl \end{cases}$ oft vorwiegend Ionenbindung	Gitter; Typen $\begin{cases} NaCl \\ CaF_2 \end{cases}$
Ib		Mischkristalle und Übergitter	Elektronverbindungen	Gitter; Typen $\begin{cases} NiAs \\ FeS_2 \\ MoS_2 \end{cases}$
II			oft Mischkristalle	Gitter; Typ ZnS
III				Gitter; Typ NaCl

Der Schmelzpunkt vieler Mischkristalle liegt unter dem von jeder der Komponenten; die Leitfähigkeit ist geringer als die der Komponenten. Die Gitterstellen werden oft willkürlich besetzt (*statistische Verteilung*), zuweilen ist aber eine gewisse Regelmäßigkeit der Besetzung vorhanden; es gibt Übergänge von willkürlicher Besetzung (Unordnung) zu vollkommen regelmäßiger Ordnung (das Gitter entspricht der Definition S. 88). Man unterscheidet dabei „Nahordnung" und „Fernordnung". Sind z. B. von jeder Komponente gleich viel Atome vorhanden, dann hat man eine eindimensional vollkommene Ordnung, wenn sie abwechselnd angeordnet sind. Ist die Anordnung aber folgendermaßen:

$$\underset{1}{\bigcirc} \;\; \underset{2}{\cdot} \;\; \underset{3}{\bigcirc} \;\; \underset{4}{\cdot} \;\; \underset{5}{\cdot} \;\; \underset{6}{\bigcirc} \;\; \underset{7}{\cdot} \;\; \underset{8}{\cdot} \;\; \underset{9}{\bigcirc} \;\; \underset{10}{\cdot} \;\; \underset{11}{\bigcirc} \;\; \underset{12}{\bigcirc} \;\; \underset{13}{\cdot} \;\; \underset{14}{\bigcirc}$$

dann ist hier die Fernordnung gering, denn Atom 1 hat richtige Teilchen auf den Stellen 2, 3, 4, 8, 9, 10, 11, aber falsche auf 5, 6, 7, 12, 13, 14. Die Nahordnung ist aber beträchtlich, denn 1 hat einen richtigen Nachbarn, 2 hat deren zwei, 3 ebenfalls, 4 einen usw. Je besser die Ordnung, desto größer die Duktilität (Gleitung, s. S. 219) des Kristalles.

3. Es bilden sich normale, stöchiometrische Gitter, wobei gleiche Atome kristallographisch gleichwertige Stellen besetzen. In einigen Fällen bilden sich Übergitter (S. 152).

Bei Näherung der Komponenten zu Klasse II oder III ändert sich der Charakter der Bindung, diese wird mehr homöopolar, so daß hauptsächlich

normale Gitter und keine Mischkristalle auftreten. Diese Gitter sind dann
von den sogenannten *intermediären Verbindungen* und weichen in der
Regel vom Typ derer der Komponenten ab.

Die *Elektronverbindungen* bilden eine Gruppe intermediärer Verbindungen, bei der das Verhältnis der Anzahl Atome zur Anzahl der
Valenzelektronen jeweils feststeht (HUME-ROTHERY, 1926; Tab. 22).

Tabelle 22

Phase	Zahl der		Verhältnis Atome/Elektronen
	Atome	Elektronen	
AgCd	2	1 + 2	2/3
CuZn	2	1 + 2	2/3
Ag_5Cd_8	13	5 + 16	13/21
Cu_9Al_4	13	9 + 12	13/21
Ag_5Al_3	8	5 + 9	4/7

Einige Repräsentanten der drei Typen Hume-Rothery-Legierungen.

In dem System Ag—Cd (Abb. 123) ist α kubisch (Γ''_c); β ungefähr
CsCl-Typ; γ kubisch mit 52 Atomen in der Elementarzelle; ε hexagonal
(dichteste Packung); η hexagonal, von ε etwas abweichend.

Übergitter

Wenn die Gitter der Legierungskomponenten von gleichem oder fast
gleichem Typ sind und über ein großes Gebiet hin Mischkristalle auftreten
und die Atome in der Größe ziemlich verschieden sind, kommt es oft
vor, daß bei einigen Mengenverhältnissen die Verteilung der Atome bei
rascher Abkühlung schon, bei langsamer dagegen nicht mehr statistisch ist
und daß ein Gitter entsteht, das zwar vom Typ der Komponenten ist, in
dem aber auf regelmäßige Weise ein Teil der ursprünglichen Atome ersetzt ist (*Übergitter* oder *Überstruktur*); dabei tritt zuweilen eine geringe
Deformierung des Gitters ein.

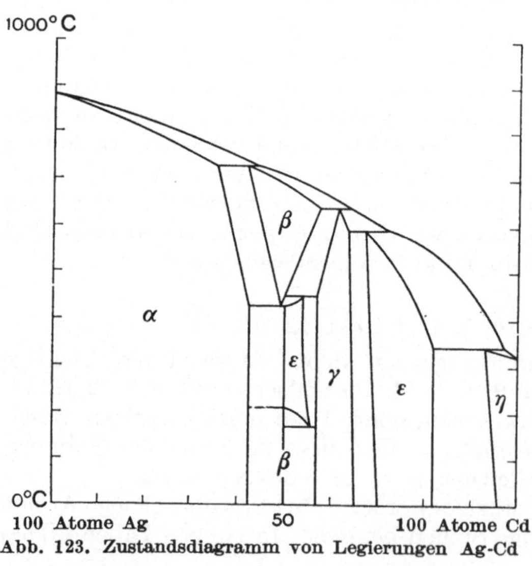

Abb. 123. Zustandsdiagramm von Legierungen Ag-Cd

So bilden Au und Cu eine geschlossene Reihe von Mischkristallen, beide
Komponenten haben ein Gitter Γ'_c, die Atomradien sind 1,44 A und 1,27 A.

Bei der Zusammensetzung AuCu tritt bei langsamer Abkühlung ein von der kubischen kaum abweichendes tetragonales Gitter auf ($c_0/a_0 = 0{,}932$) und bei der Zusammensetzung $AuCu_3$ ein kubisches (Abb. 124); in beiden Fällen ist die Elementarzelle fast gleich der der ursprünglichen Gitter, aber ein Teil der ursprünglichen Atome ist in systematischer Weise ersetzt.

Mehr als zwei Atomarten [1]

Für Ionengitter gelten allgemein die Regeln von PAULING; bei Gittern mit zwei Ionenarten sagen sie wenig aus, aber für solche mit mehr Ionen sind sie von großer Bedeutung.

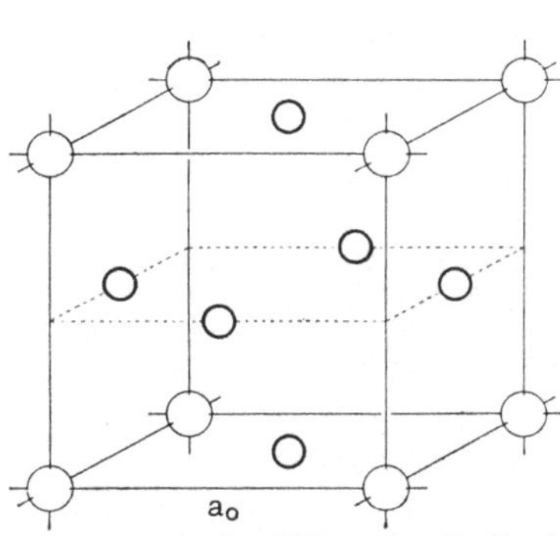

Abb. 124. $AuCu_3$-Gitter; Au ◯, Cu ⬤

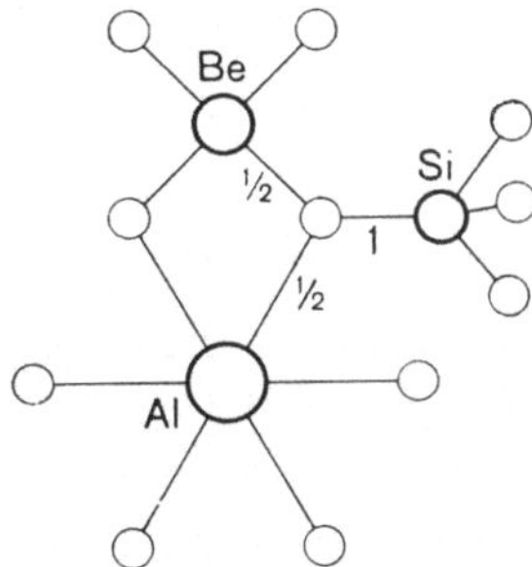

Abb. 125. Die kleinen Kreise sind O-Ionen; die Stärke der Bindung des mittleren O-Ions ist gleich seiner Valenz

I. Jedes $+$Ion ist oft durch einen ganz oder fast ganz regelmäßigen Vielflächner von $-$Ionen umringt (diese Umringung wird durch die Ladungen und die Größenverhältnisse bestimmt, S. 135).

II. Nennt man den Wert des Quotienten

$$\frac{\text{Valenz } +\text{Ion}}{\text{Anzahl umringende } -\text{Ionen}}$$

die Kraft der Bindung zwischen $+$ und $-$Ion, dann ist die Summe aller auf ein $-$Ion wirkenden Kräfte gleich seiner Valenz (Abb. 125).

III. Die Vielflächner haben in der Regel nur Eckpunkte und nicht Kanten oder Flächen gemeinsam.

IV. Sind verschiedene $+$Ionen vorhanden, dann trachten jene mit großer Ladung und kleiner Koordinationszahl danach, wenig Eckpunkte der Vielflächner gemeinsam zu haben.

Diese Regeln finden z. B. beim Aufstellen und Überprüfen der Silikatstrukturen Anwendung, wo die Vielflächner Tetraeder (Si und Al), Oktaeder (Al, Fe und Mg) oder einer der auf S. 134 genannten Vierzehnflächner (Ca, Na und K) sind.

---

[1] Vgl. Tab. 16, S. 133.

CaTiO$_3$-Typ (Perowskit)

Kubisch, O_h^1; Koordinationsgitter (Abb. 126).

Die Koordinationszahl von Ca ist 12, von Ti 6 und von O 2. Eine genauere Untersuchung zeigt, daß Perowskit bei Zimmertemperatur nicht kubisch, sondern triklin ist; BaTiO$_3$ ist tetragonal, $a_0 = 3,980$ und $c_0 = 4,018$ A, oder monoklin [1].

	KMg	KZn	CsCd	KJ	CaTi	LaAl	NaW	BaTi
F$_3$	$a_0 = 4,00$	4,05						
Cl$_3$			5,20					
O$_3$				4,46	3,80	3,78	3,83	4,00

MgAl$_2$O$_4$-Typ (Spinell)

Kubisch, O_h^7; Abb. 127.

Die Elementarzelle enthält 32 O-Ionen, die in kubisch dichtester Packung angeordnet sind. Von den 64 tetraedrischen Zwischenräumen

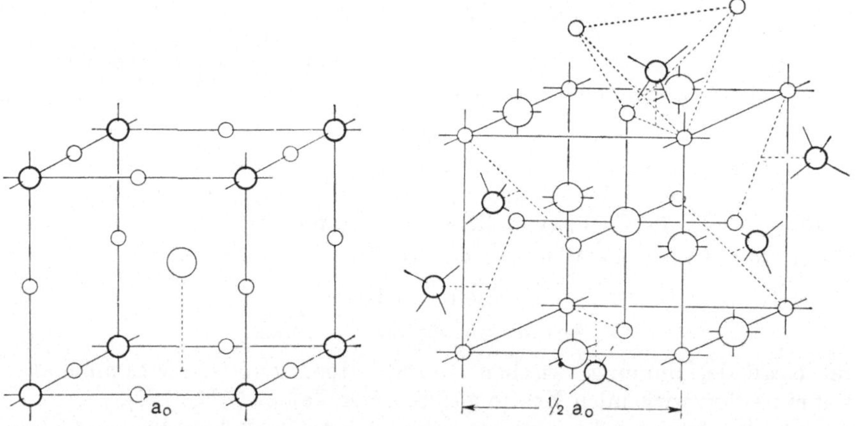

Abb. 126. CaTiO$_3$-Gitter (Perowskit); Ca O, Ti O, O o

Abb. 127. MgAl$_2$O$_4$-Gitter (Spinell); Mg O, Al O, O o; angegeben ist ⅛ der Elementarzelle

werden 8 von Mg und von den 32 oktaedrischen 16 von Al ausgefüllt, so daß die Mg-Ionen ein Gitter vom Diamanttyp bilden.

Für einige Gitter muß man $B(AB)O_4$ schreiben, da das dreiwertige Metall die Lagen des zweiwertigen einnimmt und das zweiwertige statistisch verteilt die Hälfte der Lagen des dreiwertigen.

Im Gitter sind große Defekte möglich (vgl. S. 209).

---

[1] R. G. RHODES, Acta Crystallogr. *2* (1949) 417.

	MoAg$_2$	TiMg$_2$	Fe$_3$	MgAl$_2$	Co$_3$	Ni$_3$	ZnK$_2$
O$_4$ S$_4$ (CN)$_4$	a$_0$ = 9,26	8,44	8,41	8,09	8,11 9,42	9,48	12,54

CuFeS$_2$-Typ (Chalkopyrit)

Tetragonal, D_{2d}^{12}; fast Koordinationsgitter (Abb. 128).

Ein etwas deformierter α-ZnS-Typ; 4 Zn sind durch 2 Cu und 2 Fe ersetzt.

$$a_0 = 5,24 \text{ A}; c_0 = 10,30 \text{ A}.$$

CoAsS-Typ (Kobaltin)

Kubisch, T^4; Molekülgitter.

Pyrittyp, wobei 1 S ersetzt wird, so daß die Symmetrie vermindert wird.

CoAsS	NiAsS	NiSbS
a$_0$ = 5,60	5,70	5,90

Bei den *Mischkristallen* (vgl. S. 150) unterscheidet man zwei Gruppen: die einander „ersetzenden" Atome (= *diadoche* Atome) können von gleicher (isovalente Mischkristalle) oder ungleicher Valenz (anisovalente Mischkristalle) sein. Zur ersten Gruppe gehören z. B. (Na, K) Br, zur zweiten die Spinelle vom Typ AlMgAlO$_4$ (S. 154) und Li$_2$TiO$_3$, das im Halitgittertyp auftritt, in dem auf den A-Plätzen Li$^+$ und Ti^{4+} statistisch verteilt vorkommen. Li$_2$TiO$_3$ gibt mit MgO in allen Verhältnissen Mischkristalle vom gleichen Gittertyp.

Die Regel von VEGARD gilt ziemlich genau: die Zellmaße verlaufen linear mit der Zusammensetzung.

Radikalgitter

Ein Radikal ist eine geladene endliche Zusammenballung von Ionen oder Atomen, untereinander größtenteils homöopolar gebunden, die als Gitterbestandteil als Ganzes

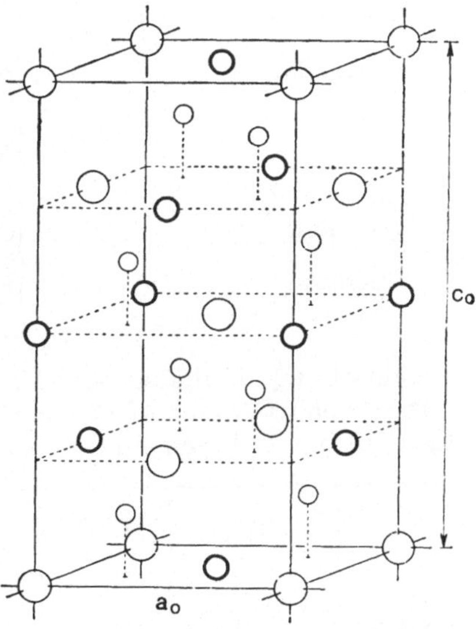

Abb. 128. CuFeS$_2$-Gitter (Chalkopyrit); Cu O, Fe ◯, S o

an der infraroten Eigenschwingung des Gitters teilnehmen kann (S. 231) und in der wässerigen Lösung nicht auseinanderfällt. Der Aufbau eines

Radikals ist in der Regel so, daß um ein zentrales, stark positiv geladenes kleines Ion eine Anzahl von negativen regelmäßig angeordnet ist.

Sind die umringenden Teilchen zusammengesetzte Ionen oder Moleküle, dann spricht man von *komplexen* Radikalen.

In einigen Gittern, besonders bei Temperaturen nicht weit unter dem Schmelzpunkt, rotieren die Radikale, wodurch oft die Symmetrie erhöht wird. Im $NaNO_3$-Kristall, Schmelzpunkt 315°, rotieren bei 150° C einzelne, bei 275° C alle NO_3-Radikale. In NH_4J rotiert NH_4 bei Zimmertemperatur.

Einige Typen von Radikalen zeigt Tab. 23.

Tabelle 23

Habitus	Radikal	
	Zusammensetzung	Abstand [1]
oktaedrisch	$(PtCl_6)^{2-}$	2,33 A
	$(SiF_6)^{2-}$	1,72
	$[Al(OH)_6]^{3-}$	
	$[Ir(NO_2)_6]^{3-}$	
	$[Mn(NH_3)_6]^{2+}$	
	$[Al(H_2O)_6]^{3+}$	
tetraedrisch	$(SO_4)^{2-}$	1,49
	$(ClO_4)^{-}$	1,46
	$(PO_4)^{3-}$	1,64
	$(WO_4)^{2-}$	1,73
	$(CrO_4)^{2-}$	1,58
	$(SiO_4)^{4-}$	1,62
	$(BeF_4)^{2-}$	1,61
	$[Cu(CN)_4]^{3-}$	
pyramidal	$(SO_3)^{2-}$	1,39
	$(ClO_3)^{-}$	1,38
flach	$(CO_3)^{2-}$	1,24
	$(NO_3)^{-}$	1,27
	$(PtCl_4)^{2-}$	2,32
eckig	$(NO_2)^{-}$	1,13
geradlinig	$(CN)^{-}$	1,06 [2]
	$(SCN)^{-}$	2,96 [2]
ringförmig	$[Si_6O_{18}]^{12-}$	1,68

K_2PtCl_6-Typ

Kubisch, O_h^5; Radikalgitter (Abb. 129).

Pt ist von 6 Cl oktaedrisch umgeben; die Schwerpunkte dieser Oktaeder bilden mit den K-Ionen ein Gitter vom Fluorittyp.

	$PtCl_6$	$TiCl_6$	SiF_6	$SnCl_6$	$PdBr_6$	$Co(NH_3)_6$
K_2	$a_0 = 9,73$			9,96		
$(NH_4)_2$	9,83		8,38			
Rb_2		9,92			10,02	
Cl_2						10,12

[1] Vom zentralen Ion zu den umringenden.
[2] Abstand S-N; N hat eine freie Valenz.

$BaSO_4$-Typ (Baryt)

Rhombisch, V_h^{16}; Radikalgitter (Abb. 130).
Das Gitter von $CaSO_4$, Anhydrit, weicht etwas ab.

	$SrSO_4$	$BaSO_4$	$PbSO_4$	$KClO_4$
a_0	8,36	8,85	8,45	8,85
b_0	5,36	5,44	5,38	5,66
c_0	6,84	7,13	6,93	7,24

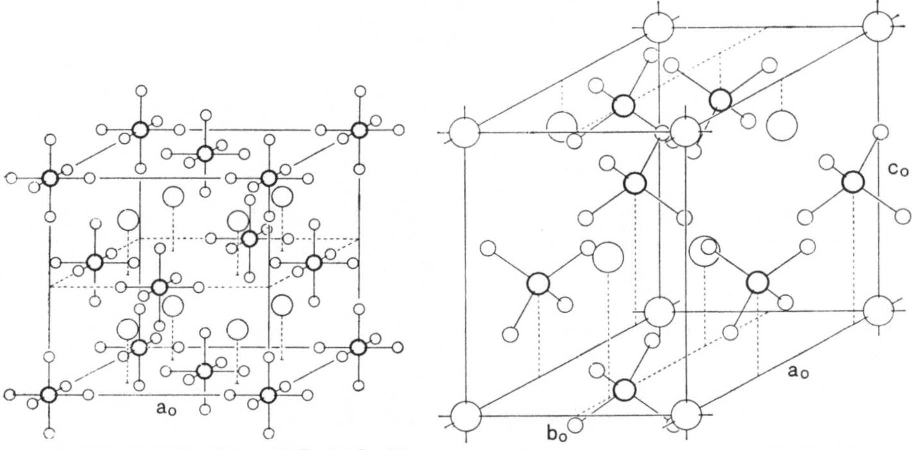

Abb. 129. K_2PtCl_6-Gitter; K O, Pt O, Cl o   Abb. 130. $BaSO_4$-Gitter (Baryt); Ba O, S O, O o

$CaWO_4$-Typ (Scheelit)

Tetragonal, C_{4h}^6; Radikalgitter (Abb. 131).
Die Umringung von W durch O ist fast tetraedrisch.

		JO_4	MoO_4	WO_4
Na	a_0	5,32		
	c_0	11,93		
K	a_0	5,75		
	c_0	12,63		
Ca	a_0		5,23	5,24
	c_0		11,44	11,38
Ba	a_0		5,56	5,60
	c_0		12,76	12,69
Pb	a_0		5,41	5,44
	c_0		12,08	12,01

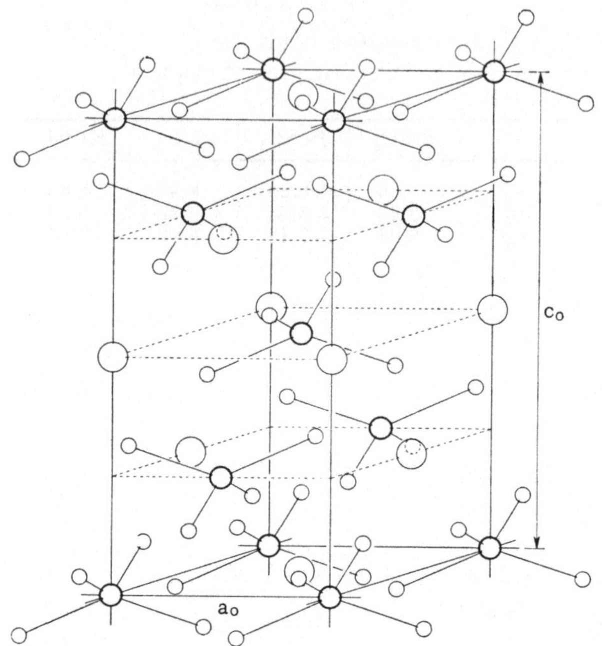

Abb. 131. CaWO$_4$-Gitter (Scheelit); Ca $\bigcirc$, W $\bigcirc$, O o

CaCO$_3$-Typ (Calcit)

Ditrigonal-skalenoedrisch, D_{3d}^6; Radikalgitter (Abb. 132).

C ist von 3 O umringt, alle vier liegen in einer Ebene senkrecht auf die Hauptachse. Die Primitivzelle ist rhomboedrisch. Die kleinsten „Spaltrhomboeder" sind doppelt primitiv, die Schwerpunkte von CO$_3$ bilden mit den Ca-Ionen ein Gitter, das als ein nach einer dreizähligen Achse etwas zusammengedrücktes Gitter vom NaCl-Typ betrachtet werden kann. In der Tabelle sind die Elemente der rhomboedrischen Primitivzelle angeführt.

		Mg	Ca	Zn	Mn	Fe	Na	Li
CO$_3$	a_0	5,61	6,36	5,62	5,84	5,82		
	α	48°12′	46°7′	48°20′	47°20′	47°45′		
NO$_3$	a_0						6,33	5,74
	α						47°17′	48°3′

Im mit Calcit dimorphen rhombischen Aragonit sind die Radikale gleich gebaut und liegen auch in parallelen Ebenen.

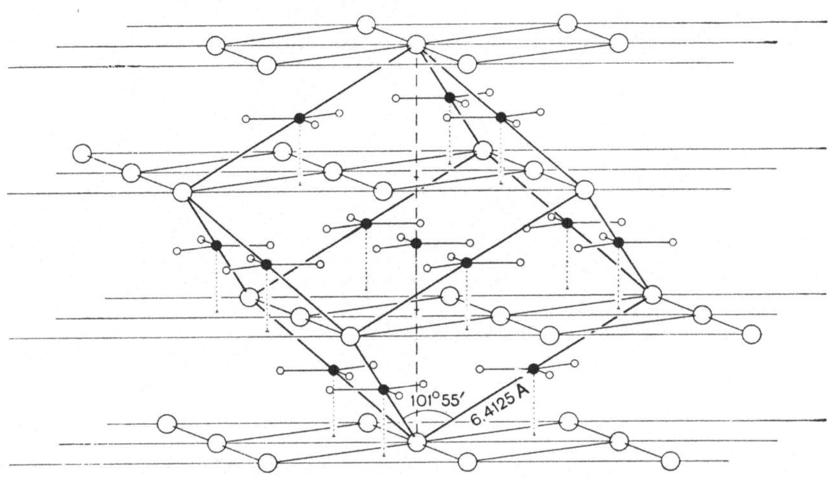

Abb. 132. $CaCO_3$-Gitter (Calcit); Ca $\bigcirc$, C $\bullet$, O $\circ$; die Figur umfaßt die halbe Höhe der primitiven rhomboedrischen Zelle

Komplexe Radikale [1] und Hydrate

Die H_2O- und NH_3-Moleküle sind stark polarisierbar und dadurch imstande, komplexe Radikale zu bilden.

$[Mn(NH_3)_6]$ Cl_2 hat CaF_2-Typ, $a_0 = 10,22$ A; ebenfalls kubisch, aber von anderem Typ sind $Ca_3[Al(OH)_6]_2$ und $K_3[Ir(NO_2)_6]$; $[Al(H_2O)_6]Cl_3$ und $K_3[Cu(CN)_4]$ sind hexagonal.

Auch in anderen Hydraten werden die Metallionen oft von 6 H_2O-Ionen umringt, so in $[Ni(H_2O)_6]$ $SO_4 . H_2O$, gewöhnlich $NiSO_4 . 7H_2O$ geschrieben.

In Gips $CaSO_4 . 2H_2O$ ist jedes Ca von 6 O und $2H_2O$ umgeben, während jedes H_2O von 1Ca und 2 O umgeben ist. Die tetraedrische Umringung von H_2O kommt hier weniger gut zum Ausdruck wie in den Zeolithen (S. 133). In $CuSO_4 . 5H_2O$ liegen um jedes Cu $4H_2O$, so daß eine bessere Schreibweise ist: $[Cu(H_2O)_4]SO_4 . H_2O$. Alaun kann geschrieben werden: $[K(H_2O)_6]$ $[Al(H_2O)_6]$ $(SO_4)_2$.

Silikate [2]

Seit BERZELIUS betrachtete man die sauerstoffhaltigen Siliziumverbindungen (Silikate) als Salze von Säuren, die der allgemeinen Formel $mSiO_2 . nH_2O$ entsprechen sollten. Als freie Säure war und ist vielleicht allein H_4SiO_4 bekannt, die anderen waren hypothetisch.

Aus Betrachtungen von MACHATSCHKI und den Strukturbestimmungen besonders von W. L. BRAGG und seiner Schule um 1927 geht hervor, daß der Großteil der Silikate sicher nicht als Salze aufgefaßt werden kann, denn Säuren mit unendlich großen Säureresten sind selbst nicht hypothetisch.

---

[1] A. E. VAN ARKEL, Moleculen en kristallen in de anorganische chemie. 's-Gravenhage, 1953; L. PAULING, Gen. Chemistry, S. 471. San Francisco, 1953.

[2] Übersicht über die in keramischen Produkten wichtigen Verbindungen in: G. R. RIGBY, Transact. British Ceramic Soc. *48* (1949) 1.

In allen Silikaten ist das Si-Ion tetraedrisch von 4 O-Ionen in 1,62 A umgeben; diese Tetraeder mit Kanten von 2,64 A können entweder als

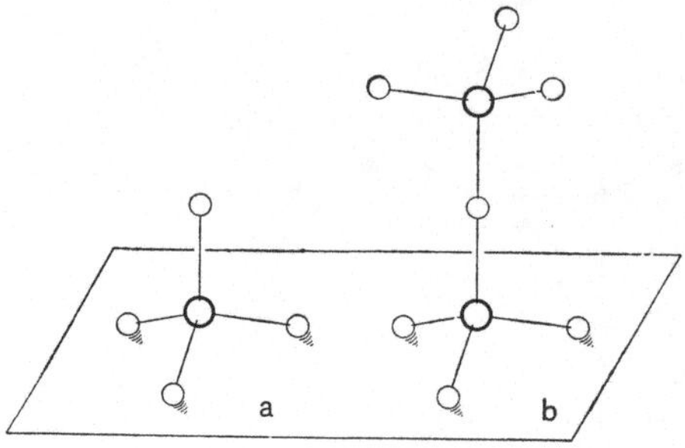

Abb. 133. Die Radikale: *a*) [SiO$_4$] und *b*) [Si$_2$O$_7$] 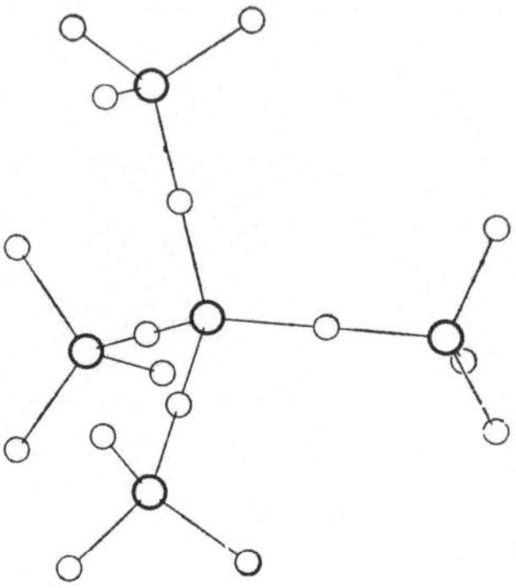   Abb. 134. Das Radikal: [Si$_5$O$_{16}$]

solche oder gekoppelt im Gitter vorhanden sein, d. h. zwei Tetraeder haben ein Sauerstoffion gemeinsam; mehr als ein Sauerstoffion haben sie nie gemeinsam (vgl. S. 153). Si^{4+} kann aber durch Al^{3+} und in einzelnen Fällen O^{2-} durch (OH)$^-$ oder F$^-$ ersetzt werden, die alle drei ungefähr die gleiche Größe haben.

Die Koppelung kann zu endlichen oder unendlichen Zusammenballungen führen; die Einteilung der Silikate beruht gegenwärtig auf der Art dieser Zusammenballungen.

Da Al als Ersatz von Si auftreten kann und dann eine Umringung von 4 O besitzt, aber auch als Ion mit einer Umringung von 6 O und nicht alle O an den Zusammenballungen beteiligt sein müssen, war es früher, ohne Kenntnis der Strukturen, nicht möglich, auf chemischen Grundlagen zu einer befriedigenden Einteilung der Silikate zu kommen.

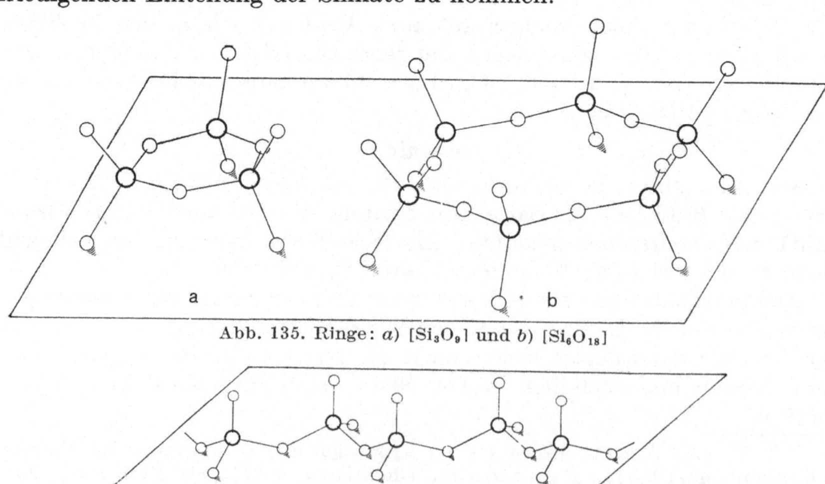

Abb. 135. Ringe: *a*) [Si$_3$O$_9$] und *b*) [Si$_6$O$_{18}$]

Abb. 136. Kette: [SiO$_3$]

I. *Radikale.* Geringer Ersatz von Si durch Al.

a1. Radikale $[SiO_4]^{4-}$, also keine Koppelung (Abb. 133). Zirkon-, Olivin-, Granat-, Disthengruppe, Topas, Titanit.

a2. Radikale $[Si_2O_7]^{6-}$ (Abb. 133). Calamin, Melilithgruppe.

a3. Radikale $[Si_5O_{16}]^{12-}$ (Abb. 134). Zunyit.

a4. Radikale $[SiO_4]$ und $[Si_2O_7]$ beide. Vesuvian.

b1. Dreierringe; $[Si_3O_9]^{6-}$ (Abb. 135). Benitoit.

b2. Viererringe; $[Si_4O_{12}]^{8-}$. Axinit.

b3. Hexagonale Sechserringe; $[Si_6O_{18}]^{12-}$ (Abb. 135). Beryll.

b4. Ditrigonale Sechserringe; $[Si_6O_{18}]^{12-}$. Turmalin.

II. *Geladene Ketten.* Bis zu einem Viertel von Si kann durch Al ersetzt sein. Die Spaltung ist so, daß die Ketten nicht verletzt werden, also fasrig. (S. 217).

a. Einfache Ketten; $[SiO_3]$ (Abb. 136). Pyroxengruppe.

b1. Ketten von Viererringen; $[Si_2O_5]$ (Abb. 137). Sillimanit.

b2. Ketten von Sechserringen; $[Si_4O_{11}]$ (Abb. 138). Amphibolgruppe, Serpentingruppe.

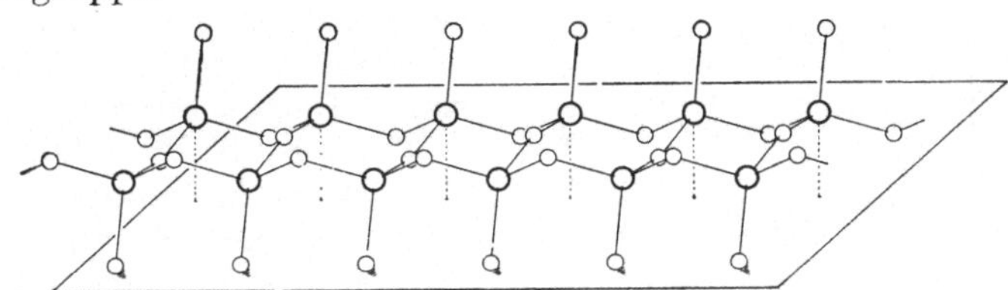

Abb. 137. Kette von Viererringen: $[Si_2O_5]$

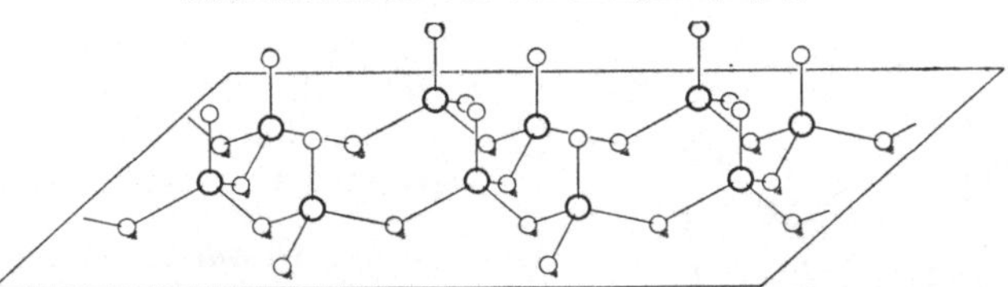

Abb. 138. Kette von Sechserringen: $[Si_4O_{11}]$

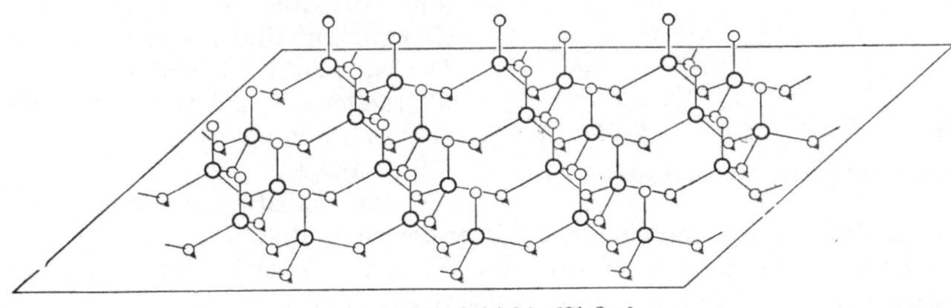

Abb. 139. Schicht: $[Si_4O_{10}]$

III. *Geladene Schichten.* $\frac{1}{4}$ bis $\frac{1}{2}$ von Si kann durch Al ersetzt sein. Die stets sehr gut entwickelten Spaltflächen verlaufen zwischen den Schichten.

1. Schichten von Vierer- und Achterringen; $[Si_8O_{20}]$. Apophyllit.

2. Schichten von Sechserringen; $[Si_4O_{10}]$ (Abb. 139).

Die negativen, in sich hexagonalen Schichten, enthalten stets (OH) und haben die Zusammensetzung $[(Si,Al)_4O_{10}(OH)_2]$. Diese Schichten, in der Regel untereinander durch Metallionen oder Metallhydroxyde verbunden, sind im Gitter etwas seitlich gegeneinander verschoben, so daß das Ganze monoklin wird. Eine Anzahl dieser Gitter hat die Eigenschaft, daß fremde Metallionen oder nicht zu große Moleküle zwischen die Schichten dringen können, wobei der Schichtenabstand vergrößert wird; beim Tonmineral Montmorillonit kann solcherart eine bis vierfache Lage H_2O zwischen den Schichten vorhanden sein, dessen Moleküle hexagonal geordnet sind und eigentlich eine Lage Eis mit etwas vergrößerten Abständen zwischen den Molekülen bilden. Die dazwischengedrungenen Ionen oder Moleküle können wieder ausgetrieben oder ausgewechselt werden (*Basenaustausch*). Die beschriebenen Eigenschaften bestimmen größtenteils die Fruchtbarkeit von Ton. Auch in katalytischer Hinsicht sind die Schichtgitter wichtig, sie besitzen eine sehr große „innere Oberfläche", auf der ein Katalysator angelagert und somit sehr fein verteilt werden kann.

Kaolinit-, Talk- und Glimmergruppe (Abb. 140).

IV. *Geladene Gerüste.* Die Tetraeder sind so gekoppelt, daß sie eine dreidimensional unendliche Zusammenballung bilden, die man Gerüst nennt. Jedes O ist zwei Tetraedern gemeinsam, die Zusammensetzung des Gerüstes ist $[(Si, Al)O_2]$.

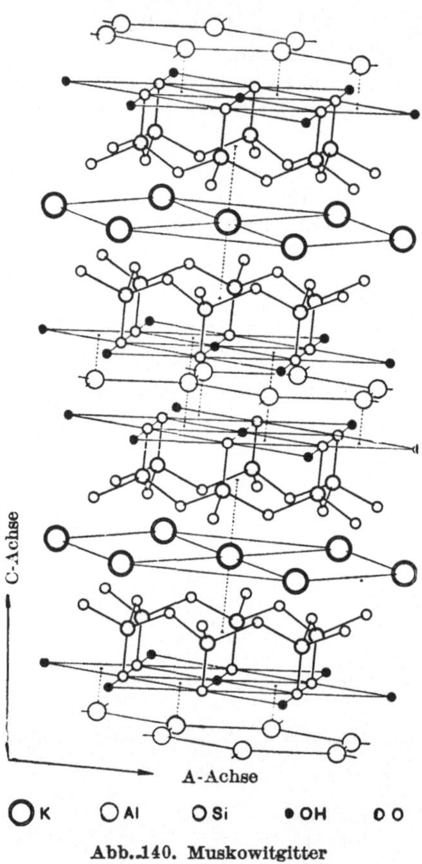

Abb. 140. Muskowitgitter

Ohne Ersatz von Si durch Al ist das Gerüst neutral und eines der Gitter der SiO_2-Modifikationen (S. 145). Bei Ersatz, der bis zur Hälfte von Si gehen kann, wird das Gerüst negativ und die Ladung durch positive Ionen Na, Ca usw. kompensiert.

In den Gerüsten kommen oft Hohlräume vor, die durch ganz oder teilweise auswechselbare Moleküle eingenommen werden können (poröse Gerüste).

1. Kompakte Gerüste. Feldspatgruppe, Nephelin, Leuzit, Cordierit.
2. Poröse Gerüste.

A. Mit Salz-,,Molekülen'': Sodalith-, Cancrinit-, Skapolithgruppe.

B. Mit Wassermolekülen: Zeolithgruppe; das Wasser kann aus den Hohlräumen vertrieben und wieder hineingebracht werden, ohne daß das Gerüst sich ändert. Die Umringung jedes H_2O ist ungefähr tetraedrisch.

Organische Verbindungen

Meist ist ein Molekülgitter mit Restbindung als Gitterbindung vorhanden, aber organische Basen, Säuren oder Salze und gemischt organisch-anorganische Verbindungen haben oft auch Ionenbindung.

Kleine Moleküle wie z. B. CH_4 kann man meist als Kugeln betrachten, und das Gitter ist dann eine dichteste Kugelpackung, aber in der Regel ist diese Auffassung nicht zulässig.

Ein Hilfsmittel zur Strukturbestimmung ist dann dadurch gegeben, daß die Moleküle in der Form, die in bekannten Gittern angetroffen wird, in die Zellräume des zu untersuchenden Kristalls eingepackt werden, denn die Molekülform ist meist persistent.

Durch die homöopolaren Bindungen in einem Molekül sind die Abstände zwischen den Atomen

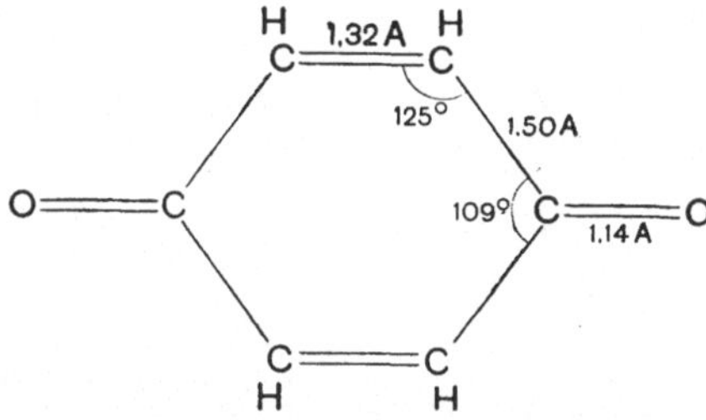

Abb. 141. Benzochinon-Molekül

bei verschiedenen Verbindungen ziemlich konstant, aber man betrachtet die Atome oft besser nicht als einander berührende Kugeln, sondern als eingedrückte (Kalotten- oder STUART-Modelle, S. 132). Einige Abstände sind in Tab. 24 angeführt.

Tabelle 24 [1]

	Abstand in A	Beispiel
C — C [2]	1,54	aliphatische Verbindungen; Diamant
C = C [2]	1,35	Aethylen
C ≡ C [2]	1,20	Acetylen
C ⋯ C [2]	1,39	Benzolring; Graphit
C — O	1,49	
C = O	1,14	
C — N	1,37	
C = S	1,64	
C — Cl	1,86	

Die Resonanzbindung des Benzolringes tritt auch in Oxalsäure auf, die flache Moleküle bildet.

---

[1] Ausführlicher bei: R. C. EVANS, An Introduction to Crystal Chemistry, S. 313. London, 1948; über Abstände und Winkel in gasförmigen Molekülen, auch für anorganische Moleküle, s. Acta Crystallogr. *3* (1950) 46.

[2] Diagramme der Elektronendichte um die zwei Kohlenstoffkerne: J. M. ROBERTSON, J. Chem. Soc. (1945) 249.

Der Winkel zwischen den Valenzrichtungen eines C-Atoms ist ziemlich konstant 109° 28′, vor allem in Ketten; bei Ringen variiert er manchmal merklich (Abb. 141).

Von den aliphatischen Verbindungen werden in erster Linie die mit ziemlich langen Ketten betrachtet (Länge mindestens 10mal die Dicke).

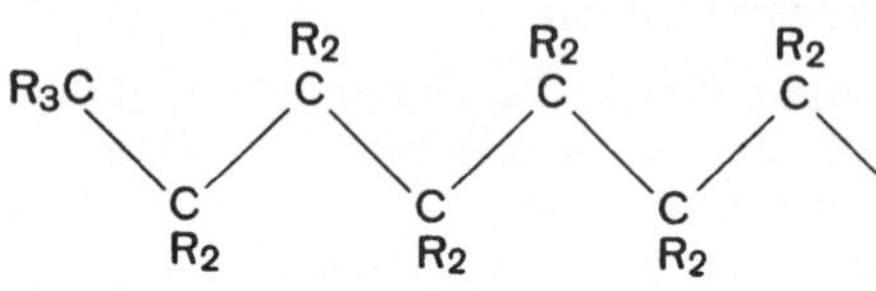

Abb. 142. Kette in aliphatischen Verbindungen

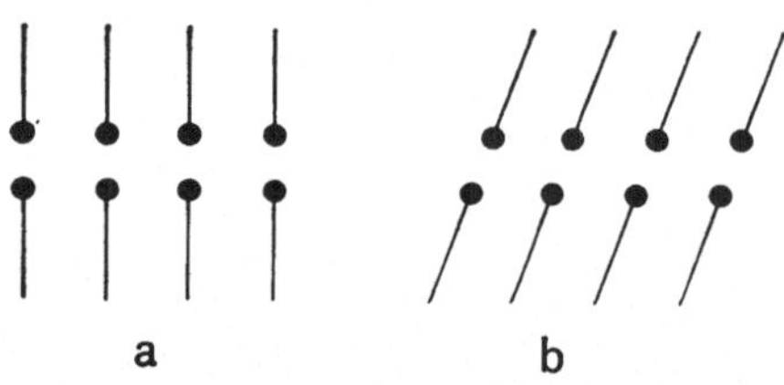

a   b

Abb. 143. Häufig vorkommende Anordnungsarten von langen polaren Ketten von aliphatischen Verbindungen in ihren Kristallen

Diese Ketten (Paraffine, Ketone, Fettsäuren, fettsaure Salze) haben immer Zickzackbau (Abb. 142) und liegen im Gitter mit ihren Längsachsen parallel, sind aber in der Breite nicht parallel, so daß man oft entlang der Längsachsen blickend eine Anordnung wie in Abb. 146 hat.

Knapp unter dem Schmelzpunkt beginnen die Ketten oft um die Längsachse zu rotieren. Die Breite der Zelle ist von der Kettenlänge unabhängig, die Zellenlänge nimmt bei Kettenverlängerung um ein C um 1,26 A zu. Paraffine sind nicht immer rhombisch, die Ketten können auch geneigt sein, wodurch die Zelle monoklin wird. Besitzen die Ketten ein polares Ende, z. B. durch Anwesenheit von Alkohol-, Säure- oder Aldehydgruppe (Ketone sind nie doppeltgefaltete Ketten), dann bilden sie Doppellagen, indem die aktiven Seiten zweier Lagen gegeneinander liegen (Abb. 143).

Diese Doppellagen trifft man auch an, wenn Seife, z. B. Natriumstearat $C_{17}H_{35}COONa$, auf einer reinen Glasplatte in dünner Schicht langsam kristallisiert. Einfache Lagen erhält man, wenn man Fettsäure sich auf Wasser ausbreiten läßt, die hydrophilen Gruppen —COOH sind dann dem Wasser zugekehrt; die Ketten scheuern seitlich aneinander, so daß die Beweglichkeit der Wasseroberfläche sehr vermindert ist (Glättung des Meeres durch Ausschütten von Öl auf die Wellen).

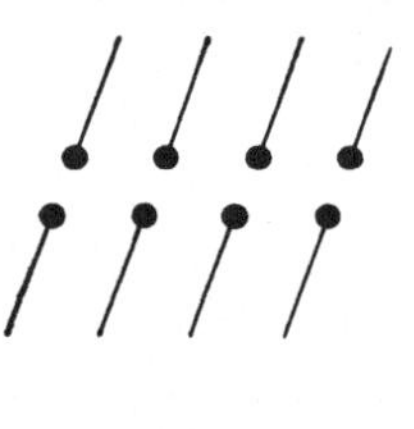

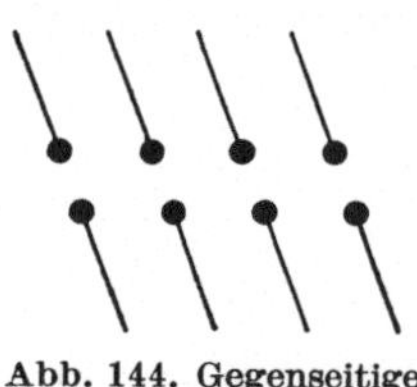

Abb. 144. Gegenseitige Lage der Moleküle $C_{18}H_{37}NH_3Cl$ im Kristall

Bei $C_{18}H_{37}NH_3Cl$ ist die Situation im Gitter wie in Abb. 144.

Ringförmige aliphatische Verbindungen, z. B. Hexamethylen (=Zyklohexan), haben einen Zickzackring, dessen Symmetrie drei- und nicht sechszählig ist (Abb. 145).

Der Benzolring dagegen ist eben und hat eine sechszählige Achse; die Zelle des Benzolkristalls ist rhombisch (Abb. 146).

Auch in Naphthalin ($C_{10}H_8$) und Anthrazen ($C_{14}H_{10}$) liegen alle Atome der mehrfachen Ringe in einer Ebene, ebenso bei Diphenyl u. dgl. Bei 1.3.5. Triphenylbenzol sind die Außenringe aber ungefähr 25° gekippt.

Interessant ist die Verformung, die die Nitrogruppe beim Benzolring hervorruft (Abb. 147).

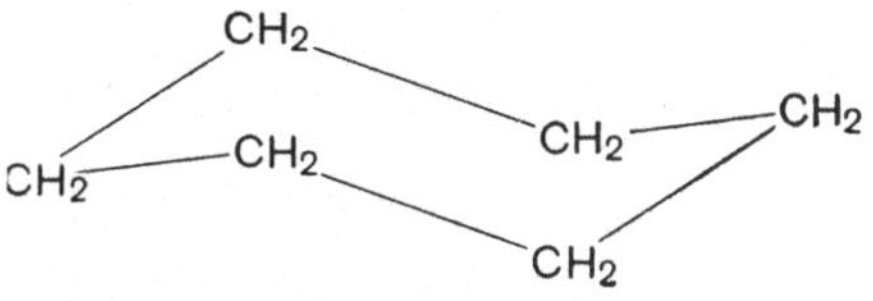

Einige Gitter besitzen abgeschlossene Hohlräume, in denen Atome oder Moleküle eingeschlossen sein können, ohne daß sie chemisch an das Gitter gebunden sind (vgl. S. 162, 2.). Läßt man z. B. Hydrochinon aus einer Lösung unter 40 Atm. Argondruck kristallisieren, dann wird in jeden Hohlraum ein Ar-Atom eingeschlossen. Die Kristalle sind vollständig haltbar und beim Auflösen wird das Argon frei (*Käfigkristalle*) [1].

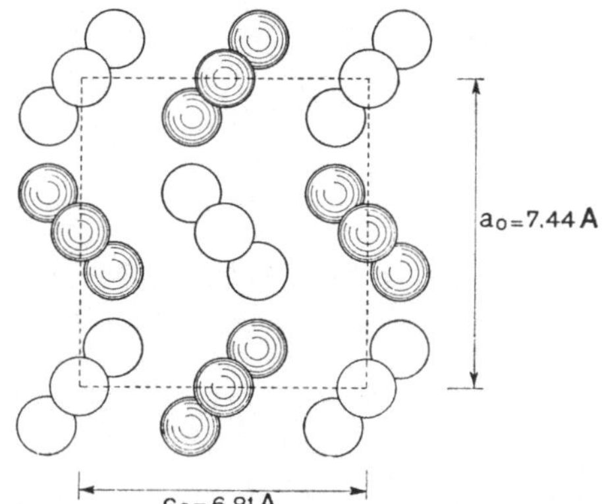

Abb. 145. Molekül von Hexamethylen

Abb. 146. Nach der *B*-Achse projizierte Elementarzelle von Benzol; von den vier C_6H_6-Molekülen sind nur die C-Atome angegeben, die dunkler getönten liegen in halber Höhe

Faserstoffe [2]

Wichtige Verbindungen mit sehr langen Molekülen, deren Länge oft nicht bekannt oder wechselnd (Polymere) ist.

Zellulose
(Baumwolle, Flachs, Ramie, Kunstseide)

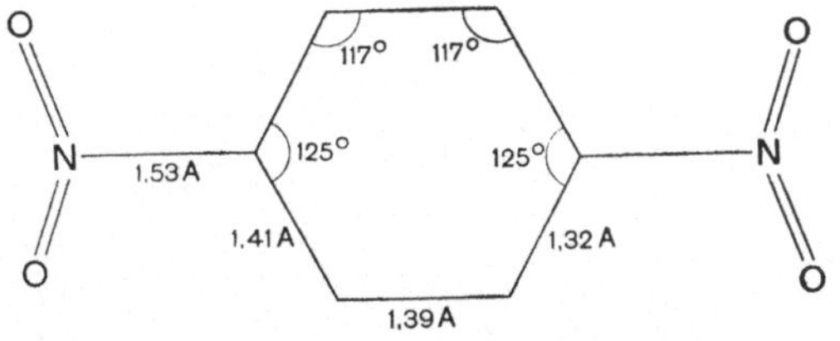

Ein (Ketten)molekül ist aus einer großen Anzahl von Glukoseresten aufgebaut, das sind doppelte Ringe mit der Zusammensetzung $C_{12}H_{20}O_{10}$ und der Länge 10,3 A (Abb. 148).

Abb. 147. Dinitrobenzol-Molekül

Die Ketten liegen in der monoklinen Zelle parallel zur *B*-Achse

$$a_0 = 8,3 \text{ A} \qquad c_0 = 7,9 \text{ A}$$
$$b_0 = \text{unbekannt} \qquad \beta = 96°$$

b_0 der Pseudozelle ist 10,3 A, diese Zelle enthält 2 Glukosereste (Abb. 149).

---

[1] H. M. POWELL, Molecular Compounds. Endeavour *9* (1950) 154.

[2] Die kristallographische Definition für Faser lautet: eine Faser besteht aus einer großen Anzahl langer Kristalle mit der gleichen kristallographischen Achse (= ihre Längsachse) parallel der Faserrichtung, die beiden anderen kristallographischen Achsen sind beliebig orientiert.

Die Moleküle liegen oft unregelmäßig nebeneinander, oft spiralig
gedreht (Holz an der Unterseite eines Astes) oder unter einem Winkel
zueinander (Kattun) [1], so daß dann eigentlich nicht von Kristall und

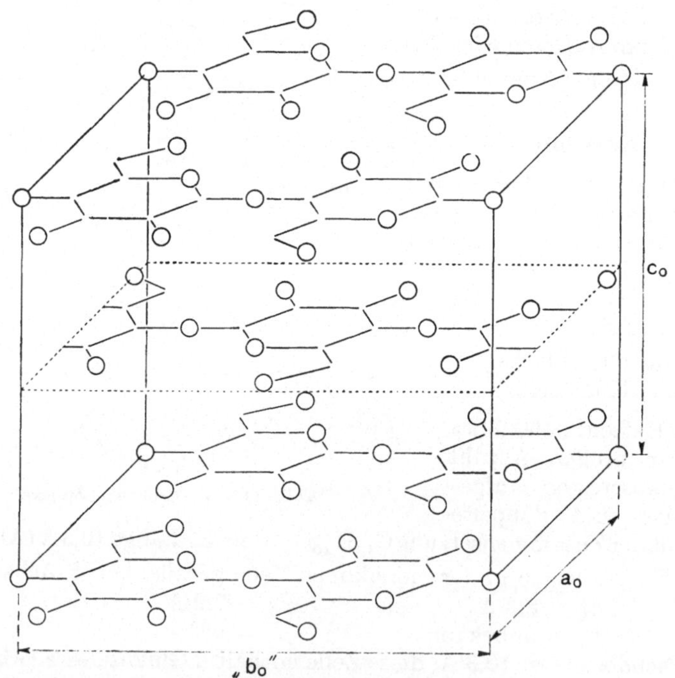

Abb. 148. Glukoserest in einer Zellulosekette; $„b_o"$ = Pseudoperiodizitätsabstand

Abb. 149. Rhombische Pseudozelle von Zellulose; Glukosereste, von denen die
O-Atomlagen angegeben sind

Zelle gesprochen werden kann; die Periodizität 10,3 A kann aber experimentell immer deutlich nachgewiesen werden.

____

[1] W. T. Astbury, The Fundamentals of Fibre Structure. London, 1933

Gute Parallelität der Ketten gibt starke Fasern (Flachs, Ramie). Zellulose ist nicht elastisch, bei Zug verschieben sich die Ketten gegeneinander und die Verformung ist bleibend.

Faserproteine
(Naturseide)

Die Ketten sind aus aus Glyzin- und Alaninmolekülen bestehenden Einheiten aufgebaut und unter H_2O-Abscheidung nach sogenannter Peptidbindung verbunden:

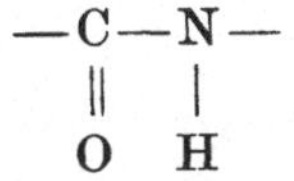

$$-C-N-$$
$$\quad \| \quad | \quad$$
$$\quad O \quad H \quad$$

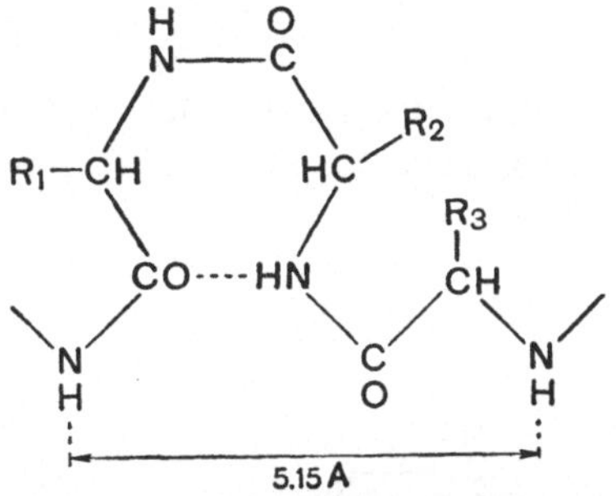

Die Periodizität in Richtung der Faserachse ist hier 7,0 A; über die Länge der Moleküle wird angegeben, daß sie z.B. 120mal so groß ist als die Breite.

α-Keratine
(Wolle, Haar, Horn, Fischbein)

Abb. 150. Pseudoperiodizitätsabstand in einer α-Keratinkette; R_1, R_2 und R_3 sind einwertige Gruppen

Dies ist im wesentlichen ebenfalls ein Polypeptid. Der Periodizitätsabstand ist 5,15 A; dieser kurze Abstand weist darauf hin, daß die Ketten gekrümmt sind, wahrscheinlich durch schwache Bindung von N und C, wie in Abb. 150 gestrichelt angedeutet ist.

Bei Ausziehen unter warmem Wasser streckt sich die gekrümmte (und gewundene) Kette und kann dann doppelt so lang werden, sie stimmt

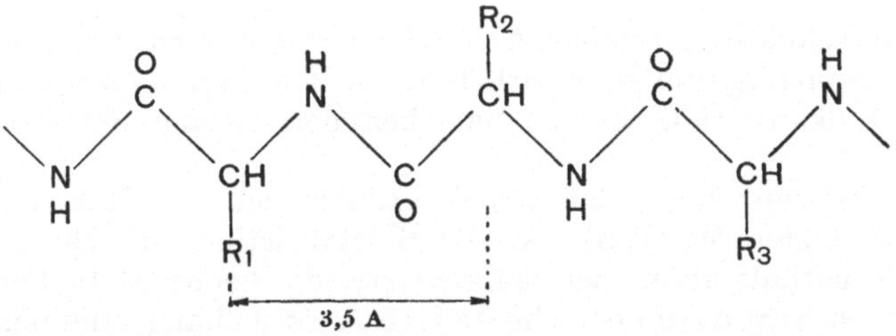

Abb. 151. Pseudoperiodizitätsabstand in einer β-Keratinkette

dann ganz überein mit der von Seide und einer Muskelfaser in ungespanntem Zustand. Die Muskelfaser in gepanntem Zustand entspricht der unausgezogenen Kette.

Gestreckte Wolle besteht aus etwas anderen Molekülen als ungestreckte, da schwache Bindungen aufgehoben sind; man spricht dann von β-Keratin, der Periodizitätsabstand ist 3,5 A (Abb. 151).

Die Dehnung ist zur Gänze reversibel, geht aber Hand in Hand mit einer Strukturänderung, unterscheidet sich also prinzipiell vom normalen ela-

stischen Zug. Die Reversibilität geht verloren, wenn die Faser in schwach
alkalische Lösung oder Dampf gehalten wird; diese Eigenschaft der Faser
findet in der Dauerwelle Anwendung.

Kugelproteine

Kugelproteine sind Polypeptide, in denen wahrscheinlich gleichfalls
lange Ketten vorkommen. Die Röntgenuntersuchung des monoklinen
Haemoglobins, dessen Molekül mehr als 8000 Atome enthält, läuft bereits
seit Jahren [1].

Kautschuk

Unvulkanisierter Kautschuk besteht aus langen Ketten von poly-
merisiertem Isopren, bei Polymerisation verspringt eine doppelte Bindung
(Abb. 152).

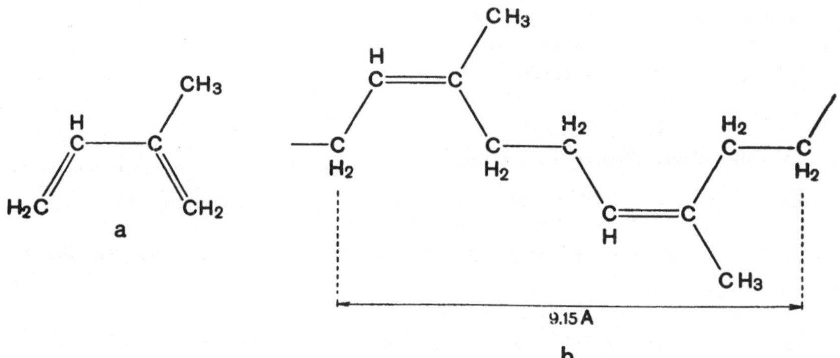

Abb. 152. *a*) Isopren, *b*) Pseudoperiodizitätsabstand in einer Kautschukkette

Bei Kautschuk in normalem Zustand sind die Ketten etwas gekrümmt,
liegen unregelmäßig und sind seitlich durch Restbindung schwach gebunden. Bei Vulkanisation werden zwischen den Ketten Schwefelbrücken
gebildet.

Durch Frieren, Zug oder Druck ordnen sich die Ketten teilweise
regelmäßig (bilden Mizellen), es tritt Kristallisation auf. Die monokline
Pseudozelle enthält dann vier Isoprenreste, die beobachtete Periodizität
der Ketten ist 8,10 A, die berechnete 9,15 A, so daß angenommen werden
muß, daß die Ketten etwas gekrümmt sind.

$$a_0 = 12{,}46 \text{ A}$$
$$b_0 = 8{,}89 \text{ A}$$
$$c_0 = 8{,}10 \text{ A}$$
$$\beta = 92°$$

Die Kristallisation ist von großer Bedeutung für die Eigenschaften
von Kautschuk, sie tritt in der Regel bei Kunstprodukten nicht auf, was
bei diesen vor allem bei höheren Temperaturen eine geringere Zugfestigkeit

---

[1] W. L. Bragg, Giant Molecules. Nature *164* (1949) 7.

verursacht. Unvulkanisierter Kautschuk beginnt bei 80% Zug zu kristallisieren, bei vulkanisiertem Kautschuk hindern die Schwefelbrücken die Ketten sich zu ordnen und es tritt Kristallisation erst bei 250% Zug auf, bei stark vulkanisiertem bleibt sie ganz aus. Nach Aufhebung des Zuges verschwinden die Kristalle wieder. Maximal kristallisieren 30 bis 40%, der Rest bleibt amorph [1].

Die auffallende Elastizität von Kautschuk wird der Neigung der Ketten, sich unter Einwirkung der gegenseitigen Anziehung der Wasserstoffteilchen an der Außenseite der Ketten zu krümmen, zugeschrieben.

E. Einige Begriffe und Betrachtungen

Isotypie

Sind von zwei Verbindungen die Gitter ganz oder fast ganz gleich und unterscheiden sich die Verhältnisse der Abmessungen nicht viel, dann nennt man diese Gitter isotyp. NaCl und PbS zeigen isotype Gitter.

Antisotypie

Antisotyp sind zwei Gitter, wenn bei Vertauschung der $+$ und $-$Ladungen in einem Gitter isotype Gitter entstehen. Li_2O und ThO_2 sind antisotyp (Fluorittyp).

Homotypie

Homotyp nennt man zwei Gitter, die prinzipiell gleich, aber allzu verschieden sind, um isotyp genannt zu werden. NaCl und Hg_2Cl_2 sind homotyp, bei letzterem sind die Gitterpunkte aber „Doppelatome". CuO und NaCl nennt man ebenfalls homotyp, obwohl das erste triklin und das letzte kubisch ist. Auch Diamant und Sphalerit, selbst Diamant und Rutil nennt man zuweilen homotyp.

Isomorphie [2]

MITSCHERLICH nannte ursprünglich (1819) zwei Kristalle isomorph, wenn die sie zusammensetzenden Elemente chemisch nahe verwandt waren und die Kristallform ganz oder fast ganz gleich war.

Gegenwärtig tritt die Bedeutung der chemischen Verwandtschaft weniger in den Vordergrund, Analogie der Struktur und Möglichkeit zur Mischkristallbildung sind wichtiger. Man nennt z. B. Albit und Anorthit isomorph, beide sind triklin mit ungefähr gleichem Gitter, obwohl die Zelle des einen zweimal so groß ist als die des andern; sie bilden eine

---

[1] C. W. BUNN, Proc. R. Soc. London A *180* (1942) 40; C. W. BUNN, Chemical Crystallography, S. 318. London, 1946; J. M. GOPPEL, Diss. Delft, 1946; J. J. ARLMAN und J. M. GOPPEL, Appl. Sci. Res. A *2* (1949) 1.

[2] T. RETGERS, Jahrb. f. Min. I (1891) 132; A. ARZRUNI, Phys. Chemie der Kristalle. Braunschweig, 1893; B. GOSSNER, Z. f. Krist. *44* (1907) 417.

kontinuierliche Reihe von Mischkristallen [1] (Plagioklase), sind aber chemisch ziemlich verschieden, $NaSi_3AlO_8$ und $CaSi_2Al_2O_8$. Durch gleiche Größe und Ladung von $(NaSi)^{5+}$ und $(CaAl)^{5+}$ können sich aber diese Gruppen gegenseitig ersetzen.

Allgemein gilt: je größer das Molekül ist, desto eher läßt es Ersatz, auch durch wenig verwandte Elemente, zu, der Wirkungsradius darf sich aber bei dem ersetzenden Teil nicht um mehr als ungefähr 15% unterscheiden.

Isomorphe Verbindungen bilden oft eine ununterbrochene Reihe von Mischkristallen, kristallisieren als Mantel umeinander (Alaune!) und jede kann in der Regel Kristallisation in der übersättigten Lösung der anderen hervorrufen.

Tarnung von Elementen

Für das Auffinden einer Anzahl seltener, meistens schwerer Elemente ist es wichtig, zu beachten, daß deren Atome oft die von häufig vorkommenden chemisch verwandten Elementen zu einem geringen Prozentsatz vertreten und dann schwierig zu finden sind. Beispiele für solche Tarnungen sind:

Hf in Zr-Verbindungen (1 Atom Hf auf 100—500 Zr);

Ga in Bauxit $(Al_2O_3.H_2O)$;

Sc ersetzt Al in den Pyroxenen und Biotit;

Ca wird durch Y in Apatit und durch Nd im violetten Apatit ersetzt.

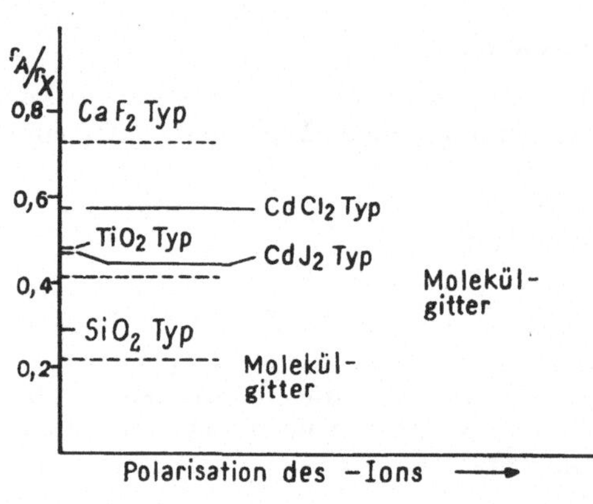

Abb. 153

Polymorphie

Polymorphie, bei Elementen auch *Allotropie* genannt, ist die Erscheinung, daß von der gleichen Verbindung mehr als eine kristalline Modifikation (Phase), also Gittertyp, vorkommt. Diese Erscheinung ist allgemein und tritt vor allem bei niedrig symmetrischen Gittern auf, die dann bei höherer Temperatur in höher symmetrische übergehen. Dimorphie, Trimorphie usw. besagen, daß zwei, drei usw. Modifikationen bekannt sind.

Morphotropie

Morphotropie nennt man die Gitteränderung bei Ersatz, wenn Isomorphie überschritten wird [2]. Man spricht von einer morphotropen Reihe

---

[1] Es gibt aber Gründe, dies zu bezweifeln.
[2] V. M. GOLDSCHMIDT, Geochemische Verteilungsgesetze VII, S. 91. Oslo, 1926.

von Verbindungen, wenn die einander ersetzenden Atome in einer Eigenschaft, z. B. Größe (Tab. 25) oder Polarisierbarkeit, nach und nach verschieden sind.

Tabelle 25

	SiO_2	TiO_2	ZrO_2	CeO_2	ThO_2
Radius des + Ion	0,39	0,64	0,87	1,02	1,10
r_A/r_X	0,30	0,49	0,66	0,78	0,83
Typ	SiO_2	Rutil	(monoklin)	Fluorit	Fluorit
Koordinationszahl	2 und 4	3 und 6	4 und 8	4 und 8	4 und 8

Abb. 153 zeigt, wie in der Reihe der Verbindungen AX_2 der Gittertyp eine Funktion von r_A/r_X und der Polarisation ist. Bei Zunahme der Polarisation wird der Zustand der Umhüllung des + Ion durch —Ionen (S. 136) eher erreicht und Molekülgitter treten eher auf. Als Zwischenformen zwischen Koordinations- und Molekülgitter sind die Schichtgitter anzusehen, die Schicht ist dann als Ganzes umhüllt, aber noch nicht jedes einzelne + Ion. Gitter, in denen eine Kette von + Ionen umhüllt ist, sind nicht bekannt.

Modellgitter

Man spricht von Modellgitter oder Modellkristall, wenn von einem gegebenen Ionengitter ein isotypes und ziemlich gleichförmiges Ionengitter besteht, in dem alle Bindungen und Polarisationszustände proportional schwächer oder stärker sind. Die Eigenschaften des Modells sind dann ganz mit denen des ursprünglichen vergleichbar, nur abgeschwächt oder verstärkt.

So können in vieler Hinsicht Eigenschaften von schwer herstellbaren Silikatkristallen mit guter Näherung aus denen von Berylliumfluoriden abgeleitet werden. Ein abgeschwächtes Modell des SiO_2-Glases ist BeF_2-Glas, dessen Brechungsindex z. B. kleiner ist als der von Wasser (1,33). Ein abgeschwächtes Modell des rhomboedrischen Zn_2SiO_4 ist Li_2BeF_4; einen Vergleich der Eigenschaften gibt Tab. 26.

Tabelle 26

	Zn_2SiO_4	Li_2BeF_4
c_0/a_0	0,670	0,673
Spaltbarkeit nach $\{10\bar{1}0\}$ und $\{0001\}$	gering	deutlich
Doppelbrechung	0,02	0,006
Brechungsindex im Mittel	1,7	1,3
Härte..........................	5,5	3,8
Schmelzpunkt....................	1510°	470°
Löslichkeit in Wasser	unlöslich	gut löslich

Verstärkte Modelle besitzen höheren Schmelzpunkt und größere Härte (S. 219).

Chemische Reaktionen in Gittern [1]

Die Atome oder Ionen sind in einem Gitter nicht streng an ihre Plätze gebunden; außer daß sie periodische Bewegungen ausführen, können sie auch mit anderen den Platz tauschen, besonders bei Temperaturen nicht weit unter dem Schmelzpunkt und bei Übergang in eine andere Modifikation (aktiver Zustand des Gitters).

Ein Beispiel für diesen Platztausch ist die Diffusion der Metalle (S. 225). Reiner Platztausch, also ohne Freiwerden chemischer Energie, findet bei Molekülen, also bei sehr eingeschränkten „Gittern", von $PbCl_2$ und $Pb(NO_3)_2$ statt, die in einer organischen Flüssigkeit gelöst sind. Das wird dadurch bewiesen, daß, wenn man von radioaktivem $PbCl_2$ und nichtradioaktivem $Pb(NO_3)_2$ ausgeht, nach der Kristallisation letzteres auch radioaktiv ist.

In dem Gemenge von BaO und $CaCO_3$ findet bei ungefähr 345° exothermer doppelter Umsatz statt, wobei $BaCO_3$ und CaO entstehen. Diese Art von Reaktionen tritt in vielen Fällen auf, auch wenn das Auftreten einer gasförmigen Zwischenphase nicht nachweisbar ist.

Ein Beispiel eines aktiven Gitters bildet $AgNO_3$ bei 160°, das bei dieser Temperatur in eine andere Modifikation übergeht und dann mit BaO reagiert.

Eine empirische Regel von TAMMANN lautet, daß Platztausch, Rekristallisation[2] und Sammelkristallisation[3] mit merklicher Schnelligkeit bei Metallen bei 0,33 T_S, bei Salzen bei 0,57 T_S und bei organischen Verbindungen bei 0,90 T_S beginnen (T_S ist die absolute Schmelztemperatur).

Für eine Platztauschreaktion gilt bei konstanter Temperatur die Formel von JANDER:

$$y = \sqrt{2\,k\,t}$$

wobei y = Dicke der reagierenden Lage,
k = Konstante,
t = Zeit.

---

[1] J. A. HEDVALL, Einführung in die Festkörperchemie. Braunschweig, 1952; G. TAMMANN, Nachr. Gött. Ges. d. W. Math.-Phys. Kl. (1930) 227; G. VON HEVESY, Sitz. Ak. Wiss. Wien, Abt. II a *129* (1920) 549; K. HAUFFE, Reaktionen in und an festen Stoffen. Berlin-Göttingen-Heidelberg, 1955.
[2] s. S. 245.
[3] s. S. 244.

IV. Kristallphysik[1]

Die Physik der Kristalle weicht von der normaler mechanisch-isotroper Stoffe ab, wo Eigenschaften richtungsabhängig sind (Anisotropie). Oft treten auch gänzlich neue Erscheinungen auf, z. B. Piezoelektrizität, Gleitung usw.

Wir gliedern in zwei Teile:
A. den phänomenologischen oder beschreibenden,
B. den atomaren oder erklärenden.

A. Phänomenologischer Teil

Der Kristall wird als homogenes Kontinuum betrachtet.

Die Größen [2]

Die für die Beschreibung nötigen Größen sind Skalare, Vektoren und die Sammlungen von Koeffizienten, die die gegenseitige Abhängigkeit der Komponenten dieser Größen ausdrücken, die sogenannten Affinoren oder Tensoren, die zweiter, dritter oder vierter Stufe sein können und die wir II-Tensor usw. nennen.

Angenommen wird ein rechtshändiges Achsenkreuz (Abb. 154), bei enantiomorphen Kristallen zuweilen ein linkes (S. 204). Ein neues Achsenkreuz, d. h. ein durch Drehung des alten unter Beibehaltung des Ursprunges O erhaltenes wird mit Strichen bezeichnet, die Richtungskosinusse der neuen Achsen sind α_{ik}.

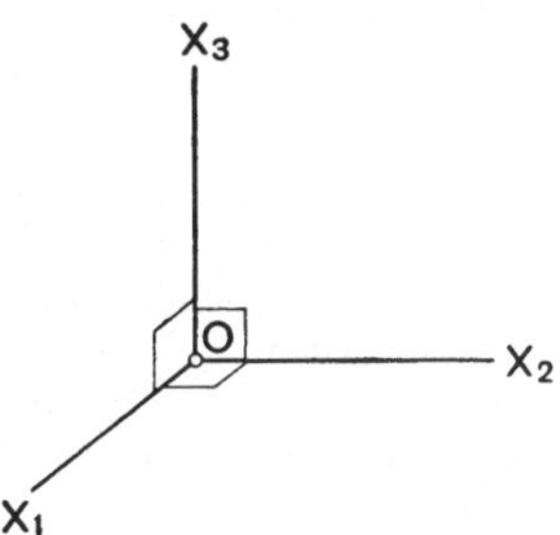

Abb. 154. Rechtshändiges rechtwinkeliges Achsenkreuz

	X_1'	X_2'	X_3'
X_1	α_{11}	α_{12}	α_{13}
X_2	α_{21}	α_{22}	α_{23}
X_3	α_{31}	α_{32}	α_{33}

Will man eine Erscheinung in beliebiger Richtung studieren, dann dreht man das Achsenkreuz bis X_3' in die betrachtete Richtung fällt und transformiert die Formeln entsprechend. Es gilt dann z. B.

$$x_1' = \alpha_{11}x_1 + \alpha_{21}x_2 + \alpha_{31}x_3$$

Um eine *skalare* Größe in einem Punkt anzugeben, ist nur eine Zahl nötig. Diese gibt an, wieviel Einheiten die Größe hier enthält, sie

---

[1] Viele numerische Angaben werden mitgeteilt in LANDOLT-BÖRNSTEIN, Physikalisch-Chemische Tabellen, 1923 f.; International Critical Tables of Numerical Data, 1926; Tables annuelles de constantes et donneés numériques, 1912f.

[2] J. F. NYE, Physical Properties of Crystals. Oxford, 1957.

kann auch die Komponente der Skalare genannt werden. Bei Transformation unterliegt diese Zahl keiner Veränderung; ein Beispiel ist die Temperatur θ.

Ein *Vektor* $\mathbf{p}$ in einem Punkt ist eine Größe mit Richtung und kann durch einen Pfeil angegeben werden.

Nimmt man entlang der Achsen drei gleiche Einheiten $\mathbf{i}_1$, $\mathbf{i}_2$, $\mathbf{i}_3$ und zerlegt man den Vektor längs der Achsen, dann ist

$$\mathbf{p} = p_1\mathbf{i}_1 + p_2\mathbf{i}_2 + p_3\mathbf{i}_3$$

auch $\mathbf{p} = \Sigma\, p_i\mathbf{i}_i$ oder gekürzt $\mathbf{p} = p_i\mathbf{i}_i$ geschrieben.

Die drei Zahlen p_i nennt man die Komponenten des Vektors; ein Vektor ist durch diese drei Zahlen bestimmt.

Wichtig ist der Zusammenhang der Komponenten auf einem alten und neuen Achsenkreuz, dieser ist für einen Vektor kennzeichnend:

$$p_1{}' = \alpha_{11}p_1 + \alpha_{21}p_2 + \alpha_{31}p_3$$
$$p_2{}' = \alpha_{12}p_1 + \alpha_{22}p_2 + \alpha_{32}p_3$$
$$p_3{}' = \alpha_{13}p_1 + \alpha_{23}p_2 + \alpha_{33}p_3$$
$$p'_i = \alpha_{ki}p_k$$

Umgekehrt ist

$$p_1 = \alpha_{11}p_1{}' + \alpha_{12}p_2{}' + \alpha_{13}p_3{}'$$
$$p_2 = \alpha_{21}p_1{}' + \alpha_{22}p_2{}' + \alpha_{23}p_3{}'$$
$$p_3 = \alpha_{31}p_1{}' + \alpha_{32}p_2{}' + \alpha_{33}p_3{}'$$
$$p_i = \alpha_{ik}p'_k$$

Ein *II-Tensor* a_{ik} in einem Punkt ist eine Sammlung von 9 Zahlen a_{ik}, Komponenten genannt, die auf eine typische Weise transformieren. Sie geben an, wie die Komponenten von zwei Vektoren $\mathbf{p}$ und $\mathbf{q}$ linear von einander abhängen:

$$p_i = a_{ki}q_k$$

ausgeschrieben $p_1 = a_{11}q_1 + a_{21}q_2 + a_{31}q_3$ usw.

Umgekehrt ist $q_i = b_{ki}p_k$

wobei z. B.
$$b_{21} = \frac{-\begin{vmatrix} a_{21} & a_{31} \\ a_{23} & a_{33} \end{vmatrix}}{\begin{vmatrix} a_{11} & a_{21} & a_{31} \\ a_{12} & a_{22} & a_{32} \\ a_{13} & a_{23} & a_{33} \end{vmatrix}}$$

und auch z. B.
$$a_{21} = \frac{-\begin{vmatrix} b_{21} & b_{31} \\ b_{23} & b_{33} \end{vmatrix}}{\begin{vmatrix} b_{11} & b_{21} & b_{31} \\ b_{12} & b_{22} & b_{32} \\ b_{13} & b_{23} & b_{33} \end{vmatrix}}$$

Die Transformationsformeln sind

$$a'_{ik} = \alpha_{li}\,\alpha_{mk}\,a_{lm}$$

$$a_{ik} = \alpha_{il}\,\alpha_{km}\,a'_{lm}$$

Die in der Kristallphysik vorkommenden II-Tensoren sind symmetrisch, d. h. $a_{ik} = a_{ki}$, es gibt also 6 verschiedene Komponenten. Bei Transformation wird z. B.:

$$a'_{33} = \alpha_{13}\alpha_{13}a_{11} + \alpha_{13}\alpha_{23}a_{12}\,\alpha + \alpha_{13}\alpha_{33}a_{13} +$$
$$+ \alpha_{23}\alpha_{13}a_{21} + \alpha_{23}\alpha_{23}a_{22} + \alpha_{23}\alpha_{33}a_{23} +$$
$$+ \alpha_{33}\alpha_{13}a_{31} + \alpha_{33}\alpha_{23}a_{32} + \alpha_{33}\alpha_{33}a_{33} =$$
$$= \alpha_{13}^2 a_{11} + \alpha_{23}^2 a_{22} + \alpha_{33}^2 a_{33} +$$
$$+ 2\alpha_{13}\alpha_{23}a_{12} + 2\alpha_{13}\alpha_{33}a_{13} + 2\alpha_{23}\alpha_{33}a_{23}$$

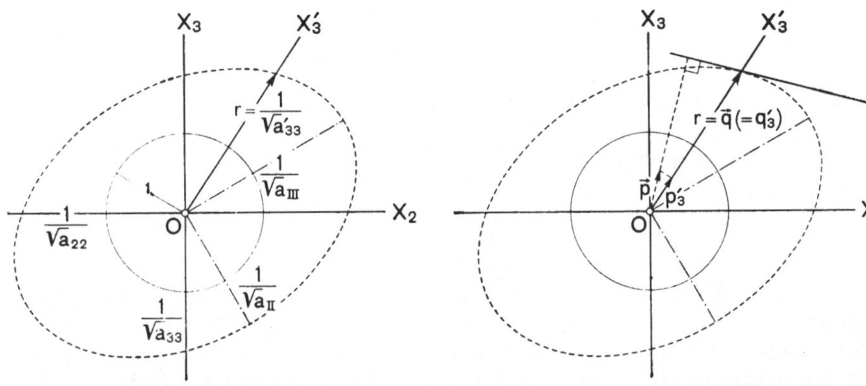

Abb. 155. Tensorellipsoid mit Hauptachsen und Einheitskreis

Abb. 156. Zusammenhang zwischen Richtung und Größe von p und q und von p'_3 und q'_3

a'_{33} gibt für die Richtung X_3' an, wie die Komponente von $\mathbf{p}$ (d. i. p'_3) von der von $\mathbf{q}$ (d. i. q_3') abhängt, denn

$$p'_3 = a'_{13}q_1' + a'_{23}q_2' + a'_{33}q_3'$$

a'_{33} kann in einem Ellipsoid, dem *Tensorellipsoid*, abgelesen werden. Wird das Ellipsoid

$$1 = a_{11}x_1^2 + a_{22}x_2^2 + a_{33}x_3^2 + 2a_{12}x_1x_2 + 2a_{23}x_2x_3 + 2a_{31}x_3x_1$$

in Polkoordinaten geschrieben, dann ist die Länge r eines Leitstrahles längs der Richtung X_3'

$$\frac{1}{r^2} = a_{11}\alpha_{13}^2 + a_{22}\alpha_{23}^2 + a_{33}\alpha_{33}^2 + 2a_{12}\alpha_{13}\alpha_{23} + 2a_{23}\alpha_{23}\alpha_{33} + 2a_{31}\alpha_{33}\alpha_{13}$$

Vergleicht man diesen Ausdruck mit dem von a'_{33}, dann zeigt sich, daß aus der Länge von r der Koeffizient a'_{33} abgeleitet werden kann nach

$$\frac{1}{r^2} = a'_{33} \quad \text{oder} \quad r = \frac{1}{\sqrt{a'_{33}}} \qquad \text{(Abb. 155)}$$

Eine wichtige Transformation ist die nach den Hauptachsen des Ellipsoides. Dann wird $a'_{12} = a'_{13} = a'_{23} = 0$ und man schreibt für $a'_{11} \equiv a_I$; $a'_{22} \equiv a_{II}$ und $a'_{33} \equiv a_{III}$; die Komponenten werden

$$p_1 = a_I \, q_1$$
$$p_2 = a_{II} \, q_2$$
$$p_3 = a_{III} \, q_3$$

und die Gleichung des Ellipsoids

$$a_I x_1^2 + a_{II} \, x_2^2 + a_{III} \, x_3^2 = 1$$

mit den Längen der halben Hauptachsen

$$\frac{1}{\sqrt{a_I}}, \quad \frac{1}{\sqrt{a_{II}}}, \quad \frac{1}{\sqrt{a_{III}}}$$

a_I, a_{II} und a_{III} sind die Wurzeln S_1, S_2, S_3 der S-Gleichung:

$$\begin{vmatrix} a_{11}-S & a_{12} & a_{13} \\ a_{12} & a_{22}-S & a_{23} \\ a_{13} & a_{23} & a_{33}-S \end{vmatrix} = 0$$

und die Richtungen der Hauptachsen, z. B. von X_I:

$$\alpha_{11} : \alpha_{21} : \alpha_{31} = \begin{vmatrix} a_{11}-S_1 & a_{12} & a_{13} \\ a_{12} & a_{22}-S_1 & a_{23} \end{vmatrix} \equiv$$

$$\equiv \begin{vmatrix} a_{12} & a_{13} \\ a_{22}-S_1 & a_{23} \end{vmatrix} : \begin{vmatrix} a_{13} & a_{11}-S_1 \\ a_{23} & a_{12} \end{vmatrix} : \begin{vmatrix} a_{11}-S_1 & a_{12} \\ a_{12} & a_{33}-S_1 \end{vmatrix}$$

Analytisch kann gezeigt werden, daß aus dem Tensorellipsoid auch Richtung und Größe von **p** abgeleitet werden kann. Stellt man **q** durch r dar, dann hat **p** die Richtung der Senkrechten auf die Tangentialebene an das Ellipsoid im Schnittpunkt mit r und seine Größe ist der Reziprokwert des Abstandes vom Mittelpunkt zur Tangentialebene (Abb. 156).

Infolge der Symmetrie können einige a_{ik} untereinander gleich oder Null werden.

So hat man z. B. [1]:

Klasse			
D2h	a_{11}	0	0
	0	a_{22}	0
	0	0	a_{33}
D3d D4h D6h	a_{11}	0	0
	0	a_{11}	0
	0	0	a_{33}
Oh Th	a_{11}	0	0
	0	a_{11}	0
	0	0	a_{11}

[1] W. A. WOOSTER, A Textbook on Crystal Physics, S. 7. London, 1949.

Ein *III-Tensor* a_{ikl} in einem Punkt ist durch 27 Komponenten gekennzeichnet, die typischen Transformationsformeln genügen. Die 27 Zahlen geben an, wie die Komponenten p_i eines Vektors linear von den Komponenten a_{kl} eines II-Tensors abhängen:

$$p_i = a_{kli} a_{kl}$$

ausgeschriebenes Beispiel:

$$p_2 = a_{112}\, a_{11} + a_{212}\, a_{21} + a_{312}\, a_{31} +$$
$$+ a_{122}\, a_{12} + a_{222}\, a_{22} + a_{322}\, a_{32} +$$
$$+ a_{132}\, a_{13} + a_{232}\, a_{32} + a_{332}\, a_{33}$$

Die Transformationsformeln sind

$$a'_{lik} = \alpha_{ml}\, \alpha_{ni}\, \alpha_{ok}\, a_{mno}$$
$$a_{lik} = \alpha_{lm}\, \alpha_{in}\, \alpha_{ko}\, a'_{mno}$$

Ein *IV-Tensor* (Bitensor) a_{ikpq} in einem Punkt wird durch 81 Komponenten charakterisiert, die typischen Transformationsformeln genügen. Diese 81 Zahlen geben an, wie die Komponenten a_{pq} eines II-Tensors linear von den Komponenten b_{ik} eines anderen II-Tensors abhängen:

$$a_{pq} = a_{ikpq} b_{ik}$$

ausgeschriebenes Beispiel:

$$a_{33} = a_{1133}\, b_{11} + a_{2133}\, b_{21} + a_{3133}\, b_{31} +$$
$$+ a_{1233}\, b_{12} + a_{2233}\, b_{22} + a_{3233}\, b_{32} +$$
$$+ a_{1333}\, b_{13} + a_{2333}\, b_{23} + a_{3333}\, b_{33}$$

Die Transformationsformeln sind

$$a'_{ikpq} = \alpha_{mi}\, \alpha_{nk}\, \alpha_{op}\, \alpha_{rq}\, a_{mnor}$$
$$a_{ikpq} = \alpha_{im}\, \alpha_{kn}\, \alpha_{po}\, \alpha_{qr}\, a'_{mnor}$$

Viele der Komponenten eines III- oder IV-Tensors sind untereinander gleich oder werden bei symmetrischen Kristallen Null.

Ist eine Erscheinung zentrosymmetrisch, so genügt diese der Symmetrie des Kristalls plus der eines Inversionspunktes, man kann alsdann nur 11 Klassen unterscheiden (FRIEDEL-Klassen, S. 118).

FRIEDEL-Klasse	umfaßt auch		
C_i	C_1		
C_{2h}	C_2	C_{1v}	
D_{2h}	D_2	C_{2v}	
S_6	C_3		
D_{3d}	C_{3v}	D_3	
C_{6h}	C_6	C_{3h}	
D_{6h}	D_{3h}	C_{6v}	D_6
C_{4h}	C_4	S_4	
D_{4h}	C_{4v}	D_4	D_{2d}
T_h	T		
O_h	T_d	O	

Die Erscheinungen, die mit Hilfe eines II-Tensors beschrieben werden, sind zentrosymmetrisch, sie haben die Symmetrie eines Ellipsoides (sind einige a_{ik} negativ, dann entsteht eine andere Fläche 2. Grades). Diese ist bei kubischen Kristallen eine Kugel, bei hauptachsigen ein Rotationsellipsoid. Bei rhombischen Kristallen fallen die Ellipsoidachsen mit den kristallographischen zusammen, bei monoklinen fällt eine mit der B-Achse zusammen.

Von den skalaren und vektoriellen Größen, deren Komponenten linear von einander abhängig sind, wobei also die Abhängigkeit tensoriell ist, werden die in Tab. 27 genannten betrachtet.

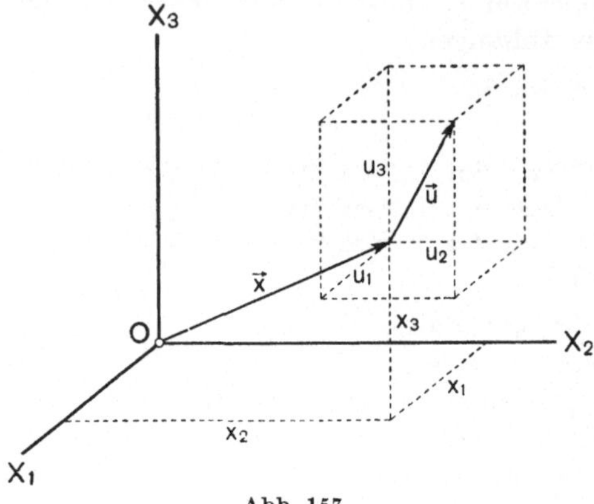

Abb. 157

Tabelle 27

Skalar	Vektor	II-Tensor	III-Tensor	IV-Tensor
Temp. θ	Lage eines Punktes **x** Verlagerung eines Punktes **u**, z. B. durch Wärmedilatation Lage eines Punktes **x**	Verformungskonstanten γ Ausdehnungskoeffizienten γ		Zugkonstanten s Elastizitätsmodulen c
	Polarisation **P** — vektorielle Pyroelektrizität	tensorielle Polarisation — tensorielle Pyroelektrizität		
	Richtung **n** Kraft **K**	Spannungskomponenten σ	piezoelektrische Konstanten d	
	elektrische Feldstärke **E** elektrische Verschiebung **D**	dielektrische Konstanten ε		
	magnetische Feldstärke **H** magnetische Induktion **B**	Permeabilitätskonstanten μ		
	Temperaturgradient τ Wärmestrom **w**	Wärmeleitkonstanten k		
	elektrischer Spannungsgradient v elektrische Stromstärke **i**	elektrische Leitkonstanten λ		

Homogene Deformation

Nach einer homogenen Deformation liegen die Punkte, die ursprünglich auf einer Geraden oder in einer Ebene lagen, wieder auf einer Geraden bzw. in einer Ebene. Dieser Definition wird Genüge getan, wenn die Komponenten des Verlagerungsvektors $\mathbf{u}$ eines beliebigen Punktes linear vom Lagevektor $\mathbf{x}$ des Punktes abhängen (Abb. 157).

$$u_1 = \gamma_{11}x_1 + \gamma_{21}x_2 + \gamma_{31}x_3$$
$$u_2 = \gamma_{12}x_1 + \gamma_{22}x_2 + \gamma_{32}x_3$$
$$u_3 = \gamma_{13}x_1 + \gamma_{23}x_2 + \gamma_{33}x_3$$
$$\text{wobei } \gamma_{ik} = \gamma_{ki}$$

Liegt A ursprünglich auf $x_1 = x_2 = x_3 = 1$, dann liegt A' auf $x_1 + u_1$ usw.

$$u_1 = \gamma_{11} + \gamma_{21} + \gamma_{31} \qquad \text{(Abb. 158)}$$

γ_{11} gibt die Dehnung in der X_1-Richtung eines Einheitswürfels an; γ_{21} die Schiebung, d. i. der Tangens des Winkels, den die Punkte der X_2-Achse in der X_1X_2-Ebene durchlaufen usw.

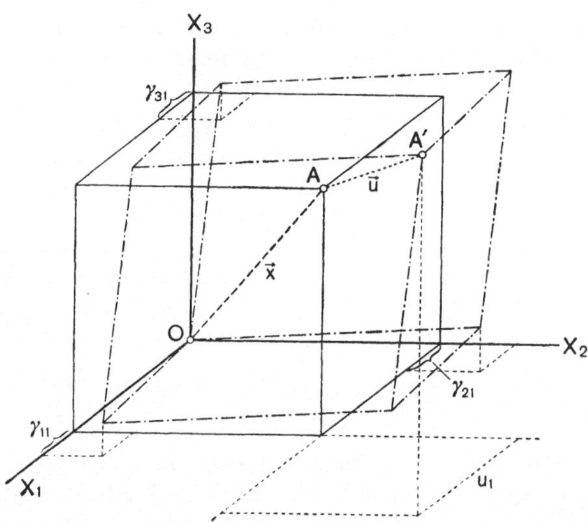

Abb. 158. Der erste Index von σ oder γ gibt die Richtung der betrachteten Ebene, der zweite die Richtung der Kraft oder der Verschiebung an

Die Punkte, die ursprünglich auf einer Kugel um O mit einem Radius 1 lagen, liegen nach der Deformation auf einem Ellipsoid:

$$x_1' = x_1 + u_1 = x_1 + \gamma_{11}x_1 + \gamma_{21}x_2 + \gamma_{31}x_3 =$$
$$= (1 + \gamma_{11})x_1 + \gamma_{21}x_2 + \gamma_{31}x_3$$
$$x_2' = \gamma_{12}x_1 + (1 + \gamma_{22})x_2 + \gamma_{32}x_3$$
$$x_3' = \gamma_{13}x_1 + \gamma_{23}x_2 + (1 + \gamma_{33})x_3$$

Löst man hieraus x_1, x_2 und x_3 auf und setzt diese Werte in die Gleichung der Kugel ein, dann wird die Gleichung die einer Fläche zweiten Grades und zwar die eines Ellipsoids, denn die Koeffizienten sind positiv.

12*

Wir nennen drei Fälle, wo homogene Deformation eines Kristalles auftritt:

1. Anwendung von hydrostatischem Druck (S. 207);
2. Gleitung zweiter Art (S. 224);
3. thermische Dilatation (= Wärmeausdehnung).

ad 3.

Tab. 28 gibt von einigen Kristallen die linearen Ausdehnungskoeffizienten in Richtung der Ellipsoidhauptachsen an.

Tabelle 28 [1]

	γ_I	γ_{II}	γ_{III}
Cu	17.10^{-6}	17	17
Cd	21	21	52
NaCl	40	40	40
BeO	5,3	5,3	5,1
Calcit	$-5,66$	$-5,66$	24,91
Quarz	14	14	9

Die Messung erfolgt am einfachsten röntgenologisch; aus der Verlagerung der Linien eines Pulverdiagrammes ist die Veränderung der Gitterkonstanten einfach abzuleiten [2] (S. 110).

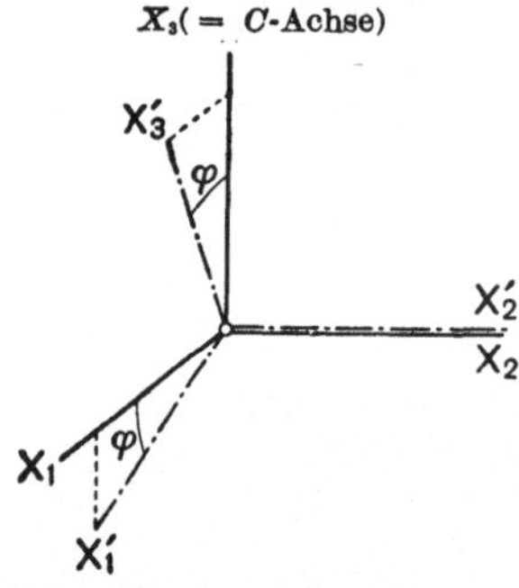

Abb. 159. Die Hauptachsen des Tensorellipsoides fallen mit X_1, X_2 und X_3 (und X_3') zusammen

Man kann fragen, in welcher Richtung (Winkel φ mit der Hauptachse) die Ausdehnung von Calcit Null ist; also wie x (X_3') genommen werden muß, damit $u = 0$. Dazu transformiert man nach den Achsen von Abb. 159.

Dann wird der Koeffizient in Richtung X_3':

$$a_{33}' = \alpha_{13}^2\,\gamma_I + \alpha_{23}^2\,\gamma_{II} + \alpha_{33}^2\,\gamma_{III}$$
$$0 = \gamma_I \cos^2(90° - \varphi) + 0 + \gamma_{III}\cos^2\varphi$$
$$tg^2\varphi = -\frac{\gamma_{III}}{\gamma_I}$$
$$\varphi = 64°43'$$

Da die thermische Dilatation eine homogene Deformation ist, bleiben die Kanten eines Kristalles gerade und die Flächen eben und der Zonenverband geht nicht verloren [3], die Symmetrie bleibt bestehen, aber die Achsenlängenverhältnisse ändern sich im allgemeinen (kontinuierlich).

---

[1] Weitere Werte bei: W. A. Wooster, Crystal Physics, S. 32. London, 1949; P. Niggli, Lehrbuch der Mineralogie und Kristallchemie, S. 701. Berlin, 1942; E. Schmid und W. Boas, Kristallplastizität, S. 203. Berlin, 1935.

[2] M. Straumanis und A. Jevins, Die Präzisionsbestimmung von Gitterkonstanten nach der asymmetrischen Methode, S. 92. Berlin, 1940; Interferometrische Bestimmung mit Hilfe von gewöhnlichem Licht in: A. E. H. Tutton, Crystallography and Practical Crystal Measurement, S. 884. London, 1911.

[3] J. Grailich und V. von Lang, Sitz.-Ber. d. Wiener Ak. 33 (1858) 369.

Spannungszustand

Denkt man sich ein räumliches Element eines Körpers, dann ist die Spannung in einem Punkt der Oberfläche des Elementes die Kraft nach außen, die pro cm² ebener Fläche ausgeübt wird, es ist also die Kraft geteilt durch die Oberfläche.

Wenn die Spannungen in drei Flächen durch den Punkt gegeben sind, kann die in einer in beliebiger Richtung berechnet werden. Die Richtung und Größe dieser Fläche gibt man durch den Einheitsvektor **n** senkrecht auf diese Ebene an. Wir betrachten nun den Vierflächner wie in Abb. 160; in den Koordinatenflächen herrschen die Spannungen **X**, **Y** und **Z**, in der vierten Fläche wird die Spannung **Σ** gefragt [1].

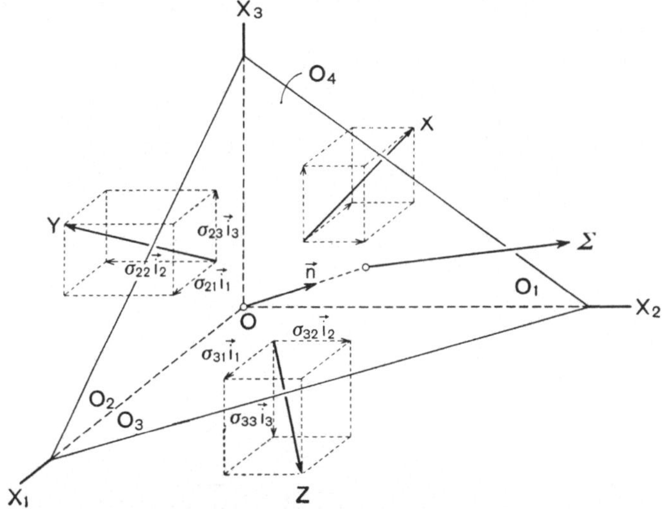

Abb. 160. Der Vektor **n** steht senkrecht auf die Ebene $X_1 X_2 X_3$

Aus dem Gleichgewicht des Vierflächners folgt, daß die X_1-Komponente von Σ gleich ist der Summe der X_1-Komponenten von **X**, **Y** und **Z**.

$$\Sigma_1 O_4 i_1 = \sigma_{11} O_1 i_1 + \sigma_{21} O_2 i_1 + \sigma_{31} O_3 i_1$$

Nun ist $O_1 : O_4 = n_1 : 1$ usw., daher

$$\Sigma_1 = \sigma_{11} n_1 + \sigma_{21} n_2 + \sigma_{31} n_3 \text{ und so auch}$$
$$\Sigma_2 = \sigma_{12} n_1 + \sigma_{22} n_2 + \sigma_{32} n_3$$
$$\Sigma_3 = \sigma_{13} n_1 + \sigma_{23} n_2 + \sigma_{33} n_3$$

wovon bewiesen werden kann, daß $\sigma_{ik} = \sigma_{ki}$.

Bemerkt wird, daß der Tensor σ_{ik} nicht vom Material abhängt, sondern den Spannungszustand in einem Punkt beschreibt. Wirken also auf einen Körper eine Anzahl von Kräften, so daß er sich in einem Spannungs-

---

[1] Im Hinblick auf das Folgende (S. 205) wird nicht σ geschrieben; die Tensorkomponenten werden aber σ_{ik} genannt.

zustand befindet, dann gibt σ_{12} an, daß auf eine Einheitsfläche senkrecht auf X_1 eine Kraft in Richtung X_2 von $\sigma_{12}i_2$ Dyn wirkt.

Wird nur eine Zugkraft angebracht, dann entartet das Tensorellipsoid in zwei parallele Ebenen senkrecht auf die Kraft; liegen die äußeren Kräfte in einer Ebene, dann ist das Ellipsoid ein elliptischer Zylindermantel mit der Achse senkrecht auf diese Ebene.

Der Kristall als Dielektrikum

In einem elektrischen Feld von der Stärke **E** werden die Dipole in einem isotropen Isolator mehr oder minder gerichtet, der Körper wird polarisiert.

Die Polarisation **P** ist proportional **E**

$$\mathbf{P} = \varkappa\, \mathbf{E} \quad \text{(Polarisationsfaktor } \varkappa\text{)}$$

Die Verschiebung **D** wird bestimmt durch das ursprüngliche Feld plus der Polarisation

$$\mathbf{D} = \mathbf{E} + 4\pi\mathbf{P} = \mathbf{E} + 4\pi\,\varkappa\mathbf{E} = (1 + 4\,\pi\,\varkappa)\,\mathbf{E} = \varepsilon\,\mathbf{E}$$
$$\text{(Dielektrizitätskonstante } \varepsilon\text{)}$$

P wird pro Volumseinheit definiert. Sind auf den Endflächen eines rechtwinkeligen Parallelepipeds (Abb. 161) die Ladungen $+e$ und $-e$

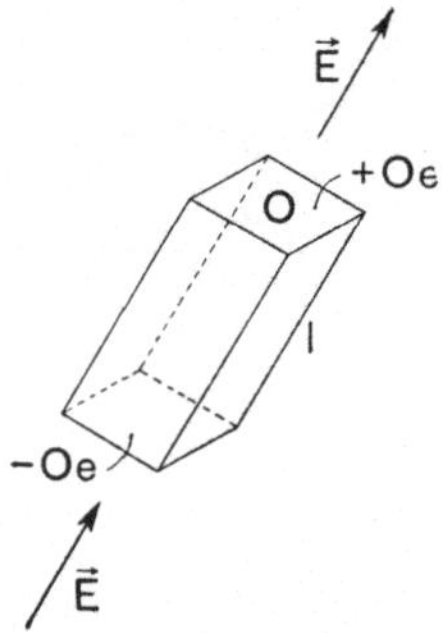

Abb. 161

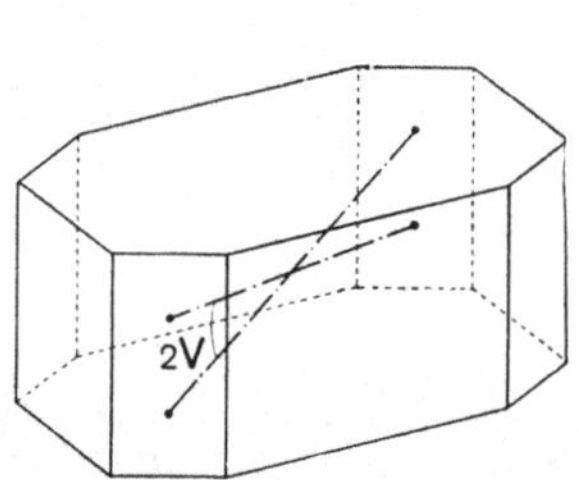

Abb. 162. Seignettesalzkristall

pro cm² und ist ihr Abstand l, dann ist das Moment O e l, das Volumen O l und die (homogene) Polarisation $\mathbf{P} = e$; **P** gibt also auch an, wieviel Ladung auf einer Fläche von 1 cm² senkrecht auf **P** vorhanden ist, und ist unabhängig von der betrachteten Länge, also auch von der Länge des Kristalls.

In einem isolierenden Kristall fällt **D** im allgemeinen nicht mit **E** in dieselbe Richtung, aber die Verbindung ist nach einem II-Tensor

$$D_1 = \varepsilon_{11}E_1 + \varepsilon_{21}E_2 + \varepsilon_{31}E_3; \text{ usw.}$$
$$\text{worin } \varepsilon_{ik} = \varepsilon_{ki}$$

Über den Zusammenhang von ε mit der Kristallstruktur ist wenig bekannt, in der Regel bemerkt man, daß große Dichte mit großem ε zusammenfällt.

Einige Werte von ε bringt Tab. 29 [1].

---

[1] Symposium Ned. Chem. Ver. (1947). Für die Messung von ε siehe W. A. Wooster, Crystal Physics, S. 119. London, 1949.

Tabelle 29

	ε_I	ε_{II}	ε_{III}
S	3,59	3,82	4,61
NaCl	5,85	5,85	5,85
Quarz	4,49	4,49	4,55
Calcit	8,48	8,48	8,03
$BaSO_4$	7,62	12,25	7,63

Besondere dielektrische Eigenschaften besitzt Seignettesalz, Natrium-kaliumtartrat, $NaKC_4H_4O_6 \cdot 4H_2O$ (Abb. 162).

Rhombisch bisphenoidisch, D_2.
$$a:b:c = 0{,}8317:1:0{,}4296$$

Optische Achsenebene ist b (010) (S. 186).
$$Bx_a = A\text{-Achse}; \quad 2V = 71°$$
$$\varepsilon_A \text{ bis } 60\,000, \quad \varepsilon_B \text{ und } \varepsilon_C \sim 60$$

ε_A ist nicht konstant und hängt stark von Temperatur und Feld-stärke ab. Der Kristall ist sogenannt ferro-elektrisch, er reagiert dem elek-trischen Feld gegenüber mehr oder weniger wie Eisen dem magnetischen gegenüber und zeigt auch Hysteresis. Er findet durch seine piezoelektrischen Eigenschaften ausgedehnte Verwendung in Pick-ups usw. trotz seiner geringen Festigkeit und Härte [1] (S. 218). Andere sogenannte ferroelektrische Kristalle findet man bei den Phosphaten (wie *A. D. P.*, Ammoniumdihydrophosphat) und Titanaten ($BaTiO_3$).

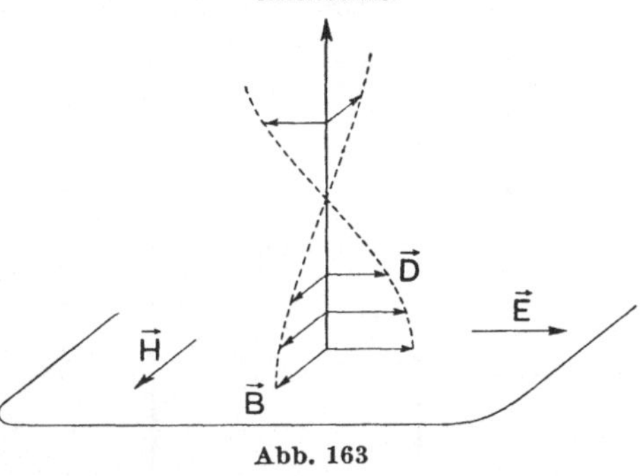

Abb. 163

Lichtfortpflanzung [2]

Allgemeines

In einem *isotropen* (nicht doppelbrechenden) Medium bewirkt ein elektrisches Feld **E** eine Verschiebung **D**; die Richtungen dieser Vektoren fallen zusammen und **D** ist proportional **E**; ($\mathbf{D} = \varepsilon \, \mathbf{E}$).

---

[1] Vgl. ferner S. 197 und 205; C. A. BEEVERS und W. HUGHES, Proc. R. Soc. A *177* (1941) 251 (Struktur); W. G. CADY, Piezoelectricity, Kap. 20. London, 1946.

[2] F. POCKELS, Lehrbuch der Kristalloptik. Leipzig, 1906; P. NIGGLI, Lehrbuch der Mineralogie und Kristallchemie II. Berlin, 1942; E. S. DANA und W. E. FORD, A Textbook of Mineralogy, S. 223–332. New York, 1932; A. N. WINCHELL, The Optical Properties of Organic Compounds. New-York, 1954; A. N. WINCHELL, The Microscopic Characters of Inorganic Substances and Artificial Minerals. New York, 1931.

Veränderung von **D** bewirkt ein magnetisches Feld **H** senkrecht auf **D**, während mit **H** eine magnetische Induktion **B** Hand in Hand geht, wobei **B** $= \mu$**H** (S. 199).

D pflanzt sich mit der Geschwindigkeit v fort, nach der elektromagnetischen Lichttheorie ist

$$v = \frac{c}{\sqrt{\varepsilon\mu}} \quad (c = \text{Lichtgeschwindigkeit im Vakuum})$$

In fast allen Fällen ist $\mu = 1$, also gilt für v und Brechungsindex n

$$v = \frac{c}{\sqrt{\varepsilon}} = \frac{c}{n}$$

In einem Punkt eines Bündels parallelen Lichtes ist in einer senkrechten Ebene (= ebene Wellenfront) **D** einer harmonischen Veränderung unterworfen; diese Störung pflanzt sich als sinusförmige Welle fort und wird Lichtstrahl genannt (Abb. 163).

Die Verschiebung kann in allen Richtungen senkrecht auf den Strahl im selben Maße stattfinden, mit anderen Worten ein Strahl natürliches Licht kann sich fortpflanzen. In allen Richtungen ist ε konstant, also auch n.

Daß die Fortpflanzungsrichtung einer ebenen Wellenfront in einem Medium, in dem die Fortpflanzungsgeschwindigkeit in allen Richtungen

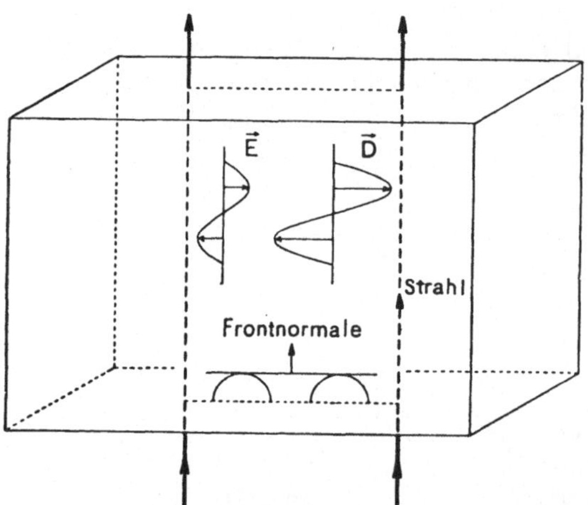

Abb. 164. Durchgang eines unpolarisierten Lichtbündels durch eine isotrope planparallele Platte; E und D fallen immer zusammen, ebenso wie die Frontnormale und die Strahlenrichtung

gleich ist, mit der Frontnormale zusammenfällt, geht aus dem Prinzip von HUYGENS (Abb. 164) hervor.

In einem *anisotropen* Medium (Kristalle von niedrigerer Symmetrie als die kubische) ist ε nicht in allen Richtungen gleich, kann aber aus einem Ellipsoid mit halben Hauptachsen

$$\frac{1}{\sqrt{\varepsilon_I}}, \quad \frac{1}{\sqrt{\varepsilon_{II}}}, \quad \frac{1}{\sqrt{\varepsilon_{III}}} \quad (\text{S. 176})$$

abgeleitet werden. E und **D** fallen hier also im allgemeinen nicht zusammen und aus der Theorie wird das folgende abgeleitet.

Indikatrix

1. Man nimmt als Hilfsfigur die *Indikatrix*, dies ist das Ellipsoid mit halben Hauptachsen $\sqrt{\varepsilon_I}$, $\sqrt{\varepsilon_{II}}$, $\sqrt{\varepsilon_{III}}$, so daß seine Gleichung

$$\frac{x_1^2}{\varepsilon_I} + \frac{x_2^2}{\varepsilon_{II}} + \frac{x_3^2}{\varepsilon_{III}} = 1$$

ist oder wenn

$$\varepsilon_I > \varepsilon_{II} > \varepsilon_{III}$$

$$\frac{x_1^2}{n_g^2} + \frac{x_2^2}{n_m^2} + \frac{x_3^2}{n_p^2} = 1$$

n_g, n_m und n_p sind die Hauptbrechungsindices (g = grand, m = moyen, p = petit).

2. In der Ebene senkrecht auf die beliebige Richtung ($\alpha_1\ \alpha_2\ \alpha_3$) kann nur in zwei Richtungen ein **D** auftreten, diese stehen senkrecht auf einander und fallen längs der Hauptachsen der *Schnittellipse* der Indikatrix und die durch den Mittelpunkt davon angebrachte Ebene senkrecht auf ($\alpha_1\ \alpha_2\ \alpha_3$). Es gibt also senkrecht auf ($\alpha_1\ \alpha_2\ \alpha_3$) nur zwei Arten Wellenfronten, beide durch eines der **D**'s gebildet. Die Geschwindigkeit in Richtung ($\alpha_1\ \alpha_2\ \alpha_3$), also in Richtung der Senkrechten auf diese Front (die Frontnormale), wird durch das dazugehörige ε bestimmt, oder was auf dasselbe hinauskommt: der

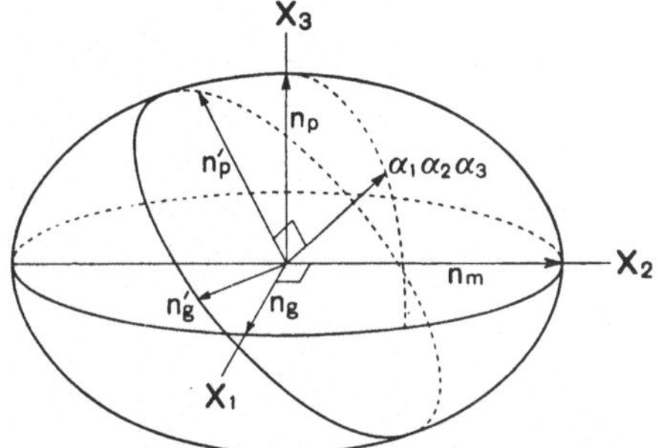

Abb. 165. $n_g{}'$ und $n_p{}'$ sind die halben Hauptachsen der Schnittellipse, deren Ebene senkrecht auf die Richtung ($\alpha_1\ \alpha_2\ \alpha_3$) steht

Brechungsindex wird durch die Länge der halben Hauptachse der Schnittellipse gegeben; diese Längen der halben Hauptachsen werden $n_g{}'$ und $n_p{}'$ genannt (Abb. 165).

$n_g{}'$ und $n_p{}'$ sind die Wurzeln n aus der Gleichung von Fresnel:

$$\frac{\alpha_1^2}{\dfrac{1}{n^2} - \dfrac{1}{n_g^2}} + \frac{\alpha_2^2}{\dfrac{1}{n^2} - \dfrac{1}{n_m^2}} + \frac{\alpha_3^2}{\dfrac{1}{n^2} - \dfrac{1}{n_p^2}} = 0$$

3. Die Richtung der Fortbewegung der Front, d. i. die Strahlenrichtung, ist so, daß das zu einem **D** gehörende **E** senkrecht auf dieser Richtung steht und in der Ebene **D**—($\alpha_1\ \alpha_2\ \alpha_3$) liegt (vgl. Abb. 166).

Polarisiertes Licht besitzt eine bestimmte Schwingungsebene, bei natürlichem Licht ist diese veränderlich. Von einer ebenen Front natürlichen Lichtes werden daher in einem Kristall zwei Komponenten fortgepflanzt, die Geschwindigkeiten und somit auch die Brechungsindices dieser beiden sind verschieden (*doppelbrechende* Kristalle).

Die Indikatrix ist bei hauptachsigen Kristallen ein Rotationsellipsoid, dessen Achse mit der Hauptachse zusammenfällt. Bei niedriger symmetrischen ist sie ein dreiachsiges Ellipsoid.

In den Fällen, die praktisch von großer Bedeutung sind, fällt eine breite ebene Wellenfront aus Luft oder Glas von unten auf ein dünnes planparalleles Kristallplättchen und durchläuft es als zwei horizontale,

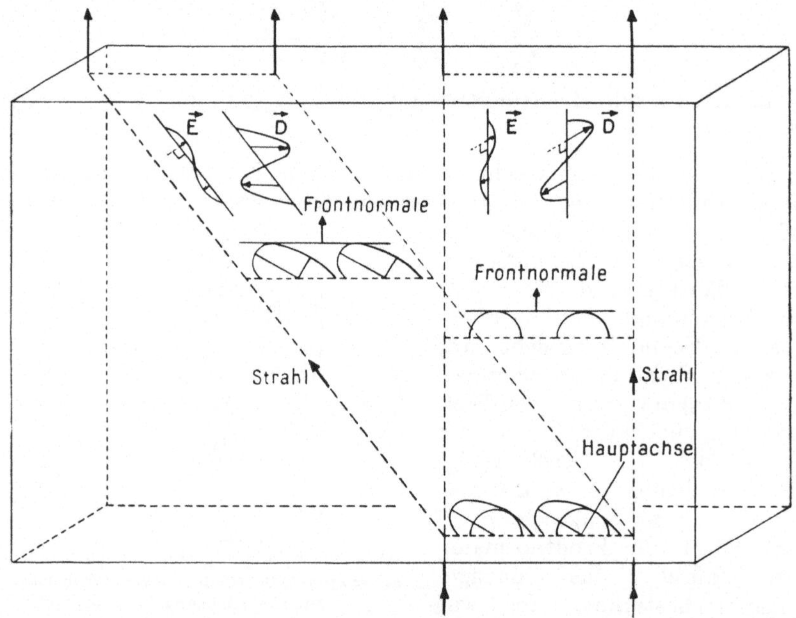

Abb. 166. Durchgang eines unpolarisierten Lichtbündels durch eine doppelbrechende planparallele Platte (eines einachsigen negativen Kristalls); in der Platte pflanzen sich zwei Wellenfronten, die senkrecht zueinander polarisiert sind, mit verschiedener Geschwindigkeit fort

senkrecht gegeneinander polarisierte Fronten mit verschiedenen Geschwindigkeiten, tritt als zwei hinter einander laufende horizontale Fronten aus und wird in einem Mikroskop betrachtet (Abb. 166).

Die seitliche Verschiebung der Fronten ist in diesem Fall nicht zu bemerken, da die Dicke der Platte bezüglich der Breite gering ist.

Optische Achsen

Ist die Schnittellipse ein Kreis, dann haben die zwei Fronten gleiche Geschwindigkeiten (keine Doppelbrechung) und sie sind unpolarisiert; die Richtung der Frontnormale heißt dann *optische Achse*. Bei hauptachsigen Kristallen besteht nur ein Schnittkreis und zwar senkrecht auf die Rotationsachse der Indikatrix, bei niedriger symmetrischen sind es zwei (*ein-*

bzw. *zweiachsige* Kristalle). Im ersten Fall fällt die optische Achse mit der Hauptachse des Kristalls zusammen, im zweiten liegen die optischen Achsen in der Ebene von n_g und n_p und die Ellipsoidachsen n_g und n_p sind Bissektricen in dem Winkel und dem Außenwinkel der optischen Achsen.

Der Winkel dieser Achsen, *über n_g gemessen*, ist $2\,V$:

$$tg\ V = \frac{n_g}{n_p}\ \sqrt{\frac{n_m^2 - n_p^2}{n_g^2 - n_m^2}}$$

Man kann sagen, daß $2V$ bei einachsigen Kristallen gleich 0° oder 180° ist.

n_m heißt *optische Normale*, die Bissektrix des spitzen Winkels zwischen den optischen Achsen Bx_a, die des Außenwinkels Bx_o (a = aigu, o = obtus) (Abb. 167).

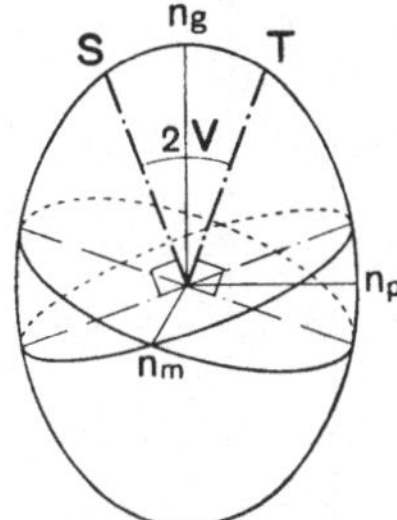

Abb. 167. Die optischen Achsen S und T sind Normale auf die kreisförmigen Schnittellipsen

Optischer Charakter

Ist $2V < 90°$, dann nennt man den Kristall positiv, ist $2V > 90°$, negativ (Abb. 168).

Aus der Formel für $tg\ V$ folgt, daß der optische Charakter gleich ist dem von

$$\frac{2}{n_m^2} - \frac{1}{n_g^2} - \frac{1}{n_p^2}$$

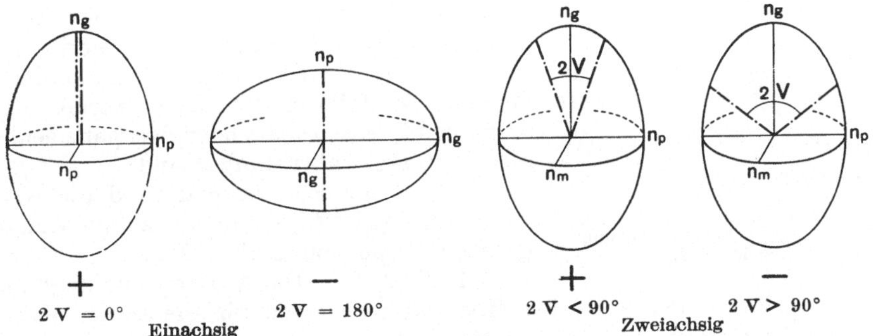

Abb. 168

Orientierung der Indikatrixachsen

Bei rhombischen Kristallen fallen die Indikatrixachsen längs der kristallographischen Achsen.

Bei monoklinen fällt die Ebene der optischen Achsen mit der Symmetrieebene zusammen oder steht senkrecht darauf, in letzterem Fall fällt Bx_a oder Bx_o längs der B-Achse (Abb. 169).

Bei einem triklinen Kristall ist die Orientierung willkürlich.

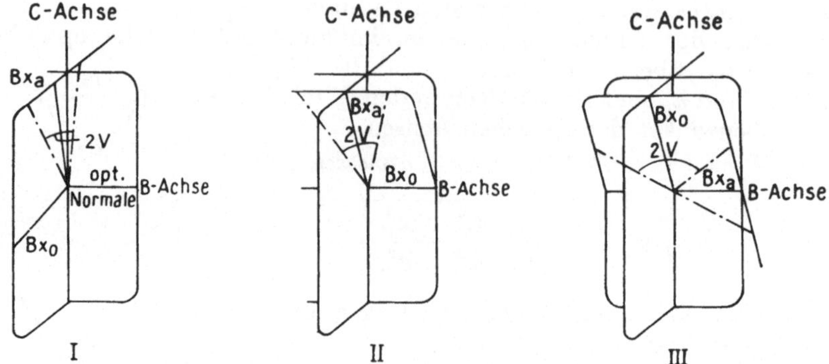

Abb. 169. Bei monoklinen Kristallen ist die Ebene der optischen Achsen senkrecht oder parallel zur *B*-Achse

Dispersion der optischen Achsen

Es besteht eine Abhängigkeit von ε von der Wellenlänge λ, also im Prinzip gehört zu jedem λ ein Ellipsoid und eine Indikatrix.

Bei zweiachsigen Kristallen variiert $2V$ zuweilen bedeutend (Dispersion der optischen Achsen); ist $2V$ für rotes Licht größer als für violettes dann schreibt man $\varrho > v$. Im Einzelfall ist für ein bestimmtes λ der Achsenwinkel 0° und die Achsenebene für rotes Licht eine andere als für blaues (Brookit, rhombisches TiO_2, Abb. 170).

Dispersion der Indikatrixachsen

Diese Dispersion ist nur bei monoklinen und triklinen Kristallen möglich und tritt dort zuweilen deutlich auf. Bei monoklinen können drei Fälle unterschieden werden, die dann in Plättchen ganz oder fast ganz senkrecht auf Bx_a wahrnehmbar sind:

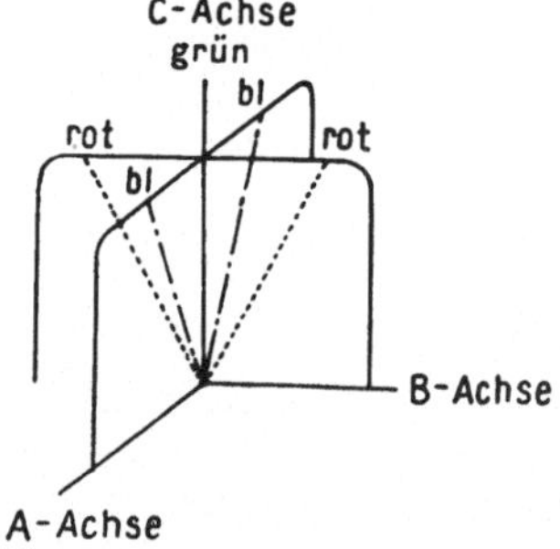

Abb. 170. Optische Achsenebenen in Brookit (rhombischer TiO_2)

I. *B* ist optische Normale und die Neigung von Bx_a ist für rot anders als für violett (*geneigte* Dispersion, Abb. 171 *I*).

II. *B* ist Bx_o. Die Achsenebene liegt für die eine Farbe näher an der Horizontalebene als für die andere (*horizontale* Dispersion, Abb. 171 *II*).

III. *B* ist Bx_a. Die Achsenebenen erscheinen gekreuzt (*gekreuzte* Dispersion, Abb. 171 *III*).

Polarisationsmikroskop

Bei der optischen Untersuchung verwendet man vielfach ein Polarisationsmikroskop mit Drehtisch. Das polarisierte Licht erhält man mittels eines Nicol, einem in zwei Teile geteilten und mit Kanadabalsam wieder zusammengekitteten etwas abgeschliffenen Rhomboeder von Calcit, in dem der ordentliche Strahl an der Kittfläche total reflektiert und an der

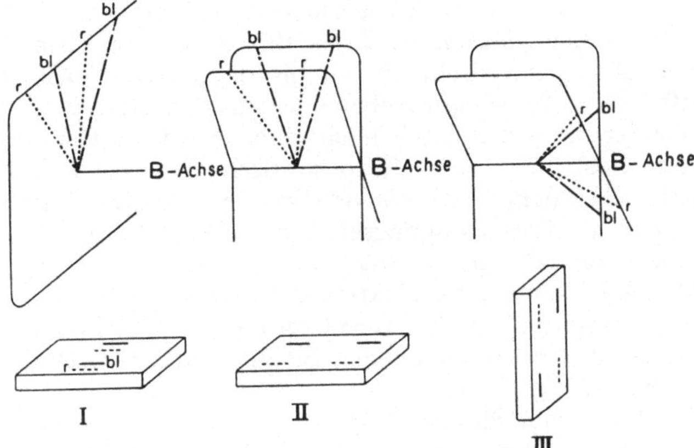

Abb. 171. Dispersion der optischen Achsen in monoklinen Kristallen; oben: perspektivisch, unten: Austrittspunkte der Achsen aus senkrecht zur Bx_a geschnittenen Platten; I geneigte, II horizontale, III gekreuzte Dispersion

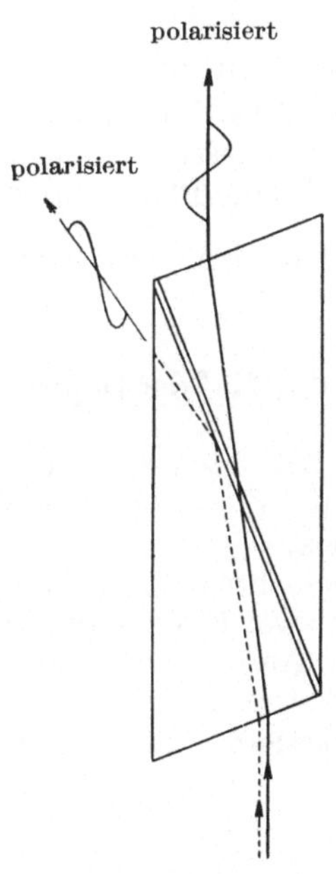

Abb. 172. Nicol; der ordentliche Strahl (gestrichelt) wird nach Totalreflexion an einer schwarzen Fläche absorbiert

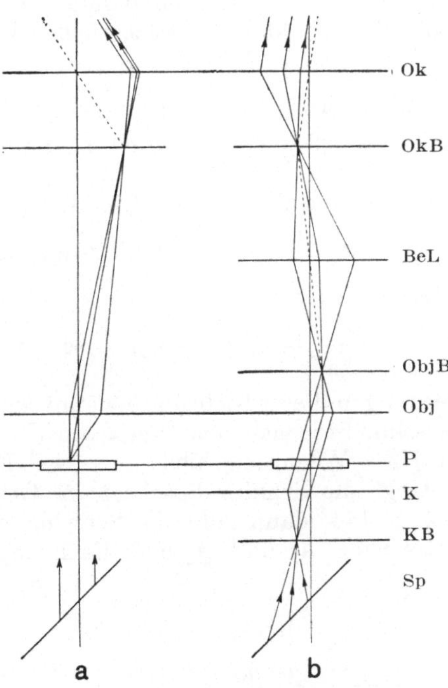

Abb. 173. Polarisationsmikroskop als *a)* Mikroskop und Orthoskop; *b)* Konoskop. *Ok* Okular; *OkB* Brennebene des Okulars (Achsenbild); *BeL* Bertrand-Linse; *ObjB* Brennebene des Objektivs (Achsenbild); *Obj* Objektiv; *P* Platte; *K* Kondensor; *KB* Brennebene des Kondensors; *Sp* Spiegel

Wand absorbiert wird (Abb. 172). Um die Schwingungsebene zu bestimmen, betrachtet man einen glänzenden Tisch durch den aus dem Mikroskop genommenen Nicol und dreht diesen bis die größte Auslöschung des Lichtes auftritt, die Schwingungsebene des aus dem Nicol tretenden Lichtes (E) schneidet dann den Tisch nach einer sagittalen Gerade.

Der feste Nicol unter dem Mikroskoptisch dient als Polarisator, der ausschaltbare über dem Tisch als Analysator; die Nicols sind gewöhnlich gekreuzt, d. h. die Schwingungsebenen stehen senkrecht aufeinander, die des Polarisators ist meistens sagittal.

Das Mikroskop kann auf drei Arten verwendet werden:

I. Als Orthoskop. In der Regel schwaches Objektiv, also kleiner Öffnungswinkel, die wahrgenommenen Strahlen sind alle ziemlich parallel (vertikal) (Abb. 173 a).

II. Als Mikroskop. Starkes Objektiv, Analysator ausgeschaltet. In der Brennebene des Okulars bildet sich die Platte ab (Abb. 173 a).

III. Als Konoskop. Starkes Objektiv, also großer Öffnungswinkel, Analysator eingeschaltet, ebenso BERTRANDsche Linse und Kondensor. In einem Punkt der Brennebene des Okulars konzentrieren sich alle Strahlen, die in dem Plättchen parallel zu einer bestimmten Richtung sind, also jeder Punkt des Gesichtsfeldes korrespondiert mit einer Richtung durch die Platte (Abb. 173 b).

Weg- und Phasenunterschied der zwei Wellenfronten

Ist die Dicke der Platte d cm, durchläuft die schnellste Front (monochromatisches Licht, Wellenlänge λ) die Platte mit einer Geschwindigkeit V_1 cm/sec und die langsamste mit V_2 cm/sec, dann wird die Platte durch die erste in $\dfrac{d}{V_1}$ und durch die zweite in $\dfrac{d}{V_2}$ sec durchlaufen. Der Zeitunterschied ist

$$\frac{d}{V_1} - \frac{d}{V_2} = d(n_g' - n_p')\frac{1}{c} \text{ sec} \quad \text{wobei } n_g - n_p' \text{ das Maß der Doppel-}$$

brechung in dieser Richtung genannt wird. In diesem Zeitunterschied legt die schnellste nach dem Verlassen der Platte in Luft $W = d(n_g' - n_p')$ cm [$W =$ Wegunterschied der zwei Fronten] zurück.

Liegt die Schnittellipse der im Orthoskop untersuchten Platte wie in Abb. 174, dann sind die Schwingungsebenen der zwei Fronten in der Platte nach A_1 und A_2 und die Komponenten der Amplitude A sind

$$A_1 = A \sin \alpha \text{ und } A_2 = A \cos \alpha.$$

Nach dem Passieren des Analysators ist die Komponente von A_1

$$A_3 = A_1 \cos \alpha = A \sin \alpha \cos \alpha$$

und die von A_2

$$A_4 = A_2 \sin \alpha = A \cos \alpha \sin \alpha.$$

Die Lichtstärken der zwei Fronten sind also immer gleich, Null bei $\alpha = 0°$, $90°$, $180°$ und $270°$ (*Aus-*

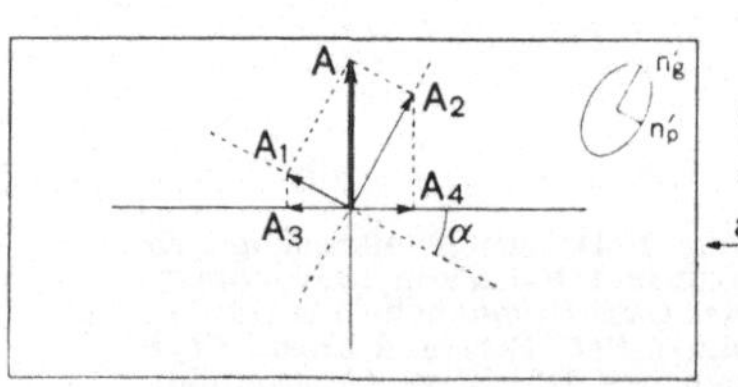

Abb. 174. p ist die Schwingungsebene des Polarisators, a die des Analysators

löschungsstellungen der Platte) und am größten bei $\alpha = 45°$, $135°$, $225°$ und $315°$ (*Diagonalstellungen*).

Nach Verlassen des Analysators fallen die Schwingungsebenen der (kohärenten) Fronten in der frontalen Ebene zusammen und interferieren.

Ist in der Platte kein Geschwindigkeitsunterschied der zwei Fronten, dann sind A_3 und A_4 entgegengesetzt und der Phasenunterschied ist $180°$, so daß kein Licht aus dem Analysator austritt. Beträgt der Wegunterschied W cm, dann ist der Phasenunterschied δ beim Verlassen des Analysators

$$\delta = 180° + \frac{W}{\lambda}\,360°$$

Es tritt kein Licht aus bei allen Werten von α, wenn der Wegunterschied eine gerade Anzahl von Vielfachen von $\frac{1}{2}\lambda$ ist und maximales Licht, wenn der Wegunterschied eine ungerade Anzahl von Vielfachen von $\frac{1}{2}\lambda$ beträgt.

Bei Verwendung von weißem Licht sind die Phasenunterschiede der diversen λ alle verschieden, die Intensität ist bei jedem λ anders und das Ergebnis ist, daß aus dem Analysator gefärbtes Licht austritt (NEWTONsche Farben). Ist der Wegunterschied 550 mμ, dann löscht grün ganz aus und die Farbe des austretenden Lichtes ist rot (*rot erster Ordnung*, rot I). Bei Wegunterschied 1100 mμ resultiert rot II usw. (Abb. 175).

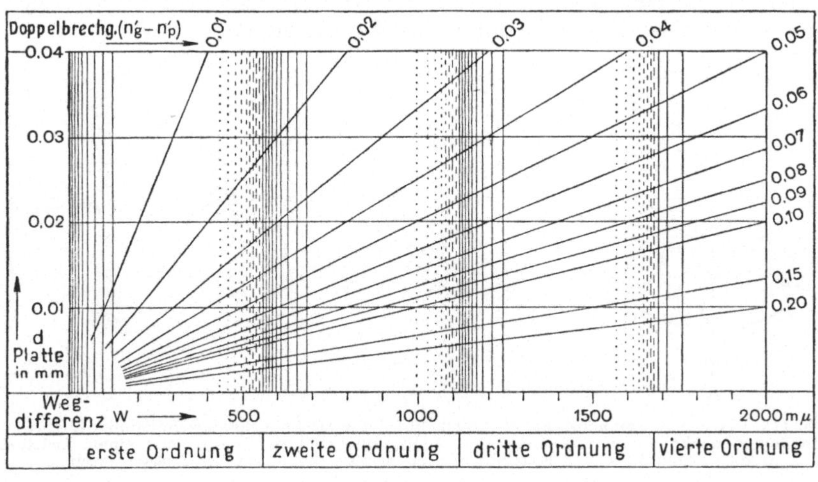

Abb. 175. Zusammenhang zwischen Doppelbrechung und Dicke d einer Platte mit der Farbe zwischen gekreuzten Nicols (*Farbtafel*)

Ist d bekannt, dann kann aus der Höhe der Farbe die Doppelbrechung bestimmt werden. Um diese Höhe festzustellen, betrachtet man an einem etwas keilförmigen Rand der Platte die aufeinanderfolgenden Ordnungen oder kompensiert die Doppelbrechung der Platte mit der eines Quarzkeils.

Ellipsenlage

Zur Bestimmung der Lage der Achsen der Schnittellipse in der Platte, also des Winkels α (Abb. 174), dreht man den Tisch mit der Platte in eine der Auslöschungsstellungen. Um festzustellen, welche Achse n'_g und welche n'_p ist, wird die Platte in Diagonalstellung gebracht und in den Tubus eine Prüfplatte mit bekannter Lage von n'_g und n'_p eingeschoben, z. B. ein Gipsplättchen, das rot I zeigt, ebenfalls in Diagonalstellung. Wird die Farbe erhöht, dann stimmen die Längsachsen der zwei Platten überein (Addition), wird sie erniedrigt, dann stehen die zwei Längsachsen senkrecht aufeinander (Subtraktion).

Eine Platte löscht *gerade* aus, wenn n'_g oder n'_p parallel der Spur einer hervorragenden Kristall- oder Spaltfläche in der Platte ist; sie löscht *symmetrisch* aus, wenn n'_g oder n'_p den Winkel zwischen zwei Spuren halbiert; in den anderen Fällen löscht die Platte *schief* aus.

Im allgemeinen löschen Platten von triklinen Kristallen schief aus; Platten von monoklinen parallel zur *B*-Achse oder von höher symmetrischen Kristallen nach einer kristallonomischen Richtung geschliffen, löschen gerade oder symmetrisch aus.

Einachsiges Achsenbild

Legt man eine senkrecht auf die Hauptachse geschliffene Platte eines einachsigen Kristalls unter das Konoskop und verwendet mono-

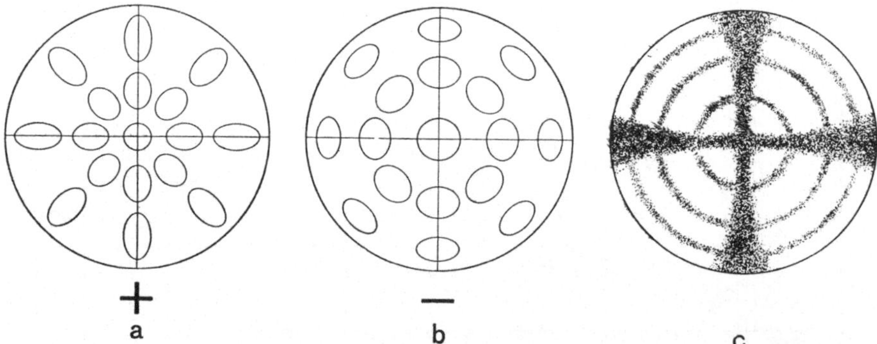

Abb. 176. Platten von einachsigen, senkrecht auf die optische Achse geschnittenen Kristallen unter dem Konoskop in monochromatischem Licht; einige Schnittellipsen bei *a*) einem positiven und *b*) einem negativen Kristall; *c*) kreisförmige Isophasen und Isogyrenkreuz

chromatisches Licht, dann wird jeder Punkt des Gesichtsfeldes von einem Bündel paralleler Strahlen beleuchtet, wobei der Winkel mit der Hauptachse vom Abstand des Punktes zur Mitte des Gesichtsfeldes abhängt; zu jedem Punkt des Gesichtsfeldes gehört eine eigene Schnittellipse (Abb. 176).

Auf allen Punkten eines Kreises um den Mittelpunkt sind die Ellipsen von gleicher Form, denn der Phasenunterschied ist da gleich; diese Kreise sind *Isophasen*. Wo der Phasenunterschied ein ganzes Vielfaches von 360° beträgt, herrscht Auslöschung; die Kreise erscheinen hier als dunkle Linien.

In den Punkten, wo die Achsen der Ellipsen parallel zu den Schwingungsebenen von Polarisator und Analysator sind, findet Auslöschung statt; das dadurch entstehende dunkle Kreuz wird durch die *Isogyren* gebildet.

Bei Verwendung von weißem Licht sind die Isophasen gefärbt (Newtonsche Farben).

Ist die Platte nicht ganz senkrecht auf die Achse geschliffen, dann fällt der Mittelpunkt der optischen Figur (das *Achsenbild*) nicht in die Mitte des Gesichtsfeldes, aber die Arme des schwarzen Kreuzes bleiben parallel zu den Schwingungsebenen von Polarisator und Analysator.

Ist die Platte parallel zur Achse geschliffen, dann sind die Isophasen gleichseitige Hyperbeln, die Isogyren sind verschwommen und verschwinden bei Drehung der Platte rasch aus dem Gesichtsfeld, wie zu einem zweiachsigen Achsenbild gehörend erscheinend.

Zweiachsiges Achsenbild

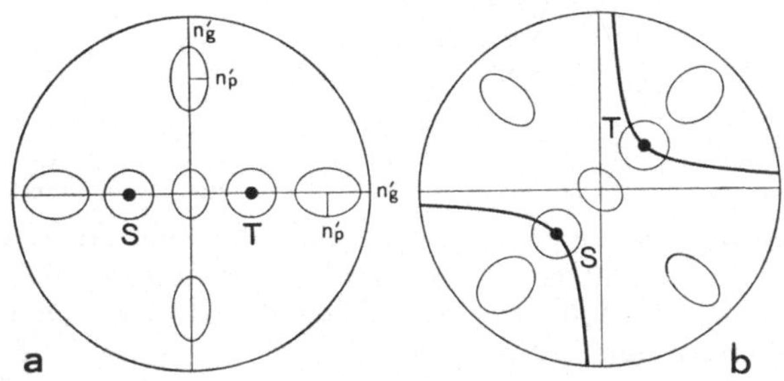

Abb. 177. Platte eines (positiven) zweiachsigen, senkrecht auf Bx_a geschnittenen Kristalls unter dem Konoskop in monochromatischem Licht; Gesichtsfeld mit einigen Schnittellipsen und schematisch angegebenen Isogyren. *a*) Auslöschungsstellung, *b*) Diagonalstellung

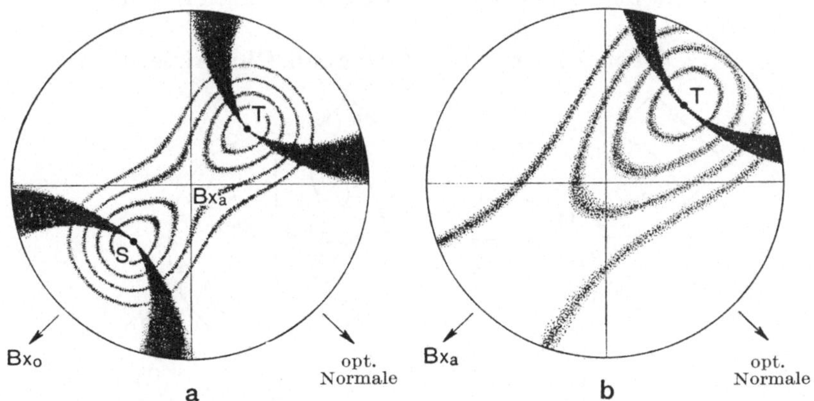

Abb. 178. Zweiachsiges Achsenbild mit *a*) den Austrittspunkten beider optischen Achsen und *b*) einer der Achsen im Gesichtsfeld

Eine Platte eines zweiachsig positiven Kristalls senkrecht auf Bx_a

geschliffen zeigt unter dem Konoskop das in Abb. 177 skizzierte Feld von Schnittellipsen [1].

Die Isogyren bilden in Auslöschungsstellung der Platte ein schwarzes Kreuz wie bei einem einachsigen Kristall. Dreht man die Platte in Diagonalstellung, dann bilden sie eine gleichseitige Hyperbel mit den Spitzen durch die Austrittspunkte der optischen Achsen S und T, die Schwingungsrichtungen von Polarisator und Analysator sind die Asymptoten. Die Isophasen sind Lemniskaten, so daß das Achsenbild wie in Abb. 177 und 178 a ist. Bei Verwendung von weißem Licht sind die Lemniskaten in den NEWTONschen Farben.

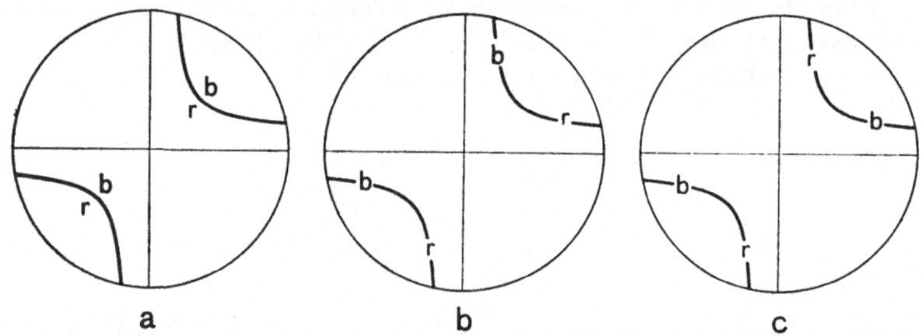

Abb. 179. Dispersion bei monoklinen Kristallen: *a)* geneigte, *b)* horizontale, *c)* gekreuzte

Ist $2V$ größer als ungefähr 60°, dann fallen die Achsen außer das Gesichtsfeld. Dies ist auch oft der Fall bei Schnitten nicht senkrecht auf Bx_a. Fällt nur eine Achse in das Gesichtsfeld, dann ist von der Hyperbel in vielen Stellungen der Platte nur ein Arm sichtbar; ist die Rundung gut wahrnehmbar, dann liegt der nächste Austrittspunkt von Bx_a auf der konvexen Seite (Abb. 178 b).

In den Achsenbildern zeigen sich oft Dispersionen; von Bedeutung sind vor allem die Fälle I, II und III im monoklinen System (S. 188 und Abb. 179).

Bestimmung des optischen Charakters

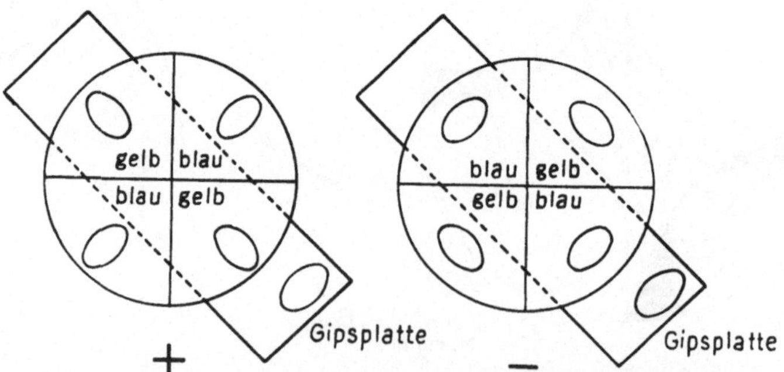

Abb. 180. Einachsiger Kristall; Bestimmung des optischen Charakters

Die Bestimmung erfolgt mit Hilfe des Achsenbildes.

Schiebt man bei einer Platte eines einachsig positiven Kristalls in Diagonalstellung bei Verwendung von weißem Licht ein Gipsplättchen

---

[1] B. G. ESCHER, Verh. Geol. Mijnb. Genootschap (1915) 337.

rot I ein, dann tritt in zwei gegenüberliegenden Quadranten Erhöhung und in den zwei anderen Erniedrigung der Farbe auf und man findet in *nächster Nähe* der Achsen die Farben wie in Abb. 180.

Bei einem zweiachsigen positiven Kristall findet man in *nächster Nähe* der Achsen die Farben wie in Abb. 181.

Sind die Austrittspunkte der Achsen nicht zu sehen, dann ist die Bestimmung des Charakters in der Regel nicht möglich.

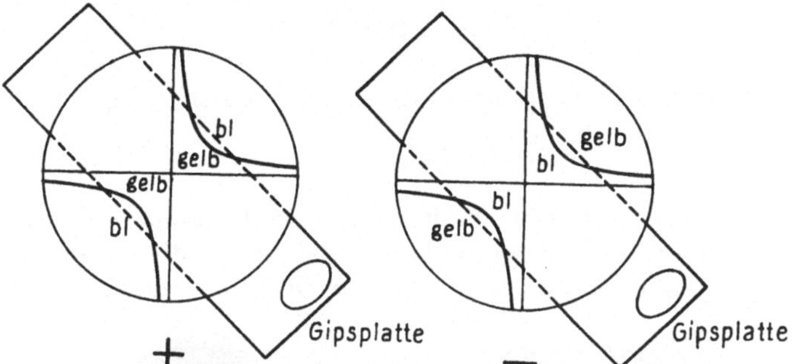

Abb. 181. Zweiachsiger Kristall; Bestimmung des optischen Charakters

Messung der Hauptbrechungsindices

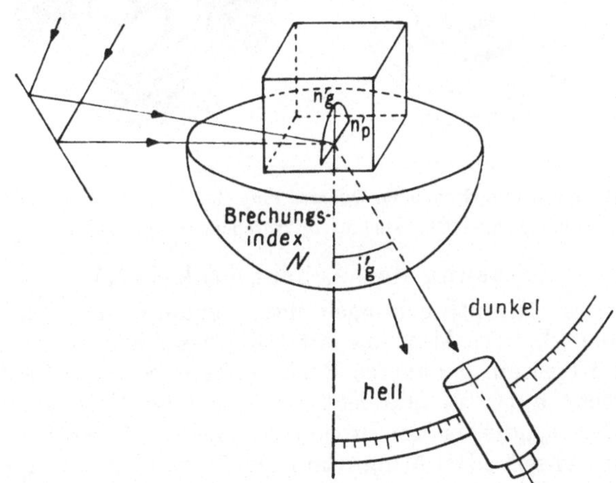

Abb. 182. Prinzip des ABBEschen Refraktometers

Von einem beliebig orientierten Kristallfragment können n'_g und n'_p unter dem Polarisationsmikroskop ziemlich genau mittels der Immersionsmethode von SCHROEDER VAN DER KOLK oder BECKE [1] bestimmt werden.

---

[1] P. NIGGLI, Lehrbuch der Mineralogie und Kristallchemie II, S. 719. Berlin, 1942; W. F. DE JONG, Tabellen zur Bestimmung der wichtigsten lichtdurchlässigen Mineralien. Delft, 1940.

Die größten und kleinsten Werte dieser Größen, an vielen Kristallfragmenten bestimmt, dürfen in der Regel n_g und n_p des Kristalls gleichgestellt werden.

Die genauere Bestimmung erfolgt am einfachsten, indem man eine orientierte oder beliebige Fläche anschleift und diese auf die Halbkugel aus Glas mit hohem Brechungsindex N eines Refraktometers von Abbe legt (Abb. 182). Horizontal in den Kristall einfallendes Licht, das nach n_g' schwingt, wird gebrochen und tritt unter einem Winkel i_g'' aus.

$$\sin i_g'' = \frac{n_g'}{N}$$

Für Licht, das nach n_p' schwingt, ist der Austrittswinkel

$$\sin i_p'' = \frac{n_p'}{N}$$

Bestimmt man durch Drehung um einen bekannten Winkel um die Vertikalachse in noch zwei anderen Stellungen die Brechungsindices, dann läßt sich aus diesen sechs Angaben die ganze Indikatrix berechnen.

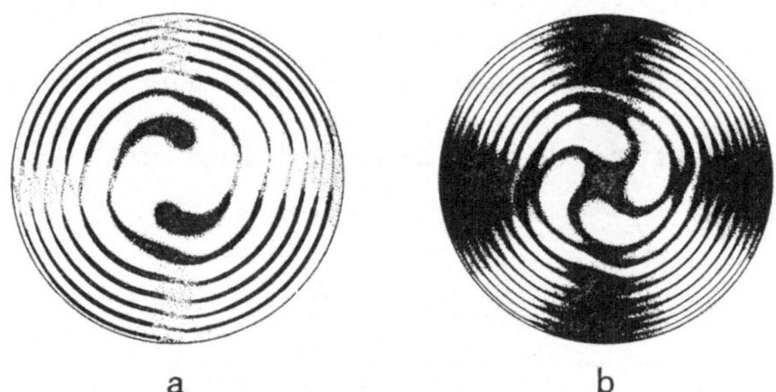

Abb. 183. *a*) Platte eines linksdrehenden Quarzes plus einer $\frac{\lambda}{4}$ - Platte unter dem Konoskop; *b*) Platte eines rechtsdrehenden Quarzes plus linksdrehenden Quarzes unter dem Konoskop

Messung des Achsenwinkels $2V$

Sind die drei Hauptbrechungsindices bekannt, dann kann $2V$ berechnet werden (S. 187). Messung mit Hilfe des Apparates von Liebisch ergibt in der Regel ein genaueres Resultat. Am besten schleift man eine Platte senkrecht auf Bx_a und legt diese in eine Flüssigkeit mit dem Brechungsindex n_m, dies ist der Brechungsindex des Kristalles in Richtung der optischen Achsen. Man bringt dann nacheinander den Austrittspunkt jeder der beiden Achsen in die Mitte des Gesichtsfeldes und liest den Drehwinkel ab [1].

Drehung der Schwingungsebene

Einige Kristalle [2] haben die Eigenschaft, die Schwingungsebene eines polarisierten Lichtstrahls um einen bestimmten Winkel zu drehen;

[1] J. Beckenkamp, Statische und kinetische Kristalltheorien II, S. 217. Berlin, 1915.
[2] W. A. Wooster, Crystal Physics, S. 156. London, 1949.

maximale Drehung erfolgt nach bestimmten Richtungen im Kristall. Die Drehung ist proportional der Dicke der Platte, eine Platte senkrecht auf die C-Achse von Quarz von 1 mm Dicke dreht die Ebene um 21°44′. Die Drehung ist im oder gegen den Uhrzeigersinn, zur Lichtquelle hin gesehen. Quarz mit rechten Trapezoedern (S. 33) dreht die Ebene im Uhrzeigersinn. Diese Erscheinung wird im Orthoskop wahrgenommen, bei gekreuzten Nicols tritt keine Auslöschung auf, wohl aber nach Drehung des Analysators um den Drehwinkel. Schiebt man in das Konoskop eine $1/4\lambda$-Platte ein, so erhält man als Achsenbild eine spiralförmige Figur, die rechts oder links gewunden ist. Legt man eine rechts- und eine linksdrehende Platte aufeinander, so sieht man AIRYsche Spiralen (Abb. 183).

Auch einige zweiachsige Kristalle drehen die Schwingungsebene (Tab. 30). Diese Erscheinung kann nicht auftreten in den Klassen mit Inversionspunkt und in C_{3v}, C_{4v}, C_{6v}, C_{3h}, D_{3h} und T_d.

Tabelle 30

	Klasse	gesehen in Richtung der	Drehwinkel pro mm (Na-Licht)
Quarz (SiO_2)	trigonal trapezoedrisch	Hauptachse	21°44′
Zinnober (HgS)	trigonal trapezoedrisch	Hauptachse	325° (rotes L.)
$NaClO_3$	tetraedrisch pentagondodekaedrisch	dreizähligen Achsen	3°8′
Seignettesalz	rhombisch bisphenoidisch	optischen Achsen	−1,35°
Zucker	monoklin sphenoidisch	optischen Achsen	−1,6° und +5,4°

Die Drehung findet im allgemeinen in allen Fortpflanzungsrichtungen in verschiedenem Maße statt; bei Quarz ist aber bei einer Platte, deren Senkrechte mit der Hauptachse einen Winkel von 56°10′ einschließt, der Drehwinkel 0°.

Konstruktionen

Mittels des stereographischen Netzes können die optischen Eigenschaften (Ellipsenlage, Achsenbild) einer Platte mit bekannter Orientierung mit genügender Genauigkeit abgeleitet werden.

Ist z. B. von einem tetragonalen positiven Kristall gegeben, daß die Spaltrichtung nach {100} und daß er nach einer Fläche P geschliffen ist, deren Position $\varphi = 60°$ und $\varrho = 50°$, dann wälzt man die normale Projektion um 50° um pq (Abb. 184). Die Schwingungsebene der einen Front liegt in der *Hauptebene*, d. i. die Ebene gebildet durch die Blickrichtung (= Frontnormale) $\underline{P}$ und die optische Achse $\underline{S}$; die Schwingungsebene der anderen Front ist senkrecht darauf. Die Spur der Spaltfläche (100) ist senkrecht auf $\underline{P}-\underline{a}$, der Auslöschungswinkel darauf bezogen kann also abgelesen werden.

Bei einem zweiachsigen Kristall werden die Achsen der Schnitt-ellipse nach der FRESNELschen Konstruktion gefunden: man bringt die Ebenen durch die Blickrichtung $\underline{P}$ und jede der optischen Achsen $\underline{S}$ und $\underline{T}$ an, die Bissektrixebenen dieser sind die Schwingungsebenen (Abb. 185).

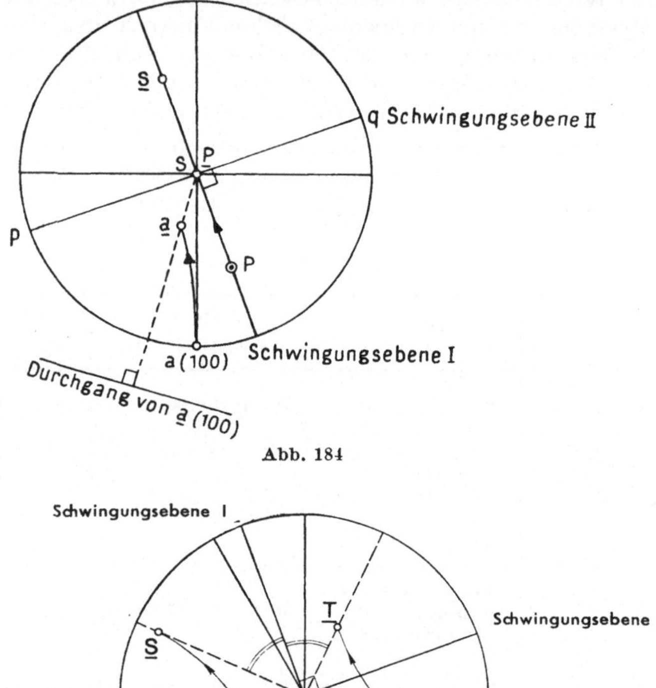

Abb. 184

Abb. 185

Liegt die Blickrichtung in einer der Symmetrieebenen der Indikatrix, dann kann ebenfalls angegeben werden, welche Ellipsenachse die längste ist, liegt $\underline{P}$ außer einer solchen Ebene, dann ist vielfach eine Berechnung notwendig.

Um herauszufinden, ob die Austrittspunkte der optischen Achsen in das Gesichtsfeld fallen, wird um den Mittelpunkt der Projektion ein Kreis von der Größe des Gesichtsfeldes gezogen, der Radius dieses Kreises ist meist ungefähr 30°.

Pleochroismus

Ist die Absorption bei Durchgang durch den Kristall für eine Wellenlänge anders als für die andere, dann ist der Kristall gefärbt.

Die Absorption hängt von der Schwingungsrichtung ab; gibt man die Maße der Absorption in allen Schwingungsrichtungen durch Vektoren aus einem Punkt an, dann liegen die Endpunkte auf einem für jede Wellenlänge charakteristischen Ellipsoid, dessen Hauptachsen denselben Bedingungen genügen wie die der Indikatrix (S. 185).

Weißes Licht, das nach einer Achse dieses Ellipsoids [1] schwingt, erscheint nach Durchgang als eine *Hauptfarbe*. Einachsige Kristalle können also zwei Hauptfarben, zweiachsige drei zeigen; erstere sind dann *dichroitisch*, letztere *trichroitisch*. Bei dem stark trichroitischen rhombischen Cordierit ist das nach der A-Achse schwingende Licht violett, das nach der B-Achse blau und das nach der C-Achse gelb (Achsenfarben). Ein Würfelchen mit den Achsen als Kanten in natürlichem Licht betrachtet, zeigt also in der A-Richtung eine Mischfarbe von blau und gelb, in der B-Richtung von violett und gelb und in der C-Richtung von violett und blau (Flächenfarben). Die ungemischten Farben sind mit polarisiertem Licht wahrnehmbar (Orthoskop).

Magnetische Induktion

Analog dem Verhalten eines Isolators in einem elektrischen Feld werden in einem Kristall durch ein magnetisches Feld $\mathbf{H}$ die elementaren Magnetchen ausgerichtet und es tritt Polarisation $\mathbf{M}$ proportional mit $\mathbf{H}$ auf.

$$\mathbf{M} = \chi\mathbf{H} \quad \text{(Suszeptibilitätsfaktor } \chi\text{)}$$

Dann wird das gesamte Feld im Körper

$$\mathbf{B} = \mathbf{H} + 4\pi\mathbf{M} = \mathbf{H} + 4\pi\chi\mathbf{H} = (1 + 4\pi\chi)\,\mathbf{H} = \mu\mathbf{H}$$

$$\text{(Permeabilitätsfaktor } \mu\text{)}$$

In einem Kristall fällt im allgemeinen $\mathbf{B}$ mit $\mathbf{H}$ nicht in eine Richtung, der Zusammenhang ist nach einem II-Tensor

$$B_1 = \mu_{11}H_1 + \mu_{21}H_2 + \mu_{31}H_3; \quad \text{usw.}$$

$$\text{wobei } \mu_{ik} = u_{ki}$$

Die Bestimmung von μ und χ kann selbst an mikroskopischen Kriställchen vorgenommen werden.

Ist $\mu > 1$, dann nennt man den Kristall (in dieser Richtung) paramagnetisch, ist $\mu < 1$, diamagnetisch. In fast allen Fällen weicht μ erst in der fünften oder sechsten Dezimale von 1 ab; bei ferromagnetischen, wie einigen Eisen- und Nickelverbindungen, kann die Abweichung viel größer sein, so daß μ selbst bis 3000 sein kann, dann aber nicht mehr konstant ist und von der Feldstärke und der Vorgeschichte des Kristalls abhängt.

Die magnetischen Eigenschaften von organischen Kristallen mit Kohlenstoffringen können ziemlich gut berechnet werden, so daß man umgekehrt sehr wertvolle Angaben über die Lage der Moleküle in diesen

---

[1] Hier wird angenommen, daß keine Dispersion dieser Ellipsoidachsen vorhanden ist.

Verbindungen erhalten hat können [1]. Für die quantentheoretische Erklärung des Magnetismus in Metall- und Legierungskristallen wird auf die Literatur hingewiesen [2].

Kühlt man einen Kristall einer passenden Verbindung in einem starken magnetischen Feld in flüssigem Helium ab, dann werden sich die gerichteten Teilchen bei Aufhebung des Feldes regellos anordnen und dabei soviel Energie aufnehmen, daß eine weitere Abkühlung bis einige Tausendstel Grade Kelvin erreicht werden kann.

Wärmeleitung

Herrscht in einem Körper ein stationärer Zustand, ist aber die Temperatur θ nicht überall gleich, dann besitzt jeder Punkt einen Temperaturgradienten τ. Infolge dieses Gradienten strömt Wärme, es verlagern sich Wärmequantitäten. Den Wärmestrom bezeichnen wir mit $\mathbf{w}$; er fällt in isotropen Körpern in die gleiche Richtung wie τ, in Kristallen aber im allgemeinen nicht.

$$w_1 = k_{11}\tau_1 + k_{21}\tau_2 + k_{31}\tau_3; \text{ usw.}$$
$$\text{(Wärmeleitkonstante } k)$$

$k_{ik} = k_{ki}$; wäre dies nicht der Fall, dann würde der Wärmestrom einer Spirale (STOKES) folgen.

$$\tau_1 = \frac{\partial\theta}{\partial x_1}; \quad \tau_2 = \frac{\partial\theta}{\partial x_2}; \quad \tau_3 = \frac{\partial\theta}{\partial x_3}$$

In zwei Fällen sind die Koeffizienten k prinzipiell einfach zu bestimmen.

1. Man klemmt eine planparallele Kristallplatte horizontal zwischen zwei Kupferplatten, die auf verschiedener Temperatur gehalten werden. Die Isothermenebenen sind bei stationärem Zustand Horizontalebenen, τ ist also vertikal (Abb. 186).

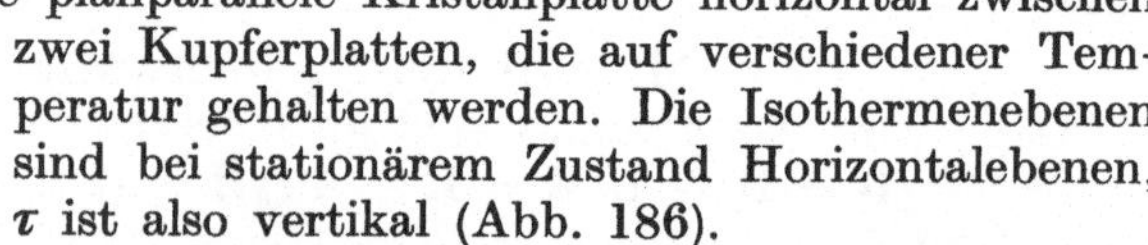

Abb. 186

Der Wärmestrom ist im allgemeinen nicht vertikal, aber wenn die Dicke der Platte gegenüber den anderen Maßen klein ist, kommt nur die vertikale Komponente zur Geltung. Legt man also die X'_3-Achse vertikal, dann ist diese Komponente k'_{33} und der Wärmestrom $k'_{33}\tau$. Dieser wird gemessen und k'_3 bestimmt.

Um alle Hauptkonstanten k berechnen zu können, sind drei Messungen an verschieden orientierten Platten nötig:

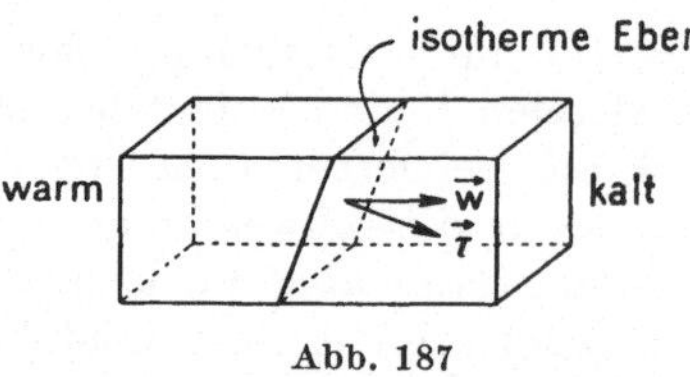

Abb. 187

$$k'_{33} = k_I \alpha_{13}^2 + k_{II} \alpha_{23}^2 + k_{III} \alpha_{33}^2 \quad (\text{S. 176}).$$

2. Nach einer zweiten Methode wird die Leitung längs eines Drahtes bestimmt, aber eine Schwierigkeit ist hier, daß Wärmeverlust an der

[1] W. A. WOOSTER, Crystal Physics, S. 112. London, 1949.
[2] G. V. RAYNOR, An Introduction to the Electron Theory of Metals, S. 73. London, 1949.

Außenseite schwer zu vermeiden ist. Der Wärmestrom **w** ist dann nach der Achse des Drahtes gerichtet, τ im allgemeinen nicht (Abb. 187).

Die Isothermenfläche in einem Kristall

Wird ein Punkt innerhalb eines Kristalls auf einer anderen Temperatur gehalten als die Oberfläche und ist der Zustand stationär geworden, dann gilt für ein Kristallelement, dessen Seitenflächen parallel zu den Koordinatenebenen sind, daß ebensoviel Wärme ein- wie austritt, also

$$\frac{\partial w_1}{\partial x_1} + \frac{\partial w_2}{\partial x_2} + \frac{\partial w_3}{\partial x_3} = 0$$

In Bezug auf die Hauptachsen gilt

$$w_1 = k_I \tau_I = k_I \frac{\partial \theta}{\partial x_1}$$

Also

$$k_I \frac{\partial^2 \theta}{\partial x_1^2} + k_{II} \frac{\partial^2 \theta}{\partial x_2^2} + k_{III} \frac{\partial^2 \theta}{\partial x_3^2} = 0$$

Dieser Gleichung genügt außerhalb des Ursprungs

$$\frac{x_1^2}{k_I} + \frac{x_2^2}{k_{II}} + \frac{x_3^2}{k_{III}} = \frac{\text{konst.}}{\theta^2}$$

Für eine Isothermenfläche ist θ konstant, diese Fläche ist also ein Ellipsoid.

Auf analoge Weise wird abgeleitet, daß die Isothermenlinien auf einer Kristallplatte, von der ein Punkt erwärmt wird, im allgemeinen Ellipsen sind. Bei der Untersuchung wird die Oberfläche durch eine Lage Elaidinsäure bedeckt, die bei 45° schmilzt und die 45°-Isotherme deutlich erkennen läßt.

Einige numerische Angaben von k zeigt Tab. 31 [1].

Tabelle 31

	k_I	k_{II}	k_{III}
Cu	55	55	55
NaCl	0,6	0,6	0,6
Calcit	0,472	0,472	0,576
Quarz	0,957	0,957	1,576

Es passieren also bei Cu pro Minute durch 1 cm² senkrecht auf die Strömungsrichtung 55 cal, wenn das Temperaturgefälle 1° C pro cm ist.

---

[1] W. A. WOOSTER, Crystal Physics, S. 85. London, 1949; E. SCHMID und W. BOAS, Kristallplastizität, S. 202. Berlin, 1935 (Metallkristalle).

Elektronenleitung

In leitenden Kristallen, z. B. von Metallen, gilt, daß der Strom i mit dem Potentialgefälle v nach einem II-Tensor zusammenhängt:

$$i_1 = \lambda_{11}v_1 + \lambda_{21}v_2 + \lambda_{31}v_3; \text{ usw.}$$
$$\text{(Leitfähigkeitskoeffizient } \lambda)$$

und umgekehrt

$$v_1 = r_{11}i_1 + r_{21}i_2 + r_{31}i_3; \text{ usw.}$$
$$\text{(Widerstand } r)$$

Ob dieser Zusammenhang auch bei Halbleitern (S. 228) gilt, ist nicht mit Sicherheit bekannt. aber bei Hämatit, hexagonales Fe_2O_3, ist r stark von der Temperatur abhängig (Tab. 32).

Tabelle 32

		r_I	r_{II}	r_{III}
Fe_2O_3	0° C	$40,8.10^7$	40,8	80,8
	17°	35,1	35,1	68,7
	100°	18,3	18,3	33,1

Pyroelektrizität

Bringt man einen Turmalinkristall (ditrigonal pyramidales Silikat) auf eine andere Temperatur, dann zeigen sich an den Enden der polaren Achse elektrische Ladungen, bei Erwärmung am Kopf positive (analoger Pol), an der Basis negative (antiloger Pol). Wird die Temperatur konstant gehalten, dann verschwinden die Ladungen nach einiger Zeit durch Leitung oder Neutralisation. Dieses Verhalten von Turmalin ist seit Jahrhunderten bekannt und verschaffte ihm den Namen Aschenzieher, er zieht nämlich bei Erwärmung Asche an. Die Erscheinung beruht auf einer Verformung des Gitters, wodurch sich die Gesamtheit der positiven Ionen gegenüber der negativen verlagert, so daß sich das elektrische Moment verändert.

Soweit Pyroelektrizität bei Kristallen der 7 pyramidalen Klassen und der Klassen C_2, C_{1v} und C_1, wie bei Zucker (monoklin sphenoidisch), Kalamin (rhombisch pyramidales Silikat) und Turmalin, auftritt, ist die hervorgerufene Polarisation proportional der Temperaturänderung und man spricht von *vektorieller* Pyroelektrizität.

Tritt Pyroelektrizität bei anderen Kristallen ohne Zentrum auf, dann erscheinen an der Oberfläche an verschiedenen Stellen positive und negative Ladungen und die Erscheinung wird durch einen II-Tensor beschrieben (*tensorielle* Pyroelektrizität).

Temperaturänderung geht immer Hand in Hand mit Formänderung, so daß es sehr schwierig ist, herauszufinden, inwieweit der elektrische Effekt von der ersten Änderung (wahre Pyroelektrizität) oder von der zweiten (falsche Pyroelektrizität) abhängt. Immerhin scheint vektorielle Pyroelektrizität teilweise wahre zu sein.

In jedem Fall kann man aus dem Auftreten von Pyroelektrizität auf das Nichtvorhandensein eines Mittelpunktes schließen.

Quantitativ ist wenig bekannt, qualitativ weist man die Ladungen durch den KUNDTschen Versuch nach, wobei man ein Gemisch aus Schwefel- und Mennigepulver durch ein feines Musselinsieb fallen läßt, so daß die Schwefelteilchen negativ und die Mennigeteilchen positiv geladen werden und sich an die positiven bzw. negativen Teile des Kristalls heften. Ein besseres Pulver beschreibt HULL [1] (Karmin, Schwefel und blau gefärbtes Lykopodium). Man kann auch MgO- oder Eis-Nebel sich auf den Kristall heften lassen.

Piezoelektrizität [2]

1880 entdeckten J. und P. CURIE, daß einige Kristalle, wenn sie einem Zug oder Druck unterworfen werden, auf den Flächen elektrische Ladungen zeigen (Piezoelektrizität).

Später stellte sich heraus, daß diese Eigenschaft bei allen Kristallen ohne Inversionspunkt, ausgenommen bei denen der pentagonikositetraedrischen Klasse, auftreten kann. Beispiele sind: Turmalin, Quarz, Natriumchlorat [3].

Die Komponenten der Polarisation **P** (S. 182) hängen linear nach einem III-Tensor von denen des II-Tensors, der die Spannung beschreibt, ab:

$$P_i = d_{kli}\, \sigma_{kl}$$
(piezoelektrischer Modul d)

Ausgeschriebenes Beispiel:

$$P_1 = d_{111}\sigma_{11} + d_{211}\sigma_{21} + d_{311}\sigma_{31} +$$
$$+ d_{121}\sigma_{12} + d_{221}\sigma_{22} + d_{321}\sigma_{32} +$$
$$+ d_{131}\sigma_{13} + d_{231}\sigma_{23} + d_{331}\sigma_{33}$$

Hierin ist $\sigma_{12} = \sigma_{21}$ usw. und auch $d_{121} = d_{211}$ usw. es gibt also 18 verschiedene Komponenten d_{kli}.

Zuweilen drückt man die Polarisationskomponenten in Abhängigkeit von den Deformationskomponenten aus:

$$P_i = e_{kli}\, \gamma_{kl}$$

Bei symmetrischen Kristallen sind einige Komponenten Null oder untereinander gleich. So sind für Quarz (trigonal trapezoedrisch):

(P_1)	d_{111}	0	0	0	$-d_{111}$	d_{321}	0	d_{321}	0
(P_2)	0	$-d_{111}$	$-d_{321}$	$-d_{111}$	0	0	$-d_{321}$	0	0
(P_3)	0	0	0	0	0	0	0	0	0

[1] H. H. HULL, J. Appl. Physics *20* (1949) 1157.
[2] W. G. CADY, Piezoelectricity. London, 1946; W. P. MASON, Piezoelectric Crystals and their Application to Ultrasonics. New York, 1950.
[3] S. ZERFOSS und L. R. JOHNSON, Am. Min. *34* (1949) 61 (Verbindung zwischen Zusammensetzung und Piezoelektrizität).

also
$$P_1 = d_{111}\,\sigma_{11} - d_{111}\,\sigma_{22} + 2\,d_{321}\,\sigma_{23}$$
$$P_2 = -2\,d_{111}\,\sigma_{12} - 2\,d_{321}\,\sigma_{13}$$
$$P_3 = 0$$

wobei X_1 längs der zweizähligen Achse genommen ist und X_3 vertikal [1].
Um die zwei Komponenten d_{111} und d_{321} zu bestimmen, wird ein recht-

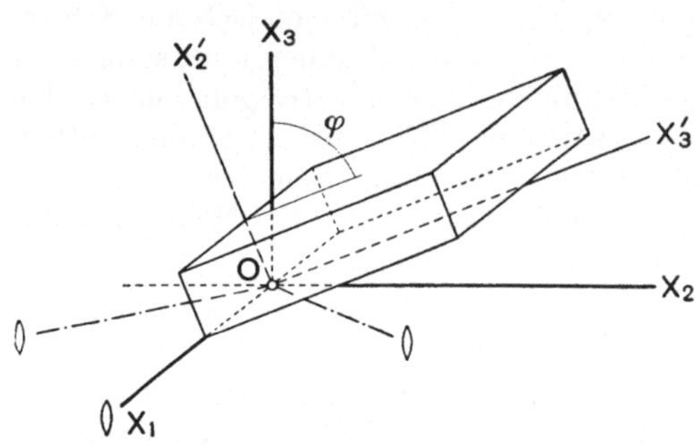

Abb. 188

winkliger Körper wie in Abb. 188 aus einem Quarzkristall gesägt. Vorder- und Hinterfläche werden versilbert, so daß die darauf auftretenden Ladungen gemessen werden können, während nacheinander auf jedes Paar der einander gegenüberliegenden Flächen Druckkräfte ausgeübt werden.

Wird parallel X_1 gedrückt, dann ist nur die Spannungskomponente $-\sigma_{11}$ vorhanden (Minuszeichen, weil die Zugkräfte positiv genommen werden) und der Ausdruck für P_1 lautet also in diesem Fall

$$P_1 = d_{111} \cdot - \sigma_{11}$$

Wird parallel X_3' gedrückt (und die Ladungen auf Vorder- und Hinterfläche gemessen), dann ist

$$P_1' = d_{331}' \cdot - \sigma_{33}'$$

Um d_{331}' in d_{kli} auszudrücken, transformieren wir auf die neuen Achsen.

	X_1'	X_2'	X_3'
X_1	$\alpha_{11} = 1$	$\alpha_{12} = 0$	$\alpha_{13} = 0$
X_2	$\alpha_{21} = 0$	$\alpha_{22} = -\cos\varphi$	$\alpha_{23} = \sin\varphi$
X_3	$\alpha_{31} = 0$	$\alpha_{32} = \sin\varphi$	$\alpha_{33} = \cos\varphi$

Dann wird (S. 177):

$$d_{331}' = \alpha_{13}\alpha_{13}\alpha_{11}d_{111} + \cdots\cdots\cdots + \alpha_{23}\alpha_{23}\alpha_{11}d_{221} + \alpha_{33}\alpha_{33}\alpha_{11}d_{331} +$$
$$+ \alpha_{33}\alpha_{23}\alpha_{11}d_{321} + \alpha_{23}\alpha_{33}\alpha_{11}d_{231}$$

Von den 27 Termen sind nur die vier letztgenannten von Null ver-
schieden. Überdies ist für Quarz $d_{331}=0$; $d_{221}=-d_{111}$; $d_{321}=d_{231}$, so daß

$$d_{331}' = -\sin^2\varphi\,d_{111} + 2\sin\varphi\cos\varphi\,d_{321}$$

Für Quarz findet man

$$d_{111} = -6,4 \quad \cdot 10^{-8} \text{ el. stat. E.}$$
$$d_{321} = \quad 0,72 \cdot 10^{-8} \text{ el. stat. E.}$$

d_{111} bleibt bei Temperaturerhöhung ziemlich konstant, sinkt aber über
500° C stark, um beim Übergang zum hexagonalen Quarz Null zu werden.

---

[1] Es ist in der Elektrotechnik außerdem gebräuchlich, bei einem rechten Kristall ein rechtshändiges und bei einem linken ein linkshändiges Achsenkreuz zu nehmen.

Beim Übergang verschwindet d_{321} nicht, auch β-Quarz ist also piezoelektrisch, aber auf andere Weise als α-Quarz.

Bei Seignettesalz ist d_{231} bei Temperaturen zwischen $-16°$ und $+22°$ C abnormal groß, z. B. $25000 \cdot 10^{-8}$, aber von Kristall zu Kristall wechselnd.

Qualitativ untersucht man einen Kristall oder Kristallpulver auf piezoelektrisches Verhalten nach GIEBE und SCHEIBE, indem man das Material zwischen die Platten eines Kondensators legt und die Kapazität des elektrischen Schwingungskreises, in den der Kondensator aufgenommen ist, langsam verändert. Sobald die Schwingungszeit mit der der mechanischen Schwingung des Materials übereinstimmt, wird die elektrische Amplitude plötzlich viel stärker und man vernimmt in dem in den Kreis eingeschalteten Lautsprecher einen Knacks bzw. ein starkes Geräusch [1].

Man verwendet piezoelektrische Kristalle [2], um mechanische Schwingungen in elektrische umzusetzen und umgekehrt; z. B. für Pick-ups, zur Erzeugung von Ultraschallwellen (Peilen von Meerestiefen), zur Konstanthaltung von Radiowellenlängen, für sehr genau gehende Uhren, zur Messung von elastischen Konstanten von Kristallen und anderen Materialien.

Elastizität

Die Deformation ist von den Spannungen abhängig, bei einem isotropen Stab ist die Verlängerung dem Zug proportional (HOOKEsches Gesetz), aber es tritt auch stets eine Querkontraktion von ungefähr $\frac{1}{3}$ der Länge auf (POISSON).

Bei einem Kristall ist jede der 9 Deformationskomponenten γ_{pq} linear von allen 9 Spannungskomponenten σ_{ik} abhängig, Deformation und Spannung sind hier also durch einen IV-Tensor verbunden.

$$\gamma_{pq} = s_{ikpq}\,\sigma_{ik}$$

(Elastizitätskonstanten s; diese werden von VOIGT und WOOSTER Moduln genannt).

Ausgeschriebenes Beispiel

$$\gamma_{33} = s_{1133}\sigma_{11} + s_{2133}\sigma_{21} + s_{3133}\sigma_{31} + s_{1233}\sigma_{12} + s_{2233}\sigma_{22} + s_{3233}\sigma_{32} +$$
$$+ s_{1333}\sigma_{13} + s_{2333}\sigma_{23} + s_{3333}\sigma_{33}$$

Manchmal schreibt man die Abhängigkeit umgekehrt

$$\sigma_{pq} = c_{ikpq}\,\gamma_{ik}$$
(Elastizitätsmoduln c)

In mechanisch isotropen Körpern fallen die Hauptdeformationen in die gleiche Richtung wie die Hauptspannungen, in Kristallen im allgemeinen nicht.

Es gibt 81 Tensorkomponenten, bei Transformationen müssen alle gesondert betrachtet werden. Viele sind untereinander gleich, selbst für asymmetrische Kristalle:

$$s_{ikpq} = s_{kipq} = s_{ikqp} = s_{kiqp} = s_{pqik} = s_{qpik} = s_{pqki} = s_{qpki}$$

[1] A. SCHLEEDE und E. SCHNEIDER, Röntgenspektroskopie und Kristallstrukturanalyse II, S. 261. Berlin, 1929.
[2] L. BERGMANN, Schwingende Kristalle. 1953.

Oft verwendet man eine gekürzte Schreibweise und faßt 11 zu 1 zusammen; 21 zu 6; usw., also:

$$\begin{array}{cccccc}
11 & 22 & 33 & 23 \text{ und } 32 & 31 \text{ und } 13 & 12 \text{ und } 21 \\
1 & 2 & 3 & 4 & 5 & 6
\end{array}$$

so daß das oben genannte Beispiel dann folgendermaßen geschrieben wird:

$$\gamma_3 = s_{13}\sigma_1 + s_{63}\sigma_6 + s_{53}\sigma_5 + s_{63}\sigma_6 + s_{23}\sigma_2 + s_{43}\sigma_4 + s_{53}\sigma_5 + s_{43}\sigma_4 + s_{33}\sigma_3$$

oder

$$\gamma_3 = s_{13}\sigma_1 + s_{23}\sigma_2 + s_{33}\sigma_3 + 2s_{43}\sigma_4 + 2s_{53}\sigma_5 + 2s_{63}\sigma_6$$

Faßt man auch γ_{23} und γ_{32} zusammen:

$$2\gamma_4 = 2s_{14}\sigma_1 + 2s_{24}\sigma_2 + 2s_{34}\sigma_3 + 4s_{44}\sigma_4 + 4s_{54}\sigma_5 + 4s_{64}\sigma_6$$

Es gibt dann 6 Komponenten γ und 36 Komponenten s, wobei $s_{ik} = s_{ki}$, so daß es 21 untereinander verschiedene s_{ik} (und auch c_{ik}) gibt.

Bei symmetrischen Kristallen sind viele s_{ik} untereinander gleich oder Null, z. B. bei Quarz (trigonal trapezoedrisch):

(γ_1)	s_{11}	s_{12}	s_{13}	$2s_{14}$	0	0
(γ_2)	s_{12}	s_{11}	s_{13}	$-2s_{14}$	0	0
(γ_3)	s_{13}	s_{13}	s_{33}	0	0	0
$(2\gamma_4)$	$2s_{14}$	$-2s_{14}$	0	$4s_{44}$	0	0
$(2\gamma_5)$	0	0	0	0	$4s_{44}$	$4s_{14}$
$(2\gamma_6)$	0	0	0	0	$4s_{14}$	$2(s_{11} - s_{12})$

und kubisch:

(γ_1)	s_{11}	s_{12}	s_{12}	0	0	0
(γ_2)	s_{12}	s_{11}	s_{12}	0	0	0
(γ_3)	s_{12}	s_{12}	s_{11}	0	0	0
$(2\gamma_4)$	0	0	0	$4s_{44}$	0	0
$(2\gamma_5)$	0	0	0	0	$4s_{44}$	0
$(2\gamma_6)$	0	0	0	0	0	$4s_{44}$

Ein kubischer Kristall hat also 3 Konstanten. Für einen mechanisch isotropen Körper gilt außerdem $2s_{44} = s_{11} - s_{12}$, so daß hier 2 Konstanten auftreten, die man in der Regel

$$s_{11} = \frac{1}{E} \qquad s_{12} = -\frac{1}{mE} \qquad 4s_{44} = \frac{1}{G}$$

nennt, wobei gilt

$$G = \frac{mE}{2(m+1)}$$

In unverkürzter Schreibweise ist dann

$$\gamma_{11} = \frac{1}{E}\left[\sigma_{11} - \frac{1}{m}(\sigma_{22} + \sigma_{33})\right]; \text{ usw.}$$

$$2\gamma_{12} = \frac{1}{G}\sigma_{12}; \text{ usw.}$$

Für einen in die Länge gezogenen stabförmigen Kristall, der in der Richtung X_3' liegt, gilt

$$\gamma_3' = s_{33}' \, \sigma_3'$$

$$\sigma_3' = \frac{1}{s_{33}'} \gamma_3'$$

Man benutzt s und nicht c, da es experimentell viel leichter ist, einen Druck statt einer Deformation von 1 anzuwenden. $\dfrac{1}{s_{33}'}$ stimmt also mit dem YOUNGschen Modul E überein. Trägt man $\dfrac{1}{s_{33}'}$ entlang

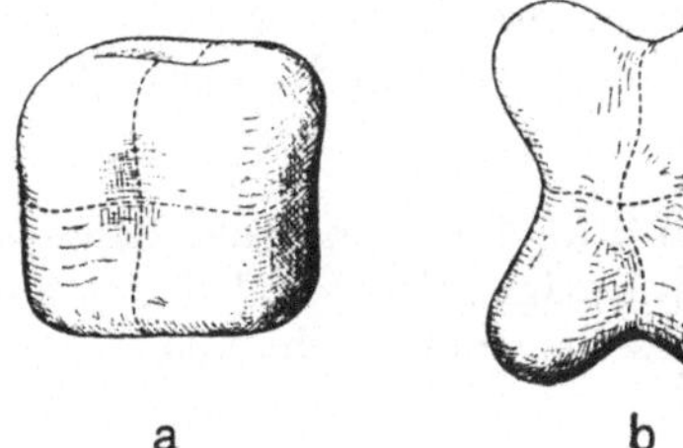

a   b

Abb. 189. Elastizitätsfiguren von a) Fluorit (CaF$_2$, kubisch) und b) Baryt (BaSO$_4$, rhombisch)

der Leitstrahlen auf, dann erhält man die sogenannte *Elastizitätsfigur* (Abb. 189).

Einige Werte von s in Tab. 33 [1].

Tabelle 33
Die Einheit ist 10^{-13} cm²/dyn

	s_{11}	s_{12}	s_{13}	$2s_{14}$	s_{33}	$4s_{44}$
Halit	24	-5				78
Quarz	12,98	$-1,66$	$-1,52$	$-4,31$	9,90	20,04
(Stahl)	5	$-1,3$				12,6

Die Kompressibilitätskonstante $\varkappa$ gibt die Proportionalität von Volumsverminderung mit der Zunahme des hydrostatischen Druckes an

$$-\frac{dV}{V} = \varkappa dP$$

Betrachtet man einen Würfel eines kubischen Kristalles mit Kanten von 1 cm längs der Achsen, dann ist die Längenabnahme längs der X_1-Achse γ_1 und auch die Volumsverminderung dadurch γ_1.

$$\gamma_1 = s_{11}\sigma_1 + s_{12}\sigma_2 + s_{12}\sigma_3$$

wobei $\sigma_1 = \sigma_2 = \sigma_3 = dP$.

Die Gesamtverminderung des Volumens ist $3\gamma_1$. Also

$$-\frac{3\gamma_1}{1} = 3(s_{11} + 2s_{12})\, dP$$

$$\varkappa = 3\,(s_{11} + 2\,s_{12})$$

Ein mechanisch isotroper Stab pflanzt eine Welle mit einer Geschwindigkeit v fort.

---

[1] Weitere Angaben in: E. SCHMID und W. BOAS, Kristallplastizität, S. 200, 266. Berlin, 1935.

$$v = \sqrt{E\,\frac{1}{\varrho}}\;\;;\quad \text{(Dichte } \varrho)$$

Ist der Stab in der Mitte eingeklemmt, dann ist die Wellenlänge des Grundtones zweimal die Länge L des Stabes.

$$v = v\lambda = v\,.\,2\,\mathrm{L}\quad\text{(Frequenz } v)$$

Ein Stäbchen von 1 cm Länge in der X_1-Richtung aus einem Quarzkristall gesägt, also parallel mit einer zweizähligen Achse (S. 204), kann auf dieselbe Weise schwingen:

$$v = 2v = \sqrt{\frac{1}{s_{11}}\,\frac{1}{\varrho}}$$

$$2v = \sqrt{\frac{1}{12{,}98\,.\,10^{-13}}\cdot\frac{1}{2{,}66}}$$

$$v = 268000$$

Dieser Wert ist nicht ganz genau, da in Wirklichkeit die Schwingung nicht vollkommen isotherm ist.

B. Erklärender Teil[1]

Der Kristall wird im Prinzip als homogenes Diskontinuum betrachtet, ein streng geordnetes Ganzes von Atomen, ein Gitter, das der Definition von GROTH (S. 90) entspricht (*Idealkristall*).

Es zeigt sich aber, daß viele Eigenschaften, besonders die sogenannten strukturempfindlichen (Gleitung, Diffusion, Ionen- und Elektronenleitung und in geringerem Maße Zugfestigkeit und Härte) stark von den im allgemeinen zahlreichen, aber begrenzten Unvollkommenheiten des Gitters abhängen (*Realkristall*). Es sind diese Unvollkommenheiten, die das oft scheinbar launische Verhalten von Festkörpern verursachen, sie verschaffen dem Kristall eine bestimmte Individualität.

Unvollkommenheiten des Gitters [2]

1. Wärmebewegung der Teilchen

Die mittlere Amplitude der Na-Ionen im NaCl-Gitter ist bei Zimmertemperatur 0,245 A, der Cl-Ionen 0,235 A; bei 900° K ungefähr 0,58 A. Diese Bewegungen können als das Zusammenwirken einer Anzahl harmonischer Wellen beschrieben werden [3] (S. 231).

---

[1] C. KITTEL, Introduction to Solid State Physics. New York, 1953; C. ZWIKKER, Physical Properties of Solid Materials. London, 1954; G. V. RAYNOR, An Introduction to the Electron Theory of Metals. London, 1949.

[2] F. SEITZ et al., Imperfections in Nearly Perfect Crystals. New York, 1952.

[3] F. SEITZ, l. c. S. 15 (*Phonons*).

2. Rotierende Teile

Oberhalb einer Temperatur, die in der Regel nicht weit unter dem Schmelzpunkt liegt, beginnen in einigen Kristallen Radikale (S. 156) oder Moleküle (S. 164) zu rotieren, wodurch oft die Symmetrie erhöht wird und Anomalien in der spezifischen Wärme usw. auftreten [1].

3. Die Oberfläche

Die Oberfläche eines Gitters ist sicher nicht ideal. So werden bei einem NaCl-Würfel die äußersten Ionen ungefähr 5% des Lagenabstandes nach innen gezogen, aber erst bei sehr kleinen Kristallen $< 0,1\ \mu$, ist der Einfluß der Oberfläche über das ganze Gitter merkbar (S. 235).

4. Der angeregte Zustand

Es gibt Teilchen in *angeregtem Zustand*, eines oder mehrere der Valenzelektronen eines solchen Teilchens wurden durch Energiezufuhr in einen höheren Energiezustand übergeführt; dieser Zustand verlagert sich durch das Gitter. Die Anregung zu einem angeschlagenen Zustand erfolgt z. B. bei Bestrahlung mit ultraviolettem Licht, die Aufhebung kann mit Lichtausstrahlung vor sich gehen [2].

5. Freie Elektronen und freie Elektronenlücken

In einem metallischen Kristall können sich viele Valenzelektronen frei im Gitter bewegen.

Einen besonderen Fall von 4. trifft man in den Halbleitern. Ein Elektron kann vorübergehend frei werden und sich im Gitter bewegen. Das ionisierte Atom bildet dann ein (positive) *Elektronenlücke* ($=$ Loch). Begibt sich ein Elektron von einem benachbarten Atom zu der Elektronenlücke, so ist der Effekt der gleiche, wie wenn sich die Elektronenlücke bewegen würde, so daß man von freien Elektronenlücken, die sich wie freie Elektronen, aber in entgegengesetzter Richtung bewegen, sprechen kann (S. 229).

6. Unter- oder überbesetztes Gitter

In unterbesetzten Gittern sind einige Stellen von keinen Teilchen besetzt (z. B. 1 auf 10000, bei AgCl manchmal sogar 1 auf 100). Man unterscheidet FRENKEL- und SCHOTTKY-*Defekte*, bei ersteren sind die fehlenden Teilchen interstitiell noch vorhanden, wodurch das Gitter örtlich überbesetzt ist, bei den zweiten nicht (S. 227). Manchmal wird die Stelle eines negativen Ions durch ein Elektron besetzt (s. *F*-Zentrum, S. 228). In einem Ionengitter sind die gesamten positiven Ladungen gleich den negativen, insoweit ist die Zusammensetzung fest; in einem Atom- oder

---

[1] R. C. EVANS, Introduction to Crystal Chemistry, S. 267. Cambridge, 1948.
[2] S. G. CURRAN, Luminescence and the Scintillation Counter. London, 1953; Luminescence. British J. Appl. Physics, Suppl. *4* (1955).

Metallgitter kann die Anzahl der Fehlstellen einer Atomart zuweilen ziemlich stark variieren, so daß die Zusammensetzung nicht ganz fest ist (z. B. FeS, S. 144) [1].

7. Fremdteilchen

Das Gitter enthält *Fremdteilchen*, die Teilchen an den Gitterstellen ersetzen (Mischkristalle bilden) oder interstitiell vorhanden sind (eine *feste Lösung* bilden).

Der Einfluß eines geringen Prozentsatzes dieser „Verunreinigungen" kann groß sein; ein Ersatz von 0,01% Ge durch As macht einen Germaniumkristall zur Verwendung als Gleichrichter geeignet (S. 229), derselbe Prozentsatz Bi in Cu macht das Kupfer brüchig (S. 150).

Als vorübergehend anwesende Fremdteilchen können Photonen (= Lichtquanten), α- und β-Teilchen und Neutronen genannt werden, die oft genug Energie besitzen, um Gitterteilchen in angeregten Zustand zu versetzen oder selbst Valenzelektronen frei zu machen.

8. Dislokationen [2]

Die beiden Teile eines Kristalls an Gegenseiten einer Gitterebene im Bravaisgitter haben periodischen Bau und eine Verschiebung des einen

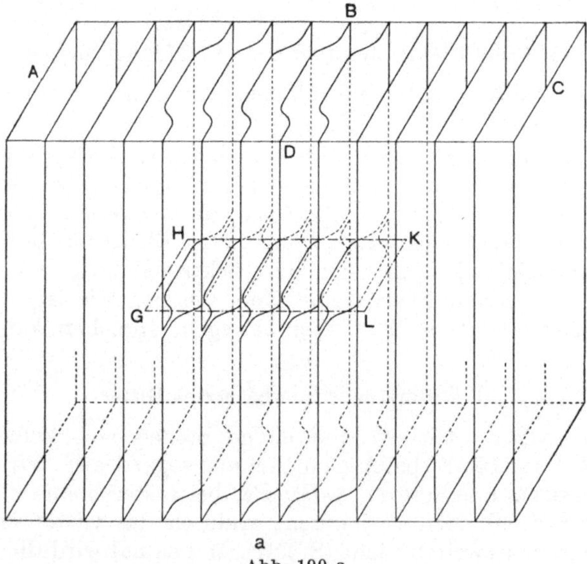

Abb. 190 a

---

[1] Übersicht der nicht stöchiometrischen Verbindungen in: W. E. GARNER, Chemistry of the Solid State, S. 44. London, 1955.

[2] W. T. READ, Dislocations in Crystals. New York, 1953; A. H. COTTRELL, Dislocations and Plastic Flow in Crystals. Oxford, 1953; W. SHOCKLEY et al., Imperfections in Nearly Perfect Crystals. New York, 1952; J. S. KOEHLER et al., Dislocations in Metals. New York, 1954; J. C. FISHER et al., Dislocations and Mechanical Properties of Crystals. New York, 1957.

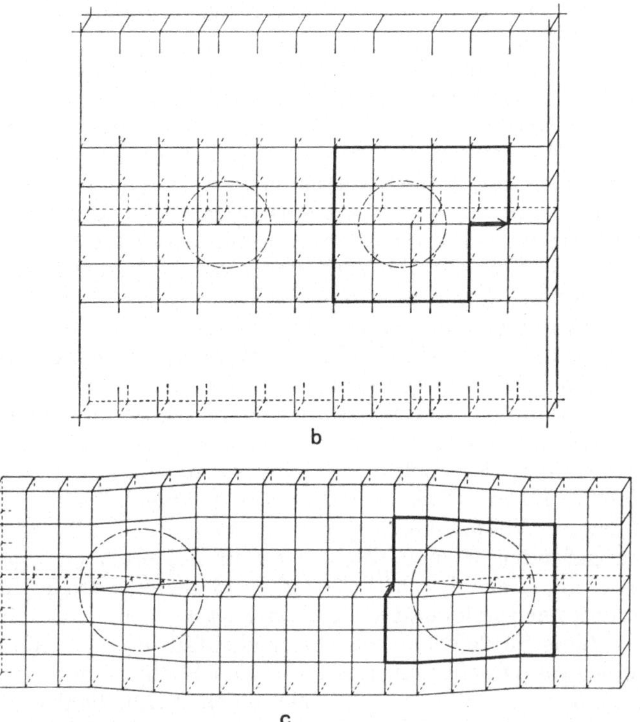

b

c

Abb. 190. *a*) Schematische Darstellung der Beschreibung einer Dislokation. Gleitung des oberen Teiles des Gitters nach links (des unteren nach rechts) verursacht Dislokation einiger Zellen entlang der Dislokationslinie *GHKL*. *GH* und *KL* sind Stufenstücke und *HK* und *GL* Schraubenstücke der Dislokationslinie. *b*) Senkrechter Schnitt *AC*, in dem die Stufendislokationslinien als Zylinderschnitte angegeben sind. Zur Verdeutlichung s'nd die Lagen außerhalb des Zylinders wie disloziert angegeben, aber man muß annehmen, daß die Dislokation allmählich verschwindet. Der BURGERS-Vektor **B**, senkrecht zur Dislokationslinie, ist für den rechten Zylinder eingezeichnet. *c*) Senkrechter Schnitt *BD*, in dem die Schraubendislokationslinien als Zylinderschnitte eingezeichnet sind. Der BURGERS-Vektor **B**, // zur Dislokationslinie, ist für den rechten Zylinder eingezeichnet

Teiles entlang dieser Ebene über einen oder mehrere Periodizitätsabstände ergibt einen vollkommen gleichen Kristall wie den ursprünglichen. In der Tat zeigen Kristalle diese Verschiebungsmöglichkeiten entlang bestimmter Ebenen in bestimmten Richtungen (*Gleitung*, S. 219).

Eine *Dislokation* kann man beschreiben als durch Gleitung eines begrenzten Teiles des einen Kristallpartners entlang einem begrenzten Abschnitt der Gitterebene (die eine Gleitebene sein kann oder nicht) entstanden. Dieser Abschnitt wird von der *Dislokationslinie* begrenzt: diese kann geschlossen oder nicht geschlossen sein. Im ersten Fall liegt sie ganz im Kristall und im zweiten liegen die Endpunkte z. B. an der Oberfläche des Kristalls oder die Dislokationslinie wird von einer anderen Dislokation unterbrochen. Die Dislokationslinie ist eine physikalische Linie, d. h. sie ist keine Linie im mathematischen Sinn, sondern eher ein Torus bzw. ein Zylinder. Im Innern dieses Torus oder Zylinders sind die

14*

Teilchen dislokiert, außerhalb davon sind sie praktisch normal gelagert (Abb. 190 *a, b, c*).

Dislokationen verursachen Spannungen. Makroskopisch unterscheidet man zwei Arten von Spannungen: Druck- und Schubspannungen; Dislokationen verursachen analog zwei Arten von Spannungen. Entlang einer geschlossenen Dislokationslinie treten abwechselnd Teile mit Druck- und Schubspannungen auf, an den Übergängen sind die Spannungen gemischt.

Bei Spannungen der ersten Art spricht man von *Stufendislokationen*, bei solchen der zweiten Art von *Schraubendislokationen*.

Aus Abb. 190 *b* geht hervor, daß eine Stufendislokation auch so beschrieben werden kann, als wenn sie hervorgebracht wäre durch Einschiebung bzw. Weglassung einer oder mehrerer Teile von Gitterebenen.

Die „Gleitung" kann durch einen Vektor ausgedrückt werden, den BURGERS *Vektor*. Dieser liegt also in der Gleitebene und steht senkrecht auf den Stufen- und verläuft parallel zu den Schraubenverschiebungsteilen der Dislokationslinie; die Länge ist eine ganze Zahl des Periodizitätsabstandes (dies ist nicht der Fall bei den sogenannten *Shockley*-Dislokationen, die in Gittern mit kubisch dichtester Packung auftreten können). Dieser Vektor kann durch Vergleich des Gitters mit einem Idealgitter gefunden werden. Zieht man in letzterem eine geschlossene Linie durch eine Anzahl von Zellen, z. B. 3 Zellen nach rechts, 5 nach unten, dann 3 nach links und schließlich 5 nach oben, dann wird die entsprechende Linie im deformierten Gitter ebenfalls eine geschlossene Linie sein, wenn sie die Dislokationslinie nicht einschließt. Wenn sie jedoch die Dislokationslinie einschließt, zeigt sie einen Schließfehler. Die Überbrückung dieses Schließfehlers, betrachtet als ein Vektor, stellt den BURGERS Vektor dar.

Die Zahl der Dislokationen beträgt in einem guten natürlichen Kristall etwa $10^8/\mathrm{cm}^2$, in einem guten synthetischen 10^9, in einem kalt bearbeiteten Metallkristall 10^{12}, in letzterem Fall also ungefähr 1 auf 1000 Atome. Der mittlere gegenseitige Abstand in einem guten Kristall beträgt $10^{-3}-10^{-4}$ cm.

9. Mosaiktextur

Der scheinbar homogene Kristall zeigt *Mosaiktextur*, er ist in Blöckchen mit Kantenlängen von etwa 10^{-5} cm unterteilt, die untereinander etwas, aber nicht mehr als einige Minuten verschieden orientiert sind.

10. Deformation des Gitters durch äußere Kräfte

Ist die Deformation homogen, dann kann der Spannungszustand mit Hilfe einer Pulveraufnahme abgeleitet werden (S. 109). Bei inhomogener Deformation ist das Gitter verbogen, durch ungleiche Orientierung der verschiedenen Teile erscheinen auf einer LAUE-Aufnahme keine Punkte, sondern Streifen (Asterismus). Bei Erwärmung lösen sich die Streifen zu Punkten, woraus hervorgeht, daß die gebogenen Teile des Gitter *Poly-*

gonisation zeigen, d. h. gebogene werden gebrochene Linien, wobei sich zahlreiche undeformierte Kriställchen, durch gut zu beschreibende Dislokationen getrennt, bilden (Abb. 191).

11. Teilweise oder mangelhafte Ordnung

Als Anhang können Phasen mit teilweiser oder mangelhafter Ordnung betrachtet werden.

a) Stapelung von (hexagonalen) Schichten (S. 148, Fußnote).
b) Faserstoffe (S. 165).
c) gedehnter Gummi (S. 168).
d) Röhrchenkristalle [1].
e) Mizellen [2].
f) flüssige Kristalle [3].
g) Gläser (ZACHARIASEN) [4].

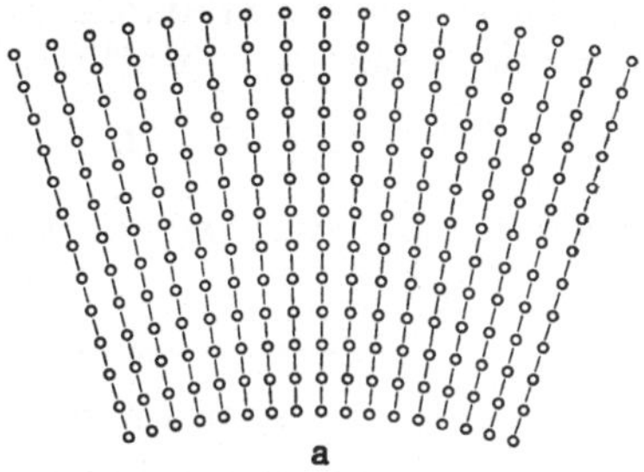

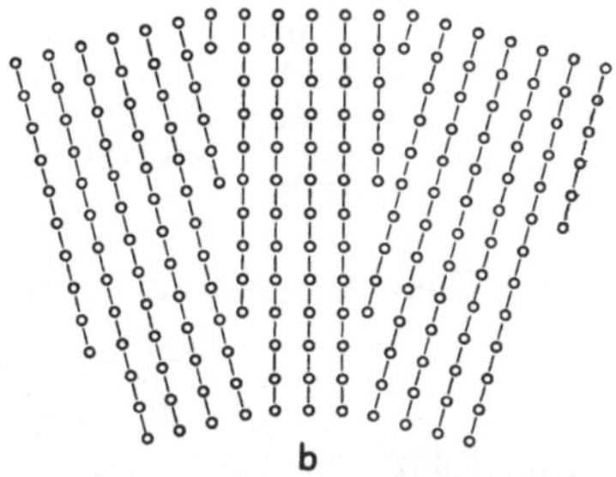

Gitterenergie eines Idealkristalles [5]

Die Gitterenergie U_0 ist die potentielle Energie aller Ionen von einem Gramm-Mol eines unendlich großen Gitters, auf das keine äußeren Kräfte wirken, das also unverformt ist.

Sind alle Ionen des Gramm-Mols unendlich weit von einander entfernt, dann nennt man ihre pot. Energie Null, die Gitterenergie ist also negativ. Sie ist also die Arbeit, die gewonnen wird, wenn man die Ionen aus dem Unendlichen Stück für Stück auf ihre Plätze im Gitter bringt.

Abb. 191. *a)* Durch Spannung deformiertes Gitter; *b)* Polygonisation, zusammengehend mit dem Verschwinden der Spannung

Bringt man zwei kugelförmige Ladungen $+e$ und $-e$ (el. st. E.) bis auf einen Abstand r cm, dann ist ihre potentielle Energie u

$$u = -\frac{e^2}{r}\, erg$$

Zwei einfach geladene Ionen $+e$ und $-e$ üben aufeinander auch eine abstoßende Kraft aus, denn ihr Gleichgewichtsabstand ist nicht Null.

---

[1] Chrysotil usw. Acta Crystallogr. 7 (1954) 827f.

[2] C. ZWIKKER, Physical Properties of Solid Materials, S. 40. London, 1954; G. SCHUUR, Diss. Delft, 1955, Some Aspects of the Crystallisation of High Polymers.

[3] Z. f. Krist. A 79 (1931) 1—347.

[4] J. M. STEVELS, Progress in the Theory of the Physical Properties of Glass. New York, 1948.

[5] Über die Gitter von Metallkristallen: G. V. RAYNOR, An Introduction to the Electron Theory of Metals, S. 87. London, 1949.

Man macht daher den Ansatz

$$u = -\frac{e^2}{r} + \frac{b}{r^n} \quad \text{(MIE 1903)}$$

Bei vielen Ionengittern ist $n \sim 9$. Ein Gramm-Mol enthält N Paar Ionen. Wenn die gegenseitige Kraftwirkung dieser Ionenpaare im Gitter nicht in Rechnung gezogen wird, ist ihre potentielle Energie U:

$$U = -\frac{Ne^2}{r} + \frac{Nb}{r^9}$$

Zieht man die Kraftwirkung aber schon in Betracht, dann hängt die potentielle Energie vom Gittertyp ab:

$$U = - M N \frac{e^2}{r} + \frac{B}{r^9}$$

worin M die MADELUNGsche Konstante ist (Tab. 34).

Tabelle 34

Gittertyp	M
NaCl	1,748
CsCl	1,763
α-ZnS (Sphalerit)	1,639
β-ZnS (Wurtzit)	1,64
CaF_2	5,039

Bei Gleichgewicht im Gitter ist die potentielle Energie ein Minimum, also

$$\left(\frac{\partial U}{\partial r}\right)_{r=r_0} = M N \frac{e^2}{r_0^2} - 9 \frac{B}{r_0^{10}} = 0$$

woraus folgt

$$B = \frac{1}{9} M N e^2 r_0^8$$

und die Gitterenergie ist dann

$$U_0 = -\frac{8}{9} M N \frac{e^2}{r_0}$$

r_0 ist der kleinste Abstand von ungleich geladenen Ionen.

Der Wert von n, also der Faktor 8/9, wird aus der Kompressibilitätskonstante $\varkappa$ (S. 207) abgeleitet. Diese wird für das Halitgitter wie folgt berechnet.

Von einem Würfel mit Kanten, an denen x Ionen liegen, ist die Länge der Kanten $x\,r$ und das Volumen $x^3 r^3 = V$.

In diesem Würfel sind $2N$ Ionen vorhanden, so daß $x^3 = 2N$ und

$$V = 2N\,r^3$$

$$r = \sqrt[3]{\frac{V}{2N}}$$

Setzt man diesen Wert ein und berücksichtigt, daß der hydrostatische Druck P ist:

$$P = - \frac{\partial U}{\partial V}$$

erhält man, wenn man $r = r_0$ schreibt,

$$- V \frac{\partial P}{\partial V} = \varkappa = \frac{4}{9} M \frac{e^2}{r_0{}^4}$$

Um die Gitterenergie zu bestimmen, gebraucht man einen Umweg, nämlich den Kreisprozeß von BORN-HABER.

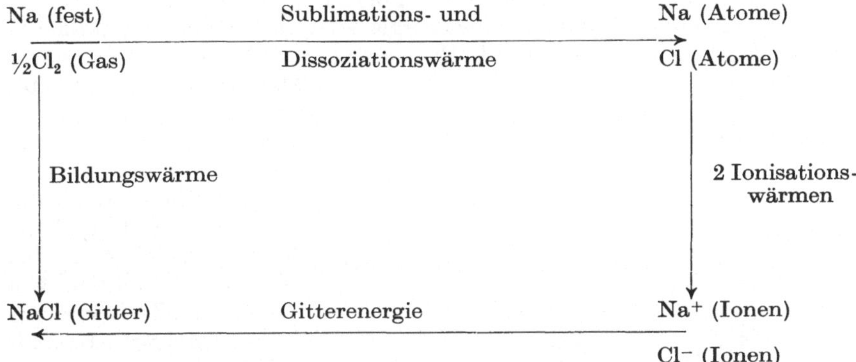

Sind die fünf Wärmegrößen bekannt, dann kann die Gitterenergie abgeleitet werden. Wird mit Hilfe der MADELUNGschen Konstante die Gitterenergie berechnet, dann kann man die Bildungswärme, auch von hypothetischen Verbindungen, gut schätzen. Man kommt dann zu dem Schluß, daß die folgenden Gitter stark endotherm sein müßten und daher wahrscheinlich nicht auftreten [1] können.

NeF	< -241 cal	NaCl-Typ
NaF$_2$	< -156 cal	TiO$_2$-Typ
MgF$_3$	< -111 cal	AlF$_3$-Typ
AlF$_4$	< -700 cal	Molekülgitter (BF$_3$)

Die Konstante M ist für Verbindungen vom Typ AX am größten beim CsCl-Typ. Daß nicht alle AX nach diesem Typ kristallisieren, beruht auf dem Einfluß anderer Faktoren: Größenverhältnis der Ionen und ihre Polarisierbarkeit (S. 131). Letztere ist in einem Koordinationsgitter nicht oder kaum von Bedeutung, wohl aber in einem Schicht- oder Molekülgitter (Abb. 192).

Oberfläche und Oberflächenenergie

Oberflächenteilchen werden etwas nach innen gezogen, bei NaCl ungefähr 5% des Lagenabstandes [2]. In der Oberfläche besteht auch eine

---

[1] H. G. GRIMM und K. F. HERZFELD, Z. f. Phys. *19* (1923) 141.
[2] J. E. LENNARD-JONES, B. M. DENT, Trans. Far. Soc. *24* (1928) 92 (s. S. 209).

Neigung zur Kontraktion, durch die Sprünge von atomaren Dimensionen entstehen können (BUERGER).

Es wird zwar angenommen, daß beim Polieren über eine geringe Tiefe eine amorphe Schicht entsteht (BEILBY), aber das Elektronendiffraktionsbild ist für alle Metalle gleich und wahrscheinlich vom eingeschlossenen Kohlenwasserstoff stammend [1].

Sintern kann die Folge von oberflächlichem Schmelzen oder von Selbstdiffusion sein (S. 225) [2].

Die Oberflächenenergie [3] eines Idealkristalles ist die Energie die pro cm^2 neu gebildete Oberfläche nötig ist, um den einen Teil des Gitters vom andern zu trennen und nach dem Unendlichen zu verlagern.

YAMADA leitet die Oberflächenenergie einer beliebigen Kristallfläche aus der einer gegebenen Fläche ab. Er findet, daß bei NaCl die von (100) die kleinste ist und meint, daß dies mit der Spaltbarkeit in Zusammenhang stehen kann.

Verglichen mit der Gitterenergie ist die Oberflächenenergie erst bei sehr kleinen Teilchen von Bedeutung. Teilt man ein Gramm-Mol NaCl-Kristall in Würfel von 1μ Kantenlänge, dann ist die gesamte Oberflächenenergie 0,0057 Kcal, während die Gitterenergie 180 Kcal beträgt.

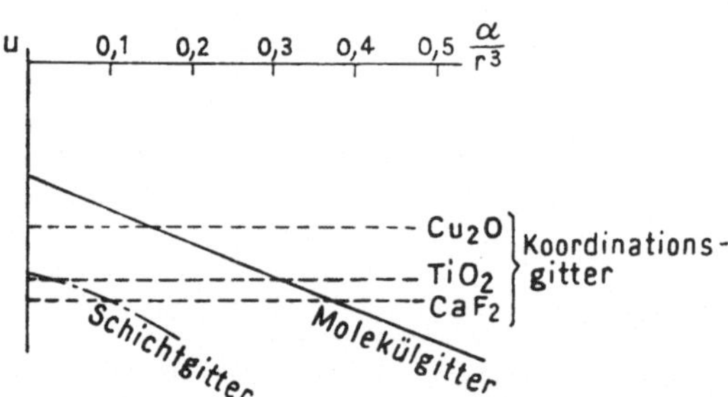

Abb. 192. Beziehung zwischen Polarisierbarkeit der Ionen und der Gitterenergie für einige Gittertypen. Stark polarisierbare Ionen bilden vorzugsweise Schicht- oder Molekülgitter

Die Oberflächenenergie kann nachgewiesen werden, indem man diese Würfelchen auflöst; die Lösungswärme ist dann etwas kleiner als für einen großen Würfel.

Zugfestigkeit

Berechnet [4] man die (elektrostatische) Kraft, womit zwei Teile des NaCl-Gitters nach (100) verbunden sind, dann kommt man auf ungefähr 200 kg/mm², während die Beobachtung 0,5 kg/mm² zeigt. Der Unterschied wird hauptsächlich dem „Kerbeffekt" zugeschrieben. Zeigt nämlich die seitliche Oberfläche eine kleine Kerbe, senkrecht auf die Zugrichtung, dann ist die Spannung am Ende der

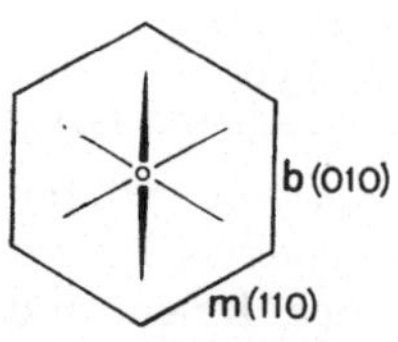

Abb. 193. Schlagfigur in einer Muskowitplatte

---

[1] J. Appl. Physics *23* (1952) 1412.

[2] J. A. HEDVALL, Einführung in die Festkörperchemie, S. 125, 240. Braunschweig, 1952.

[3] F. SEITZ, The Modern Theory of Solids, S. 96. New York, 1940 [mit Literaturangaben und der Erwähnung der Konstruktion der Kristallbegrenzung von G. WULFF, abgeleitet aus der Oberflächenenergie, Z. f. Krist. *34* (1901) 449].

[4] M. D. SHAPPELL, Am. Min. *21* (1936) 75.

Kerbe sehr groß, so daß sehr bald Verlängerung auftritt und sich die Kerbe über den ganzen Durchschnitt ausdehnen kann.

Vermeidet man kleine Kerben, indem man den Kristall während des Zuges in eine ungesättigte Lösung hält, dann kann eine Zugfestigkeit bis zu 160 kg/mm^2 wahrgenommen werden (JOFFÉ-Effekt) [1]. Es sei aber bemerkt, daß bei dem Versuch der Einfluß des Mantels von Wassermolekülen vernachlässigt wird.

Ebenen, zwischen welchen geringe Kohäsion ist, treten oft als *Spaltflächen* in Erscheinung. Dies sind stets kristallonomische Flächen, oft mit sehr einfachen Symbolen. Die Spaltung tritt durch Zug, Druck oder Schlag ein. Klopft man z. B. leicht auf eine Nadel, deren Spitze senkrecht auf einem Muskowitspalt-

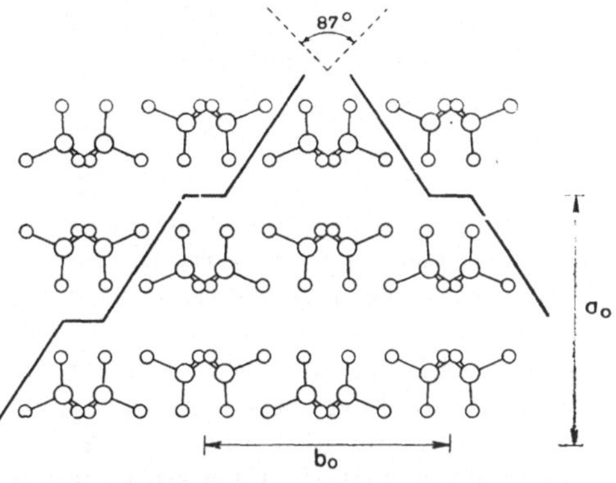

Abb. 194. Projektion nach der *C*-Achse eines Pyroxens, nur die [SiO$_3$]-Ketten sind angegeben; bei Spaltung bleiben diese Ketten unversehrt

blättchen steht, dann entsteht ein Stern, von dem drei Strahlen die Schnitte von senkrechten Spaltflächen sind (*Schlagfigur*, Abb. 193) [2].

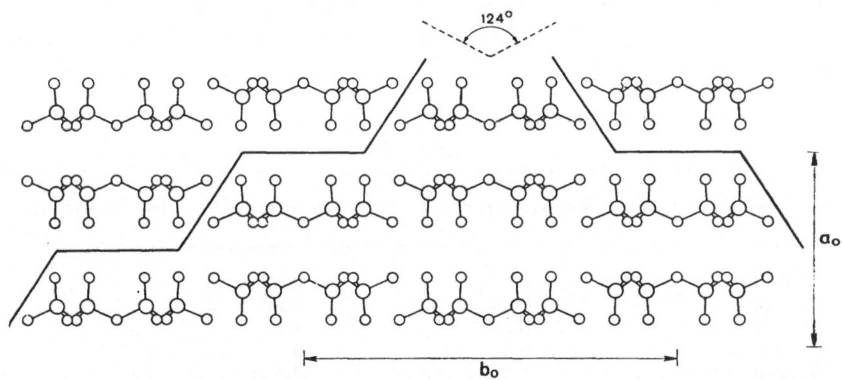

Abb. 195. Projektion nach der *C*-Achse eines Amphibols, nur die [Si$_4$O$_{11}$]-Ketten sind eingezeichnet; bei Spaltung bleiben diese Ketten unversehrt

In vielen Fällen sind die Spaltflächen im Gitter glatte Ebenen mit dichter Besetzung, also mit großem Spatium (NaCl, Graphit). In anderen Fällen sind die Spaltflächen im Gitter verspringende Ebenen (Pyroxene, Amphibole, Abb. 194 und 195).

---

[1] A. F. JOFFÉ, The Physics of Crystals, S. 56. New York, 1928.
[2] Vgl. aber: H. TERTSCH, Die Festigkeitserscheinungen der Kristalle, S. 257. Wien, 1949 (*Druckfiguren*).

Nora Wooster [1] gab eine Anzahl Regeln über den Zusammenhang von Gitter und Spaltflächen; Radikale würden bei Spaltung nicht verbrochen, ebensowenig wie ketten- und schichtförmige Radikale, wie sie bei Pyroxenen, Amphibolen und Glimmern anwesend sind. Tatsächlich spalten Kettengitter oft fasrig, Schichtgitter nach Schichten, aber in Gerüstgittern, wie in den Feldspaten, wird das dreidimensionale „Radikal" schon durchbrochen.

Härte [2]

Härte ist ein ziemlich unbestimmter Begriff, es ist der Widerstand gegen die Loslösung von Kristallteilchen beliebiger Begrenzung. Um einen kleinen Teil des Gitters aus seiner Oberfläche zu entfernen, ist eine andere und viel schlechter definierte Arbeit nötig, als um ein Gitter nach einer bestimmten Ebene in zwei zu ziehen. Es liegt dann auch auf der Hand, daß die Parallelität zwischen Härte und Zugfestigkeit mangelhaft ist.

Die Form und also auch die Bindung der losgelösten Teilchen hängt von der Art, auf die die Härteuntersuchung ausgeführt wird, ab, die Ergebnisse sind also von der angewandten Untersuchungsmethode abhängig. Man unterscheidet hauptsächlich:

a) *Ritzhärte.* Härteres Material ritzt weicheres. In der Mineralogie verwendet man die Härteskala von Mohs (1812); für genauere Arbeit verwendet man das Sklerometer, bei dem ein harter Punkt unter konstantem Druck über die Oberfläche gezogen wird (Seebeck, 1833).

b) *Schleifhärte.* Das Material wird mit Standardpulvern abgeschliffen (Rosiwal, 1886).

Tabelle 35

Mohssche Skala	Sklerometer	Schleifmethode	Druckmethode
1. Talk		0,03	5
2. Gips	0,04	1,25	14
3. Calcit	0,26	4,5	96
4. Fluorit	0,75	5	106
5. Apatit	1,23	6,5	237
6. Orthoklas	25	37	253
7. Quarz	40	120	270 (900 [3])
8. Topas	152	175	525 (1300 [3])
9. Korund	1000	1000	1150 (2100 [3])
10. Diamant		140000	2500

[1] Science Progress *103* (1932) 462.
[2] A. E. H. Tutton, Crystallography and Practical Crystal Measurement, S. 925. London, 1911; H. Tertsch, Die Festigkeitserscheinungen der Kristalle, S. 171. Wien, 1949; D. Tabor, Hardness of Solids, Endeavour *13* (1954) 27.
[3] Vickers-Härte, Metalen *10* (1955) 412.

c) *Druckhärte*. Eine stählerne Kugel wird belastet, die zurückbleibende Eindruckstiefe bestimmt die Härte. Diese Methode wird vor allem in der Technik angewendet (BRINELL, VICKERS).

Die Ergebnisse für die Mineralien der MOHSschen Skala sind in Tab. 35 aufgenommen.

Trägt man die Werte der Härte entlang aller Leitstrahlen auf, dann ist die Endpunktefläche eine etwas bizarre Figur, auch

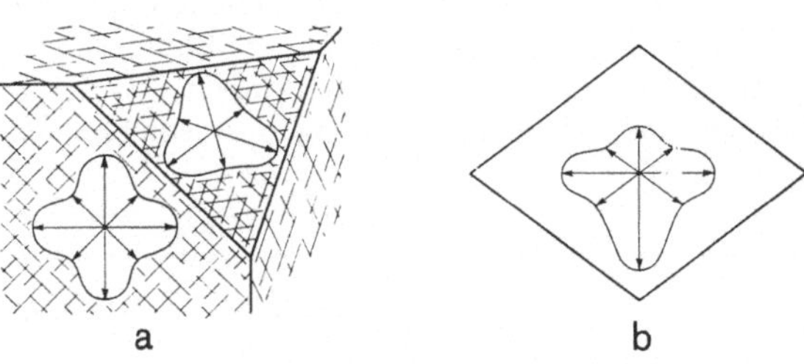

Abb. 196. Härtekurven auf Flächen von a) Fluorit (CaF$_2$), b) einem Spaltrhomboeder von Calcit (CaCO$_3$)

bei kubischen Kristallen, die aber der Symmetrie der Klasse genügt [1] (Abb. 196).

V. M. GOLDSCHMIDT [2] zeigt, daß die Härte wenig vom Gittertyp abhängt, aber bei Zunahme der Ionenladung und bei Abnahme der Ionenabstände steigt (Tab. 36).

Tabelle 36

	LiCl	SrO	MgO	CaO	SrO	BaO
Ladung	e	$2e$				
Abstand	2,57 A	2,57	2,10	2,40	2,57	2,77
Härte (MOHS)	3	3,5	6,5	4,5	3,5	3—3,5

FRIEDERICH [3] gibt für Ionengitter Formeln für die Härte H, die GOLDSCHMIDT zusammenfaßt:

$$H = s\,\frac{e_A\,e_X}{r_o^m}$$

s ist eine Konstante für einen Gittertyp, m ist für den Halittyp 4 bis 6, für andere Typen größer, besonders bei stärkerer homöopolarer Bindung, e_A und e_X sind die Ladungen der Ionen.

Gleitung

Erste Art

In vielen Kristallen gibt es kristallonomische Ebenen, entlang derer sich Teile in bestimmten kristallonomischen Richtungen verlagern können, ohne daß der Zusammenhang des Kristalls verloren geht und das Gitter prinzipiell verändert (Tab. 37).

---

[1] F. EXNER, Untersuchungen über die Härte an Krystallflächen. Preisschrift Ak. Wien (1873).

[2] Geochemische Verteilungsgesetze VIII, S. 102. Oslo, 1927 (ausführliche Besprechung des Zusammenhanges von Härte und Struktur).

[3] Fortschritte der Chemie, Physik und Phys. Chemie *18* (1926) 717.

Besonders Metallkristalle zeigen Gleitebenen, die Kristalle selbst und ihre Aggregate, die metallenen Stücke, verdanken ihnen ihre Duktilität.

Wirken Schubkräfte, dann tritt eine Anzahl von parallelen durch Gleitbanden geschiedene Gleitebenen in Aktion. Diese Banden sind 10^{-3} bis 10^{-4} cm dick, aber bei genauerer Untersuchung stellt sich heraus, daß jede Bande aus feinen Bändchen von der Dicke von etwa 200 A Dicke besteht; die Gleitlänge entlang eines solchen Bändchens kann bis zu 2000 A betragen.

Tabelle 37 [1]

	Gleitebene T	Gleitrichtung t	Schubspannung kg/mm²
Cu	(111)	[1$\bar{1}$0]	0,10
W	(112)	[11$\bar{1}$]	
Zn	(0001)	[11$\bar{2}$0]	0,094
Cd	(0001)	[11$\bar{2}$0]	0,058
NaCl	(110)	[1$\bar{1}$0]	0,1
Eis	(0001)		
Seifenkristalle (monoklin)	(001)	[010] u. a.	

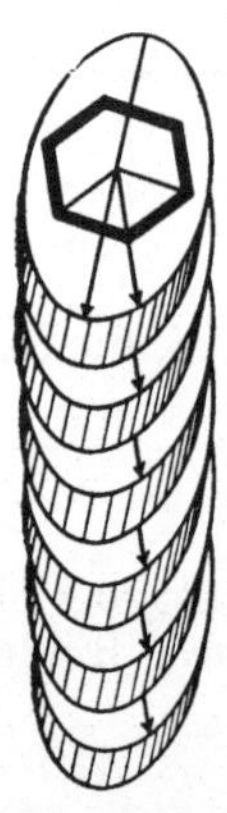

Abb. 197. Stabförmiger Zn-Kristall, in dem die Gleitebene (Basispinakoid), das Prisma {10$\bar{1}$0} und die Richtung der Gleitung [11$\bar{2}$0] eingezeichnet sind; der lange Pfeil bezeichnet die Richtung der großen Achse der durch die bleibende Dehnung dargestellten Ellipse

Wird ein stabförmiger Kristall von Cd oder Zn, dessen Hauptachse nicht mit der Stabachse zusammenfällt, gezogen, dann gleiten die Banden längs der Gleitebenen, aber der Stab schnürt sich weder ein, noch bricht er, ehe er nicht einige hundert Prozent ausgezogen ist (Abb. 197).

Die Gleitung zweier Teile des NaCl-Gitters ist plausibel, denn während der Verlagerung werden die Abstände der ungleich geladenen Ionen praktisch nicht größer und die der gleich geladenen nicht kleiner, die beiden Teile stoßen einander also nicht ab und der Zusammenhang bleibt gewahrt (Abb. 198).

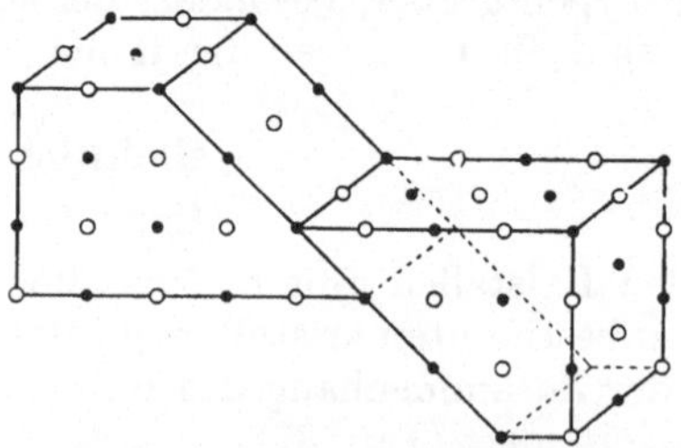

Abb. 198. Gleitung in einem NaCl-Kristall längs (011) in der Richtung [01$\bar{1}$]

[1] H. TERTSCH, Die Festigkeitserscheinungen der Kristalle, S. 56. Wien, 1949; E. SCHMID und W. BOAS, Kristallplastizität, S. 239. Berlin, 1935.

Die Bewegung des Gletschereises wird größtenteils durch die leichte Gleitung der Kristalle längs (0001) erklärt. Abb. 199 zeigt das Verhalten von Platten, die in verschiedener Orientierung aus einem Eiskristall gesägt sind (S. 243).

Die Schubspannung, die nötig ist, um Gleitung zu bewirken, nimmt bei zunehmender Polarisierbarkeit der Ionen in einem Gitter vom NaCl-Typ ab, nach (100) rascher als nach (110) [1]. Dieser Zug ist ungefähr 0,1 kg/mm² und viel geringer als der berechnete [2], vor allem bei nicht sehr kleinen Kristallen und unter der Bedingung, daß die Gleitebenen „glatt" sind, fremde Gitterteilchen von abweichender Größe erschweren die Gleitung merklich.

Bemerkenswert ist, daß bei sehr kleinen Metallkristallen (whiskers, Länge einige mm, Dicke einige μ), die sich an der Oberfläche einiger Schmelzen bilden, keine Gleitung auftritt und die beobachtete Stärke mit der berechneten ungefähr übereinstimmt [3].

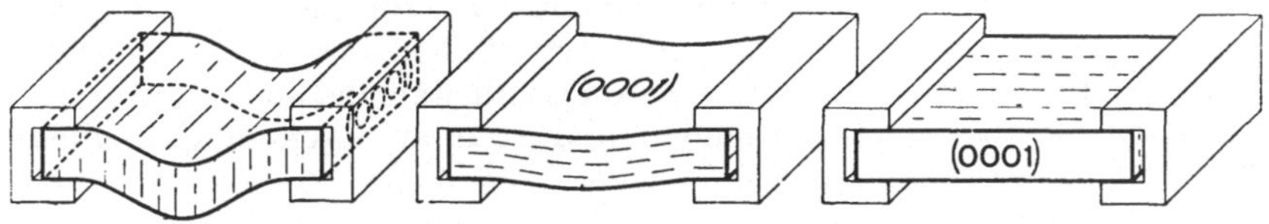

Abb. 199. Durchsacken und Verbiegen eines Eiskristalls

Um die Diskrepanz zwischen Beobachtung und Berechnung zu erklären, wurde die Dislokationstheorie entwickelt (S. 210); die durch eine Stufendislokation hervorgerufenen örtlichen Spannungen können

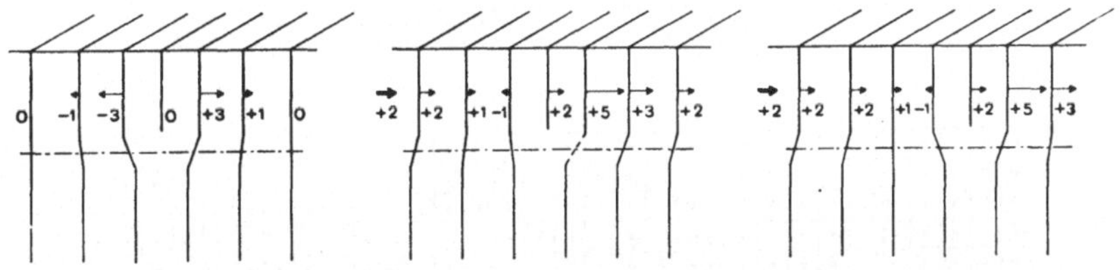

Abb. 200. Bei einer Stufendislokation anwesende Einschiebung eines Teiles einer Gitterebene (Lage) erleichtert die Gleitung. Wenn z. B. angenommen wird, daß eine Spannung von 5 Einheiten auf einer Lage diese zum Gleiten bringt und daß eine eingeschobene Lage an den benachbarten Lagen Spannungen von 3 und an den folgenden solche von 1 hervorbringt, dann bewirkt ein Anwachsen der Spannung durch eine äußere Spannung von 2 Einheiten das Gleiten einer großen Anzahl von Lagen

gemeinsam mit äußeren Kräften stark genug sein, um eine örtliche Gleitung zu bewirken. Infolge dieser Gleitung entstehen dann in der Bewegungsrichtung neue örtliche Spannungen, so daß als Resultat der aufeinanderfolgenden örtlichen Gleitungen eine Gleitung entlang der ganzen Ebene stattfindet (Abb. 200), jedoch nur über einen Periodizitätsabstand, denn nach der Verlagerung befindet sich die Extralage außerhalb des Kristalles und die Dislokation ist aufgehoben. Das Experiment zeigt

[1] M. J. Buerger, Am. Min. *15* (1930) 174, 226.
[2] H. Müller, Am. Min. *16* (1931) 237.
[3] K. G. Compton et al., Corrosion *7* (1951) 327.

aber, daß eine Gleitebene viel länger wirksam bleibt, so daß ein Mechanismus wirksam sein muß, der die Dislokation nicht verschwinden läßt. Begegnet die sich verlagernde Extralage in der Gleitebene einem Hindernis, z. B. einem fremden Teilchen oder einer die Ebene schneidenden zweiten Dislokation, dann kann sich die Extralage jedesmal neu bilden (FRANK-READ Quelle). Zur Vorstellung dient Abb. 201, in der die Punkte die Teilchen der sich verlagernden Schicht, die an die Gleitebene grenzt, darstellen. Wirkt darauf eine Kraft nach rechts dann springt die Reihe rechts von der Extralage als erste nach rechts vor, da aber das behinderte Teilchen nicht springt, entsteht Zustand *b*. Infolgedessen entsteht an der Grenze I—II eine Schraubendislokation und die dadurch auf die Teilchen von II wirkenden Kräfte genügen zusammen mit der äußeren Kraft, um II zur Gleitung zu bringen, wodurch *c* und damit eine negative Stufendislokation an der Grenze II—III entsteht. Die dadurch auf III ausgeübten Kräfte gemeinsam mit der äußeren Kraft bewirken *d* und schließlich auf die gleiche Art *e*. Nimmt man an, daß danach auch das behinderte Teilchen verspringt, dann ist demnach die ganze Ebene um einen Periodizitätsabstand geglitten, die Extralage ist aber noch vorhanden und zwar an ihrem ursprünglichen Platz.

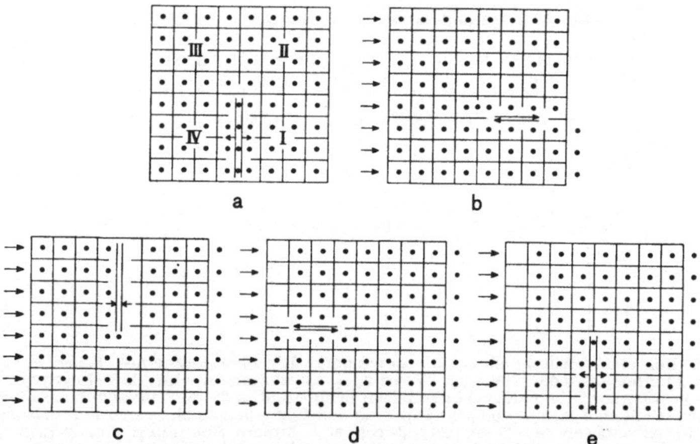

Abb. 201. Schematische Darstellung der Wirkung einer FRANK-READ-Quelle. Die doppelten Linien sind Teile der Dislokationslinien

Nach einigem Funktionieren einer Gleitfläche wird die Glätte geringer, es ist nicht genau bekannt weshalb, aber es tritt eine Versteifung des Kristalls ein, die Festigkeit wird größer (*Schubverfestigung*).

Diese Erscheinung tritt allgemein bei Kaltbearbeitung von Metallen auf, z. B. beim Ziehen von Draht durch eine etwas zu enge Öffnung und beim Walzen von Platten. Bei der Bearbeitung gleiten die Kristallteile längs der am günstigsten gelegenen Gleitflächen und orientieren sich dadurch allmählich, eine gewalzte Platte ist schließlich mehr oder weniger nur ein Kristall (Tab. 38, Abb. 202).

Tabelle 38

	gezogener Draht	gewalzte Platte	
	in Richtung der Drahtachse	in der Walzebene	in der Walzrichtung
Fe Mo W $\}$ Γ''	[110]	(100)	[110]
Al Cu Ag Au $\}$ Γ'	[111], auch [100]	(110)	[112], auch [100]

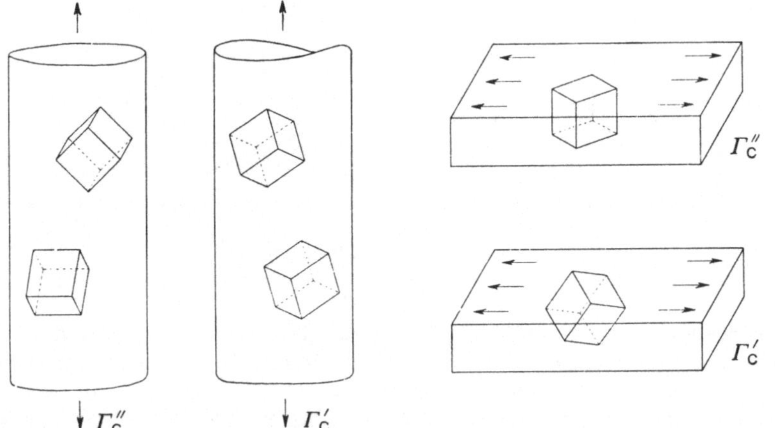

Abb. 202. Orientierungen der Kristalle in einem gezogenen Draht und einer gewalzten Platte

Die Verfestigung und die Orientierung kann man aufheben, wenn man das Gerät einige Zeit auf höhere Temperatur bringt, es tempert (S. 245).

Erfolgt die Gleitung eines Kristalls entlang äquidistanter Ebenen $// X_1X_2$ in Richtung X_2, dann deformiert sich der Kristall homogen (S. 179).

$$u_1 = 0$$
$$u_2 = \gamma_{32}x_3$$
$$u_3 = 0$$

Eine Kugel geht in ein Ellipsoid über, ein runder Zylinder mit der Achse $// X_1$ in einen Zylinder mit ellipsenförmigem Querschnitt (Abb. 203). Man kann diese Gleitung erreichen, indem man zwei Flächen eines Würfels unter Druck und zwei andere unter Zug bringt.

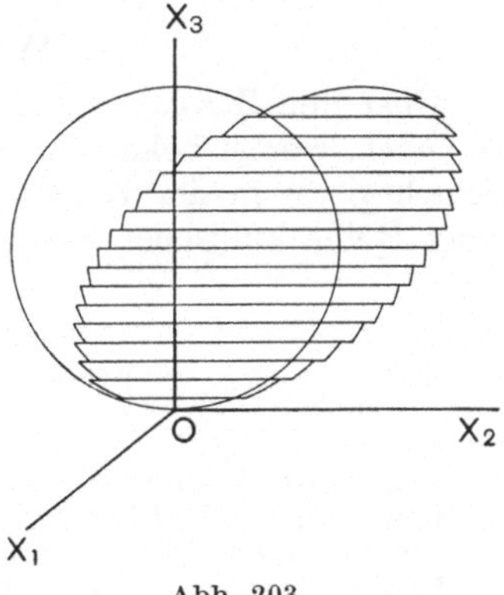

Abb. 203

Zweite Art

Bei der zweiten Art der Gleitung, die auch nach bestimmten kristallonomischen Ebenen und Richtungen stattfindet, verlagern sich alle Netzebenen gegenüber der angrenzenden gleich viel und zwar so viel, daß das Gitter in Spiegelstellung zur Gleitebene kommt; die beiden Kristallteile bilden dann einen Zwilling (*sekundärer Zwilling*).

Calcit ist ein bekanntes Beispiel. Drückt man mit einem Messer senkrecht auf die stumpfe Kante eines Spaltrhomboeders $\{10\bar{1}1\}$, dann weichen die Netzebenen parallel zur Gleitebene $(01\bar{1}2)$ nach einander bis in Zwillingsstellung aus, der Winkel des Schnittes ist ungefähr 38°, unabhängig von der Schärfe des Messers (Abb. 204).

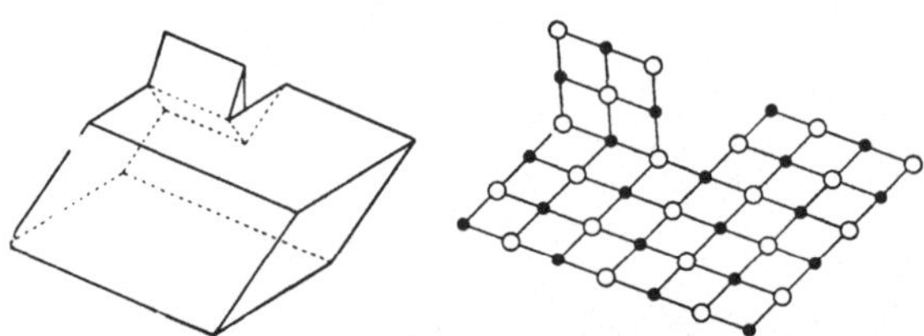

Abb. 204. Gleitung in einem Calcitkristall ($CaCO_3$), wobei ein Zwilling gebildet wird

Auch Metallkristalle zeigen diese Gleitung [1].

Kriechen

Kriechen [2] ist unendlich oder zumindest sehr lange andauernde plastische Deformation eines (polykristallinen) Metallstückes unter dem Einfluß von Spannungen. Das Ausmaß der Deformation im Falle des Kriechens ist bei geringen Belastungen unmerklich, bisweilen aber wird es gefährlich und führt zum Bruch. Es ist zu bemerken, daß das Kriechen durch erhöhte Temperaturen stark gefördert wird. Die Erscheinung wird hauptsächlich der Verschiebung der Kristallite entlang deren Grenzen zugeschrieben, aber Gleitung und Rekristallisation (S. 245) spielen vielleicht auch eine Rolle.

Wärmeausdehnung

Über den Zusammenhang zwischen Wärmeausdehnung und Struktur ist noch wenig bekannt, der Ausdehnungskoeffizient γ ist bei einem Schichtgitter in der Regel senkrecht auf die Schichten am größten. Bei einer Reihe kubischer Koordinationsgitter mit Ionen gilt [3]

$$\gamma q^2 \sim 10^{-6}$$

$$\text{wobei } q = \frac{\text{Ladung eines Ions}}{\text{Koordinationszahl}}$$

[1] E. Schmid und W. Boas, Kristallplastizität, S. 100. Berlin, 1935; H. Tertsch, Die Festigkeitserscheinungen der Kristalle, S. 61. Wien, 1949.

[2] E. Orowan, The Creep of Metals. 1947.

[3] H. D. Megaw, Diss. Cambridge, 1935.

Diffusion [1]

In einem Festkörper, poly- oder monokristallin, bleiben die Ionen (Atome) nicht fortwährend an der gleichen Stelle, sondern sie wechseln laufend ihren Platz (= *Selbstdiffusion*). Dieser Platzwechsel wird ersichtlich aus der Wanderung von radioaktiven Isotopen. Fremde Atome nehmen auch an der Diffusion teil und können in den Kristall aufgenommen oder daraus abgeschieden werden. Chemische Reaktionen können zwischen gepreßten Pulvern ohne Zwischenschaltung von Gas- oder Flüssigkeitsstufe stattfinden (S. 172).

Vom kristallographischen Standpunkt ist nur Diffusion in einem Einkristall von Interesse, aber diesbezügliche Versuche sind selten.

Messungen der Diffusionsgeschwindigkeit werden meistens an polykristallinem Material ausgeführt, so daß die Ergebnisse die Diffusion in den Kristalliten und die Diffusion entlang deren Berührungsflächen enthalten. Letztere ist gewiß nicht weniger wichtig.

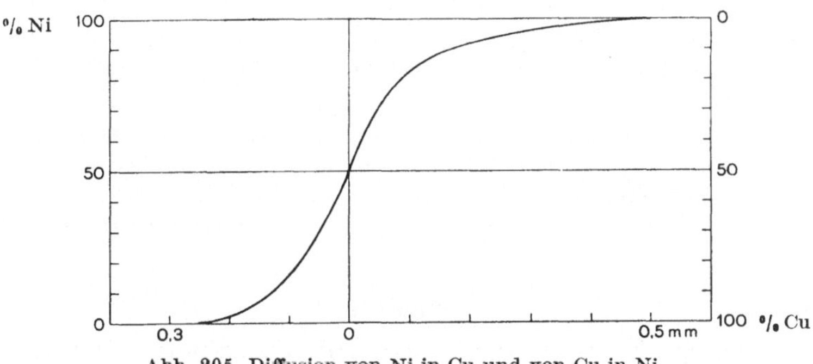

Abb. 205. Diffusion von Ni in Cu und von Cu in Ni

Allgemein gilt FICKS Gesetz (1855):

$$J = -D \text{ Gradient } n$$

wobei J die Anzahl der diffundierenden Atome durch 1 cm²/sec, D die Diffusionskonstante und n die Anzahl der Atome pro cm³ ist. Der Wert von D für Festkörper liegt im allgemeinen zwischen 10^{-5} und 10^{-6} cm²/sec und kann in erster Annäherung als unabhängig von Temperatur und Konzentration angenommen werden, aber bei näherer Betrachtung darf die Abhängigkeit nicht vernachlässigt werden. Für die Selbstdiffusion z. B. von Ag wird gefunden

$$D = 0{,}3\, e^{-\frac{44700}{RT}}$$

worin R = Gaskonstante = 1,986 cal/Grad und T = absolute Temperatur. Aus dieser Formel geht hervor $D_{700°} \sim 10^{-10}$ und $D_{1000°} \sim 10^{-8}$.

Die Diffusionsgeschwindigkeit ist eine kleine Größe, sie ist im allgemeinen nur bei höherer Temperatur wahrnehmbar. Um einen Eindruck

[1] W. JOST, Diffusion in Solids, Liquids, Gases. New York, 1952; J. A. HEDVALL, Einführung in die Festkörperchemie, S. 55, 84. Braunschweig, 1952; R. F. MEHL, J. Appl. Physics *8* (1937) 174.

der Erscheinung zu erhalten, gibt Abb. 205 die Konzentration von Ni und
Cu in einem Nickelstab, der elektrolytisch verkupfert wurde, an. Dieser
Stab wurde 5 Tage lang auf 1025° C gehalten und es zeigte sich, daß Ni
schneller in Cu diffundiert, als Cu in Ni; beide D's sind jedoch ungefähr
10^{-10}.

Die Diffusionsgeschwindigkeit steigt mit der Zahl der Gitterdefekte,
in einem fast idealen Kristall ist sie sehr gering, z. B. $D \sim 10^{-22}$ für die
Diffusion von Rn durch einen guten Kristall. Die Selbstdiffusion von K
in KCl wächst um einige Größenordnungen, wenn dem Kristall 0,01%
$SrCl_2$ oder $CaCl_2$ beigemischt sind. Die Geschwindigkeit wird nennenswert,
wenn das Gitter instabil wird, d. i. dicht unter dem Schmelzpunkt, oder
wenn Modifikationsänderung stattfindet ($\alpha Ag_2SO_4 \rightleftarrows \beta Ag_2SO_4$).

Die Diffusion ist auch in stark deformierten Kristallen verhältnis-
mäßig groß, z. B. Abscheidung von Cu aus der stark deformierten, in-
stabilen Legierung von 96% Al mit 4% Cu. Hier geht die Diffusion von
geringerer zu höherer Konzentration, das Vorzeichen in FICKs Gesetz wird
dann positiv. Die Diffusion ist 1000mal so schnell wie in der undefor-
mierten Legierung und auf den Gleitflächen scheiden sich kleine Kupfer-
kristalle aus [1].

Nach der Granitisationstheorie gibt es Granite die metamorphosierte
Sedimente sind, aber bisher als Schmelzflußgesteine betrachtet wurden.
Der nötige Transport der großen Mengen von Na, Ca und weniger
von Al sollte durch Diffusion (in geologischen Zeiträumen) stattgefunden
haben [2].

Ionenleitung [3]

Durchsichtige Kristalle, auch solche mit Ionengitter, sind Isolatoren,
d. h. ihr spezifischer Widerstand ist größer als etwa 10^{10}. Immerhin zeigen
sie in der Regel etwas Ionenleitung, wobei die FARADAYschen Gesetze für
die Zerlegung von Elektrolyten gelten [4]. Die Messungen sind aber schwierig,
es treten viele Polarisationserscheinungen an den Elektroden auf und
längs Rissen im Kristall bilden sich bäumchenartige, leitende Abschei-
dungsprodukte [5].

Man kann zwei Fälle unterscheiden:

1. Das Gitter besitzt durchlaufende Kanäle, durch die sich (fremde)
Ionen von der einen Elektrode nach der anderen verlagern können. Quarz
leitet in der Richtung der Hauptachse Li- und Na-Ionen, nicht aber K-

[1] Philips' Techn. Tijdschr. *15* (1953) 307.

[2] H. WILLIAMS, F. J. TURNER und C. M. GILBERT, Petrography. San Francisco, 1954; P. BAERTSCHI, Nature *166* (1950) 112.

[3] N. F. MOTT und R. W. GURNEY, Electronic Processes in Ionic Crystals,
S. 26. London, 1948; F. SEITZ, The Modern Theory of Solids, S. 547. New
York, 1940; W. E. GARNER, Chemistry of the Solid State, S. 29. London,
1955.

[4] C. TUBANDT und S. EGGERT, Z. f. anorg. Ch. *110* (1920) 196; A. F. JOFFÉ,
The Physics of Crystals, S. 90. New York, 1928.

[5] J. A. HEDVALL, Reaktionsfähigkeit fester Stoffe, S. 108. Leipzig, 1938.

und Cu-Ionen, letztere sind offenbar zu groß. Senkrecht auf die Hauptachse passieren zwar Li-Ionen, Na-Ionen aber nicht (JOFFÉ).

2. Das Gitter zeigt (örtliche) Fehlstellen:

a) FRENKEL-Defekte (Abb. 206a); einige Ionen haben ihre Plätze
verlassen und befinden sich in den interstitiellen Räumen; die Dichte des
Kristalls ist unverändert;

b) SCHOTTKY-Defekte (Abb. 206b); die sich nicht auf ihren Plätzen
befindlichen Ionen vergrößern den Kristall; die Dichte ist vermindert.
z. B. Alkalihalogenide um 0,01%. Gitter wie γ-Al_2O_3 (S. 147) können als
besonderer Fall davon betrachtet
werden;

c) durch ersetzende Ionen.

Die Fehlstellen verlagern sich
spontan unregelmäßig durch
Selbstdiffusion; beim Anlegen einer
Spannung wird die Verlagerung
in eine Richtung gelenkt und es
wird Fehlstellen- und also Ma-
terientransport verursacht.

```
A  X  A  X  A         A X A X A X
X  A  X  A  X         X A X A X
A     A  X  A         A   A X A
X  A  X  A  X         X A X A X
A  X  A  X  A         A X A X A

      a                    b
```

Abb. 206. *a)* FRENKEL-Defekt, *b)* SCHOTTKY-
Defekt

Man kam zur Defektentheorie,
weil die Berechnung zeigt, daß in einem idealen Gitter ungefähr 1 Volt
pro Ion nötig ist, um es von seinem Platz wegzuziehen, also etwa 10^8 Volt
pro cm. Dieser Wert stimmt mit Beobachtungen an Platten, die dünner
als 5 μ sind, überein. In dickeren Platten entsteht in einem elektrischen
Feld eine Art Kettenprozeß, wodurch das Gitter bereits bei kleinem
Spannungsgefälle zerfällt [1], aber das bei Ionenleitung auftretende Ge-
fälle ist doch ungenügend, um in einem nicht defekten Gitter Ionen-
verlagerung zu bewirken.

Bei höherer Temperatur bewegen sich in KCl beide, in AgCl nur die
Ag-Ionen; AgJ zeigt über 140° ein abnormal hohes Leitvermögen,
Ag_2HgJ_4 zwischen 50° und 140° ein 1000 mal stärkeres Ionenleitver-
mögen als irgend ein anderer Kristall. Kleine Verunreinigungen spielen
oft eine große Rolle, einige Zehntel Prozent $PbCl_2$ oder $CdCl_2$ in AgCl
vergrößern das Leitvermögen bereits beträchtlich.

Elektronenleitung [2]

Es kann nicht der Zweck sein, die Theorie völlig zu beschreiben;
es wird nur auf die große Bedeutung der Theorie der BRILLOUIN-Zonen
hingewiesen.

Es besteht wahrscheinlich nicht mehr als ein gradueller Unterschied
im Elektronen-Leitvermögen zwischen Leitern, Halbleitern und Isola-

---

[1] A. F. JOFFÉ, The Physics of Crystals, S. 162. New York, 1928.
[2] G. V. RAYNOR, Introduction to the Electron Theory of Metals. London,
1949; N. F. MOTT und R. W. GURNEY, Electronic Processes in Ionic Crystals.
London, 1948.

toren; auch in reinen Ionengittern sind vermutlich „freie" Elektronen vorhanden [1].

Bemerkenswert ist die ziemlich hohe Photoleitfähigkeit von Ionenkristallen wie Halit, Fluorit, Silberhalogenide usw., in denen F-Zentren (= Farbzentren, z. B. $10^{15}-10^{19}$ pro cm^3) angeregt wurden. Ähnliche Kristalle entstehen durch Bestrahlung mit Röntgenlicht oder durch Diffusion von Na-Dampf. In letzterem Fall verlieren die Na-Atome beim Eindringen ein Elektron, das nach einem leeren Cl-Platz diffundiert und dort ein F-Zentrum bildet, während das Na-Ion einen leeren Na-Ionenplatz einnimmt oder interstitiell anwesend bleibt. Bei Abkühlung koaguliert sich das abgeschiedene Na und bewirkt Blaufärbung, die Kristalle zeigen dann ein starkes Absorptionsband im sichtbaren Gebiet. Bei Bestrahlung mit Licht aus dieser Bande ist die Elektronenleitung ziemlich groß [2].

In den guten Leitern, den Metallkristallen, können sich alle oder einige Valenzelektronen frei bewegen, sie gehören gleichsam allen Metallionen an; insofern kann die Metallbindung eine extrem homöopolare genannt werden. Die Leitfähigkeit hängt dann von der Anzahl der freien Elektronen und der Wärmebewegung der „Atome" ab, höhere Temperatur hindert die Elektronen in zunehmendem Maße, sie vermindert also die Leitfähigkeit. Die Anzahl der freien Elektronen wird durch das (periodische) elektrische Feld der Atome und die Energie der Elektronen bestimmt; im Schema der Energiewerte sind nach der Quantentheorie aber nur Werte möglich in Banden, die sich in guten Leitern teilweise überdecken.

In *Halbleitern* kann durch Wärme- oder Strahlungsenergie einer Anzahl von Valenzelektronen soviel Energie zugeführt werden, daß sie freie Elektronen werden; charakteristisch für Halbleiter ist darum auch die Zunahme der Leitfähigkeit bei Erhöhung der Temperatur. (Anwendung: *NTK-Widerstände*).

Vorhandene fremde Ionen vergrößern auch wesentlich die Möglichkeit, Elektronen frei zu machen, so daß Verunreinigungen oft den Widerstand stark erniedrigen.

Man teilt die Halbleiter in:

1. Intrinsike. Im reinen Kristall werden die Elektronen durch eine (ziemlich geringe) Energiezufuhr freigemacht.

2. Extrinsike. Die Freimachung hängt mit der Anwesenheit von fremden Teilchen (=Verunreinigungen) zusammen.

3. Nicht stöchiometrische (S. 209). Die Fehlstellen verursachen Unregelmäßigkeiten im inneren Feld, wodurch die Freimachung der Elektronen gefördert wird.

4. Mit ambivalenten Ionen. In Fe_3O_4, geschrieben als $Fe^{2+}O.Fe_2^{3+}O_3$, und in NiO mit Li-Gehalt, geschrieben $Li^+_{0,1} Ni^{2+}_{0,8} Ni^{3+}_{0,1} O$, kann sich ein Valenzelektron leicht von einem Metallion zum anderen bewegen.

5. Andere (TiN, CuS u. a.). Das Leitvermögen ist ungeklärt.

---

[1] E. J. W. VERWEY, Electronische halfgeleiders. Ned. Tijdschrift v. Natuurk. *14* (1948) 205.

[2] F. SEITZ, The Modern Theory of Solids, S. 459, 563. New York, 1940.

Eine bedeutende Verwendung finden die Halbleiter als Kristallgleichrichter und Transistoren [1].

Ersetzt man in einem reinen Germaniumkristall (Diamantstruktur) von zehn Millionen vierwertigen Ge-Atomen eines durch ein fünfwertiges, z. B. Sb, oder dreiwertiges, z. B. Al, dann wird der Kristall ein Halbleiter. Im ersten Fall gibt das Sb das fünfte Valenzelektron ab (*n-Germanium*), im zweiten zieht das Al-Atom eines von den umgebenden Ge-Atomen an, die zurückbleibende positive Stelle bewegt sich aber, denn sie zieht ein Elektron vom folgenden Ge-Atom an usw. und man spricht dann von freien positiven *Elektronenlücken* (*p-Germanium*). Elektronenlücken bewegen sich im elektrischen Feld wie Elektronen, aber in entgegengesetzter Richtung.

Gleichrichter (Kristalldetektor)

In einem Ge-Kristall wird technisch ein p- und n-Gebiet hergestellt (Abb. 207a). Dann sind im ersten Gebiet p_1 freie Elektronenlücken und n_1 freie Elektronen ($p_1 \gg n_1$), im zweiten Gebiet n_2 freie Elektronen und p_2 freie Elektronenlücken ($n_2 \gg p_2$), zur Vereinfachung kann man $p_1 = n_2$ und $p_2 = n_1$ nehmen. Außerhalb der (engen) Übergangszone können keine elektrischen Ladungen bestehen, dies ergibt

$$p_1 - n_1 = c \text{ und } n_2 - p_2 = c,$$

wobei c eine Konstante ist.

Bei Gleichgewicht ist $p_1 n_1 = p_2 n_2 = K$ (K ist eine Konstante, Analogie Massenwirkungsgesetz). Einige der vielen freien Elektronenlücken diffundieren in das n-Gebiet und einige der freien Elektronen in das p-Gebiet, wodurch in der Übergangszone eine elektrische Doppelschicht auftritt, in der die Spannung V gegeben wird durch

$$\frac{p_1}{p_2} = \frac{n_2}{n_1} = e^{qV}$$

wobei q eine Konstante, die der Temperatur verkehrt proportional ist.

Wird wie in Abb. 207b eine äußere Spannung angelegt (*Durchlaßrichtung*), so werden Elektronenlücken im p-Gebiet von der Elektrode abgestoßen und ihre

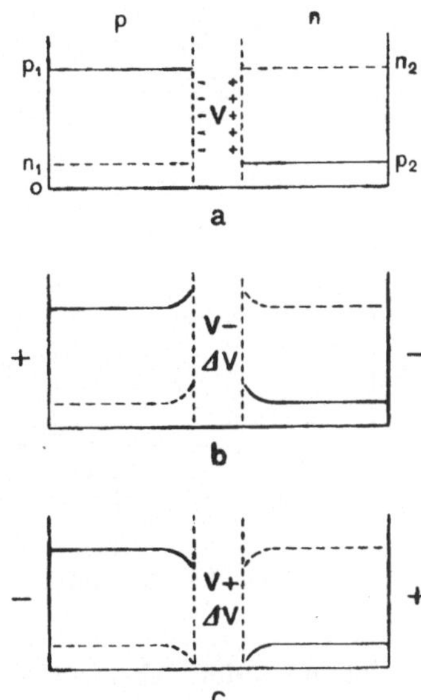

Abb. 207. Ge-Gleichrichter

Konzentration in der Nähe der Übergangszone wird vergrößert und das Ergebnis ist eine Verteilung, wie in der Abbildung gezeigt. Bemerkt wird, daß

---

[1] W. Shockley, Electrons and Holes in Semiconductors. New York, 1951; E. Spenke, Elektronische Halbleiter. Berlin, 1955.

$p_1 - n_1$ und $n_2 - p_2$ konstant bleiben, die erhöhte Konzentration von n_1 und p_2 wird durch Diffusion von n_2 nach n_1 bzw. p_1 nach p_2 verursacht. In der Nähe der Übergangszone sind $\dfrac{p_1}{p_2}$, $\dfrac{n_2}{n_1}$ und V kleiner geworden, die Doppelschicht ist geschwächt.

Diese zwei Folgen der Anlegung einer äußeren Spannung bringen mit sich, daß die Diffusion durch die Übergangszone stärker wird, so daß man einen elektrischen Strom durch den Kristall wahrnimmt.

Wird eine äußere Spannung wie in Abb. 207c angelegt (*Sperrichtung*), dann ist die Lage wie angegeben. Nun ist die Doppelschicht verstärkt und sind p_1 und n_2 verkleinert. Dadurch wird die Diffusion durch die Übergangszone schwächer und der wahrgenommene elektrische Strom sehr klein sein.

Diese sehr schematische Darstellung zeigt, wie eine p-n-Kombination als Gleichrichter und Detektor (Abb. 208) wirkt.

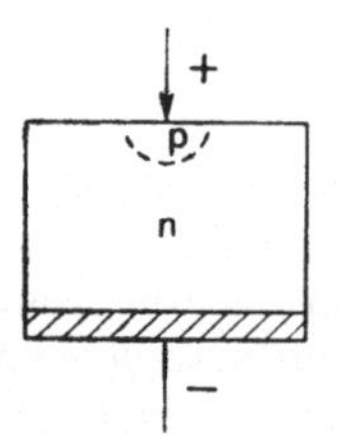

Abb. 208. Kristalldetektor. Das p-Gebiet im Kristall wurde durch einen starken elektrischen Impuls hergestellt

Transistor

Mittels eines Ge-Kristalles, in dem technisch durch Diffusion drei Teile, wie in Abb. 209 gezeigt, hergestellt wurden, ist es möglich, durch geringe Energie (*Emitterkreis*) eine große (*Kollektorkreis*) zu beeinflussen, d. h. man erzielt einen Effekt wie mit einer 3-Elektroden-Röhre.

Wird eine (kleine) positive Spannung an den Emitter E und eine (ziemlich hohe) negative an den Kollektor C gelegt, dann ist die Lage wie dargestellt.

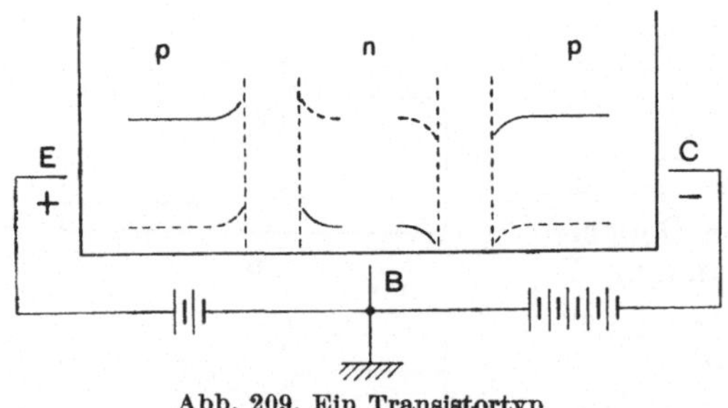

Abb. 209. Ein Transistortyp

Ist nun der Abstand zwischen den beiden Übergangszonen klein genug (z. B. 50 μ), dann diffundiert ein Teil der erhöhten Anzahl von Elektronenlücken an der linken Übergangszone nach der rechten und erhöht dort die Konzentration und schafft dort mehr oder weniger Durchlaßrichtungsbedingungen.

Auf diese Art ist es möglich, eine ziemlich hohe Energie im Kollektorkreis durch eine niedrige Energie im Emitterkreis zu steuern.

Schwingungen von und in Gittern

Ein Kristall kann elastische („akustische") laufende Wellen leiten und stehende unterhalten, die Fortpflanzungsgeschwindigkeiten sind richtungsabhängig (S. 205). Dabei verhalten sich die Ionen (Atome), wie wenn sie quasielastisch gebunden wären, sie führen also einfache oder zusammengesetzte harmonische Schwingungen aus, deren Frequenzen bei laufenden Wellen ein kontinuierliches Spektrum bilden, bei stehenden aber von den Maßen des Kristalls abhängen. Daneben kommen „optische Wellen" vor, wobei ein oder einige Punktsysteme in entgegengesetzter Phase zu den übrigen schwingen (Abb. 210).

Die unregelmäßige thermische Bewegung der Ionen kann man sich aus einer großen Anzahl einander durchkreuzender stehender akustischer Wellen mit Frequenzen bis 10^{13} zusammengesetzt denken, wodurch es

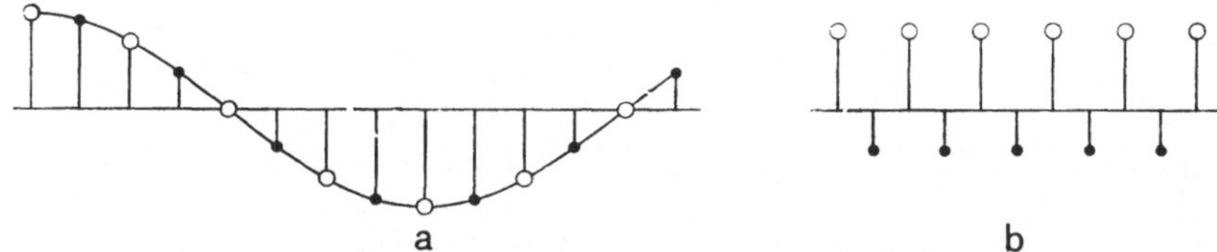

a   b

Abb. 210. a) Akustische Welle, b) optische Welle

möglich wird, bestimmte schwache Röntgeninterferenz-Maxima zu erklären (auf Diagrammen *diffuse Flecken* oder Figuren, die ungefähr 1000 mal so schwach sind wie die nächstliegenden, durch die Hauptmaxima verursachten Punkte, S. 101) und umgekehrt kann man mittels dieser diffusen Figuren die elastischen Konstanten des Kristalls ableiten [1]. Die mittlere Amplitude der Na-Ionen in einem NaCl-Gitter ist bei Zimmertemp. 0,245 A und der Cl-Ionen 0,235 A; bei 900° K ungefähr 0,58 A [2].

Ein sehr wichtiger Spezialfall von Resonanz liegt vor, wenn eine „optische Welle" von solcher Wellenlänge vorhanden ist, daß der positive Teil des Gitters in zum negativen Teil entgegengesetzter Phase ausschwingt. Diese Frequenz ist unabhängig von der Größe des Kristalls, sie ist von der Größenordnung 10^{13} pro sec (Infrarot) [3]. Fällt infrarotes Licht dieser Frequenz auf den Kristall, dann schwingt das Gitter mit großer Amplitude, was zur Folge hat, daß viel von dem Licht reflektiert und das durchfallende stark absorbiert wird (metallische Reflexion). Strahlen mit dieser Eigenfrequenz nennt man *Reststrahlen*.

Sind in einer primitiven Zelle p Ionen, dann gibt es bei triklinen, monoklinen und rhombischen Kristallen 3 $(p-1)$ Reststrahlenfrequenzen, bei hauptachsigen 2 $(p-1)$ und bei kubischen $p-1$; bei NaCl gibt es also 1.

---

[1] K. LONSDALE, Crystals and X-rays, S. 152. London, 1948.
[2] Werte für andere Kristalle bei: K. LONSDALE, Acta Cryst. *1* (1948) 142.
[3] K. SCHAEFER und F. MATOSSI, Das ultrarote Spektrum. Berlin, 1930.

Man unterscheidet zwei Gruppen von Reststrahlen:

a) $\lambda = 30-150 \ \mu$. Wenn Radikale vorhanden sind, schwingen die Ionen eines Radikals in gleicher Phase. Die Untersuchung erfolgt mit Bolometer oder Thermoelement (RUBENS). Die Wellenlängen der Reststrahlen von Mischkristallen verlaufen linear mit der Zusammensetzung.

b) $\lambda = 10-20 \ \mu$. In Radikalgittern schwingen die positiven Ionen eines Radikals in entgegengesetzter Phase zu den negativen. Die Untersuchung erfolgt mit optischen Hilfsmitteln [1]. — Die Wellenlängen bei H_2O und OH sind beide ungefähr $3 \ \mu$, so daß man nur mit sehr genauen Untersuchungen herausfinden kann, in welcher Form das Wasser in einem Kristall vorhanden ist. — Deutlich ist der Unterschied in der rücktreibenden Kraft auf O^{2-} in und senkrecht auf die Ebene des CO_3-Radikals (Abb. 211).

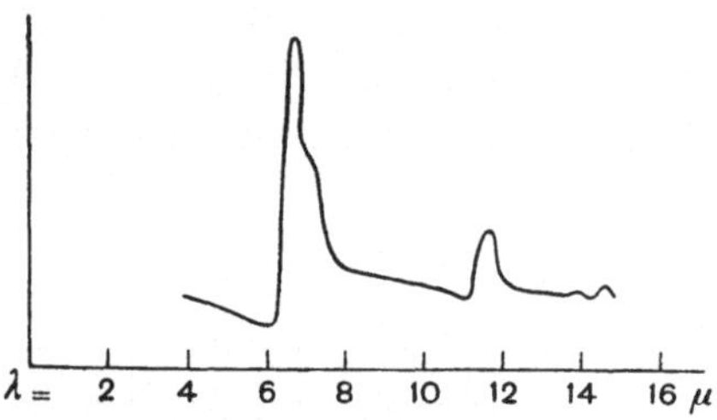

Abb. 211. Unterschied in der Intensität von Reststrahlen $\lambda = 7 \ \mu$ (Schwingungsebene senkrecht zur Hauptachse) und $\lambda = 11,4 \ \mu$ (Schwingungsebene // zur Hauptachse) für einen Calcitkristall ($CaCO_3$)

Sehr genau lassen sich die Frequenzen ν der Reststrahlen spektroskopisch mit Hilfe des RAMAN-*Effektes* messen. Fällt monochromatisches Licht auf einen Kristall, dann streut auch ein gänzlich durchsichtiger Kristall einen Teil. Das gestreute Licht hat größtenteils dieselbe Frequenz wie das einfallende (TYNDALL-Effekt), aber ein kleiner Teil besitzt eine andere (RAMAN-Effekt) und zwar

$$\nu_{\text{RAMAN}} = \nu_{\text{TYNDALL}} \pm \nu_{\text{Reststrahlen}}$$

Bringen infrarote Strahlen die quasielastisch gebundenen Ionen zur Schwingung, so bringen die gewöhnlichen Lichtstrahlen die viel leichteren Valenzelektronen dazu. Man kann dann das Gitter als eine regelmäßige Ansammlung von Dipolen betrachten, von denen nur die negativen Teile an der Schwingung teilnehmen. Durchläuft eine elektromagnetische Lichtwelle solch ein Gitter, dann sendet jeder Dipol eine elementare (sekundäre) Welle aus, deren Frequenz gleich der der ursprünglichen Welle ist, aber die Resultierende aller in einer Ebene gelegenen Dipole ist so, daß ihre Phase um 90° zurückbleibt. Dies hat denselben Effekt, als ob die ursprüngliche Welle verzögert würde (EWALD). Je größer die Amplitude der gestreuten Welle ist, desto stärker wird die scheinbare Verzögerung. Diese Amplitude hängt von der Stärke der Bindung ab, infolge dessen hängt die Verzögerung von der Richtung, in der das Licht schwingt ab (*Doppelbrechung*).

Auch eine andere Betrachtungsweise ist möglich. Nimmt man an, daß der Einfluß des Feldes der umgebenden Dipole vernachlässigt werden

---

[1] K. SCHAEFER und F. MATOSSI, Das ultrarote Spektrum. Berlin, 1930.

kann, dann ist in einem elektromagnetischen Feld $\mathbf{E}$ das Moment $\mathbf{p}$ eines Atoms (Ions):

$$\mathbf{p} = \alpha\,\mathbf{E} \qquad \text{(S. 132)}.$$

Das ergibt pro cm³, in dem N' Atome vorhanden sind, ein Moment $\mathbf{P}$

$$\mathbf{P} = N'\mathbf{p} = \alpha N'\mathbf{E}$$

Nun ist

$$\mathbf{D} = \mathbf{E} + 4\pi\mathbf{P} = \varepsilon\,\mathbf{E} \qquad \text{(S. 182)}$$
$$\varepsilon = 1 + 4\pi\alpha N'$$

und der Brechungsindex n

$$n^2 = 1 + 4\pi\alpha N'$$

In einem Kristall ist der Einfluß der nahegelegenen Dipole aber nicht vernachlässigbar, sondern $\mathbf{E}$ wird örtlich verändert. Die Veränderung ist bei einem kubischen Kristall in allen Richtungen gleich, man findet hier

$$\frac{n^2 - 1}{n^2 + 2} = \tfrac{1}{3} \cdot 4\pi\alpha N'$$

(LORENTZ-LORENZ)

Wiegt ein Gramm-Mol einer Verbindung $A_p B_q \ldots M$ Gramm, ist die Anzahl der Moleküle darin N und die Dichte des Kristalls ϱ, dann ist die Anzahl der Atome A gleich Np. Man findet N' für diese Atomart aus

$$N' : Np = \varrho : M$$
$$\frac{M}{\varrho}\,\frac{n^2 - 1}{n^2 + 2} = \frac{4}{3}\,\pi N\,(p\alpha_A + q\alpha_B + \ldots) = pR_A + qR_B + \ldots$$

R ist für jede Atomart eine Konstante, die *Atom(Ionen)-Refraktion* (Tab. 39).

Tabelle 39

	R		R
Li⁺	0,15	F⁻	2,20
Na⁺	0,74	Cl⁻	8,45
K⁺	2,85	O²⁻ (in Radikalen)	3,5
Ca⁺⁺	1,99		

R und somit auch n einer Verbindung berechnet man durch Summierung der R's der Elemente. So findet man für NaCl $R = 9{,}19$ und $n = 1{,}59$, in guter Übereinstimmung mit der Beobachtung $R = 8{,}52$ und $n = 1{,}54$.

Wenn der elektrische Vektor parallel zur Verbindungslinie zweier Atome (Ionen) ist, so wird die Polarisierbarkeit erhöht im Vergleich zu der eines isolierten Atoms, senkrecht dazu wird sie erniedrigt; so ist für flache Radikale mit Zentralion, wie CO_3^{2-} und NO_3^-, n für einen Lichtstrahl, dessen elektrischer Vektor in der Ebene des Radikals schwingt, groß und klein für einen Lichtstrahl mit elektrischem Vektor senkrecht auf die Ebene (Abb. 212).

BRAGG [1] zeigte, wie man die Hauptbrechungsindices von Calcit auf befriedigende Art mit einfachen Annahmen berechnen kann.

---

[1] W. L. BRAGG, Atomic Structure of Minerals, S. 120. London, 1937.

In Molekülgittern hängt die Geschwindigkeit der Lichtfortpflanzung sowohl von den Eigenschaften als auch von der Anordnung der Moleküle ab, aber im allgemeinen kann folgendes gesagt werden.

1. Wenn lange Moleküle parallel zueinander angeordnet sind, ist n in der Längsrichtung der Moleküle größer als in der senkrechten Richtung und somit ist die Doppelbrechung positiv. Liegen die Moleküle parallel zu einer Ebene, aber sonst willkürlich, dann ist die Doppelbrechung negativ.

2. Liegen flache Moleküle parallel zu einer Ebene, dann ist n senkrecht zu dieser kleiner als n in der Ebene; die Doppelbrechung ist somit negativ. Sind die Moleküle parallel zu einer Geraden, aber sonst willkürlich, dann ist die Doppelbrechung positiv [1] (Abb. 212).

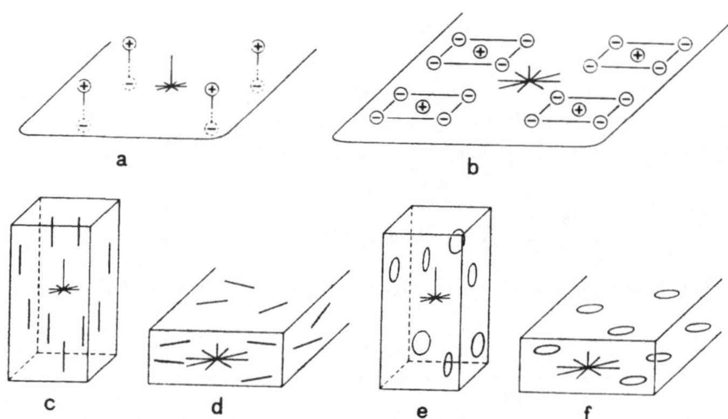

Abb. 212. Doppelbrechung, hervorgebracht durch die Anordnung von a) Dipolen, b) ebenen Radikalen, c), d) langen und e), f) flachen Molekülen

In Gittern mit schraubenförmiger Anordnung kann der Effekt der durch die Dipole ausgesandten sekundären Wellen so sein, daß die Schwingungsebene von einem polarisierten Lichtstrahl gedreht wird. Diese optische Aktivität kann bei vielen Kristallen ohne Mittelpunkt auftreten; der Drehungswinkel ist proportional dem durchlaufenen Weg (S. 196).

Auch von ultraviolettem Licht werden einzelne Frequenzen in Ionengittern stark absorbiert [2]. HABER gibt an, daß das Verhältnis der Wellenlängen ungefähr

$$\frac{\lambda_{\text{infrarot}}}{\lambda_{\text{ultraviolett}}} = 42{,}8 \sqrt{M}$$

ist, worin M das Molekulargewicht ist.

---

[1] W. A. WOOSTER, A Textbook on Crystal Physics, S. 175. London, 1949; A. F. WELLS, Structural Inorganic Chemistry, S. 229. Oxford, 1945.
[2] Theorie in: Ned. Tijdschrift v. Natuurk. *14* (1948) 219.

Bei NaCl ist $\lambda_{i.r.} = 52\mu$ und $\lambda_{u.v.} = 0{,}158\mu$.

Die Messungen erfolgen mit Spektrometern, deren Linsen und Prismen aus Fluorit oder einer ähnlichen Verbindung geschliffen sind.

Entstehung der Kristalle [1]

Submikroskopische Kriställchen, also mit einem Durchmesser kleiner als $0{,}1\mu$, nennt man Keime, Kristallite oder Kolloidteilchen. Sie entstehen spontan in übersättigten Lösungen, unterkühlten Schmelzen, übersättigten Dämpfen und deformierten Aggregaten (Metallen).

Die Anzahl der Keime, die pro sec in 1 cm³ ensteht, heißt *Keimzahl*[2]. Die Keimzahl hängt von der Temperatur ab und zeigt bei einer gewissen Temperatur der unterkühlten Schmelze ein Maximum (Abb. 213).

Keime wachsen auf zwei Arten: durch Aufnahme von noch nicht kristallisiertem Material oder durch Zusammenwachsung, Koagulierung. Letztere Art tritt vor allem bei sehr kleinen Keimen auf, die dann relativ sehr große Oberfläche ist sehr aktiv, wodurch bei der Zusammenballung die Keime einander richten, so daß ein normales Gitter entsteht oder vielleicht ein Zwilling.

Die Ableitung der mittleren Keimgröße kann röntgenographisch aus der Breite der Linien eines Pulverdiagramms erfolgen. Bei Verkleinerung der Teilchen verbreitern sich die Linien, sie werden schließlich diffuse Bänder; dieselben Bänder treten auch oft bei Aufnahmen der glasartigen Form des Materials auf.

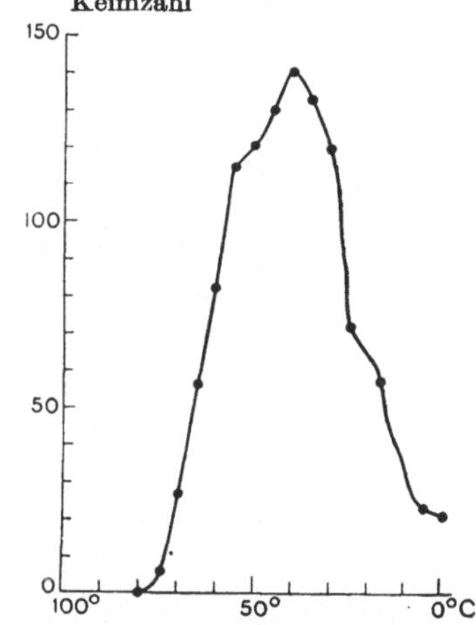

Abb. 213. Abhängigkeit der Keimzahl von der Temperatur in einer unterkühlten Piperinschmelze (Schmelzpunkt 129°)

Für kleine würfelförmige Kristalle gilt, daß die „integrale" Breite B der Linie, hervorgerufen durch Reflexion gegen die Ebenen parallel zu den Begrenzungsflächen gleich

$$B = \frac{\lambda}{\Lambda \cos \theta} \text{ Radialen}$$

ist, wobei λ die Wellenlänge des Röntgenlichtes und Λ die mittlere Abmessung der Würfelchen senkrecht auf die reflektierenden Ebenen [3].

Die Verbreiterung ist merklich bei $\Lambda < 0{,}1\ \mu$.

---

[1] M. VOLMER, Kinetik der Phasenbildung. Dresden, 1939.
[2] G. TAMMANN, Kristallisieren und Schmelzen. Leipzig, 1903.
[3] Für weitere Besonderheiten und nicht-kubische Kristalle s.: I. WALLER, R. Soc. Uppsala IV *11* Nr. 7 (1939); J. BOUMAN und P. M. DE WOLFF, Physica *9* (1949) 833.

Kristallwachstum [1]

Über den Mechanismus des Wachstums von Keimen in einem deformierten Kristall oder Aggregat ist wenig bekannt [2].

Bei ruhigem Wachsen eines Kristalls in einer Lösung oder in Dampf prallen die Atome (Ionen) auf die Oberfläche, bewegen sich entlang dieser und haften sich an die Stellen, wo die stärkste Bindung ausgeübt wird, dies ist in erster Linie in den Mikrogruben der Oberfläche [3]. So wird ein O-Ion bei f (Abb. 214) stark angezogen, wird eingefangen und füllt die Grube aus. Etwas weniger stark ist die Anziehung in a und b, am schwäch-

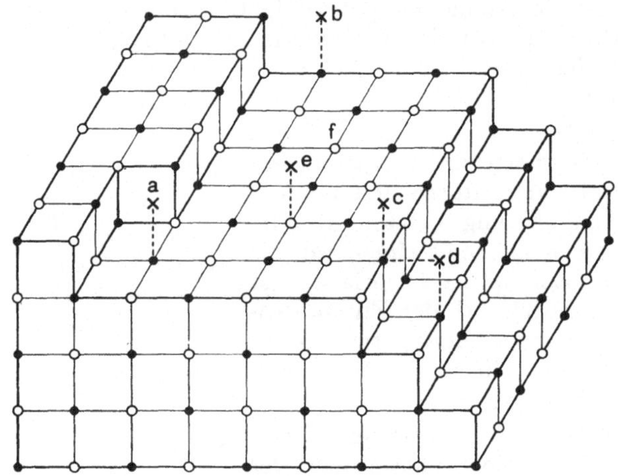

Abb. 214. NaCl-Gitter-Typ

sten in e, so daß mit dem Ansatz einer neuen Lage erst begonnen wird, nachdem die alte vollkommen besetzt ist. Auf diese Art ist das Vorkommen von ebenen Flächen und das Fehlen von einspringenden Winkeln erklärlich.

Ist die Anziehung bei d stärker als bei c, dann besteht große Wahrscheinlichkeit, daß ein sich über die Würfelfläche bewegendes Ion über den Rand taumelt und ein Teilchen der Rhombendodekaederfläche wird. Das bedeutet, daß sich (100) weniger rasch als (110) fortschiebt.

Daß sich die Atome (Ionen) über die Oberfläche bewegen und über den Rand taumeln können, kann an einem Quecksilberkristall gezeigt werden, der aus dem Dampf wächst. Berechnet man die Anzahl der auf die Ober-

---

[1] H. E. Buckley, Crystal Growth. New York und London, 1951; O. Knacke und J. N. Stranski, Die Theorie des Kristallwachstums. Ergebn. der exakt. Naturw. *26* (1952) 383.

[2] W. G. Burgers, L'Etat Solide, 9e Conseil de Physique, S. 88. Brüssel, 1952 (Nucleation).

[3] A. E. van Arkel und J. H. de Boer, Chemische Bindung als electrostatisch verschijnsel, S. 248. Amsterdam, 1930.

fläche prallenden Atome, dann zeigt sich, daß sich auf die basischen Pinakoide weniger, auf die Flächen des hexagonalen Prisma mehr heften als daraufprallen, so daß man daraus schließen muß, daß eine Menge, die auf das basische Pinakoid prallten, über den Rand taumelten.

Ob ein Teilchen auf einer glatten Fläche den Rand erreicht, hängt ab von der Schnelligkeit der Kristallisation, der Größe der Fläche, der Viskosität des umgebenden Mediums und der Stärke der Wärmebewegung. Daraus geht hervor, daß die Tracht und der Habitus (S. 240) des Kristalls von diesen Faktoren abhängen, vorausgesetzt, daß die Wachstumsunterschiede nicht durch Strömung der Flüssigkeit längs der Flächen, durch

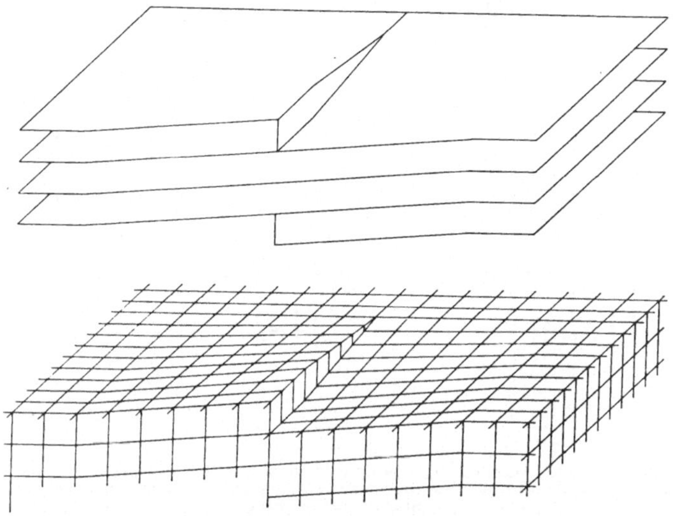

Abb. 215. Kristalloberfläche mit Schraubendislokation. Weiteres Wachstum wird entsprechend den Spiraltreppen stattfinden

Grenz- und Oberflächenspannungen und die Diffusionsgeschwindigkeit der Lösung beeinflußt werden [1].

Absorption von fremden Teilchen an Flächen vermindert die Beweglichkeit auf denselben; diesem Einfluß ist es wahrscheinlich zuzuschreiben, daß sich NaCl-Kristalle aus einer harnstoffhaltigen Lösung oktaedrisch und nicht würflig entwickeln (ROMÉ DE L'ISLE, 1783) und daß Bleinitrat aus einer methylenblauhaltigen Lösung in Würfeln kristallisiert und nicht, wie aus reiner Lösung, in Oktaedern. Quarz wächst aus der viskosen Schmelze ohne Prismenflächen, bei Kristallisation aus der Lösung sind diese Flächen oft stark entwickelt.

Dislokationen scheinen beim Wachsen eine wichtige Rolle zu spielen, zuweilen wird sogar behauptet, daß die Flächen eines idealen Kristalls nur bei starker Übersättigung oder Unterkühlung anwachsen könnten.

---

[1] B. J. MASON, Snow Crystals. Endeavour *10* (1951) 205.

Interessant ist das Wachstum nach einer *Spirale* als Folge der An:
wesenheit einer Schraubendislokation (FRANK, 1949) [1]. Die Fläche
(Abb. 215) zeigt dann stets Stellen *a* und *d* (Abb. 214), wo neue Teilchen
gebunden werden, so daß der Ansatz einer neuen Lage vermieden wird;
man kann auch sagen, daß der aufgewachsene Teil eine einzige Fläche
bildet, die als Wendeltreppe um die Schraubenachse aufgebaut ist
(Abb. 216). Diese Bauweise liefert eine ausreichende Erklärung der
Tatsache, daß bei einer Reihe von Schichtgittern die absolute Achsenlänge, die ganz oder fast ganz senkrecht auf die Schichten steht, außer-
gewöhnlich groß ist, d. h. daß erst nach vielen Schichten Wiederholung
auftritt (S. 149); der Wiederholungsabstand (= die Achsenlänge) ist dann
die Ganghöhe der Spirale.

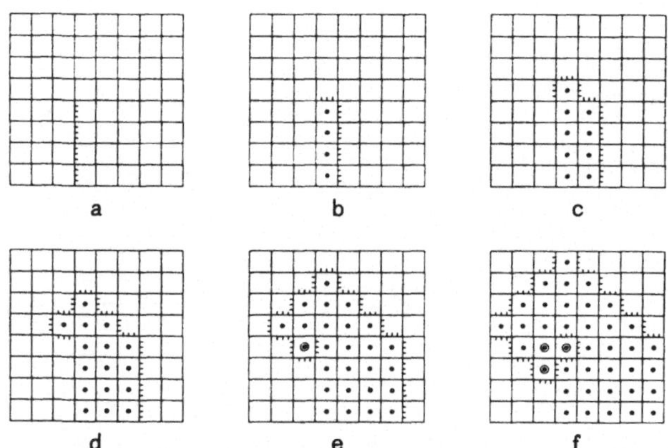

Abb. 216. Schematische Darstellung des Spiralwachstums bei Anwesenheit einer Schraubendislokation. Der Stufenrand, an dem das Anwachsen stattfindet, ist für aufeinanderfolgende
Stadien angedeutet
• 1. Lage   o nächste Lage

Besitzen zwei Kristallflächen verschiedener Verbindungen genügende
Ähnlichkeit in der atomaren Struktur, dann kann auf einer der Flächen
ein Kristall der anderen Verbindung orientiert wachsen (*Epitaxis*), z. B.
$NaNO_3$ auf einer Spaltfläche von Calcit, Staurolith auf Disthen, Eis
auf AgJ bei —6° C [2].

Aus den Betrachtungen von S. 236 geht hervor, daß die Teilchen von
einer dicht besetzten Fläche über den Rand auf eine weniger dicht be-
setzte taumeln, denn bei ersterer sind Spatium und Abstand des neuen
Teilchens von der Fläche am größten. Dadurch schieben sich die dichtest
besetzten Flächen beim Wachsen langsamer vor und breiten sich mehr

---

[1] W. DEKEYZER, und S. AMELINCKX, Les dislocations et la croissance des
cristaux. Paris, 1955; A. R. VERMA, Crystal Growth and Dislocations. London,
1953. Die Messung der Ganghöhe einer Spirale erfolgt mittels einer Licht-
Interferenzmethode, wobei bis zu weniger als 100 A meßbar sind: S. TOLANS-
KY, Multiplebeam Interferometry of Surfaces and Films. Oxford, 1948.
[2] Crystal Growth: General Disc. Far. Soc. *5* (1949) 201; E. BAUER, Z. f.
Krist. *107* (1956) 263.

aus, so daß nach einiger Zeit die dünner besetzten verdrängt werden, genauer: wenn sich S und T (Abb. 217) schneiden, wird nach einiger Zeit b verdrängt. Diese Erscheinung kann für einen kubischen Kristall in Formeln ausgedrückt werden [1].

In Tab. 40 sind die Wachstumsgeschwindigkeiten einiger Flächen von einem Alaunkristall gegeben.

Tabelle 40

Fläche	(111)	(110)	(100)	(221)	(211)	(210)
Wachstumsgeschwindigkeit	1	4,8	5,3	9,5	11	27

Wachstumsgeschwindigkeit von K-Al-Alaunflächen bei 30°C in einer 0,5% übersättigten Lösung. Bei einem Alaunkristall ist nach einiger Zeit nur mehr {111} vorhanden.

Ungeklärt ist, daß sich oft Vizinalflächen (S. 7) bilden; Übersättigung einer Lösung kann bei Anwesenheit von Kristallen mit nur Flächen mit einfachen Indices ziemlich groß sein, bei NaCl 0,045%; bei Anwesenheit von Vizinalflächen ist Übersättigung ziemlich ausgeschlossen.

Sind durch unvollkommene Entwicklung die Kristallflächen nicht ganz eben, sondern stehen (submikroskopische) „Spitzen" hervor, dann werden durch die ungesättigten Bindungen der Spitzen fremde Teilchen stark angezogen, die Oberfläche adsorbiert stark und die angezogenen Teilchen, die auf diese Weise nahe aneinander gebracht werden, reagieren leicht mit einander (TAYLORS Erklärung der katalytischen Aktivität) [2].

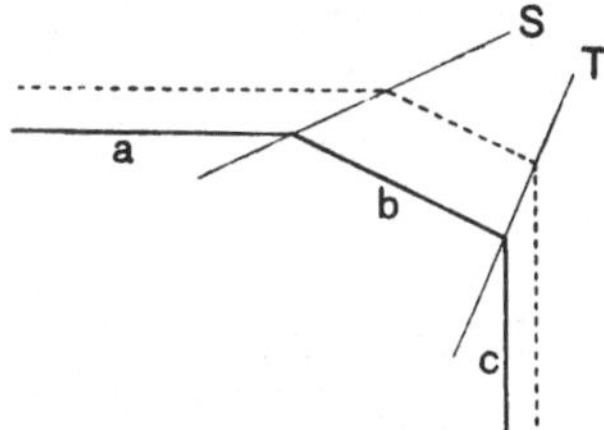

Abb. 217. Die Flächen a, b und c verschieben sich beim Wachsen mit verschiedenen Geschwindigkeiten

Die Wachstumsuntersuchungen werden oft an aus einem Kristall geschliffenen Kugeln ausgeführt, wobei also a priori keine der Kristallflächen bevorzugt ist [3].

Zwillingsbildung

Das aufgeprallte Teilchen wird auf der glatten Oberfläche ein Minimum an Energie besitzen, wenn es auf seinem Platz angelangt ist, wo es das normale Gitter fortsetzt. Gibt es aber eine Stelle mit etwas weniger starkem Minimum, dann kann sich unter Umständen das Teilchen dort anheften

---

[1] P. NIGGLI, Lehrbuch der Mineralogie und Kristallchemie, S. 375. Berlin, 1941. [Die Flächenentwicklung bei weniger einfachen Gittern behandelt die Erweiterung der Hypothese von BRAVAIS durch DONNAY und HARKER (S. 92)].

[2] J. A. HEDVALL, Reaktionsfähigkeit fester Stoffe, S. 54. Leipzig, 1938. Über Adsorption: J. H. DE BOER, Electron Emission and Adsorption Phenomena. London, 1935; C. L. MANTELL, Adsorption. New York, 1951.

[3] P. NIGGLI, Lehrbuch der Mineralogie und Kristallchemie, S. 371 und 401. Berlin, 1941.

und die nun angesetzte neue Lage ist dann die erste eines Teiles des Kristalls, der zum ursprünglichen in Zwillingsstellung steht. Vielleicht wird zuerst eine Übergangslage (Abb. 218) gebildet (W. L. Bragg) [1].

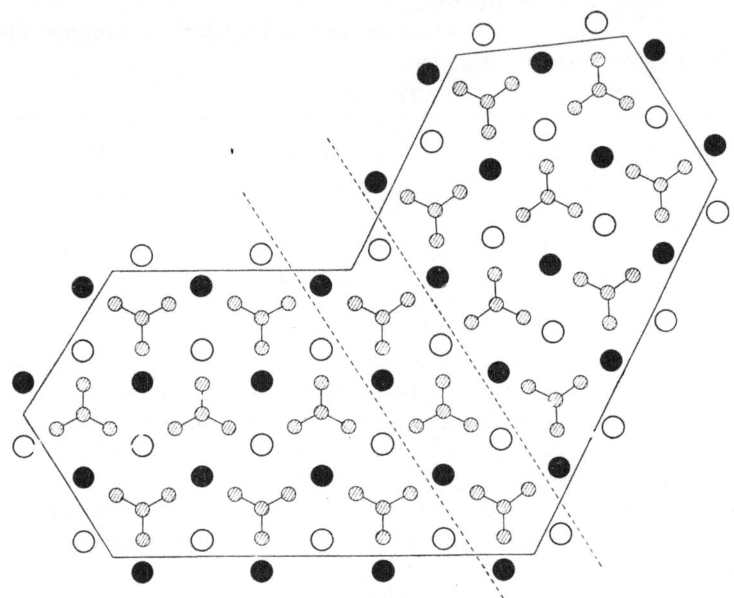

Abb. 218. Projektion nach der C-Achse eines Aragonitzwillings (rhombischer $CaCO_3$) mit (110) als Zwillingsebene und Übergangsschicht (nach W. L. Bragg); die großen Kreise und Scheiben sind Ca-Ionen, die anderen CO_3-Radikale

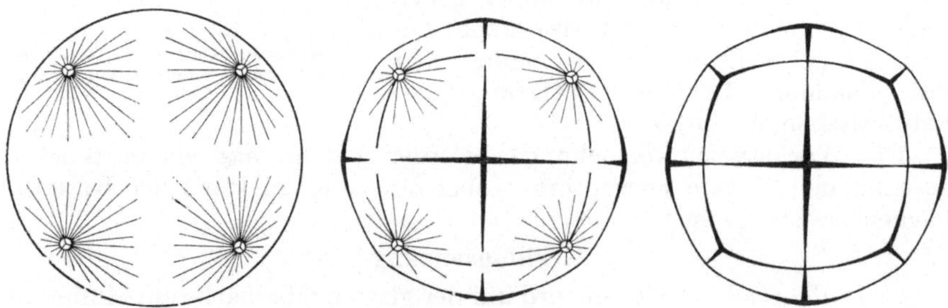

Abb. 219. Aufeinanderfolgende Stadien beim langsamen Lösen einer Kugel, die aus einem NaCl-Kristall geschnitten wurde

Morphologie [2]

Die *Tracht* eines Kristalles gibt an, welche Kombinationen von Formen vorhanden sind, der *Habitus* hängt von der Größe der Flächen ab (der Habitus kann faserig, taflig usw. sein).

[1] W. L. Bragg, The Crystalline State, I, S. 176. London, 1933.
[2] Angaben der größten natürlichen Kristalle: C. Frondel, Am. Min. *20* (1935) 469; C. Palache, Am. Min. *17* (1932) 362.

Über die Morphologie (Wissenschaft der Form) der Minerale wurde viel statistisches Material gesammelt [1], es wurden auch Versuche unternommen, die Morphologie mit der Struktur [2] und der Umgebung, in der der Kristall wächst (Dampf, Lösung), in Zusammenhang zu bringen [3]. Oft sind die Kristalle mit flacher primitiver Zelle in der Richtung der kurzen Seite der Zelle gestreckt (Rutilnadeln) und Kristalle mit langen Zellen senkrecht auf die Länge taflig (Muskowit).

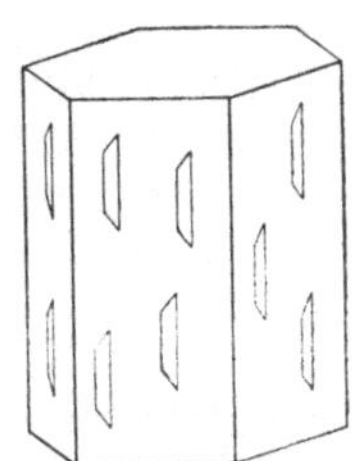

Abb. 220. Apatitkristall (Ca$_5$ [PO$_4$]$_3$Cl) mit Prisma und basischem Pinakoid, in verdünnter HCl geätzt; die Gestalt der Ätzfiguren zeigt an, daß der Kristall nicht zur dihexagonal-bipyramidalen Klasse gehört, sondern zur hexagonal-pyramidalen Klasse

Lösen

Beim Lösen von Kristallen tritt ungefähr das Umgekehrte ein wie beim Wachsen, in der Regel kommen abgerundete Formen zum Vorschein und nur bei äußerst langsamem Abbau bleiben die Flächen eben. Löst man eine aus einem Kristall geschliffene Kugel von NaCl langsam auf, dann entsteht ein Körper wie in Abb. 219 [4].

Interessant ist das beginnende Auflösen oder, was dazu analog ist, geringes chemisches Angreifen, sogenanntes *Ätzen* (DANIELL, 1816). Es entwickeln sich dann in den Flächen Grübchen, die von neuen, oft vizinalen, Kristallflächen begrenzt werden. Die Lage und die Form der Grübchen stimmt mit der Kristallsymmetrie überein, wodurch die Ätzung ein oft angewandtes Mittel zu deren Feststellung ist (Abb. 220) [5]. Eine sehr empfindliche Art, die Ätzfiguren wahrzunehmen, ist die Betrachtung einer Kerzenflamme durch die nahe zum Auge gebrachte geätzte Kristallplatte, man nimmt dann die sogenannte *Lichtfigur* wahr (Abb. 221) [6]. Auf diese Art kann auch die Verzwilligung von Quarzkristallen untersucht werden, um ihre Brauchbarkeit für elektrotechnische Zwecke zu beurteilen (S 205).

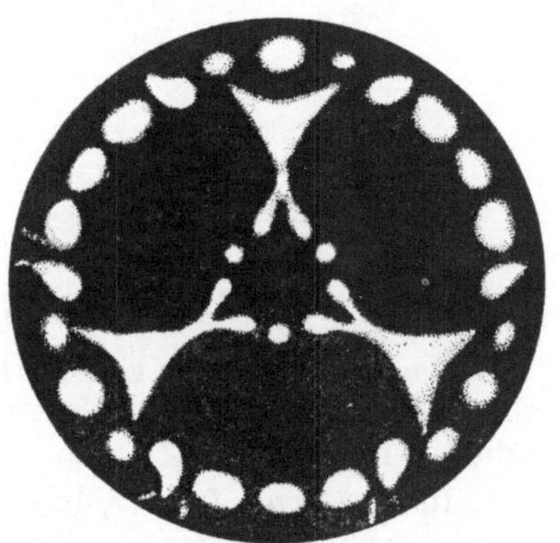

Abb. 221. Lichtfigur bei Turmalin

[1] V. M. GOLDSCHMIDT, Atlas der Kristallformen. 18. Bd. Heidelberg. 1913—1923.

[2] P. NIGGLI, Lehrbuch der Mineralogie und Kristallchemie, S. 450, 535. Berlin, 1941; P. HARTMAN, W. G. PERDOK, Acta Cryst. *8* (1955) 49, 521, 525.

[3] R. KERN, Bull. Soc. Min. Crist. *78* (1955) 461, 497.

[4] W. KOSSEL in: Zur Struktur und Materie der Festkörper, S. 56. 1952.

[5] H. BAUMHAUER, Die Resultate der Ätzmethode. Leipzig, 1894; H. P. HONESS, The Nature, Origin and Interpretation of Etch Figures of Crystals, New York, 1927.

[6] F. RINNE, Kristallographische Formenlehre, S. 77. Leipzig, 1922.

Auflösen einer konkaven Kugelfläche läßt ebene Flächen entstehen (*negativer Kristall*, Abb. 222).

Schmelzen und Verdampfen [1]

Die Sublimationswärme eines Ionengitters kann ungefähr berechnet werden (S. 213).

Ionengitter besitzen im allgemeinen um so höhere Schmelzpunkte, je kleiner die Ionenabstände oder je größer die Ladungen sind (Tab. 41).

Tabelle 41

	NaF	NaCl	NaBr	NaJ	NaF	CaO
Abstand in A	2,31	2,79	2,94	3,18	2,31	2,40
Schmelzpunkt	988°	801°	740°	660°	988°	2570°

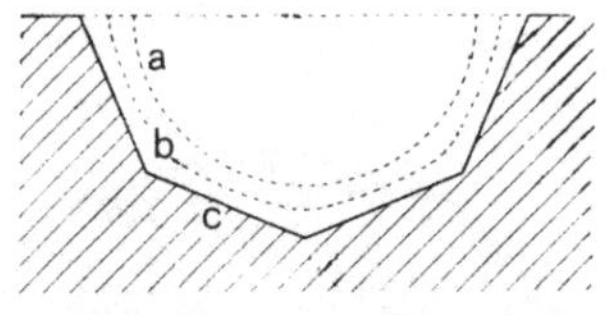

Abb. 222. Aufeinanderfolgende Lösungsstadien eines halbkugelig ausgehöhlten Kristalls

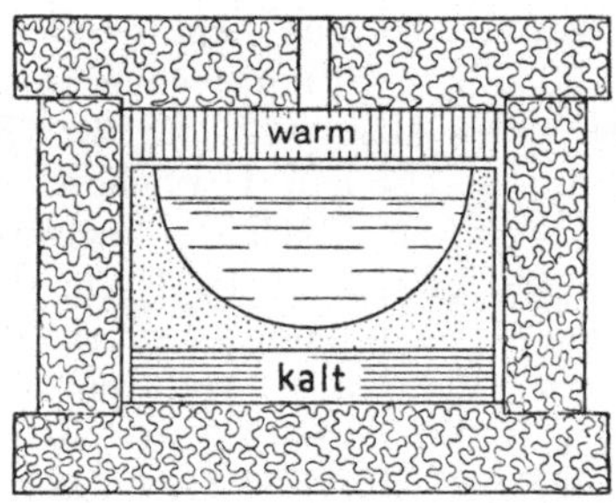

Abb. 223

Kristallzüchtung [2]

Es wurde eine Reihe von Methoden entwickelt, um einen Impfkristall zum Wachsen zu bringen. Um zu guten Resultaten zu kommen, ist viel Geduld erforderlich.

1. In *gesättigter Lösung*, indem man nach Zugabe des Impfkristalles langsam abkühlt, oder bei konstanter Temperatur verdampft [3]. Auf diese Art werden z. B. sehr schöne Seignettesalzkristalle gewonnen, die man zwischen zwei parallelen Glasplatten auch flach züchten kann.

---

[1] O. KNACKE et al., Die Verdampfung von Kristallen, in: Zur Struktur und Materie der Festkörper, S. 34, 1952.

[2] H. E. BUCKLEY, Crystal Growth. New York und London, 1951; Crystal Growth, in: Discussions of the Faraday Society *5* (1949); A. NEUHAUS, Moderne Einkristallzüchtung. Chemie-Ingenieur-Technik *28* (1956) 155, 350 (mit Lit.). Ein sehr großer Kristall, 72 lbs, von NaJ (+ Tl) wird in Nucleonic News *5* (1956) Nr. 4 genannt.

[3] W. EITEL, Kristallzüchtung. Handbuch der Arbeitsmethoden in der anorganischen Chemie, Bd. 4, S. 448—..., Berlin, 1926; W. G. CADY, Piezoelectricity, S. 522. London, 1946.

2. In einer Lösung durch *Elektrolyse*. Die Kristalle entwickeln sich orientiert an den Elektroden, z. B. fällt bei Ni-Kristallen [100] in die Richtung des Stromes, bei Cr [112] usw. [1].

3. In *der Schmelze*, indem man diese gerade über dem Schmelzpunkt hält, den gekühlten Impfkristall hineintaucht und dann langsam heraufzieht. Taucht man ein beliebiges kühles Stäbchen hinein, dann bilden sich daran anfänglich viele Kriställchen, beim Heraufziehen wächst aber dann schließlich nur einer, dessen Orientierung jedoch vom Zufall abhängt. Auf diese Art gewinnt man bequem lange Einkristalle von Zn oder Cd [2]; auch NaCl-Kristalle u. a. können gezogen werden [3].

Eine Varietät dieser Methode besteht darin, daß man das Material in einem Gläschen zum Schmelzen bringt und langsam aus dem Ofen zieht.

STÖBER [4] läßt das Material in einer halbkugeligen Schale von oben her schmelzen und kühlt danach von unten ab, so daß in Schmelzen, die bei Erstarrung schrumpfen, keine Konvektionsströme entstehen. Auf diese Art erhält er $NaNO_3$-Kristalle von einigen kg in kurzer Zeit, aber diese sind natürlich halbkugelförmig (Abb. 223) [5]. Nach dieser Methode müssen Schmelzen, die sich bei Erstarrung ausdehnen, von oben gekühlt werden, wie dies in der Natur bei ruhig frierendem Wasser der Fall ist; dabei bilden sich große Eiskristalle, zuweilen von einigen m² Oberfläche, deren Hauptachse vertikal steht, da in dieser Richtung der Eiskristall am besten die Wärme leitet.

4. In *einem Nebel*. Spritzt man unterkühlte Flüssigkeitströpfchen von Al_2O_3 bei passender Temperatur (ungefähr 2000° C) auf einen Korundkristall, dann wächst dieser als Einkristall weiter (Methode von VERNEUIL, Züchtung von Saphiren).

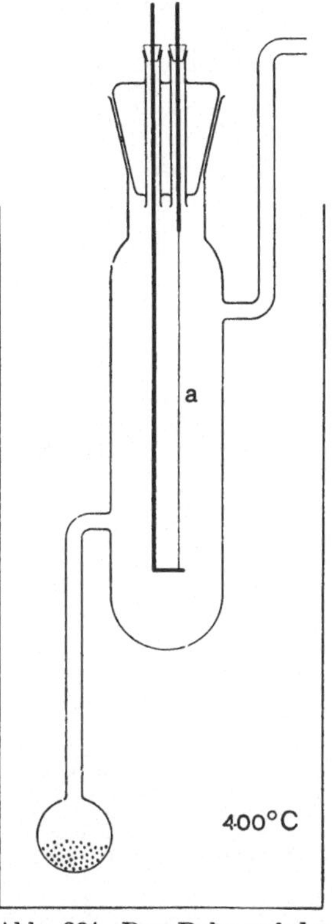

Abb. 224. Das Rohr auf der rechten Seite ist mit einer Vakuumpumpe verbunden. W-Pulver links unten in der Kugel; *a* Pintschdraht von W

---

[1] R. GLOCKER, Materialprüfung mit Röntgenstrahlen, S. 333. Berlin, 1936; H. FISCHER, Elektrolytische Abscheidung und Elektrokristallisation von Metallen. Berlin-Göttingen-Heidelberg, 1954.

[2] E. BILLIG und P. J. HOLMES, Züchtung von langen Ge-Einkristallnadeln. Acta Cryst. *8* (1955) 353.

[3] S. KYROPOULOS, Z. f. anorg. Ch. *154* (1926) 308.

[4] Z. f. Krist. *61* (1925) 312.

[5] Nach den Patenten von D. S. STOCKBARGER wird in einem zylindrischen, nach unten spitz auslaufenden Platintiegel geschmolzen, bei Abkühlung beginnt die Kristallisation an der Spitze.

Auch gute Rutilkristalle können auf diese Art gezüchtet werden, zwar nicht farblose; nach Erhitzung in Sauerstoffatmosphäre werden sie aber ziemlich farblos, und zeigen dann sogar mehr Feuer als Diamant.

5. In *einem Gas*. Ein drahtförmiger Kristall von W, durch den PINTSCH-Prozeß erhalten (s. unten), wird in einer WCl_6-Atmosphäre elektrisch bis 1000° C erhitzt, wobei sich WCl_6 zerlegt und der Draht zu einem Kristall von einigen mm Dicke anwächst. Das gebildete Cl_2 greift bei 400° W-Pulver an und bildet wieder WCl_6 (Abb. 224) [1].

Auch Quarzkristalle kann man durch Anwachsen aus einem Gemisch von SiO_2 und H_2O (mit etwa 10% Na_2CO_3) beim kritischen Punkt des Wassers erhalten. Anfänglich traten viele Schwierigkeiten auf, aber diese sind nun überwunden (Abb. 225) [2].

Das Anwachsen von Zn- oder Cd-Kristallen in Metalldampf ist weniger schwierig.

6. Durch *Sammelkristallisation*. Kleine Kristalle besitzen mehr Oberflächenenergie als große, die größeren haben also stets das Bestreben, auf Kosten der kleineren zu wachsen. Wird z. B. Anhydritpulver bei Erwärmung bis zu einem Druck von 10.000 Atm. gepreßt, dann gelingt es, daraus einen Kristall zu machen [3].

Formt man aus W-Pulver, gemischt mit 2% ThO_2 als Katalysator und einem Klebemittel, einen dünnen Draht und erhitzt diesen auf 2600° C, so erreicht man, daß die kleinen Kristalle durch die größeren aufgenommen werden, so daß manchmal Kristalle von einigen Metern Länge entstehen (PINTSCH-Verfahren) [4]. Die Erhitzung des etwa 0,4 mm dicken Drahtes erfolgt elektrisch, indem man ihn über zwei Röllchen führt, zwischen denen eine Spannung herrscht.

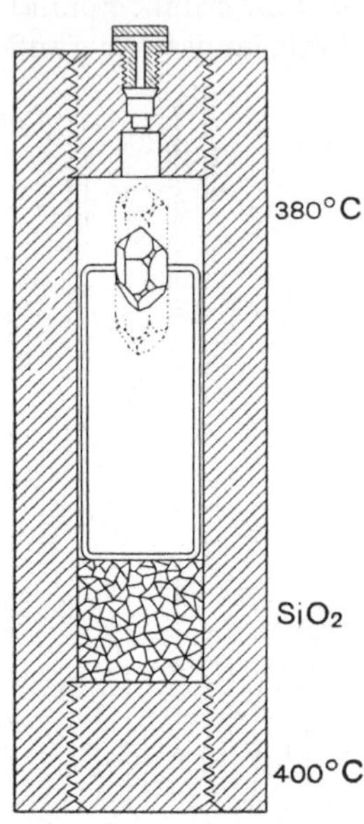

Abb. 225. Die Bombe, teilweise gefüllt mit Quarzteilchen und einer 10%igen Sodalösung, wird auf 380 bis 400° C erhitzt; damit erreicht der Druck ungefähr eine Höhe von 1000 Atm.; das Dickenwachstum des Keimkristalls beträgt ungefähr 0,1 mm pro Tag (Methode von NACKEN)

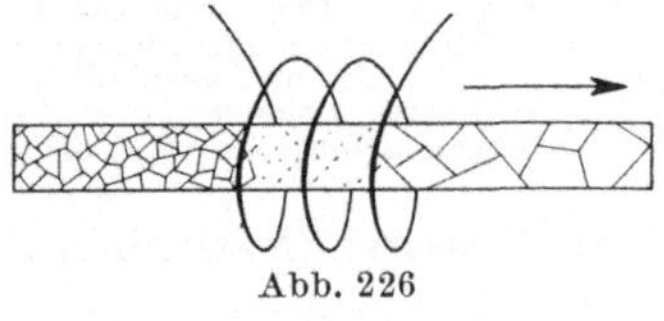

Abb. 226

Auf demselben Prinzip beruht die Methode, große Cd-Kristalle anzufertigen; man erhitzt in der Mitte einer Glühspirale eine Stelle eines polykristallinen Stabes bis fast zum Schmelzpunkt und zieht den Stab

---

[1] A. E. VAN ARKEL, Physica *3* (1923) 76.
[2] Bell Telephone System, Techn. Pub. Monograph B 1683 (1949); Industrial and Engineering Chemistry *42* (1950) 1369; Nature *167* (1951) 940.
[3] E. WASHKEN, Am. Min. *31* (1946) 512.
[4] Z. f. Elektrochemie *23* (1917) 121.

ˡangsam durch die Spirale (Abb. 226). Nach dieser Methode können auch Kristalle (Metallkristalle, z. B. Ge-Kristalle für Transistoren) hochgradig gereinigt werden [1].

7. Durch *Rekristallisation* [2]. Vermittelt man den Kristallen in einem Metall mehr Energie durch eine bleibende Verformung von z. B. 2% Dehnung, dann verläuft die Rekristallisation bei passender Temperatur ziemlich rasch. Die neu gebildeten Kristalle sind spannungsfrei und wenn die Dehnung nicht zu groß war, so daß nicht zu viele Keime entstanden, sind die neu gebildeten viel größer als die ursprünglichen (Abb. 227). Durch Rekristallisation wird also ein kalt bearbeitetes Metall spannungsfrei und die Orientierung der Kristalle (S. 223) aufgehoben [3].

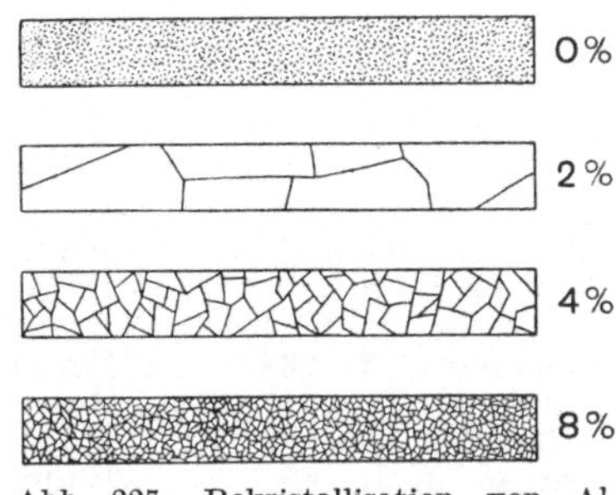

Abb. 227. Rekristallisation von Al-Streifen nach einer Dauerdeformation von 0, 2, 4 und 8%

---

[1] Endeavour *14* (1955) 200.
[2] W. G. Burgers in: L'Etat Solide. Brüssel, 1952.
[3] E. Schmid und W. Boas, Kristallplastizität. Berlin, 1935 (mit Literatur).

Namenverzeichnis

Sachverzeichnis